现代科学简史

从蒸汽机到鹬鸪求偶

[英]大卫·奈特（David Knight） 著

叶绿青 叶艾莘 陈洁 译
周晓立 校

电子工业出版社
Publishing House of Electronics Industry
北京·BEIJING

The Making of Modern Science: Science, Technology, Medicine and Modernity: 1789-1914
978-0-74563-675-7
Copyright © David Knight 2009
This edition is published by arrangement with Polity Press Ltd.,Cambridge.

本书中文简体版专有翻译出版权授予电子工业出版社。未经许可，不得以任何手段和形式复制或抄袭本书的任何部分。

版权贸易合同登记号　图字：01-2018-5548

图书在版编目（CIP）数据

现代科学简史：从蒸汽机到鹧鹄求偶／（英）大卫·奈特（David Knight）著；叶绿青，叶艾莘，陈洁译. 一北京：电子工业出版社，2018.12
书名原文：The Making of Modern Science: Science, Technology, Medicine and Modernity: 1789-1914
ISBN 978-7-121-35021-4

Ⅰ.①现… Ⅱ.①大… ②叶… ③叶… ④陈… Ⅲ.①自然科学史－世界－普及读物 Ⅳ.①N091-49

中国版本图书馆CIP数据核字（2018）第210135号

书　　名：现代科学简史：从蒸汽机到鹧鹄求偶
作　　者：（英）大卫·奈特（David Knight）

策划编辑：郑志宁
责任编辑：郑志宁
文字编辑：杜　皎
印　　刷：北京虎彩文化传播有限公司
装　　订：北京虎彩文化传播有限公司
出版发行：电子工业出版社
　　　　　北京市海淀区万寿路173信箱　　邮编：100036
开　　本：720×1000　1/16　印张：25.5　字数：371千字
版　　次：2018年12月第1版
印　　次：2019年3月第2次印刷
定　　价：89.00元

凡所购买电子工业出版社图书有缺损问题，请向购买书店调换。若书店售缺，请与本社发行部联系，联系及邮购电话：(010) 88254888，88258888。
质量投诉请发邮件至zlts@phei.com.cn，盗版侵权举报请发邮件至dbqq@phei.com.cn。
本书咨询联系方式：(010) 88254210，influence@phei.com.cn，微信号：yingxianglibook。

Preface: The Age of Science
序：科学时代

在19世纪的所有发明中，"科学家"这一名称的问世最为令人瞩目了。在1789年时，已经有了自然哲学家和自然历史学家，但化学家、解剖学家和仪器制造商的地位却略逊一筹。他们那种看上去像童稚的好奇心也进入了成熟的岁月，在当时的成人世界里，解决问题和寻找答案既可以是个人消遣，也可以是一种社交活动。1812年，汉弗莱·戴维（Humphry Davy，1778—1829）这样向年轻的迈克尔·法拉第（Michael Faraday，1791—1867）解释科学：科学就是一个令人烧钱的冷酷情人。除医药之外，医生对病人的态度和临床经验非常重要，而科学知识在这方面只能起到某种辅助的作用，它只是一种技能或爱好，而不是一种正当的工作或职业。1833年，当"科学家"这个词问世以后，情况完全不同了。

科学要求一个人具有机械、数学、手工、逻辑、观察技能等各方面的能力，而组织能力在不同程度上也同样必要。医学和数学在大学已开设课程，站稳脚跟，但在1789年，大学里却没有任何其他科学方面的学位课程（包括近代史、现代语言文学）：希腊和拉丁语经典是谋求仕途者必经的传统人文教育，其中能拿到奖学金的男孩会成为神职人员、教师、法官和校长。在当时，工程师和大多数医务人员都是通过工作进行学习的。学习科学最好的方式，或许是师徒形式，就像法拉第与戴维之间的关系，是一种非正式的学徒制。在当时的法国、普鲁士和俄罗斯，科学院中有几个受薪职位可以竞聘，但一般来说，赞助对科学很关键。1789年，这样的赞助通常来自贵族和士绅；到1914年，则由那些成名的科学家挑起了大梁。那些不屑为赞助折腰或无法获得赞助之士，只能靠文笔或者演讲来过日子。[1]对大多数人而言，除非像查尔斯·达尔文（Charles Darwin，1809—1882）那样过着独立的小康生活，否则，拥有一份职业以糊口度日是必要的，要么靠笔谋生，要么沦为失意文人和街头说客。对他们来说，科学只能是某种业余爱好。

进入18世纪90年代，随着巴黎综合理工大学（Ecole Polytechnique）的成立，理科学生在极具革命精神的法国大革命中诞生了。这些学生通过竞争性考试进入大学，在致力于研究的大学教师教导下，正规学习理科与工程方面的课程。研究生则起源于德国。尤斯图斯·冯·李比希（Justus von Liebig，1803—1873）在19世纪20年代的吉森大学，创立了一个小型实验室并开始化学博士课程的教学——这是世界上第一所著名的研究学院。[2]德国研究型大学的模式很快就遍布欧洲，并在19世纪后半叶登陆英国和美国。[3]它们的毕业生在教学、工业和商业等领域就职。与科学相关岗位（包括政府实验室）的数量在大学和各种技术机构迅速增加。1870年后，随着普法战争中教育程度更高的德国赢得战争的胜利，这种趋势更加势不可当。[4]从这个意义上来说，"应用科学"开始真切地实践它过去许下的诺言。科学工作的从业资格促进了科研团体的团结[5]，以及科学家的职业生涯规划、专业化和社会认可度。在世人眼里，科学家的形象改变了，不再是一个成天恍惚健忘的演奏家或半桶水货色，而是能给社会带来经济价值和改变人们世界观的宝贵的公民。这种整合恰巧与欧洲走向民族统一发生在同一时期，澳大利亚人也不再把自己当作在南半球的英国人了。[6]

由于集应用、才智和社会活动于一身，科学在19世纪变得至关重要。由此，我们不应该仅仅只关注天才以及他们的发明创造，还要关注其他那些开放、渊博、专业、正式或非正式的（也许中介性质）科学团体，它们变得越来越专业化，跨越阶级、地区和国家的界限。科学既是公共知识，又可使社会任人唯才，成为一种社会阶层流动的手段以及走向现代化的途径。科学教育也许是至关重要的，但它也难以摆脱或多或少的教条式的"科学方法"。过去是这样，现在还是这样。也许今天的学生更需小心，以免重犯过去的错误。[7]在小学或成熟的科学知识里，问题是有标准答案的；在教学方法上虽然可以让学生动手实践，但答案却不能是开放式的。学习中一定有或多或少需要死记硬背的东西。特别可恶的是，随着学生的进步，那些简单化的解释还必须被遗忘。总而言之，科学研究会涉及理想的条件、受控的条件、实验室中、模型化和一般规律下的各种情形，这必然促进思维锻炼，使人能够质疑，变得更加谨慎。科学家尽力解答难题，偶尔也绞尽脑汁提出难题，但他们总希望找到明确的或有一定概率的答案。这一点似乎完全不同于那些伦理或政治方面的问题，这也造成了所谓"两种文化"和"科学战争"，将科学与其他思维方式相对立。科学至上主义认为，科学方法是任何领域中唯一有效的方法，这种观点更加剧了这样的冲突。

在19世纪，科学对社会与公众的影响是巨大的。它的作用辐射到食品生产、交通运输、通信、时尚、艺术、文学、政治、宗教等诸多方面，甚至影响到国家的尊严与信心。许多科学家也是宗教信仰者，他们却成为教会的一股新生力量，以世俗精英来取代原先由先知与教士所担当的角色。[8]但是，并非所有人都欢迎这种变化。丑陋不堪的工业化城市、矿山与工厂，都让人无法细看。然而，通过技术进步，各种问题得到了改进；政府也逐渐放弃了原来不干涉的态度，加强了对水源、排水系统和工厂的监管，对食品药品以及交通运输进行安全立法。玛丽·雪莱（Mary Shelley）通过其科学作品《弗兰肯斯坦》（*Frankenstein*，1818），对伊拉斯谟斯·达尔文（Erasmus Darwin，1731—1802）和戴维这两位启蒙时代的诗人对科学的高歌发起了一场争论。在我们今天看来,她的小说只是一部哥特式恐怖小说。她把科学家描述成一群巫师的学徒,却想扮演上帝的角色。她的观点获得了意想不到的共鸣,[9]与当时众多的科学文章、演讲、博览会、科学植物园等各种强调科学与自然的进步与益处的活动,形成了有力的抗衡。[10]19世纪一个鲜明的特点是超自然主义、巫术、唯心主义与科学的兴起,包括对疫苗和解剖学的对抗。就连当时"物竞天择"的发现者之一,阿尔弗雷德·罗素·华莱士(Alfred Russel Wallace,1823—1913),在对社会主义思想表示支持的同时,也对科学抱有不信任的态度。这在当时的科学家中是极为少见的。[11]

流行科学并非总是学者们想看到的结果:骨相学、催眠术、动物催眠比严肃精确的科学要更受欢迎〔事实上,动物催眠理论早就被本杰明·富兰克林(Benjamin Franklin,1706—1790)推翻,但动物催眠术依然饱受人们的喜爱〕。我们在渴望新思想新景象的同时,不该忘记接受科学的人们为科学进步所付出的代价。传统的价值观及生活方式消失了。制作火药棉这类新型爆炸物的人在制作过程中被炸药炸死、化工厂附近的居民和动物受到化学品的毒害、政府官员把人进行分类(也许是想区分出哪些属于隔代遗传病者,哪些属于退化人群),[12]在机械化面前许多人发现自己的技能变得一无所用。在都市里进行科学研究,成功合成靛蓝、在克佑区培育出橡胶和奎宁,再把秧苗送到殖民地的种植园,损害了这些植物的原产地印度、巴西和秘鲁的国家经济。远离欧洲及美国科学研究中心的国家和地区,似乎只能为那些在"国内"的研究人员提供原材料,由他们去分析研究,对他们表示感恩。至于理论方面的研究,甚至于命名的事情,都交由都市中心去做,与各地方、各殖民地都没有关系。直到19世纪末,亚洲人和非洲人才有了机会在科学上施展他们祖先曾经施展过的才华抱负。在这个按地域划分科学的时期,女性也被排挤出这一活跃的科学研究领域之外(她只知道家务,他则什么都知道[13])。女性在1900年终于冲破藩篱,得到社会的认可,这也是"科学家"一词取代"从事科学研究的男人"的真正原因。

19世纪是一个人类对自然界有着全新认识的时代,它见证了当时科技的进步、帝国的扩张、新国家的兴起,以及新专业、新行业、新可能的诞生。在概述这个科学的时代时,许多内容必须有所取舍,有些只能略过。科学是讲究背景的,它有自己的内容;我对此尽量做到不偏不倚。当我们看待科学时,我们往往过于关注内容、理论、实验,以及具有创新能力的个人,而忽略了社会历史背景,如伦理与宗教信念、教育体制、社会、团体、出版商、科普人员及市民大众。因此,当我试图恰如其分地评价科学的学术价值时,有人也许更想了解能源的革新与保护,了解那些在19世纪50年代里给科学带去新凝聚力的普遍原理。革新与能源的确渗透于方方面面,但我还是努力把科学和以下的这些背景结合进行叙述:社会进步、宗教质疑、伦理争议、科学家对地位和尊重的要求,以及在印染技术、照明、运输业、炸药、战舰方面的发展。在19世纪早期,科学落后于技术,科学研究者努力阐释发明的本质;而随着科学的进步,应用科学成为新型工业的关键。在19世纪后期,"纯"科学与应用科学剥离开,但要把科学、技术、医学分开是不可能的事,因为它们同属于一个我们所关心的集知识性、实践性和社会活动于一体的范畴。诠释自然需要考虑如何处理相关的知识。这点尤其表现在化学上,这是一门在19世纪得到最深入研究的学科。化学在医学和工业上至关重要,它是财富和力量的源泉,它带给我们原子理论、分子模型,它帮助我们理解物质,让我们明白它与电和摄影之间的关系。我在本书中对它给予了应有的关注。

作为西方文化的一个重要元素,科学改变了19世纪的世界面貌。因为无法对所有的背景情况面面俱到,我的叙述只能专注于西欧。我尽力恰如其分地对待在1789年处于核心地位的法国,以及在1914年最重要的科学发达国家德国。由于对英国情况更为熟悉,而非因为英国在全世界的重要地位,我选取了不少来自英国的例子。不同的视角毫无疑问会带来有所不同的看法。我的叙述中会有大量有关人类在科学知识与实践方面所取得的成就，以及关于人类对大自然的诠释和理解。但是，关于科学家诞生的过程依然是该书的核心。我们将关注的是，在当时，世人如何接受和认识科学和科学家，以及科学和科学家是如何诞生的。

Acknowledgements 致谢

在此感谢达勒姆大学的同仁邀请我来举行讲座和对论文进行讨论，感谢他们耐心倾听并提出建议和看法。感谢炼金术与化学史学会、皇家化学学会历史部、英国科学史学会和地质学会，他们也向我发出盛情邀请并给予我宝贵的意见和反馈。我也应邀到当地团体和协会做讲座，虽然他们都不是科学史方面的专家，但却令我非常开心，而且受益匪浅。他们所展现出的热情、广泛和有趣的知识，以及对拓宽见识的渴求让我开心。

我要特别感谢利·普里斯特（Leigh Priest），他为我准备了非常完整和有效的索引。

这本书经历了漫长的酝酿与写作过程，我的全家在此期间对我所表现出的极大的耐心，我在此深表感谢。

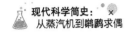
现代科学简史：
从蒸汽机到鹧鸪求偶

Man The Interpreter Of Nature[14]
人类是大自然的解读者

听着！当世界从造物主手中脱颖而出，面貌一新，
但在因有生命而兴奋悸动的模型框架出现之前，
在那苍穹的蔚蓝中闪烁着的是那些并不耀眼的远古太阳，
日复一日以同样的节奏前行；
玫瑰色的清晨、炽热的中午和浅绛红的傍晚——
夜，是否也穿上她缀满星星的长袍庄严地覆盖天空？
大海，是否也如现在，伴随月亮神秘的脉动而起伏？
是否也在暴风雨的鞭笞下，卷起汹涌的愤怒巨浪？
是否微风也拂过芳香的树林，
在铺满落叶的翠绿大地上，
在那万花丛中，徘徊忘返、流连叹息？
然而，这些荣耀的创造物又有什么用处呢！
超然力量的作品——大美与无上之威严的结合，
如果无人欣赏、无人喜爱，也无人理解？
告诉我！造物主的作品够完美吗！
告诉我，造物主之荣耀已经完成了吗？
即使微弱，总有什么能显示出造物主那种神奇微妙的目的
从那混沌的各种力量之中，让宇宙获得秩序与和谐？
难道只能通过推理之精神、思索、信仰和感觉，
或是对他的爱和设计的意识而产生出的感恩之心？
人类终于应邀出现了。他以理智的崇拜
填补了宇宙剩余的空白。大自然终于被赋予了灵魂。

约翰·赫歇尔

人类是大自然的仆人与解读者。

——培根（约翰·赫歇尔注）

目 录
Contents

序：科学时代 / iii

致谢 / ix

插图目录 / xii

导言：回顾过去 / 001

第一章　1789年及以后的科学状况 / 015

第二章　科学及其术语 / 039

第三章　应用科学 / 065

第四章　求索之快乐 / 095

第五章　健康的生活 / 123

第六章　实验室 / 151

第七章　身体、思想和精神 / 175

第八章　令人欣喜的一段时光 / 199

第九章　科学与国家身份 / 227

第十章　方法与异端 / 255

第十一章　主导文化的地位 / 279

第十二章　进入新世纪 / 309

大事年表 / 331

注释与参考文献 / 337

图		
1	巴黎动物园中野兽的居所	021
2	分子模型	054
3	蓝黄金刚鹦鹉	058
4	模版，有注释的石版画	059
5	沃克（Walker）改良的蒸汽机（1802）	069
6	詹姆斯·瓦特2665本藏书销售目录（1849）	085
7	精心设计的化石生物——一幅零散的"石百合"图	109
8	巴克兰在牛津演讲（1822）	112

插图目录 Illustrations

插图目录 Illustrations

图 9　恐龙足迹　114

图 10　摄影图片　118

图 11　医学学生罗伯特·普和（Robert Pughe）在教材空白处所做的笔记　129

图 12　法拉第的便携实验室　156

图 13　伦敦大学学院的教学实验室　164

图 14　最新事物——柏林新化学实验室剖面图（1866）　169

图 15　颅相学描述的头部　182

图 16　我们的表兄大猩猩正在量身定做西装　187

图 17　灵长类动物的骨骼
191

图 18　女王和阿尔伯特亲王视察机械装置
202

图 19　恶劣天气预警信号
212

图 20　罗思勋爵的6英尺（约1.8米）望远镜
237

图 21　螺旋星云
238

图 22　一次航海考察之旅——北极冰雪不祥日光下一个水手的葬礼
250

图 23　1828年伦敦学术机构的演讲厅
284

图 24　一位野外工作的自然学家正在网捞取样
290

插图目录 Illustrations

插图目录 Illustrations

图 25　皇家学院演讲内容计划书
293

图 26　《自然》新周刊内容简介（1869）
295

图 27　流行科学及其噩梦般的未来
300

图 28　直面女性毕业生惊人的前景
304

图 29　科学声望在可可粉广告中模棱两可的体现
306

图 30　阴极射线
317

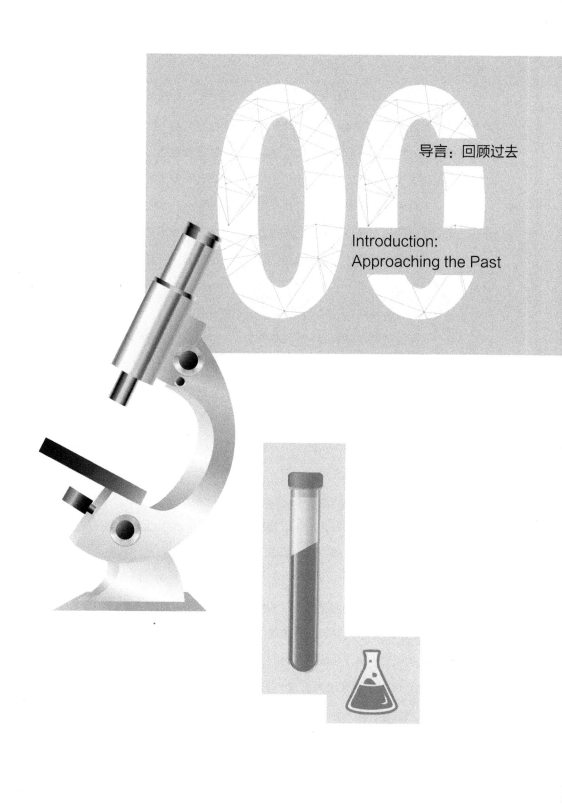

导言：回顾过去

Introduction:
Approaching the Past

我们将要叙述的是一个史诗般的故事。在1789年，大多数人还只是把科学视为一项业余爱好；但到1914年，人们对于科学是"西方文明"的一个重要组成部分已确信无疑。实证知识不仅带来物质进步、社会繁荣和强盛，而且改变了人们的世界观，改变了精细工艺、文学，以及人们看待自己和他人的方式——如何看待科学与了解科学是如何形成的，都具有同等重要的意义。本书按照时间顺序，通过一系列相关联的主题，阐述这场集智力和社会变革的故事是如何发生的。这不是一本关键性的科学著作，但书中提供的参考文献可以为打算进一步探索这一领域，或者读完此书，有自己独创性观点的读者提供一些指导。但是，无论如何，还是有必要先从评判我们这些历史学家是如何开始工作，一步一步走到今天说起。科学源于人类的好奇心，经历了在家里、在工场、在图书馆的过程。[1]严格而言，科学包括观察、记录、实验、反复、思索、争论、总结，然后认识和掌握自然（在一定限度内）。并非每个人都应该认真研究科学，有很多人就从来没有从事过科学研究。尽管如此，自1800年后，越来越多的人（开始在西方，现在是全世界）都靠科学谋得职业，改变生活方式。这段历史对我们所有人来说，都是非常重要的。无论过去还是现在，大部分科学史都是那些好奇的科学家所写，或是为他们所写的。人们只能从某些化学教科书中，[2]获得一些支离破碎的信息。科学学术期刊发表文献综述文章，后面附着参考文献。有时候，为了当下某些读者感兴趣的题目，也会回溯往事，追根溯源。有时候，期刊上也会小心谨慎地刊登一些挽文或讣讯，或是读者所喜爱的已故科学家的略传。在各种科学协会的学术期刊中、精美的家装杂志和网站里，常常会有些有关科学史的文章，有的是表达对某些老一辈杰出科学家的怀想，有的是他们的回忆录，有的是他们过去写过的文章、发表过的演讲。科学从业者有时在回顾自己的科学生涯时表现出来的惊人的坦诚，使他们的回忆录会因为访谈的发表得到更广泛的流传。[3]对于处于代数和化学方程式当道时代的普通人来说，能看到这样的文章尤其不易。如果科学家们能忘记他们所受过的训练，少使用抽象名词和动词的过去时态，他们其实是能写出更好的文章——比许多科学史史学家要写得更好。他们的文笔不像社会科学训练出来的那种学院风格式的做作与浮夸，比如像约瑟夫·普里斯特利（Joseph Priestley，1733—1804），[4]还有科普作家威廉·帕利（William Paley，1743—1805）[5]那样。科学家为公众写作，一般都会避免使用隐晦不清的语句，尽管他们的这种努力并非总是成功。

因此，直到20世纪中叶，科学和医学史基本上都是由科学家自己所写，局内人描述自己身处的世界以及这其中的过去。比如律师、神职人员、其他专业人士，他们主要记载一些先例、案例研究，或者他们认为对读者有启发的例子。像点金术、地心说、勒奈·笛卡尔（René Descartes，法国哲学家，1596—1650）的行星漩涡、燃素等，这些曾经走入歧途但最终重返光明之道的东西，都被当作需要小心避开的陷阱。这是对历史的善待，把学生（一如本书作者）引向一条漫长而伟大的传统之路中，通向一个辉煌的未来。明白我们如何到达今天的位置，感伤地记录经历过的失败，并为胜利欢欣鼓舞，而不是耽溺于那些未做的选择或失败的悔恨。这样做虽然算不上完满，但至少值得敬重。有时候，它能经由严谨的科学史学家之手而产生出妙笔生花的效果，让我们看到精美的故事，也许是称得上的史诗。[6]1820年，拿破仑刚被打败不久，时任皇家协会主席的汉弗莱·戴维，就把自己看作科学军队的将军。[7]这种军事暗喻一直很流行：科学是一场针对饥饿、疾病、无知、迷信（也许还有宗教），以及智力滞后的战争。[8]与抽象概念的战争是永远无法完胜的，所以，这种表演一定会永不停息。

辉格史

今天，和帝国主义的题目一样，这类历史已淡出学者的研究范畴。只有圈内人士会以阅读轶事的态度来看待它，而不至于横加挑剔。主要的争议是关于"辉格史"。辉格党在1688年"光荣革命"中支持奥兰治的威廉和玛丽·斯图亚特取代国王詹姆斯二世。基于对王权的不信任，对1776年美国人争取独立的同情，第二代辉格党人（害怕并讨厌可耻且毫无光荣可言的血腥革命）推动了1832年的改革草案，让英国城市中产阶级有了投票权。辉格党党魁查尔斯·詹姆斯·福克斯（Charles James Fox，1749—1806）的著作《詹姆斯及詹姆斯二世》（*History of James the Second*，詹姆斯二世是辉格党眼里的暴君和恶棍）[9]，和前内阁部长托马斯·巴宾顿·麦考利（Thomas Babington Macaulay，1800—1859）那部曼妙的畅销作品《英国历史》（*History of England*，1848—1861）都认为，历史是一出伟大的政治剧，必将一步一步地向议会宪政发展，未来的进步是可预见的。这样的历史叙事是历届政府希望灌输给学童的：以现在的眼光看待过去，一切都往好的方向发展，用后来政治上的正确来诋毁当时对进步持反对意见的人。然而，在1931年，辉格党的历史就遭到赫伯特·巴特菲尔德（Herbert Butterfield）的谴责，批评其未能以真实的眼光看待过去——这是自约翰·哥特弗雷德·赫尔德（Johann Gottfried Herder，1744—1803）[10]之后史学家的观点。以后的学院派历史学家也开始关注对失败者的叙述，并对那些粉饰性的叙事抱持怀疑态度。[11]著史传统对我们之所以重要，是因为这会影响科学家之间的相互看法以及人们对他们的看法。

巴特菲尔德也写过关于现代科学起源的书。比起历史学家在归类时所特别钟爱的文艺复兴和宗教改革运动，他认为这场思想革命比前两者都更重要。[12]令人奇怪的是，这本书对科学革命的欢呼与辉格党人福克斯和麦考利庆祝他们1688年"光荣革命"的那种兴高采烈极为相似。16世纪和17世纪的这场科学革命，是伽利略（Galileo，1564—1642）新天文学时代，也是艾萨克·牛顿（Isaac Newton，1642—1727）的时代，成为一个被研究的伟大对象，[13]同时也是弗朗西斯·培根和笛卡尔开始现代哲学的时代。刚刚成为一个专业群体的科学历史学家，尤其是在法国，发现把科学史当作思想史的一个分支来对待会容易得多。[14]亚历山大·柯瓦雷（Alexandre Koyré，1892—1964）就是一个很好的范例。[15]这种做法可以追溯到威廉·惠威尔（William Whewell，1794—1866），他是维多利亚时代剑桥大学中学富五车的博学之士。惠威尔那本极具分量的《归纳科学的历史》（*History of the Inductive Sciences*，1837），就是为了阐明方法——正确的理解和操作——在科学发展上举足轻重的地位。[16]"归纳的时代"，就是把一个新的想法与不同的观察结果整合起来，这种方式一直贯穿在整个科学发展的过程中。这种方法可能（也应该）会有史学家来评价。惠威尔因此（以他一向的个人风格）评价说，法拉第在化学方面所做的工作，要比通常被视为化学之父的安托万·拉瓦锡（Antoine Lavoisier，1743—1794）重要。似乎历史和科学哲学形成了一门学科，而其中一部分被不太严谨地称为科学观念史。比起天文学，史学家在忽视传统，犯经验主义毛病的方面显得更加随意，例如在医学、化学、自然历史，甚至自然魔术方面。[17]后来的史学修正者向我们揭示，在地理大发现时代、在宗教和政治动荡的岁月里、在欧洲和美国的猎巫迫害等事件中，理解这些在早期的现代科学中所发生的事情，对我们都是非常重要的。[18]

与哲学家的亲近

托马斯·库恩（Thomas Kuhn，1922—1996）给这一哲学似的传统带来了新的转折。他认为，科学史在不同时期存在着变换与交替。在某些阶段，科学安静正常地在如牛顿或拉瓦锡——被他称为"样板式"的人物——设定的框架内正常发展。当异常现象逐渐积累增多之后，或者当有人发现应用不同的假说可以解释得更好、更清楚的时候，[19]就会带来革命性的颠覆。如果这些人能够让当代持怀疑和保守看法的人相信他们是对的，那么，他们的假说就会成为新的样板，科学也因此走向一条新的道路，他们的名字也就此留在了科学史上，让我们铭记不忘。这种科学革命发生过不止一次，而是很多次，有些相对更具颠覆性。在这个宏伟的画面里，人们所看到的只是那些杰出的男性、女性、天才、短暂和戏剧性的情景。[20]事实上，库恩强调科学团体以及让其首先信服的必要性的概念，反而奠定了科学是公共知识的观念。历史学家总是把他们特别的关注点放在特定的人与事上，其实他们更需要的是放眼观望，重新审视各种机构以及机构里的成员（所谓人物传记或集体传记）、规则、活动和出版物。这样，他们对库恩带来的科学革命和一般科学，[21]都会产生出各种被激发出来的新视野。

科学家大多不喜欢库恩对于他们科学活动的看法：在通常的情况下，科学的追求可能是某种追名逐利，用数字作画；并且随着教学大纲的发展完善，最终失去它在历史上让人感兴趣的地位。到了20世纪60年代，我们进入了令人陶醉的基因图谱、太空竞赛，以及核能给未来带来无限光明前景的时代。哲学家卡尔·波普尔（Karl Popper）把科学看作猜想与反驳的观点，对科学家更具吸引力。[22]就算是某种猜想，因为它在一定程度上是可测试的，因而它是科学的。从总体上看，迄今为止，科学击败了所有对它进行抹黑的企图。科学家必须秉持怀疑的精神，他们的任务是凭借冷静的推理和实验，检验他们自己和他人的假设。看到科学家积极寻求证据推翻他们自己的假想，从心理上令人难以置信。的确，这与人过去的行为模式很不一样。在过去，人们坚决维护自己的观点，有时会为此而吵得不可开交。[23]这也可能是历史修正主义者作为重要依据的基础，这些人在历史上永远是重要的。有了他们，教皇乌尔班8世（Urban VIII）和主教塞缪尔·威尔伯福斯（Samuel Wilberforce，1805—1873）才会因为自身对日心说的宇宙观及进化论探索性的质疑而成为英雄。这点极具讽刺性，波普尔旨在区分科学和其他活动，如精神分析学或政治学（或自然神学），因为人们对这些学术无法直接证伪，但他的方法却成为排除"伪科学"的过滤器。这样的分类对史学家来说难免有误导性，但科学的确具有使自己区别于其他活动的特点，正因为如此，科学史和科学哲学才显得独具特色，值得深究。

哲学家并不太关心科学家如何反应，他们已经着手准备"合理地重构"过去，[24]在某个短暂时间里进入更加抽象的世界，想着是否一个白色手帕存在就能证明"所有的乌鸦都是黑的"、如果蓝色和绿色变得洁白如雪会发生什么这一类充满悖论的问题。科学史学家已经发现学术历史学家（巴特菲尔德除外）对他们前进的步伐提议难以接受，现在也断然与哲学家分道扬镳，转而开始与社会学家移情别恋。社会学原理的创始人奥古斯特·孔德（Auguste Comte，1798—1857）和赫伯特·斯宾塞（Herbert Spencer，1820—1903），二者都与科学有着千丝万缕的联系，他们也都希望通过人类科学使实证知识走上一条光明的大道。[25]孔德这样看待思想在个人和文明发展中的三个阶段：宗教、形而上学，最后是实证主义。实证主义观点在19世纪和20世纪期间极具吸引力。与此同时，马克思主义思想也登台了。在1931年第二届国际科学史大会上，[26]由俄罗斯代表团将其介绍给了使用英语的科学史学家。这种冲击在20世纪60年代和70年代被证明不仅是强大的，而且是时尚的。培根在17世纪写道，印刷、火药和罗盘构成了现代世界。后来的学者则只关注重大的科学思想而忽略了技术，把它看作与科学不可分割，但又依赖于科学的产物。马克思主义者扭转了这一观点。

是历史的内因还是外因？

从何种程度上来看待"内因"和"外因"这个问题，引发了科学历史学家们的争论。科学进步是否因为解决了前辈所遗留的难题，所谓站在巨人肩膀上的侏儒或许能够看得更远一点吗？或是因为经济和社会状况，还是因为当时的时代精神使得个人利益被置于次要的位置，而解决实际问题是更为迫切的需要？内因论者所关注的是在很长的一段时期中，那些具体的科学以及科学家的历史，当时国际会议所具有的特性。事实是，当时机成熟时，科学发现者在不知道存在竞争也不知道彼此情况下，却有同时的科学发现，这样的例子并不少见。这又支持了外因论者的观点。这使我们不得不关注那些在不同的社会因素和约束下，科学家的所作所为。例如，这样的研究使人们更加了解英国皇家学院，让我们明白了为什么在学院工作的戴维和法拉第被描绘成为英国统治阶级的工具。[27]但我们这些被科学的历史和那些令人兴奋的观点所吸引的人，决不接受这是全部事实。我们感兴趣的是他们到底是什么样的人，有什么不同的思想和造成个人不同之处的原因。证据说明（信件、遗嘱、笔记本、草图、报告、论文、书籍、标本、设备、建筑物、高山峻岭），不能无视科学的发展与内容，更不能脱离其广泛的内外因素。[28]历史学家所关注的是证据，而科学家所需要的是观察、实验和计算；经过这种方法找到联系，产生出好主意，再对科学猜想进行测试。

部分是出于对内因与外因那些枯燥无味争论的反应，令人耳目一新的把传记聚焦在个体身上的方式出现了。不受历史人物的局限，黑格尔式的英雄们不循常规，全力发掘经由严肃的科学历史学家之手的那些有关代表性人物生活的传记，令人阅读起来比看论文更有趣。在过去，作家可能在不同的章节分别讲述科学和生活的话题，或只写这个而不写那个。有时，就像普里斯特利在《维多利亚国家传记词典》（Dictionary of National Biography）中所做的那样，用很长的目录将那些描写化学家和神职人员的不同作者放在一起，似乎他们是在记录活在同一时代两个名字相同的不同人物。然而，让一个在科学领域成名的人物，与他在日常生活中特有的琐碎行为联系起来而又不失诚实地重现场景，想在这两者之间获得某种平衡并非易事。[29]这些考虑都与书本的销售有关。例如，有关伽利略和达尔文的故事已多得不可胜数，可出版商还不停地要求出新的，新的传记也只是换了一个新的作家的名字罢了。有时，这样的相互作用也是很重要的，也只是仅此罢了。不太有名的科学家的故事在公众眼里并不卖座，除非能像《经度》（Longitude）[30]一书中非同寻常的约翰·哈里森（John Harrison，1693—1776）的例子。他面对高寒地带的恶劣环境，坚持不懈地进行抗争的故事，可以被编成一个卖座戏剧。尽管如此，在最近的一段时期，我们还看到极有价值的有关达尔文的盟友华莱士的传记，甚至他的一个鲜为人知的对手，约翰·菲利普斯（John Phillips，1800—1874）[31]的传记。因为科学和技术是社会流动的通道，传记作家塞缪尔·史麦尔斯（Samuel Smiles，1812—1904）以这样一种方式来提倡自强成功的理念。反过来，也促使人们去关注那些不公正的忽视。例如遗传学的先驱格雷戈尔·孟德尔（Gregor Mendel，1822—1884）[32]，他的悲惨遭遇对那些遭到白眼的科学家来说，无疑是一场噩梦；对有些自以为是的科学怪人——他们希望就算死后也能得到认可——却是一种鼓励（我们没看到过后人为此做了什么）。

英国维多利亚时代的英雄崇拜式的传记，如托马斯·卡莱尔（Thomas Carlyle，1795—1881）的作品让历史学家感到尴尬。但是，尽管写吧，如此可以给我们带来巨大的好处。因为这些故事可以让我们纵观全局，让我们认识到过去的人生活在怎样不同的环境中，有着怎样不同的期望——过去的世界确实让人感到陌生，而"科学"却总是一成不变的东西。关于托马斯·亨利·赫胥黎（Thomas Henry Huxley，1825—1895）的传记大都是这么写的：他在公共科学和宗教机构改革方面的贡献远远超过达尔文，奇迹般地照亮了维多利亚时代的科学和知识生活的世界，因此声名远扬。[33]传记最好是在他们的描述对象去世后来写。但是，一门科学的传记却可以把过世的科学家当作一个活人来写。[34]科学机构的历史与传记没有什么不同，它们也包含传记中的各种概述和精辟的见解。正如一位历史学家所说的那样，"自然历史一直是一个社会化的事业。描写某个自然主义学者的书籍很少能够让人看清这些错综复杂的关系，而这些关系一直都是推动自然历史这个世界的力量"。[35]《达尔文通信集》（*Darwin Correspondence*）让我们对此看得一清二楚。[36]

无论大学还是公司、出版社、专业机构和科学社团，都喜欢出版有关自己的历史。[37]有的可能写得平淡无奇，有的属于轶事性质，有的充满趣味，有的则表现出沾沾自喜和自以为是。但是，历史态度严肃的人写出来的历史，是非常有价值的。它们让我们明白，科学属于社会活动（哪怕某项科研任务是由某位心不在焉的大学教授在做）。在这里，科学历史学家可以找到过去没有的新资料，包括会议记录、财务和会计文件、合同、书籍和文件的草稿、同行评议过程中审稿人和读者的报告、通信、收到并归档但从未公布的文件、备忘录、实验室和现场的笔记与日记都纷纷出场。这些为我们开辟了一个新的视角：我们从中看到了冲突、野心、人的个性以及对机构的忠诚，也能让我们领悟到科学是什么、科学是为了什么。有时候，这看上去像是撇开科学来谈科学史，但这样想就未免太狭隘了：科学机构虽然有其特殊性，但他们与教会、共济会、工业和政府部门也有相似之处。

来自下层社会的历史

书写来自社会下层的历史成为许多20世纪历史学家的目标，那些关注科学的人开始认真思考科学是如何变得流行的。一项工作主要通过对19世纪英语期刊的检验分析,来了解当时的科学状况,整理汇集成了三本书并出版,让人们更加了解当时大多数人所看到的科学。毕竟,认真研究历史、参加学术讲座和会议、阅读学术期刊的人,现在和过去一样,都属于少数。[38]通过税收和消费支出支持科学技术的公民——从有权势的、受过良好教育的人士到勉强识字的人——都应该对这种花费不菲的项目有自己的知情权和发言权。我们通常只考虑从事科学的人,但还有其他人——大多数时候是我们——在科学面前只能逆来顺受,成为科学的接收终端;就像在中世纪,公众是神学的接收终端一样。我们也许只能沦为被测试的对象,我们那些通过经验所获得的知识在所谓专家眼里根本不值一文。我们的劳作成果成了别人的专利,我们千辛万苦学到的技能因为技术创新变得过时而使我们失去了谋生之道。人们想知道的科学,或者媒体认为他们想知道的科学,与那些院士和教授认为他们应该知道的科学有很大的区别:公众对科学的理解是一个令人感到有趣和困惑的话题。[39]这些就像宣告发现了某种"突破"和阿基米德的"尤里卡时刻"那样,其实大多数时候都不了了之。在科学的历史中,就像在各种关系史中一样,充满了虚假的诺言。和感情一样,健康一直是人们关注的焦点。科学在威胁的不仅只是工作,还包括价值观。无论过去还是现在,人们常以极具个性化的方式接近科学:两强相争也是很有趣的事情。例如,在伦敦南肯辛顿建立的大型教育中心"阿尔伯特城",那种集国际展览和动手实践功能为一体的博物馆形式,就是一个紧随柏林博物馆岛之后的虚张声势的产物。[40]

有些一般期刊,也含有科学特征,但不是特别突出。从18世纪末期开始,有些科技期刊由私人企业创办,与科学协会和学院没有关系。这样的期刊可能会把那些以不同的方式从事科学的人拉到一个具有自我意识的团体,把自己看作科学家。因此,在德国,从事手工艺、工业和医疗活动的化学家被一本杂志聚集在一起;而在法国,拉瓦锡和他的门徒创办了一本杂志,提升自己的视野和化学的地位。他们的文章比出版社发表得更快。[41]在英国,私人期刊起步较晚,开始只是一般性的期刊。其中一份名为《哲学杂志》(*Philosophical Magazine*)的期刊虽然还在发行，但已经蜕变成一种物理学科出版物[42]的《尼克尔森期刊》(*Nicholson's Journal*)迅速加入，接着是《哲学年鉴》(*Annals of Philosophy*)，它还吸收了一些其他的竞争对手。随着科学变得更加专业化，这些非正式的出版物越来越多地被更为专门的期刊所取代。这些期刊通常由新兴的团体出版（地质学、天文学、化学、动物学等），外界越来越难以插足。[43]与实验室和数学学科出版物相反，广泛流行的自然史科学出版物仍然是值得一读的。[44]同时，出版革命又大大降低了成本，使书籍在不断增强阅读能力的世界中不再是奢侈品。[45]书籍和出版学的研究，对于了解科学是如何前行的至关重要。[46]

究竟什么是科学史？

在以往，历史只是与国王和王后、教皇和总理，以及海军、陆军的将军们有关，甚至相关的日期都无关紧要，读者只能通过一些枯燥的史诗线索，才能从叙事迷宫里走出来。最近，随着社会和历史的发展，这些伟大人物的事迹已经被记录下来。我们不想对科学史过分深究，因为以前几乎所有的关注都聚焦在伟大的发现者身上；其实，普通人也应该多得到一些关注。19世纪是具有历史意义的时代，也是科学的时代：二者都应成为理解人类和自然至关重要的学科。它们之间面临共同的难题：如何从大量可能的证据中，决定哪些证据是相互关联的；当新的见解传播开时，如何小心不要把原来的婴儿连同洗澡水一块倒掉。如何解释原本陌生的世界是一个永远完不成的工程，因为通过不同方式的观察和各种奇妙的感受，人们的见解会不断得到修正，一切突然变得更清晰、更有条理。这一切最终来自那些天才。在戴维和他的同时代人看来，有可能是神灵、妖精、精灵以灵感形式附体在那些才华横溢者身上。[47]对于那些较为失意的后来者来说，这是个人灵感所致。

所以，从各种角度来看，科学史都是一个胜利的故事，是知识史的一个分支，是对建立在经济现实上脆弱的上层建筑的研究，是有关一系列个人事业的故事，是对设备和机械的研究，或者是有关人际间的相互作用。因此，科学史学家在研究方法上变得更加谨慎。总而言之，他们更有意地不去绘制科学史的全景图。[48]像实证主义时代的科学家一样，他们保持低调，只是或多或少描绘出一些精致的缩影，倾向于将有关大视野的叙事留给他人去做。[49]所以在这本书中，本来需要用到宏大的叙事笔调，但我还是想做一个机会主义者，就在这些历史学的传统中挑挑拣拣，找些适应本书主题和背景的内容来写。对于那些更关注具体主题的人来说——例如科学仪器的制作、德国浪漫生物学的兴起，或在英国出版的某本备受争议的书（其中有许多需要细究方能给予充分相信的东西）——这本书将让他们对科学和文化有更好的认识。[50]如今，自然历史终于被赋予了应有的地位，不再被描绘成像青春期躁动那样一类令人尴尬的东西。[51]在自然历史类文章后面还会附有参考文献，帮助那些不了解科学史的人。[52]在这方面，还有各种各样[53]关于科学的概念和有关科学家的手册、词典。[54]多卷的《科学家传记词典》(*Dictionary of Scientific Biography*)正在被不断更新，补充以前被遗漏的人物条目。对于本书读者来说，的确，《19世纪英国科学家词典》(*Dictionary of Nineteenth-Century British Scientists*)将会是一个最宝贵的资源。[55]还有在线即可使用的《牛津国家传记词典》(*Oxford Dictionary of National Biography*)，从维多利亚时代的前辈开始，历经了一个世纪不断改写（维多利亚时代的观点依然重要，该词典依然不可取代），以及其他一些有关英国的传记。如已出版的《法拉第通信集》(*Faraday Correspondence*)，以及还将在未来持续多年的《达尔文通信集》这一浩大的国际工程，就是认识19世纪电力、生命与地球科学这张巨网的好方法。[56]有两部宏大的多卷汇编巨著也即将面世：它们是剑桥大学出版社的《剑桥科学史》(*Cambridge History of Science*)和意大利百科全书出版社的《科学的故事》(*Storia della Scienza*)。

在科学史中，亦如科学本身，有其自身的协会和期刊。有些是一般性质的，像美国科学史学会，在美国出版的专业科学期刊有《伊希斯》(*Isis*)和《奥西里斯》（*Osiris*）；在英国，则是英国科学史学会的《英国科学史杂志》（*The British Journal for the History of Science*，BJHS）。其他国家也有类似的协会。还有一本商业杂志《科学年鉴》（*Annals of Science*），皇家学会登载历史笔记和记录，以及其成员的（英国和国外）讣告。这些都是宝贵的资料，而《跨学科的科学评论》（*Interdisciplinary Science Reviews*）则对在其他地方发表的、鲜有人注意的那些偏门论文，会起到推广作用。更专业的是炼金术与化学协会所出版的《安比克斯》（*Ambix*），自然史学会出版的《自然史档案》（*Archives of Natural History*），技术史学会（SHOT）出版的《科技与文化》（*Technology and Culture*），还有纽科曼协会为出版工程史发行的《会刊》（*Transactions*）。而在医学史方面，有医学社会史学会出版的《社会医学史》（*Social History of Medicine*）。所有这些协会也组织会议和举办研讨会，会员遍布各国。他们的期刊也和科学期刊一样，是学术研究的对象。[57]在科学协会中，如皇家化学学会和美国化学学会，都有自己的历史组或者相应部门。任何对科学、技术或医学史有浓厚兴趣的人，对这些分类都必须有一定的了解。还有一些地方协会和机构，它们都对这一领域有着极为浓厚的兴趣。

第一章
1789年及以后的科学状况

Science in and after 1789

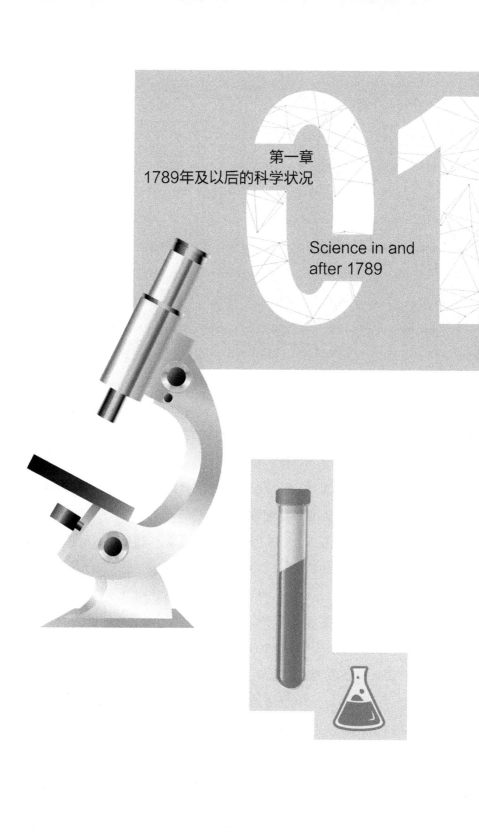

序　言

　　100年前，电仅是客厅宴会上一种用于添加余兴的游戏，后来成为理解物理学的关键。它不仅改变了科学，也使我们的生活起了翻天覆地的变化。所以，早在1904年，[1]当时的英国首相兼科学与技术促进会会长亚瑟·贝尔福（Arthur Balfour，1848—1930）就向世界宣告，如果将科学拒之门外，我们就无法理解19世纪。就在那时，在德国完成学业、博学多才的约翰·西奥多·默茨（John Theodore Merz，1840—1922），从纽卡斯尔化学与电气工程部门退休后，正在写他的那部伟大的《19世纪欧洲思想史》（*History of European Thought in the Nineteenth Century*）。[2]该书有一半（四卷中的前两卷）是以专题章节的形式对科学进行专门的论述。他确信，"我们这个世纪是科学的世纪，而科学的起源地就是法国"。他创造了一个有用的术语"研究学派"。在其晚年，默茨认为，通过"个人的知识和经验"，人们可以借助回忆，把一百年左右的时间当作同时代历史来看待。默茨有机会遇到许多出生和成长于18世纪的人，正如我也遇到许多出生和成长于19世纪的人一样。默茨写的是自己时代的历史，但我不是。今天，我们间接的个人经历已经不足以认识19世纪80年代以前的世界了。然而，我们也具有一些优势：因为我们知道故事的结局，知道后来又发生了什么。我们见证了时间的考验。因此，我们对过去探寻的视角和发现的结果，都会是不同的。

　　默茨正是跟随剑桥"三一"学院惠威尔的脚步，[3]把关注的重点放在科学思想上。时下的观点是，科学意味着以开放的心态积累事实，最终得出结论。惠威尔却认为，科学意味着找到一个正确的视角，借助某种想象的腾飞，通过定向观察和实验来描绘出总体的画面。[4]他的《推理科学史》（*History of the Inductive Science*）即这种方法的展示。借助其典型的"基要主义思想"概念，即以各类科学的本质为线索，他认为化学是可分析的、地质学是动态的、植物学是可分类的、物理学是可机械化的。生活在哲学领域盛行理想主义的时代，默茨在写作中同样以理想主义的心态看待天文、原子、机械、遗传、统计学及其他关于自然的科学观点。默茨是一个好向导，他的那部作品有着极为完善的脚注，在某种意义上说，我们后来所写的都不过是那部作品脚注的脚注。然而，他的话还不是最终的结论。默茨引用约翰·沃尔夫冈·歌德（Johann Wolfgang Goethe，1739—1842）[5]的话说："历史必须不断重写，原因并非我们发现了新的事实，而是因为人们的新视野，因为特定时代的参与者将随着时代的进步被引导到新的立场，以崭新的眼光去评判过去。"科学是一种智识活动，但也是实践活动和社会活动，因此，科学生活和实践也一定是我们要谈到的主题。

我们已接受科学不仅包括既定事实，也包括比思想更多的东西。惠威尔、默茨和他们的同时代人都理所当然地认为，科学是人类的进步，人们通过观察和实验逐渐发现外部世界的真相。在写作科学史的同时，他们也是促进科学发展的福音使者。我们生活在一个相对悲观多疑的时代，更需小心解读，探究字里行间的含义。如今，专家已不再被信任，历史学家也不得不去写有关宗教法庭审判官（中世纪天主教）、纳粹党人，以及许多他们并不喜欢的人与事。科学已不再单纯。在20世纪，系统科学作为文化的一部分，引发了人们新的兴趣。一些人把科学描绘成一种社会建构方式，进而将这种来自社会的建构方式和设想强加到大自然身上。[6]毕竟，政治经济学家托马斯·马尔萨斯（Tomas Malthus，1766—1834）和赫伯特·斯宾塞是把"生存斗争"和"适者生存"这两个句子引入进化论思想的始作俑者，[7]使其一开始就成为"社会达尔文主义"，但这并不意味着它只是"维多利亚时代价值观"的一种反映。虽说模式和隐喻至关重要，我依然相信真实世界的存在，我们可以对它有更多的发现和认识；而科学正是这种随着时间一步一步地、耐心地去认识和发现这个世界的方法。正因如此，19世纪方显得尤为重要。我们对科学的认识并非一成不变，更常会有遇到纠错的运气（贝尔福注意到，他四十年前学到的很多东西都是错误的）。的确，通往真理没有捷径，没有检测"伪科学"的现成方法。大家别忘了在我们书中曾经提到的那些令人深思的例子，那些被忽视的真理和不成功的科学研究，例如颅相学和动物磁力学。历史不仅关注成功者比如医学史学家，已经开始自下而上，从病人、医生和护士的角度进行研究。⁸因此，我们也必须记住那些处于科学研究的受益和受害端的人（在工业化和殖民地这两种世界里），以及众多并没有参与惊世骇俗的创新，而是沿用老旧的、经过验证的操作工艺和思想的人们。

"科学"是抽象的，它是科学家从事的活动。科学的历史不只是一堆传记，⁹而是向我们展示了那些鲜活的生命个体，如何奇妙地照亮了我们称之为科学的这项人类活动。¹⁰科学信徒们倡导社会繁荣，力图把人们从迷信与无知中解放出来，使人们能以团结合作的愉快来减轻劳动的艰辛与疾病的困扰。各种团体、出版物、博物馆和展览会如雨后春笋般出现，巡游的科学团体用马戏团似的表演形式造访各市镇，运输和通信经历着革命性的变化，各种传统的宗教活动也备受挑战，例如，通过祈祷来减轻灾难的做法。与此同时，政府却面临因科学而蓬勃发展的工业所造成的环境污染，不得不对其进行规范。20世纪的科学与军工企业的联系可以被追溯到19世纪，那时候科学教育和技术专业刚刚兴起，在进一步发展的过程中，就需要越来越多资金的支持。英文单词"科学"的原意是指任何系统性的知识，而到了19世纪后期，其定义变窄，被一直沿用至今；而"科学家"这个词也就此随之而来。这项曾一度在欧洲和北美只是男人的一种休闲活动（也许带着些许的滑稽），到1914年，已经成为一种越来越专业的学科。人们须接受与此相关的职业教育和培训，才能从事研究、教学和行政或作为技术人员。¹¹从前，妇女、亚洲人、阿拉伯人、非洲人和拉丁美洲人在历史的舞台上也扮演过重要的角色，但都只是在幕后。到了1914年，当科学活动席卷全球时，他们也开始有了登台亮相的机会。我们的故事就始于这一革命性的时代。

1789年4月，乔治·华盛顿成为美国第一任总统。同年7月，巴士底狱的风暴标志着法国第一次革命的开始。1914年8月，第一次世界大战开始了。"漫长的"19世纪就这样开始并结束于空前的政治灾难。从1789年开始，人类进入了一个政治与科学空前未有的重要时代：在此期间，拉瓦锡出版了《化学元素》（*Elements of Chemistry*），安东尼·劳伦·德·朱西厄（Antoine Laurent de Jussieu，1748—1836）发表了其自然植物分类体系。在法国，科学和人文"两种文化"也正在开始孕育成形；第二次科学革命呼之欲出，科学正在成为一种更专业化、更高要求的职业（要求准确性、精确性和计算能力），不再只是一项爱好。科学人员被动员起来，捍卫襁褓中的法兰西共和国。他们确实使隆隆的炮声淹没了教堂的钟声，但在当时，科学似乎还没有显示出多么强大的威力。在20世纪早期，知识上的剧变主要体现在物理学、遗传学和医学领域，但科学工业在国家经济中已变得至关重要。从某种意义上说，1914—1918年的战争并不是真正的第一次世界大战——因为，在18、19世纪就已经有了那些令人可怖的事情[12]：使用烈性炸药的炸弹、各种火炮、潜艇的鱼雷，甚至毒气，它们被称为"化学家的战争"。科学家也因在战争中所扮演的角色而声名狼藉。到1815年，历经二十年战争后，作为19世纪特色的国际科学团体也随之分崩离析：在1914年，敌对国的侨民科学家很快被彼此的科学协会和学院驱逐出境。在充满暴行的战争故事中，自由和开放的知识交流再次终止了。

1789年的法国

在被称为启蒙运动的过程中，科学在其中的所作所为是在自然界中发现秩序，然后再将其强加于自然。可以通过数学和实验的方式，也可以通过自然哲学或自然史来对其进行描述和分类。流亡英国的伏尔泰（Voltaire，1694—1778）遇到了牛顿物理学，并使牛顿物理学在他的同胞之间普及。让-雅克·卢梭（Jean-Jacques Rousseau，1712—1778）也是以相同的方式引进了卡尔·林奈（Carl Linnaeus，1707—1778）的植物学。丹尼斯·狄德罗（Denis Diderot，1713—1784）和让·勒朗·达朗贝尔（Jean le Rond D'Alembert，1717—1783）合编的伟大的《百科全书》（*Encyclopaedia*），在开始只是一个翻译伊弗雷姆·钱伯斯《百科全书》（*Cyclopedia*）（1727）的项目，但结果却变成了一个更宏大和重要的东西。[13]插图精美[14]的科学技术文章与其他那些名噪一时，因政治和宗教原因逃避审查制度的文章相比，对于削弱古代皇家极权统治、封建贵族的特权、地位牢固的罗马天主教会对异议者的迫害等方面，起到了更有力的推动作用。在这些"启蒙运动者"——有些宣称自己是唯物主义者——和他们继承者的眼中，[15]似乎现代科学的世界观必须挑战在政治和宗教方面的既定传统，才能帮助解放普罗大众。尽管拉瓦锡在1794年的"恐怖统治时期"中被斩首（作为"税款承包人"），彼时的法国社会对精英主义仍感到不安。在法国，科学从1789年起就与革命和世俗化联系在一起。一个科学家如果同时也相信宗教，他的生活并不总是件易事。[16]

在英国，16世纪60年代成立的皇家学会实际上是一个绅士知识分子俱乐部，只支持和出版少数活跃会员的研究成果；而同一时期的巴黎科学院却已经是一个由44名科学精英人士组成的领薪机构。[17]作为公务员，他们不时被要求做诸如此类的工作：对火药或街道照明进行实际调查，或对永动机、催眠术进行裁决。他们在法国享有真正的声望和权威。在那里，一个聪明的男孩可以有未来从事科学事业的理想；而在其他地方，他还需要从事另一种职业，如医学、教会或法律。[18]当选院士是终身制的，有些院士都活到很高的年龄，像米歇尔·欧仁·谢弗勒尔（Michel Eugène Chevreul，1786—1889）。不同学科的院士数量不同，但总数是固定的。当一位院士过世后，其他人将对他的继任者进行有效的提名选举，成为他们的下一位同事。因此，当时的学术界人士都希望能获得院士的空缺。为此，他们必须让自己在巴黎学术界获得认可，而这是一个竞争激烈的圈子，有人拉票，也有人干预投票。有时，筛选条件可能会放松一些，以使某个杰出人物入选。例如，那个笨手笨脚的应用数学家丹尼斯·泊松（Denis Poisson，1781—1840）就是这样以实验物理学家身份当选的。[19]

与科学院相关的是巴黎天文台。跟格林尼治天文台一样，修建巴黎天文台的初衷也是为了导航，因为只有通过观察天空才可以知道我们在地球上的位置。当时，有各种重要的项目，包括研究地球确切的形状。在法国大革命之后采用了新的"米"制度量系统，替代之前使用的各种看似随意的"英尺和英寸"。以"米"为单位来衡量地球的周长，这就需要有新的测量值。[20]在巴黎左岸的皇家花园，在大革命时期更名为植物园。这座位于塞纳河左岸[21]壮丽的植物园，曾为朱西厄家族几代所有。自1793年起，与植物园有关联的是自然历史博物馆。大革命后，皇家动物园从凡尔赛宫迁移至此，与之毗邻。乔治·居维叶（Georges Cuvier，1769—1832）和让-巴普蒂斯特·拉马克（Jean-Baptiste Lamarck，1744—1829）被任命为动物学家，他们在此为公众举办讲座。在这些令人陶醉的自由和平等的美好日子里，巴黎人还可以随时去医院听医学讲座，医院成为进行医学学习和活动的重要场所。[22]1797年，原来的一个修道院被改造为科技博物馆，职业艺术学院也向法国科学院提交了使用人体模特作为尝试的申请。在此，也不时举行一些面向公众的讲座。

图1　巴黎动物园中野兽的居所。J.P.F.德勒兹（Deleuze），《皇家自然历史博物馆的历史与描述》，巴黎：罗耶，1825年，364页

1800年，科学职业在各种领域中纷纷涌现。法国大革命为有能力的年轻人和寻找人才的新赞助人提供了各种机会。从前依靠特权和赞助的教育制度也得到了改革，尤其重要的是1794年成立的巴黎综合理工大学。该学院通过考试竞争选拔生源，培养工程师和科学家。有些医学院校敢于创新，如位于莱顿和爱丁堡的大学，但大多数大学依然保守不变，学生在那些地方所接受的还是与他们的父亲和祖父辈一样的人文主义和自由主义教育。体现在法国高中教育的一个新理念是教学和研究相结合：每个人都在学习，教授们有责任拓展知识并将其传授给学生。

拿破仑时期的巴黎综合理工大学日益军事化，而培养教师的师范学校也参与了科学教育；在拿破仑时代，所有大学进行了重组并在各省设立分校，也开始采用教学与研究相结合的理念。因此，那些为科学所吸引的聪明的年轻人可以得到培训并获得机会。不幸的是，他们得到的工资很低，特别是在1815年以后，一种做法（逐渐）变得普遍：一些成功人士同时承担几份工作，并把大部分工作交给手下去完成，却只支付他们非常少的报酬——就像当时英格兰教会里显要人物的所作所为一样。[23]

数学家皮埃尔-西蒙·拉普拉斯（Pierre-Simon Laplace，1749—1827）和化学家克劳德-路易·贝托莱（Claude-Louis Berthollet，1748—1822）在拿破仑时期获得重用，成为参议员和贵族。这让他们有了轻松的职位和不菲的收入。他们都在当时的阿尔克伊郊区购置了乡间别墅。他们在那里成立了知识分子团体，邀请他们的门人在向法国科学院提交论文之前，在此先讨论他们所进行的研究。[24]通过这样的渠道发表论文，速度比提交给法国科学院更快。这些门人最终大多数成为院士。通过这种非正式的方式，拉普拉斯和伯托利特实际上担任了挑选、培训和鼓励下一代科学精英人士的工作，泊松和伟大的化学家约瑟夫-路易·盖-吕萨克（Joseph-Louis Gay-Lussac，1778—1850）就是从中脱颖而出的人物。这些聚会可以被看作在引人入胜的环境中进行的室内研讨会或现场工作会议。

资源集中，再加上政府对科学的认可，意味着巴黎将拥有关键的大量人才资源，使其在未来三十多年中都是世界所有科学领域的卓越中心。在其他国家也有非常优秀的科学家，例如：英国的普里斯特利和亨利·卡文迪什（Henry Cavendish，1731—1810）；苏格兰的约瑟夫·布莱克（Joseph Black，1728—1799）和詹姆斯·赫顿（James Hutton，1726—1797）、托伯·伯格曼（Tobern Bergman，1735—1784）；瑞典的卡尔·威廉·谢勒（Carl Wilhelm Scheele，1742—1786）；意大利的路易吉·加尔瓦尼（Luigi Galvani，1737—1798）和亚历山德罗·伏特（Alessandro Volta，1745—1827）；美国的本杰明·富兰克林；德国的卡尔·弗里德里希·高斯（Karl Friedrich Gauss，1777—1855）和亚历山大·冯·洪堡（Alexander von Humboldt，1769—1859）。但是，从科学的角度，他们不得不带着羡慕的眼光看待巴黎及其机构的水准，也不能不承认这是当时科学的主流力量。令他们遗憾的是，他们国家与法国并不是同盟国。正因如此，法国政府在1808年曾要求两位院士，天文台的让-巴普蒂斯特·德朗布尔（Jean-Baptiste Delambre，1749—1822）和居维叶，专门就1789年以来欧洲各国的科学进展做报告。[25]报告里充斥着对拿破仑的过誉之词，但这无损法国在当时的科学中心地位。他们二人同时身兼"数学"和"自然"科学院的秘书。当时，英国正在进行第一次工业革命并建立起强大的经济实力，奠定了击败拿破仑的力量。但这种学科的分类是极其必要的，它将使法国日后在科学领域仍然处于领先地位。即使在大革命之前，法国也只意味着巴黎，而那些远在巴黎之外的人，因为各种原因倍感孤独与伤悲。拿破仑的胜利取决于他能集结大量的军队；而在科学方面，数量和距离的远近也同样重要。

在漫长的19世纪，竞争对手的中心权力和影响力在增强，但在远离这些中心的地方，人们并非止步不前。比如：生活在阴冷的曼彻斯特的约翰·道尔顿（John Dalton，1766—1844）；吉森的尤斯图斯·冯·李比希；布尔诺的格雷戈尔·孟德尔；圣彼得堡的德米特里·门捷列夫（Dmitri Mendeleev，1834—1907）；耶鲁大学的约西亚·威拉德·吉布斯（Josiah Willard Gibbs，1839—1903），以及阿德莱德的威廉·亨利·布拉格（William Henry Bragg，1862—1942年）；蒙特利尔的欧内斯特·卢瑟福（Ernest Rutherford，1871—1937）。他们都在各自的科学领域取得了重大的进展。科学技术方面的创新，往往来自这些个人或小团体，然后再被大城市的人们所接受。在大城市，人才容易得到培养，也容易受到压制。但就像在歌剧中一样，既需要独唱者也需要合唱团才能一起将工作进行下去。科学的牢固地位以及令其转化为公共知识的成果，都是基于权威的学术团体那些具有远见卓识的研究项目。这些机构拥有最负盛名的期刊、最新的设备和大批的人才。

正像中世纪的教会一直为背景卑微的男孩提供机会那样，科学也可以成为社会流动的重要工具。但是，如果对盖-吕萨克与他的同时代人戴维进行比较，就会涉及两个城市的故事：在巴黎，高科技的科学教育成就了盖-吕萨克的职业科学家生涯；而在英国摄政时期的伦敦，既势力又任人唯贤，戴维在那儿以演讲者的才华将贵族和绅士吸引到了皇家科学机构。戴维那种成功地将专业技能转化为表演的艺术，足以使娱乐界关注，借此吸引到了赞助。如果没有在演讲厅的表演，他没有机会完成在实验室里的电化学和安全灯的研究，并在那里培养出法拉第。尽管如此，他的收入还是不稳定的。但就像童话故事中的迪克·怀廷顿（Dick Whittington）那样，他通过与拥有巨额财产的女继承人的婚姻获得了自己的身份和地位，并使他能够适时坐上英国皇家学会主席的宝座。

数学学科

回到那份报告中提到的各个具体的科学学科。科学院的这个群体中包括了数学及其各个分支、天文学、地理学、数学物理学、力学和机械制造。这些学科后来有"纯粹"和"应用"科学，或科学与技术之间的区别，但当时在法国或任何其他地方，并没有一个泾渭分明的死板的界限。知识就是力量，科学将大有可为：巴黎综合理工大学终究是一所工程学校，而科学院的创立就是出于功利主义的目标——这就是为什么政府出于维护文化的威望和对长远的考虑，宁可浪费纳税人的钱进行一些"蓝天项目"的研究，也要继续支持科学。在18世纪后期，法国数学家的伟大成就是建立在牛顿和戈特弗里德·莱布尼茨（Gottfried Leibniz，1646—1716）在微积分数学的工作成就上，将其发展为强大的数学分析系统。牛顿的"流数术"（fluxions）被其英国门生盲目采用。他的标示法，其中x（上面有一个点）表明x的流数。直到1810年以后，剑桥大学都是这样教授，有份考卷的抬头干脆就印着"牛顿"二字。这种地方性的狭隘观念切断了英国数学家与欧洲大陆的联系，在欧洲其他地方更青睐的是莱布尼茨将x的差异化用更便捷的dy/dx来进行标示。尽管如此，牛顿和莱布尼茨的工作还是继续向前进行。当时著名的数学家约瑟夫·路易斯·拉格朗日（Joseph Louis Lagrange，1736—1813）在中年时移居巴黎。在此之前，他曾先后在都灵和柏林工作过（当时，在弗雷德里克的旗下，"伟大的法语"是有学问和有教养的人所使用的语言）。他在1788年发表了令人刮目相看的《分析力学》(Mécanique analytique)。令他引以为豪的是，这本书与牛顿1687年的《几何原理》(Principia)不同。该书没有图解或方程式结构，完全由代数构成。这种抽象和精确的数学开始成为科学的语言，清晰而明确。

18世纪90年代最杰出的数学物理学家是拉普拉斯，他在天文学和概率学方面的出色作为都是以拉格朗日的成果为基础。在当时，牛顿已经能够证明，在重力作用下，星球绕太阳的轨道是椭圆形的。牛顿的理论表明，行星之间还会相互吸引，由此产生的轨道偏离将会递增。对他来说，上帝是一个辛苦的总督，而不是袖手旁观的王子。上帝不仅创造了这个星系，还不时地对其加以规范。莱布尼茨对此非常不以为然。他认为，牛顿的想法是对上帝的贬损。他认为，上帝肯定会设计出一个不需要调节的钟表。[26]曾是神学院学生的拉普拉斯在他长达五卷的《天体力学》(Mechanique celeste，1799—1825)中使用了强有力的分析方法来表明，从长远来看，这种轨道的不确定性会相互抵消；因此，莱布尼茨是对的。但拉普拉斯的结论是不同的：在他给拿破仑关于上帝的著名答复中，他宣称无须做这样的假设。三十年来，历经各种不同的统治，他在物理科学界的影响不变。[27]他认为，世界由众多巨大和微小的物体组成，在重力或类似于它的中心力量作用下相互作用。这一观点变得更令人确信不疑。

拉普拉斯还使人们对月球的运动有更好的理解，与牛顿相比，他的计算更为准确。他还以更受欢迎和更易让人理解的方式推测太阳系的起源。太阳系行星的轨道几乎都在同一个水平面上：它们都沿着同一个轨道，即十二星座，穿越天空——这种现象使星象学变得有迹可循。他的同时代长辈威廉·赫歇尔（William Herschel，1738—1822）是以德国乐队中一名音乐家的身份来到英国的。令人想不到的是，是他发现了天王星（自古以来第一个以这种身份进入发现者名单的人）。[28]拉普拉斯与威廉一样，都认为星体是由于太阳旋转，让大量模糊状物质固化而形成的圆盘。有了更大和更好的望远镜之后，人们发现了更多小的天体——

小行星。这些小行星也许根本不能或尚未凝聚成一个行星,去填补火星和木星之间的地带。在整个世纪里,拉普拉斯对星云进化论的假设让天文学家和物理学家们兴致勃勃。[29]

拉普拉斯也写过有关数学和通俗统计学的文章。生活是杂乱无章的,但科学似乎只适合于有明确因果关系的领域。因此,把概率置于规律的控制之下将是一种伟大的成就。18世纪的数学家已经开始对概率游戏进行各种分析,拉普拉斯则把这种研究延伸到人类事务领域。通过设想证人说实话的概率、陪审员做出明智结论的概率,在导致多少无辜者被判有罪、多少有罪者被无罪释放之间,找到一种大家都能接受的犯错概率,他得出了陪审团人数的最佳规模。然而,这种高度推理假设的方法很快就被"关键统计法"所取代。政府开始收集大量关于人口的数据,并可借此获得可归纳性的结论,而这些结论对于改善公共卫生状况至关重要。统计学思想成为19世纪伟大的科学成就之一。但在物理学领域,拉普拉斯的演绎概率理论仍然非常重要。[30]

代数是数学学科中的一支,其中的明星人物是德国的高斯而不是法国人。而在地理学方面(这或许令人感到奇怪),航海是当时的"大科学",它需要大笔的投资和政府的支持。多年来,时而一艘时而多艘船只,带着探险家驶向前所未知的区域进行勘测和探索活动。他们带来了自然历史所需的各种标本、航海图、地图,还有接下来的那些领土占领的声明和对殖民地的定居开发。航海经线仪的完善意味着可以更准确地发现经度。[31]根据国际协约,即使在战时,敌对双方也不允许把执行这些和平任务的舰艇当作攻击对象:科学超越了国与国或民族与民族之间的纷争,致力于科学研究的人员应得到各方的协助。因此,尽管英国和法国还仍然处于战争之中,尼古拉斯·鲍丁(Nicholas Baudin,1754—1803)的法国考察队在悉尼依然受到欢迎。[32]当然,这也可能会带来不少问题。因为詹姆斯·库克(James Cook,1728—1779)制作的圣劳伦斯河航行图,使魁北克成为法国囊中之物;所以,在里约热内卢的葡萄牙人对鲍丁的到来可能会导致同样后果而忧心忡忡,也就不难理解了。[33]来自他国的那些技艺高超的勘测员就像间谍一样。磁力学也是航行的关键，其研究成为"物理学"的一部分。

在查尔斯·库伦（Charles Coulomb，1736—1806）手上，磁学的研究是数学科学而不只是实验科学，但从道理上看它们并非有密切的关联。在这方面，磁学与电力学一样。光学、钟表一类的机械设备、电报和水泵，以及艺术和制造业也都与数学有关。数学对新的米制计量系统也显得特别重要，该系统被运用于科学领域和日常生活中。虽然德朗布尔认为米制计量系统带来的标准化在科学上是一个了不起的锦上添花，但在日常生活中，米制计量系统长期以来却遭到了广泛的抵制。在英国，米制计量系统到19世纪70年代才在科学领域得到普遍使用。多年来，在格令与金衡盎司、立方英寸和厘米之间转换的同时，又保留了克这一单位，造成了种种混乱。[34]英国工业依然使用英寸和磅（计量基准器毁于1834年英国议会大厦那场大火，之后得到精心重建）作为计量单位长达一个多世纪。法国人在他们的计量系统中看到的"完美"并没完全说服所有的人。有人认为，基于地球的维数度得出的"米"应该是"自然的"，而英寸、旦、突阿斯和磅等单位都是不严格的。但是，那些想出这些计量单位的人却觉得这些也很自然。1863年，约翰·赫歇尔（John Herschel，1792—1871）在利兹的一次演讲中，还对它们进行了辩护。[35]

自然学科

科学的分类显然属于社会行为，但我们却奇怪地在居维叶的著作中发现，他是把化学（包括热力、电力）、自然史以及像医学这一类的应用科学放在一起的。走进这些学科无需高等数学基础。天文学是令人敬畏的，但只有那些能够负担起一个高级望远镜的人，才能够从事这一工作。整个19世纪一直都有他们的天文发现。化学的成本小得多，又实际，但需要有敏锐的感官。[36]固体可能是光滑或粗糙的，液体或流动或迟滞黏稠，气体有各种令人恶心的气味：化学家被训练用他们的手指、鼻子和舌头进行思考——即使过了很长时间，实验室的气味还是能在瞬间被回味起来。直到20世纪下半叶，化学基本上是要亲自动手做的工作。在不以为然的物理学家们的眼中，他们就像在做烹饪工作一样。而事实上，化学不仅是一门科学，还是一门艺术。他们中间杰出的从业者就像外科医生一样，对自己的手工技能颇感自豪。

拉普拉斯确实曾经与拉瓦锡合作进行过实验，通过用冰覆盖的器皿，看有多少冰被融化掉，以此来测量化学反应中所散发出的热量。这样的实验结果很难复制，也不够准确。拉瓦锡通过重量在化学反应中的变化，使他的新化学成为一门科学，他的这种神奇的功夫就跟他把税务局里的收支账目变得平衡的技巧一样。拉瓦锡雄心勃勃，精力充沛，以不得体的方式变得富有。他显得井然有序，富有逻辑，但同事们都不喜欢他的咄咄逼人。他最大的成就是通过认真的实验，确定了物质在燃烧时，会从大气中吸收某些其他的物质。[37]所以，燃烧是一种典型的化学反应。以前旧的解释是，一切可燃物都含有"燃素"。"燃素"一词来自希腊语"phlogiston"，意为"可燃"。当燃烧时，燃素就被释放到空气中。当空气中的燃素饱和的时候，没有更多的东西可以被吸收，这时候火就会熄灭。拉瓦锡认为，按这种说法，燃素必须是负重量的，但这又不合理。他认为必须对其各种特设性假设进行验证。保守派建议对这一假设进行修改而不是放弃。他们提出了一系列有关燃素的理论来解释这些现象。[38]

1774年，拉瓦锡遇到了正在陪同英国驻巴黎大使的普里斯特利。普里斯特利告诉他，最近他正在搜集一种新的、可被吸入的救命气体。他首先将汞释放到空气中，使其燃烧产生氧化汞，再对氧化汞进行加热，来获得该气体。普里斯特利把它称之为脱燃素空气。因为它在与燃素完全饱和之前，比普通空气的助燃时间更长。他逐渐意识到，这与他正在忙着分离的其他气体不同，正如金属和盐的区别那样。普里斯特利把气体、液体和固体的研究带进了化学科学的领域。然而，对于拉瓦锡来说，普里斯特利和其他所有人都把事情做反了：这种重要的空气只是普通空气中的组合部分，通过燃烧（或者说当汞在燃烧时）被吸收。他把这种空气称为"氧气"。各种"空气"渐渐被称为"气体"。对气体进行的研究，使化学变得令人兴奋不已，从而使其成为并一直是19世纪最受欢迎的一门科学。天文学是高贵的科学，但化学需要亲自动手。它不仅在各方面有实在的用途，还可令人乐此不疲。[39]

拉瓦锡认为原子不可分割的观点是形而上学的，原因是受当时的分析条件所限。他发表了一个著名的单质原子表，用铁、铜、氧、硫等物质代替那些古代元素（地球、水、空气和水）。这些物质很快就被称为"元素"。[40]尽管如此，他认为这些物质只是在固体状态下才是单质的（氧气未知）。拉瓦锡认为，从固体到液体，从液体到气体的变化是因为与单一物质"卡路里"的化学结合。布莱克已经表明，这些变化需要通过大量的热能来实现（所有融化过冰或烧过开水的人都知道）。而当时普遍的观点是，热是粒子的运动。经过二十多年的时间，卡路里理论成为一种正统理论。卡路里被认为是一种失重的流质，"微妙"或"无法衡量"。它和其他元素一样，可以通过化学反应与其他元素结合，在化学反应中被吸收或释放，或者只是自由地与其他物质相混合，随着更多的卡路里被吸收而使物体膨胀发热。在拉瓦锡的元素表中，关于卡路里与光的密切关系已得到彰显，这一点在近些年来也变得更加清楚了。研究辐射热的威廉·赫歇尔研究了太阳光谱中哪种颜色具有最大的热效能，他发现红色末端外的不可见射线最强大。约翰·芮特（Johann Ritter，1776—1810）和威廉·海德·沃拉斯顿（William Hyde Wollaston，1766—1828）都想到了红色之外的另一端紫色。他们发现"日光性"的光线会引起氯化银黑化这类化学反应。这样，在居维叶关于化学的故事中，才有了光和热的一席之地。

贝尔福在客厅进行游戏表演的电，也就是我们所说的静电，它大量存在于闪电中。当富兰克林、普里斯特利和其他人通过在玻璃板或玻璃球体上摩擦产生静电时，那种现象的确令人感到很有趣。一个人站在绝缘板上，当充上电的时候，他的头发会竖立起来，手指会迸发火花。加尔瓦尼的实验展示青蛙的腿在电力的作用下会颤抖，卡文迪什、洪堡和戴维则研究电鳐和电鳗。[41]于是，对奄奄一息的病人使用电击成为一种附加的医疗措施。被执行电刑的罪犯，死后面目变得扭曲可怖。⁴²玛丽·雪莱在她的科幻小说《弗兰肯斯坦》中也使用了"电火花生物"这样的科幻想象。⁴³显然，电已经像氧气一样，被当成生命要素。但在1799年，伏特经过实验证明，可以通过将两种不同的金属浸入水中来产生电能。加尔瓦尼的青蛙只是感受到电，而不是产生电，而那种低电压的"电"，不是简单的自然生物现象。正如戴维所说，伏特的发现（以法语的文字传达给伦敦的皇家学会）向欧洲各地的化学家敲响了警钟。⁴⁴威廉·尼科尔森（William Nicholson）和安东尼·卡尔勒（Anthony Carlisle）也像伏特那样，把电池两端的电线浸入水中，发现在水中冒泡的是氧气和氢气。

已经应用于静电电容器的"电池"——也叫"莱顿瓶"，很快就被用于伏特电池。当使用水时，电池很快就停止工作；但如果用酸性溶液代替水，电池的工作会好得多。在整个欧洲，居维叶、洪堡、戴维、芮特、雅各布·贝采里乌斯（Jacob Berzelius，1779—1848）、沃拉斯顿等众多人士都在进行电的研究。伏特认为，只要通过连接就能发电，其他人则认为必须通过化学反应。令人困惑的是，电棒的一端释放的是氧气，其周边的水呈酸性；另一端释放的则是氢气，周边的水呈碱性。难道电也像人们对光和热那种普遍理解的那样，是一种能与普通物体结合的物质？

戴维的注意力转向了那些更迫切的技术问题：如何提高农业生产率和改善皮革鞣制工艺。1805年，这些研究使他获得了皇家学会的最高奖——科普利奖章。名望地位已经确立的戴维，在1806年秋天的一天，用一个银质器皿提取蒸馏水，并使电流通过玛瑙制和金制的杯子，他认为玻璃器皿不是一种很好的惰性容器。实验证明他的想法是正确的。他得出结论，溶解的氮气与新产生的氧气和氢气反应，由此而生成酸和碱。他合理证明，纯水在与其他一些杂质形成副反应的过程中，被分解成各种水元素——这在化学上是非常重要但又很难证明的事情。他的结论意义十分重大：他使人们了解到，化学的亲和力和电力是同一种力量的不同表现。巴黎科学学会（比英国皇家协会对理论更感兴趣）因此把对于电镀进展方面提供的奖励授予了他。在接下来的一年，他有一次用电池来分解可熔化的苛性钾，结果出现了一种壮观的景象：在水面上漂浮着一种柔软的、银白色的、分解十分剧烈的物质，它的分解所释放的氢气瞬间就产生燃烧（明亮的火花在房间里四溅）。尽管其具有异常特性，戴维还是将这种"液状物"认定为一种金属，将其称之为钾。在他的报告中，居维叶也还未能确定其地位。尽管如此，伦敦和巴黎很快就开始争先制造最大的电池，可以看到在巨大的槽中放着一排排浸入酸液中的金属板块。但就像很多情况那样，昂贵的设备（和危险的大小），并非就能比那些沃拉斯顿引以为傲的小型电池在解决问题上表现得更好。更大更好的设施也可能使原创思维变得更难。

燃烧和呼吸都需要氧气，对于拉瓦锡来说，那把火焰是生命关键的秘密所在，它将氧气转化为二氧化碳。因此，人体是一种软壳低温的化学物，就像所有的植物那样。普里斯特利等人证明，植物是通过吸收二氧化碳再释放氧气，使生命得以延续。但是，炉子和肺部的状况差别极大。外科医生约翰·亨特（John Hunter, 1728—1793）和解剖学家约翰·弗里德里希·布鲁门巴赫（Johann Friedrich Blumenbach, 1752—1840）都认为，生物体中一定有一种有机力量存在，对整个进程进行操控，在某种程度上阻止一般的化学反应。在尸体中，消化液可能会侵蚀胃；而在活体中，胃是不受胃酸侵蚀的。在腐败物中，一般的化学反应肆意而为。法国外科医生和生理学家（在19世纪初处于领先地位）在这方面更偏向唯物论；但在英国，隶属于皇家学会的动物化学俱乐部成员都是活力论者，其中有著名的戴维和外科医生本杰明·布罗迪（Benjamin Brodie, 1783—1862）。威廉·劳伦斯（William Lawrence, 1783—1867）在外科医学院传播法国人的这种观点时，被谴责为亵渎神明，尽管从长远来看，这并没有影响到他的职业生涯。[45]我们称之为生物化学的这一学科的开端并非一帆风顺，但它在19世纪的发展形成了一条十分重要的脉络，预示着真正的医学应用科学的出现。[46]我们对"自然"和"有机"的忠心不二可能是一种落后的思想，它跌跌撞撞地前行了两个世纪。

对居维叶来说，对有机物的组成以及发酵和腐朽的研究，是化学进入前沿领域和他本人在自然科学中地位的标志。而"生物学"一词则是他的受人鄙视的同事拉马克创造的。自然历史包括气象学，但居维叶并没去留意卢克·霍华德（Luke Howard，1772—1864）对云的分类。他更关注的是电和大气的化学状态。矿物质更容易分类，因为它们的形状是固定的。法国的结晶学始于勒内·阿羽依（René Haüy，1743—1822）在拉瓦锡的期刊《化学年鉴》(Annales de Chimie)中发表的文章。但是，居维叶在地质学和动物的功能和结构这些方面有自己独到的研究，尽管他只是以第三人称的方式在自己的著作中对此一带而过。

由于动物园与博物馆相邻，居维叶有机会将活体动物与大约1800年前的化石进行比较。这些动物化石是在法国皇家的鼎盛时期，对巴黎的皇宫进行重建时在蒙马特采石场发现的。正如外科医生詹姆斯·帕金森（James Parkinson，1755—1824）所描述的那样，它们属于"远古世界的有机遗骸"，这一结论已经不会再有大的争论。[47]居维叶是重建灭绝生物骨骼的先驱。这意味着人们可以从所发现的混合在一起的动物骸骨中，判断出哪些来自同一种动物，以及如何将它们组合在一起。和亚里士多德一样，他是一位目的论者。他的结论是，一种动物身上的所有部分与它们所处的环境和生活方式是息息相关的。因此，食草动物长着很大的磨牙和侧向移动的下颚，以便嚼碎植物。它们眼睛的位置让其有宽阔的视野，带蹄的长腿使它们能够在发现食肉动物时快速逃避。而食肉动物有犬牙、可上下移动的强大的颌、强大的臂膀和爪子，它们的双眼靠得更近，便于专注观察猎物。他声称，以其所谓关联的原理，仅靠某种动物的一根骨头，就可以识别和重构动物的全貌。这意味着他可以证明，在巴黎现在的位置，曾经有过不同种类的大象和其他生物：事实上，在从前不同的时间里，曾经有过不同种类的动物和植物，而它们现在已经灭绝了。他的见识主导了一代人的地质学思想，他那本关于地质学的著作《话语》(Discourse)，直到1877年之后，还在以新版本面世。[48]

18世纪，在爱尔兰泥炭沼泽地，发现了类似巨型麋鹿一样的动物的骨骼。人们认为这些动物只是在本地灭绝了。在当时，这样的想法被认为是合理的。毕竟，上帝不会允许他所创造的动物物种灭绝。它们可能在南大陆未知的地方，或几乎同样陌生的美国西部荒原、西伯利亚，或中非地区繁衍生息。到了居维叶的时代，再这么想就不太可能了，部分是因为有了众多这类动物化石，部分是因为地理学研究的进步。来自乌拉尔山外的俄罗斯旅行者虽然没有看过活着的猛犸象，但却报告说发现了冰冻死亡的猛犸象。这些猛犸象的肉足够新鲜，可以让雪橇狗吃，尽管这些旅行者勇气十足，还是不敢一试。在居维叶看来，这证明它们曾经遭遇一场大灾难。原来拥有充足植被供大象进食的国度一定突然陷入冰天雪地，大象就这样活活地被冰雪埋葬了。因此，地球的历史由一系列持续少变的周期组成，在阶段性的灾难发生时，大片地区的种群就遭到毁灭的命运。[49]作为一个虔诚的新教徒，居维叶并不担心他的这种观点的含义。他认为，人类是在上一次宇宙大裂变之后出现的，历史并不长；而且，《圣经》中也没提到过猛犸象与乳齿象，它们的命运与人类无关。

通过对植物和动物生理的考察，居维叶将眼光放到了分类学领域。法国人已经在这个领域，根据对亲缘关系、同源性和关联性与家族关系的识别，建立了一套自然的识别方法。相同的语言暗喻着共同的祖先。但是，对于朱西厄和林奈来说，暗喻就是暗喻。自然的方法更加优越，但更难以学习和应用。而林奈体系（基于外部特征）的巨大吸引力和价值在于，它直截了当又容易掌握，更可以任人随意而为。至此，考察的最后一步进入内科医学和外科医学这些实用科学的领域中：莱顿和爱丁堡曾经的领先地位就这样再次落入了巴黎之手。在大革命和拿破仑时代，巴黎的医院是病理学和手术方面的创新中心。勇于创新，手术精湛，随时可以做活体解剖，这一切使弗朗索瓦·马根迪（François Magendie，1783—1855）从英国动物爱好者那里获得了"凶残杀手"的绰号。他们在麻醉和无菌手术被采用之前，就肆无忌惮地进行各种新的手术。大胆无畏，勇往直前，他们是国人眼中的英雄；与此同时，也让其他国家的访学者心生敬畏和恐惧。

居维叶在完成他的农业报告之后，接着完成了关于艺术和技术研究的《科技》（Technologie）一书。在我们看来，把物理学与工程学放在"科技"这一项下不同的章节里，是一种奇怪的位置安排。"科技"一词过了多年后，才在英语中出现。"科技"一词包括对烘焙、酿酒、鞣制、漂染，以及肥皂和水泥制造的研究，还研究适合做钱币的纸张——法国大革命期间通货膨胀时，就使用这样的"纸券"。这样的名单五花八门，说明法国和英国在那个世纪之初，人们对科学理解各种加工程序，并在实际应用中进行改进等方面，寄予很高的希望。人们相信，科学发现必定会有某种有益的用途。这种乐观主义，是科研人员以及那些涌去听他们讲座的人的特征，但并非每个人都为此感到高兴。那是个浪漫主义运动的岁月，对于某些科学及其对自然的影响、对那些研究科学的人们的思想，许多人（特别是在法国之外）都有一种深深的不安。

走出迷雾？

威廉·布莱克（William Blake）在撰写那些黑暗魔法的磨坊时，他的头脑中一定满是那些人与社会中存在的各种新思想、新事物，以及各种恶魔般的阴谋诡计；而对于约翰·济慈来说（John Keats，1795—1821），（自然）哲学则会用它冰冷无情的方式，切断天使的翅膀，抹去彩虹所有的魔力。那些曾经给人们带来宗教意义的日常经历正在失去神话的色彩，被当作某种人眼中的幻觉。例如：从彩虹中看到的诺亚洪水和来自上帝的安抚信息，以及提醒我们耶稣复活的蝴蝶等。大英图书馆前院有布莱克创作的牛顿雕像，他正低头看着基石上的几何图形。然而，一个真正的先知应该仰望天空。而威廉·华兹华斯（William Wordsworth）的牛顿画像，却看上去脸部静默，棱角分明，让人觉得他永远独自在陌生的思想海洋中行进——一个真正的浪漫主义英雄的形象。英国和德国的浪漫主义诗人和艺术家对启蒙运动的抗拒并不仅是反科学的，更不是非理性的。例如，对于塞缪尔·泰勒·柯勒律治（Samuel Taylor Coleridge）来说，理性是非常重要的，但它不应该与想象力中的塑造精神相脱离。他们用一种崇高的并非平静如画的喜悦，用普通大众的语言和民谣而不是夸张的诗情画境，来讴歌神的作品而不是人的作品。他们以对历史、古代废墟和神话的喜爱，来反抗各种机械的解释、决定论和我们称之为科学主义的观点——包括所有那些认为简单的科学解释，是唯一正确解释的观点。[50]

歌德也同样像那些身处德国浪漫主义运动中的同时代人一样，[51]对化学兴致勃勃。他在《浮士德》(Faust，1775—1832)一书中使用了炼金术的概念，他的《亲和力》(Elective Affinities，1809)一书有着更近代的理论。书中的人物正在学习化学，并且用化学的亲和性原理，应对他们婚姻关系中所发生的那些灾难性的破裂与重组。小说让我们意识到我们与化学元素之间有何相似与不同；化学元素的亲和性并非真正具有"选择性"，而是确定性的。柯勒律治对化学能给物质带来变化的那种潜在力量极其入迷，他的朋友戴维更是让化学变得"活力无穷"。诗人雪莱也热衷于化学研究，力图通过化学来解释生命力。[52]在19世纪初，当柯勒律治和华兹华斯打算在英国的湖泊地区建立一个化学实验室时，柯勒律治还给戴维写信，听取他的建议。对于柯勒律治而言，原子理论是物质主义，是一个微小的物质世界，不能解释大事情。在晚年，因为他怀疑戴维的原子论，两人的关系变得冷淡。柯勒律治的"巨著"，居然是一种有关生命的理论，也是来自他一生对医学的兴趣。那是在生命的最后时光，当他居住在海格特时所写的一本薄薄的小册子：《关于……的启示——生命的理论》(Hints Towards... a Theory of Life)。该书在他去世后出版。[53]

济慈曾经受过医学方面的培训，而医学思想在浪漫主义作品中也有十分突出的体现：比如哥特式恐怖小说中阴森恐怖的房屋和会抽搐的尸体等。他们真正感兴趣的是，人的肉体和心灵是如何互相作用的，作家自身的健康状况对其心理所产生的影响。柯勒律治创造了一个很有用的词汇："身心"。各种航海之旅也引发了人们的兴奋和兴趣。"高贵的野蛮人"这种说法是18世纪晚期的发明。那首1798年出版的、突破传统的抒情歌谣"古代水手"，就是从航海故事中产生的灵感之作。[54]随同库克航行的画家画下了沿途的人物、风景、花草和动物。此后，航海科学工作经常效仿他的这一做法。[55]关于这类航行的写作，通常是毫无雕琢、平淡无奇的水手故事散文，但却极易引起人们的各种遐想，使这类科学活动更具魅力。航行归来之后，画家们眼前出现的是那些新矗立起来的、雄伟壮观的工厂，铸造厂和采石场，尤其是在夜晚灯火通明之时。[56]这一切都对画家们产生了巨大的冲击力。卡斯帕·大卫·弗里德里希（Caspar David Friedrich）在仔细研究如何在画布上安排好各种树木的同时，已经心神不定了。[57]约翰·康斯特布尔（John Constable）出于对云朵的研究，对霍华德的气象学理论着了迷。还有约瑟夫·马洛德·威廉·特纳（J.M.W.Turner），他在后来让世人看到，蒸汽拖轮和铁路机车可以看上去是多么的浪漫无比。[58]《弗兰肯斯坦》试图告诫人们，科学是扮演上帝的巫师学徒们在从事的活动。这在当时习惯于哥特式小说的读者中并没有产生多大的共鸣。今天的人们依然如此。

陪同库克第一次航行的约瑟夫·班克斯（Joseph Banks）爵士，在1778年至1820年间担任英国皇家学会会长。[59]随着法国大革命变得恐怖和暴力，与法国的战争成为一场反恐战争，就连被认为当时代表法国意识形态的哲学家，如伏尔泰、狄德罗、卢梭等人也同样受到波及。从英国人的角度来看，科学是社会和道德崩溃的主要嫌疑对象。有些英国皇家学院院士，特别是普里斯特利，确实是左派分子（法国议会是最先采用座位左右的安排来代表政治派别的），他们希望推翻英国的君主专制与特权。这个动荡不安的年代也给班克斯带来了麻烦。班克斯可以被看作"英国启蒙运动"的一个主要人物。他那些大量的国际信件和文档为我们了解那个时代提供了一条宝贵的线索。[60]班克斯拥有大片土地，坚信法律与秩序，了解科学对经济所起的重要作用，热爱自然历史，对各种假设、理论化的观点和各种社会制度，都抱持怀疑的态度。他认为，如果小心谨慎，皇家学院的皇家特许证制度和精英会员身份，可以保护科学院院士这样的人免受怀疑。那是些令人感到害怕，危险丛生的日子。人生保护法被废止（只通过草草审判就判处监禁），非法聚会被解散，就连被当作同情法国大革命的人，也是一件可怕的事情。当时，普里斯特利在伯明翰的房子和实验室，已经遭到一群叫嚣着"教会和国王"的暴徒的洗劫。班克斯以反对成立新的或专业化的科学团体，来表示他对普里斯特利的疏远。毫无疑问，他这样做的部分原因是因为那些科学组织不会是其学术王国的一部分。而且，他也看到，如果搞科学的人不团结一致，就会各自遭殃。作为一位枢密委员，他游说政府相信科学的重要性。他极力使他们明白，科学是一种政治上安全、性质上爱国的东西，它对英国的农业和工业以及新的帝国，特别是对他所促成的澳大利亚定居点，有着极为重要的作用。他在各个殖民地建立植物园，派人采集带回那些有潜在价值的物种。[61]

对济慈来说，彩虹的重要性和美丽已经被牛顿的光学降低到了只是一种折射和反射的东西。但是，对于华兹华斯而言，地球失去了荣耀的光彩，全因我们抛弃了童年。有人对科学失望，也有人迷恋科学。1802年出版的帕利的《自然神学》（*Natural Theology*），鼓励众多读者去思考在原本可能只是简单生存的世界里，上帝给人类的生活带来了怎样的变化与快乐。[62]天文学和自然史上的发现令人兴奋，确切地说，简直不可思议。普里斯特利关于化学、电力和光学方面的工作已深入事物的表层之下，揭示出隐藏的各种力量，这一切甚至使牛顿的成就黯然失色。1802年，戴维在英国皇家学院那次著名的就职演讲中，向伦敦西区的富人明确说到，科学对统治阶层不是一种威胁，而是能给每个人带来福祉的聚宝盆。他所有的讲座都很受欢迎。

结　论

因此，在巴黎，从事科学领域工作的人数众多。到1789年的法国大革命年代，科学得到了极大的振兴，使法国在科学上处于世界领先地位。处于巅峰地位的法国科学院，是在1794年重组的。作为法国一流的研究机构，它拥有领薪的优秀研究人员。此外，还有许多的教育机构、博物馆、政府支持的产业和各种团体，就像在阿尔克伊那样，聚集着众多有志之士，其中有许多优秀学者。在那里，年轻人可以通过自身努力走上职业生涯，并最终成为科学院成员。拉普拉斯、拉瓦锡、贝托雷、德朗布尔、居维叶和同时代人一样，对那些我们称之为"启蒙运动"中的前辈们，只因做出一点小成果就感到飘飘然的表现很不以为然。他们认为真正的科学是建立在复杂的数学计算之上，必须有用精密仪器做的精确实验和严格的分类法。他们的工作可以被看作"第二次科学革命",为科学带来了新的标准,也表现出不同群体的价值和竞争精神。尽管这种带有还原论本质和看似物质主义的科学也受到反对,特别是在正处于浪漫运动中的德国和英国。但在其他国家,人们不得不承认法国在科学方面的领导地位。在英国和德国,或那些被法国军队占领,或在1793—1815年与法国进行战争的地方,法国的一切都受到质疑。这是一个对科学充满强烈的热情和疑问的时代。这种"浪漫科学"的到来也可以被看作第二次科学革命,它与法国革命不同,却与之有相辅相成之处。[63]19世纪的科学家是典型的法国传统和浪漫主义二者的继承人,这两极力量显然都有其坚实的基础。

戴维在讲座中对科学讲解的演示方式,使科学易懂,而且让人兴奋。这样的演示方式不仅成为柯勒律治的隐喻来源,也成为大家的热门话题,更激发了观众的想象力。也有听众注意到,除非听完讲座之后回家进一步学习研究,否则很难记住他所讲的内容。[64]但至少看来,还有其他方面的科学更加令人望而却步。林奈采用拉丁文来命名,使科学名称听起来愉悦顺耳,学起来更觉有趣,一如伊拉斯谟斯·达尔文在他的科学诗歌《植物之爱》(*Loves of Plants*,1789)中表达的那样。[65]达尔文这种寓教于乐的方式曾一度非常流行。然而,抒情歌谣作为一种新的传统方式出现了:威廉·皮特(George Pitt),乔治·坎宁(George Canning)和胡卡姆·弗里尔(Hookham Frere),在他们反雅各宾派的保守主义滑稽模仿诗"三角形之爱"中,把达尔文的那种方式作为笑柄。他们的滑稽模仿作也在无意中说明,真正的数学,无法像学习自然历史或像通过观察实验学习化学那样,轻松地通过英雄偶句诗体就可以学会。事实上,无论过去还是现在,数学仍然是大多数人学习科学的障碍。科学术语随着各类科学团体的成长也在逐渐增多。通过数学向人们解释大自然变得越来越难。这正是我们下一章的主题。

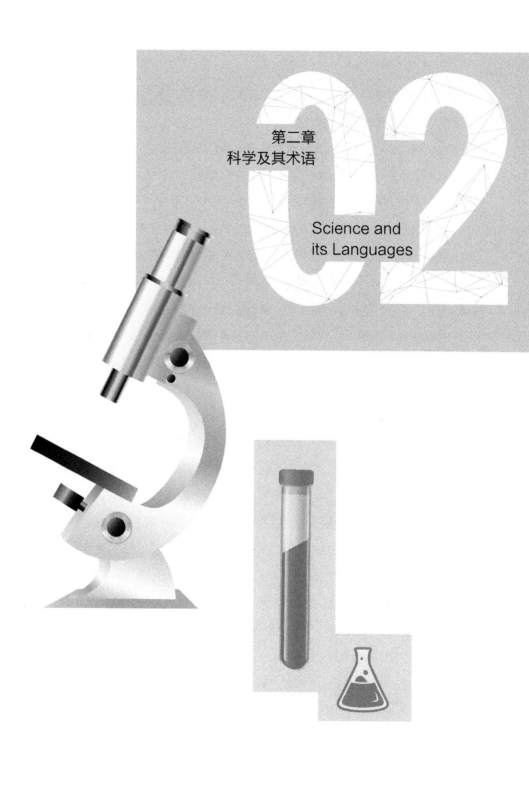

第二章
科学及其术语

Science and
its Languages

我们是能说会笑的动物。其他生物也会交流，鬣狗、公驴和笑翠鸟也能发出哄笑的声音，但言语能力使我们区别于其他所有物种。我们并非总是一本正经，会开玩笑，偶尔也会不小心或故意含糊其词。我们会误导别人，传播八卦新闻。但是，科学家不是这样。他们的事业要靠简洁和准确无误的语言来说明真相。接受科学教育的孩子被教导如何写领取试管、获得实验结果报告：使用被动语态让人感觉有权威的分量，任何对客观事物的虚饰都会令人感觉到某种个人主观性，不可相信。如果某个结果令孩子们特别吃惊，最好让他们再次做实验。接着，再教他们使用术语。他们必须小心翼翼地使用"能量"或"原子"这些常用词，并准确地使用"离子"这一类新的单词。他们应避免使用"酒精"或"盐"等普通用语，而是使用"乙醇"和"氯化钠"，要称孔雀蝶为蛱蝶。他们学习各种法则，如波义耳定律；还学习什么是违背法则，如"不服从"法则的二氧化碳。随着年龄增长，他们不得不"抛开"早年灌输给他们的那些过度简单化的解释。他们终于意识到，科学是一种令人感到困惑和不安的混合体，充满教条式的确定性和或然性。与历史教科书不同，不同版本的科学教科书通常在科学解释上差别不大，区别只是在清晰度和编排上。但不同的版本在事实和理论上会有分歧，这些分歧似乎是随着时间推移而产生的，所以版本更新是非常重要的。从数学理论上说，科学证明似乎是永恒而合乎逻辑的。它的意思是，证据在特定的时间段里，是合法的，毋庸置疑的。但是，像其他任何东西一样，它也不是永恒的。科学术语反映了目标的客观性和事实的不稳定性。

在过去，情况并非如此。伽利略的大多数作品用的是一种细腻的文学术语——实际上，这也是导致他遭到宗教审判的部分原因。皇家学会的创始人如罗伯特·胡克（Robert Hooke，1635—1703）、吉尔伯特·怀特（Gilbert White，1720—1793）和伊拉斯谟斯·达尔文，甚至像戴维这样的化学家，都是自然哲学家，他们不是像科学家一样，用满是公式和表格的精练的方式写作。他们对科学的描述既不神秘也不吓人，而是有趣迷人。在早先，需要凭机智的口才来占领讲坛的年代，他们那种朴素的语言风格受到钦佩和追捧。[1]如今，人们需要学习大量的卡尔·皮尔逊（Karl Pearson，1857—1936）所说的科学术语规则。²这正是在19世纪的进程中，那些没机会接受正式培训的人无法理解科学的术语和文化的原因。各种技艺变成了科学，跟随一位从业者学习而获得知识的方式被书本所取代。³这一切是如何发生的，又为了什么？

要回答这个问题，我们就得走进那些专业化的组织、专门学科、专家、教育和出版领域，因为到了1800年，知识的增长使一个人不可能是一部活百科全书或通才博学的人。19世纪30年代创造的"科学家"一词，在半个世纪以后才被广泛使用；但到了那个时候，就不仅有人文与科学这两种文化了，还有我们使用行话称之为社会科学的各种"学科"，以及旧世界的那些法律、教会和医学。满载各种价值观的日常用语出现了：在掌握一门外语的过程中，把握如何表达赞成或不赞成、赞美或嘲笑那些单词是至关重要的。因为，随着时间的推移，像"似是而非"（specious）、"魁梧"（portly）和"愉快"（gay）这样的一些单词已经演变出其他含义。语言是不稳定的，而科学将无疑朝永恒和价值中立的方向迈进，但其术语和分类也确实会过时，难免使用一些隐喻和模式。17世纪的自然哲学家，还在为英国、法国和德国等地说1、2、3等数字的发音不同而感到困扰。与此同时，在耶稣会传教士的报告里，在中国，使用互不理解的方言和语言的人们，却依然可以读取书面字符并理解书中的内容。英国皇家学会的一位创始人，约翰·威尔金斯（William Wilkins，1614—1672），曾设计了一种像汉字文书那样的符号系统，作为准确的人造科学书面语，却从未被采用。因为，在其严格的制约下，想象力没有存在的空间。

从术语本身开始，我们将注意到它在各门学科中的作用，如植物学、化学、物理学以及人文科学。在19世纪，新的词汇伴随着新的视野和新的思想，被不断创造出来；而新的描述、分类和解释也随之一起向前迈进。随着自然神学的术语在逐渐消退，让我们来看看那些科技插图吧——它们看上去越来越不像艺术品，更像是一种可视化语言。我们可以从中看到，在英国和美国，科学里充满了对上帝善良和智慧的赞美。这些引发了我们从未停止过的关于博雅教育与技术教育之间的争辩——最早就是从"科学的争辩之战"开始的。

语言和术语

在18世纪的进程中，渐渐地，拉丁语不再是所有受过良好教育的人必须要掌握的语言。在17世纪的意大利，伽利略用意大利语发表了极具煽动性的《对话》(*Dialogue*)。在这之后，笛卡尔就以法语，罗伯特·波义耳(Robert Boyle，1627—1691)以英文，来出版他们的著作。尽管如此，过了许多年之后，科学界人士才完全使用各自的语言来著书立说。当时，牛顿那本极其枯燥和深奥的作品《自然哲学之数学原理》(*Mathematical Principles of Nature Philosophy*，1687)，出于开拓国际市场的需要，仍然是用拉丁文出版的。牛顿那本较易读懂的《光学》(*Opticks*，1704)，先以英文出版，随后，再以拉丁文译本的形式向欧洲大陆推出。在德意志联邦（由众多诸侯国组成）和俄罗斯，拉丁语持续了更长时间。但到了19世纪，使用本土语言变得平常，法语更是许多小国家通常使用的语言。用拉丁语与外国人交谈和通信已不再是一种常见的事。这种结果有互相矛盾的地方。一方面，这使没有学习古代语言的那些外科医生、商人、水手或工匠更容易接近科学——那些受过教育的妇女，她们更愿意学习现代语言，而不是那种死的语言。另一方面，它又造成了语言交流的混乱，因为很少有人能掌握一两种以上的外语。那么，科学界的人就可能对远离他们的地方所发生的事情一无所知。

如果说，是语言把我们和其他动物区分开的话，那么，正统的观点是，上帝既给了我们语言，又通过他的话创造了语言：他说话了，语言就这样出现了。[4] 按照神的形象所造的亚当，给伊甸园里的动物命名——在他的视觉还没被罪恶给遮蔽前，他能看清这些动物的本质特征。他取的名有其自身的意义，并非只是一些随意的噪声。在巴别塔，这种神圣的语言丢失了，导致我们现在用于科学用途的普通语言混乱不清。圣地的"西卡摩"(sycamore)有一种无花果树，在英国叫枫树，在北美则叫梧桐树。在18世纪，"力量"和"能量"这样的词语被随意地使用在一般的讲话中，那些表达家庭关系的隐喻也被任意使用在自然历史和化学书籍中。那种在炼金术中蓄意使用隐晦语言，使门外汉望而却步的方式，在启蒙运动时期为人所不齿，但想要既精确又明晰却困难重重。对于伟大的哲学家约翰·戈特弗雷德·赫尔德来说，语言不是一种神圣的礼物，而是人类"向自然学习"的过程中获得的成果。[5]不同的语言是因环境的不同所产生的不同文化的表达方式。[6]因此，研究语言对于理解过去和现在都至关重要。

自然历史学家把人类置于自然界的顶端，因此，当有缺失的链接被发现时，我们的世界观并不会产生巨大的缺口或跳跃。所以，在林奈的人属（genus Homo）分类中，红毛猩猩虽然紧随人类后面，却不会说话。[7]语言决定了我们的属性地位。在法国大革命时期，委婉语和政治正确的表达方式被带进了欧洲的语言之中。[8]大多数记录外来语的人，注意到的是词汇而不是语言结构，因此，他们得出的有关语言之间的联系和"语言学上的巧合"，可谓千奇百怪。例如，他们认为在美国的曼丹人（Mandans）说的应该是威尔士语。[9]但在中国和日本的耶稣会会士，对语言在当地那种非常不同的功用，感到十分震惊。库克和班克斯研究过塔希提语（Tahitian），他们发现塔希提语和其他波利尼西亚语很相似，但却与美拉尼西亚语不同。[10]18世纪80年代，威廉·琼斯（William Jones，1746—1994）在印度担任法官，在主持沃伦·黑斯廷斯（Warren Hastings）的亚洲孟加拉协会期间，他与专家一起研究梵文。他们发现，梵文与大多数欧洲和波斯语言很相似，在语言结构上与希伯来语和阿拉伯语这些闪族语不同。1799年，随着纳尔逊（Nelson）在尼罗河的胜利，罗塞塔石碑被带到了英国。在那里，托马斯·杨（Thomas Young，1773—1829），一个伟大的，尤其在光学领域里出色的年轻研究员，开始了对罗塞塔石碑中象形文字的破译工作。但是，这项工作最终还是由法国的弗朗索瓦·商博良（François Champollion，1790—1832）完成的。琼斯在印度去世后，19世纪的语言学研究就成为一门专属德国的科学。这门学科的先驱者有赫尔德[11]和1810年柏林大学的创始人威廉·冯·洪堡（Wilhelm von Humboldt，1767—1835），还有探险家亚力山大的弟弟。他们当时都在研究巴斯克语。[12]马克斯·缪勒（Max Müller，1823—1900）1854年在牛津大学担任教授期间，不仅把哲学带到英国，也展示了语言的流动性和进化性。[13]林奈习惯于通过外部特征将人类分为不同种族。在19世纪初，语言而非肤色被作为区分不同种族的关键因素。[14]后来，身体特征再次成为决定性因素。[15]

命名与归位

林奈的巨大成就是完善和推广简洁的拉丁文，专门用来描述物种，并使用属名和种名这样的双名制来命名它们。[16]通过收集和出版，林奈（几乎像亚当一样）对动物和植物进行确切的命名。他的继任者，通过更细致的分类，继续进行这项工作。[17]清晰系统的描述成为可能。牛顿是解释自然哲学的典范，林奈是描述自然史的典范，他们两人以不同的方式，反映了这个世界的"秩序与美"。[18]曾经是欧洲大学传授古典与人文教育的支柱，现在已经死亡的拉丁语和古希腊语，继续成为科学术语的来源。人们希望这样的术语有助于摆脱那些被误导的价值观，免于平庸的命运。命名这项重要的任务属于科学精英人士，他们熟悉了解旧的语言，掌握植物园、实验室的知识。因此，到19世纪，使用英语、法语、德语或意大利语，使科学语言变得更直截了当，但也同时更充满了技术化和理论化的专业词汇。科学是开放的、公共的知识，但就像那些秘密社团一样，科学团体也有自己的仪式和语言将圈外人拒之门外。正如法国人有一个学院，法兰西学院，在做他们的科学语言规范工作，各国也都如此。科学术语的产生必须先经过国家，然后是国际机构的编纂和认可。

接受林奈的命名系统尚需时日。在英国，一个重要的影响来自伊拉斯谟斯·达尔文在1789年发表的诗歌《植物之爱》。[19]达尔文用诗歌传递科学。他接受了林奈关于植物的繁殖是有性的，因此植物的分类也应该是有性的观点。在此，他拿金雀花和香蜂草的雄蕊和雌蕊，描绘出打趣的爱情故事，写下了他的"植物之爱"。

 金雀花的甜美花朵在桃金娘的树荫下开放，

> 十个多情的兄弟向傲慢的少女求爱。
> 多么令人爱慕的蜜蜂花啊!
> 在两位乡绅的陪伴下,
> 两个骑士在你芳香的圣坛前弯下了腰。

书中还包含大量注释,不仅涉及植物学、电、化学、波特兰花瓶的神话故事,还包括其他任何能吸引这位博学的作者关注的东西。[20]这是一个航海的伟大时代,它带来了澳大利亚殖民定居点的开拓,培养了人们对花园的喜爱,增加了人们休闲的时光,所有这些都使植物学出尽风头。林奈的性别系统以及使用拉丁文的少女名字给动植物命名,为科学带来愉悦和乐趣。但是,一些同时代和后来的刻板的评论家以及圣人约翰·拉斯金(John Ruskin)认为这是淫秽的。[21]这也使人们对初级植物学能够快速入门。因此,船上的外科医生在将标本带回欧洲让专家正式命名之前,可以看懂并收集遥远地区的植物群(前提是植物正处于开花期)——这些专家们也许在巴黎、伦敦、莱顿或乌普萨拉,否则就是在其他地方医学院的"自然科学园"里。在乔治三世的朋友班克斯指导下,英国皇室在克佑区的住所被改造成了一个植物园。几经沉浮之后,它成为一个以植物为主,具有经济价值的国家机构。后来,它也成为一个吸引普通公众审美情趣的地方,门票为一便士。[22]

《植物园》(The Botanic Garden)一书获得了巨大成功,达尔文也因此成为当时最著名的诗人之一。但是,作为一个法国革命的同情者,达尔文在保守党反雅各宾派的"三角形之恋"中被作为讽刺的对象。[23]抒情歌谣使他那种使用脚注和尾注的教学诗歌方式显得老旧过时。他的巨大声望逐渐衰减,但并未因此中断写作,《自然神殿》(The Temple of Nature)于1803年在他去世后不久出版。在该书中,(与林奈形成鲜明对比)他提出了进化的世界观。进步(progress)一词,以前只是旅行的意思(如皇室巡游,Royal Progresses),逐渐开始表示向前、向上的行动[24]。虽然保守派还在哀叹"快乐的老英格兰"的失去、托马斯·杰斐逊式的美国乡村不再,或古典德国的消亡,"你无法阻止进步"已经成为一个在19世纪被普遍接受的口号了。对达尔文而言,从野蛮时代缓慢出现的文明,是自太阳系形成,通过植物和动物继续进行的进化过程中的最后阶段。[25]

化学革命

正如法国革命带来了一种新的政治词汇,拉瓦锡出版的《化学元素》将一种新的术语合情合理地纳入科学领域——一项他从盖顿·德·帕武(Guyton de Morveau,1737—1816)等人手中接过来,并使之成为自己的工作。[26]旧术语一直混乱无序。比如,基于外观和味道的词汇"硫花"(flowers of sulphur)、"铅糖"(sugar of lead);以发现者命名的"芒硝"(Glauber's salt);从起源命名的"鹿角酒"(spirit of hartshorn);"雌黄"(orpiment)和"酒精"(alcohol)则来自阿拉伯语。这些名字不带有物质成分的线索,它们可能会误导人们以为"硝酸银"(lunar caustic)的命名源于它与银和月亮的关系。拉瓦锡眼里理想的学科是代数,它完全抽象,不附带价值观,不受隐喻思维的影响。化学应该遵循这样的路线,避免对原子和元素进行主观臆测(对于科学研究者来说,"形而上学"毫无意义)。简单物质是指那些无法再被分解的物质,它们的列表是不固定的,却是必要的,因为它们或多或少等同于我们已知的那些化学元素。除了大家熟悉的金属之外,这些元素的名称都来自古希腊语和拉丁语,科学家希望这种新的术语和林奈的命名系统一样,能够国际化。因此"芒硝"就成了"硫酸钠"(sulphate of soda,随后被改为sodium sulphate)。像林奈的命名系统一样,经过细节上的扩充和修改,这种术语一直被沿用至今,成为化学学科的基础。

这一切都来之不易。正如林奈所使用的术语依赖意识到植物性别的重要性,所以说,拉瓦锡所付出的努力远比只是重新命名要多得多。由于坚信燃素理论,普里斯特利将他所提取的重要气体命名为"脱燃素"。对拉瓦锡而言,这种气体就是"氧气",它帮助燃烧并释放出酸(因此才有了"oxygen"这个源自希腊语的名字)。"氧"与"氢"两种气体反应而生成水。由于它们的结合反应是产生"卡路里"的，即放热，所以它们的结合反应是爆炸式的。拉瓦锡冷静的、启蒙运动式的修辞语言（与大革命的政治术语非常不同）使他的同行们对他信服。他在法国科学院的强大地位使其能够推行自己的观点。他与同事们一起创办了《化学年鉴》[27]这本杂志，只发表使用他的新术语撰写的论文。即使在法国，[28]尽管药剂师和医生都对通过"消炎"疗法来减少发热和炎症持怀疑态度，但这种疗法在1789的四十年之后还在实行（例如，戴维在病危时也是采用这种疗法）。法国在学术和军事上的强大（用我们现在的政治术语来说，那就是软实力和硬实力），使它传播到欧洲大陆各地。[29]普里斯特利从来不接受这种疗法，他把它看作臆想和不必要的，是一种倒向笛卡尔虚幻世界的做法。但是，尤其对于年轻的化学家们，它显得合乎逻辑，具有吸引力，甚至包括普里斯特利的化学继承人戴维。[30]

这个插曲也许正好符合托马斯·库恩对"科学革命"所做的分析：在公认模式中的"常规科学"的发展期间，会不可避免地出现一些例外，"常规科学"因此就会遭到持不同世界观人士的挑战。[31]如果那些令人担忧的例外随着新的观点的出现而消失，就不会有太多的婴儿连同洗澡水被一起倒掉。这些新观点的拥护者，尤其会在年轻的一代人中获得追随者。然后，新的模式将占上风，常规科学将在新的模式中得以延续。当一种新术语取代旧术语时，它们之间完全的转换是不可能的。我们对于教条式的科学教学的不满，可以追溯到19世纪早期的科学教义问答教学法，[32]但这（在库恩看来）已经有所改进了，学生不会再犯以地球为中心或燃素之类的错误。而库恩的图解模式更进一步让人脑洞大开。[33]在20世纪60年代，革命似乎都是单向的，没有回头路。但是，自1989年以来，我们已经明白，事实并非如此：列宁格勒可以再次成为圣彼得堡，科学史因为革命比过去看起来更加完整，不再完全由像拉瓦锡或牛顿一类的科学泰斗所左右。但是，库恩帮助每个人看到，真理可能很强大，终将获得胜利，但它也需要帮助。科学家不会轻易相信任何事情，他们是保守的，有自己要做的事情。所以，如果创新者想要有所突破，必须首先清楚他们已经取得的成果的重要性，再借助一些机构的帮助，将它们明白表达出来，以此来说服他们的同行。

库恩提请人们注意，翻译总是不完美的。所有的术语，正如赫尔德所说的那样，都涉及个人的世界观。科学术语里难免充满各种各样的理论：当旧的科学必须以新的方式表达时，将会出现各种缺失。这种缺失也会产生误导。拉瓦锡曾经错误却合理地得出氧气产生酸的结论，并据此为氧气命名。也许，追求那种不附带情感的精确，代数是一种理想物；而在化学中，类推和几何被证明是十分关键的。氧气甚至引发了这样的隐喻："宣传所产生的逆反效应"（the oxygen of publicity）。戴维用实验证明，从海盐中提取的令人窒息的绿色气体是类似于氧的一个元素，而不是氧的化合物，法国人认为它是"氯酸"。在没有理论根据的情况下，戴维依据它的颜色将其称之为氯。[34]但是，它到底是什么呢？自牛顿以来，自然哲学家就把一切物质看作由未分化的、有着不同排列的粒子或细胞组成的。然而，约翰·道尔顿的想象是，每个单质或元素是由相同的、不可再分的原子所组成。[35]这使他能够解释，为什么元素的重量是以简单整数比的结合来计算的。但是，科学的术语因此变得混乱："原子"一直是被用来指微粒，像铁或氯等元素的最小颗粒，或是像氧化亚氮最小颗粒的化合物（道尔顿等其他人是这么认为的）。道尔顿是通过重量来定义原子的属性，但许多同时代的科学家都认为他太富有想象力了。他们更倾向于简单地把重量作为化学反应配方中所需要的"当量"。[36]因此，八个当量（盎司、克或吨）的氧气与一个当量的氢气结合形成水。由沃拉斯顿设计，专门用来校准的计算尺，开始在市场出现，便于人们计算。

拉瓦锡赞赏代数，但道尔顿想到的是几何。他倡导用带阴影的或里面带有字母的圆圈这样的一种压缩的化学术语来代表原子，并把原子组合成各种形状来表示它们的结构。由于缺乏直接证据，他遵循一种简单的规则：当已知一种化合物只由两种元素组成的时候，它必须是"二元的"——就这样，我们将水写作HO。同时代的人，包括阿莫迪欧·阿伏伽德罗（Amadeo Avogadro, 1776—1856），安德烈-玛丽·安培（André-Marie Ampère, 1775—1836），盖-吕萨克和戴维，都惊奇地发现水是由两个体积的氢与一个体积的氧结合生成的，所以，把它的结构写为H_2O。他们认为，氧的原子重量是16，而不是8（氢为1）。当作为皇家学会主席的戴维向道尔顿颁发奖章时，他刻意小心翼翼地声明，这是奖励道尔顿的物质结合比例定律，而非他的原子设想。[37]道尔顿的符号既难记，也难以打印，这种化学结构让人感到虚幻莫测。更令他懊恼的是，在1835年都柏林举行的英国科学促进协会大会上讨论这一问题时，雅各布·贝采里乌斯所设计（O代表氧，C代表碳等）的方式胜出。[38]元素符号的首字母取自拉丁文，所以铁的符号是Fe（铁），黄金是Au（金）。第二个小写字母用来代表金属，以免两个以相同字母开始的金属和非金属产生混乱，如碳和氯（C和Cl），它们的首字母是相同的。因为，即使像水这一类的公式都还未确定，最初的化学方程式（这反映了拉瓦锡的见解，成分和产品必须像他的税务账户那样，"保持平衡"）都是试探性的。直到19世纪60年代，人们才对H_2O达成一致意见，使这样的方程式成为化学语言的核心特征。随后，1860年，在卡尔斯鲁厄（Karlsruhe）举行了第一次重大的国际化学代表会议。尽管与会代表都同意，当量比原子的重量更具实证性，大家还是对阿伏伽德罗的观点争论不休。后来，读了斯坦尼斯劳·坎尼扎罗（Stanislao Cannizzaro，1826—1910）为他的同胞所准备的论辩讲义，人们才逐渐被说服。

此后，又有国际联盟接连不断举办的各种科学会议，对词汇甚至包括词语的拼写进行规范。所以，现在"硫"的正规写法是"sulfur"，而不是"sulphur"。当时，单质或元素的地位仍未被确定：这个世界真的是由许多独特的建构模块构成的吗？道尔顿原子理论的出现顺序是有问题的。[39]这一理论最初出现在1807年那本由苏格兰的托马斯·汤姆森（Thomas Thomson，1773—1852）撰写的第三版教科书中，该书由英国皇家学会出版，在当时获得极大的赞赏；书中有汤姆森和沃拉斯顿的分析做支撑。而道尔顿在自己撰写的书中，将这一理论完整地公之于众的时间，却是在1808年。[41]汤姆森的教科书被译成法语，一举结束了只从法语翻译的单行道时代。他的《首要原则》(*First Principles*，1825)一书，是一种试图把化学建立在各项实验分析结果之上的努力，这正是他和学生在格拉斯哥医学院所做的工作。[42]汤姆森得出的结论是，元素的原子重量是氢的整倍数，这也正是威廉·普劳特（William Prout，1785—1850）在汤姆森的杂志《哲学年鉴》上发表的论文观点。⁴³汤姆森在该书的前言部分，从推动化学进步的角度，盛赞盖-吕萨克关于参与同一反应的各种气体体积成简单整数比的定律，还批评了道尔顿的顽固不化和贝采里乌斯（他所做的分析在准确性方面，远远超越了所有的前人）过度的经验主义，给予了带小数点的数字难以置信的权重，反而未能发现简单的整数比。汤姆森和他的学生知道，哪些结果是最好的：那就是那些得出整数的结果。贝采里乌斯在他的一篇评论中对此的反驳显得苍白无力："科学研究将不会带来任何优势。因为实验的大部分，甚至包括基础实验，似乎已经在书桌上就已经完成了。"

关于精确性和准确性方面，确实存在着问题：在简单的科学定律之下，的确很难发现在一些特殊情况之下的问题。如果被指控结果造假，后果确实非常严重。贝采里乌斯被认为在这方面已经走得太远了。以脾气暴躁著名的数学家查尔斯·巴贝奇（Charles Babbage，1791—1871）专门写过这样的文章，其中提到观察的精确性、观察者的造假，⁴⁴如何识破欺骗、伪造、修改数据等现象和问题，并且还在最后加入了具有性别歧视的话："观察员的人品，正如一个女人，一旦受到怀疑就毁了。"天文学家已经认识到如何围绕真实值进行观测，高斯用钟形误差曲线和最小二乘法演示了如何进行这样的工作。在其他科学学科中，对准确度的估计要来得更为棘手和缓慢。科学术语就是类似贵族在"议会辩论"用的语言，当意见不合时大家无须通过决斗来解决。但是，一旦激情被激发出来，一切可能变得粗鲁。这场争论引发了在接下来的半个世纪里一系列进一步的分析实验，但没有产生使所有人心悦诚服的结果。就像大多数事情一样，过了一百年，可以看到双方都有道理：贝采里乌斯的分析更准确，但同位素的存在又证明了普劳特和汤姆森观点的正确。正如柯勒律治曾经说过的那样，在争吵中，争吵者对于自己能够肯定的方面总是正确的，但在被他们否定的方面又往往是错误的。

数学语言

看起来，方程式可以把数学的精确和威望带进化学科学，因为数学方程式正在成为自然哲学的用语。这不仅是一种描述性的语言，数学关系可能指明一个真实的物理关系或类比关系。然而，它们也可能带来误导。因此，萨迪·卡诺（Sadi Carnot，1796—1832）对蒸汽机的效率进行研究。他认为，正如水流过水轮机，热量从热源（锅炉）流出推动活塞，再进入水槽（冷凝器）。卡诺这一出自推断的发现，就是我们今天所说的热力学第二定律。[45]在当时，因为研究结果必须被证明能与另外的一种理论相符合，所以热能理论逐渐失宠。直到卡诺去世后，他的研究工作的重要性才引起世人关注。卡诺的研究结果并没有证明其基本假设的真实性。像卡诺这类故事一直鼓励一些人，他们把科学理论看作建设大厦所需要的脚手架，当大厦完成后即被拆除。约瑟夫·傅立叶（Joseph Fourier，1768—1830）设计了一个热传导方程系统，在其中，他并没有对热的性质做任何推断，但他的方程式在许多情况下，同样被证明是有价值的。[46]孔德在他的"实证哲学"中，把实证知识和数学知识，看作摆脱神学和形而上学的唯一真正的知识。[47]对一些人来说，无论在过去还是现在，科学并不是用来解释的，而是用来得出能够进行预测的方程式的。

在剑桥，一个包括惠威尔、巴贝奇、乔治·皮科克（George Peacock，1791—1858）和约翰·赫歇尔在内的小团体，意识到在1810年期间，大学已经显得落后和封闭了，他们开始着手将大学改革带入19世纪。1816年，他们翻译了席维斯·拉克鲁克斯（Silvestre Lacroix，1765—1843）的1802年标准版法语教材。1817年，当皮科克被任命为考官时，他在试题设置上使用了法文的标示法。[48]终于，一代讲英语的数学家又能跟上法国人的步伐。随着我们称之为物理的这门科学的出现，光靠实验已经不够了。这正如赫歇尔所说的那样（他特意用斜体字进行强调）[49]：

> 健全而丰富的数学知识，是进行一切精确探寻的伟大工具。如果没有数学，没有人能在这个或任何其他高等科学领域取得如此的成就，更不用说使一个人对任何在其研究范围内所

讨论的问题，能够有自己独立的见解。

对数学一知半解，或者只是业余爱好的行外人，不可能再有任何机会了，他们只能相信权威的话。使用正确的术语会让人觉得傲慢，或至少是不耐烦；而学习这种用语就像过去学习拉丁语一样，是掌握知识的关键。作为这个团体的保护人，玛丽·萨默维尔（Mary Somerville，1780—1872）不仅要面对自己性别问题的困扰，还要艰难地寻求一种适宜的水准，使更广泛的对数学一无所知的大众，能读懂物理学的知识。[50]

然而，剑桥人对纯数学感到不安，他们担心这可能使其追随者脱离现实世界。对惠威尔来说，这纯粹是从公理来推导结果的事情。他认为，那些推理者，无论他们研究的是哪一门科学，是仅仅通过数学和逻辑演绎手段来进行工作的，他们可能对自己所做的工作和价值，产生一种夸张的感觉。[51]这种说法让查尔斯·巴贝奇感到气愤，他认为数学家并不是咬文嚼字的逻辑诡辩者。但是，惠威尔在剑桥的地位，确保了应用数学仍然是当时学科的主要焦点。他的这种偏向和约翰·赫歇尔归纳哲学中的观点是一致的。[52]随着新的数学工具的开发，物理学家可用的词汇增加了：先有"四元数"，然后是具有能同时表示力量大小和方向的"矢量"。但当时剑桥的主流观点是，一种理论应该是对一种自然现象真实生成过程的表达，而不只是一个模型。[53]

当法拉第想要一种不受偏见影响的术语，用来描述和解释他所进行的电化学和电磁实验时，他找上了惠威尔。法拉第不懂拉丁文、希腊文或高等数学，他发现他所继承的那些术语具有误导性。和莱布尼茨一样，他认为太阳通过太空空间对地球产生的作用，仍然是一个未解之谜。他发现，任何与牛顿物理学中的重力形成类比的方法，在他的新实验中并不起作用。奇怪的是，在电气环境中，空旷的空间似乎既是一种导体又是一种绝缘体。连接电池浸入液体的导线两端被称为"两极"，让人感觉它们也像磁铁一样，能吸引物质——这使他感到不妥。极性以及对立的两极的概念频繁出现在德国自然哲学中，[54]两极的冲突导致了新的、更高层次的综合体。很显然，固体物质像我们和瀑布一样，在动态均衡中通过粒子不间断的流动得到延续。法拉第想找到一种中性的词语，最终，他和惠威尔想出了用阳极和阴极来表示两个终端，离子代表带电粒子。法拉第还设想了一个"场"的概念，它们是我们在实际中遇到的各种力的中心，原子在其中仅是一些点。[55]聆听法拉第演讲的听众可能觉得自己凭直觉领会了他的意思。虽然法拉第使用的新术语使科学同行感到迷惑，但他们把他看作天才，认为他的理念将带来精彩的、具有启迪性的实验结果。在同时代人眼中，法拉第是不折不扣的化学家，而不是物理学家。直到威廉·汤姆森（William Thomson，1824—1907，后来的开尔文勋爵），还有詹姆斯·克拉克·麦克斯韦（James Clark Maxwell），在1831—1837年把他的想法用数学形式表现出来，法拉第才获得物理学家的赏识——他的作品终于被翻译成当时通用的术语。[56]

化学家不能确定那些无法观测到的实体——原子——的真实存在，在19世纪60年代，他们在伦敦就此展开过两次辩论。在辩论过程中，为了不使科学沦为假设，本杰明·布罗迪（Benjamin Brodie，1817—1880）提出使用一种深奥的运算微积分，它是基于乔治·布尔（George Boole，1815—1864）所设计的频数组代数的计算方法，其中$x+y=xy$。[57]在化学以及物理领域，尽管许多人可能只是"温和的怀疑论者"，比如像托马斯·亨利·赫胥黎，但无论过去或现在，大多数人秉持的是现实主义立场。回避理论，或使用一个理论却不信任这一理论，是件很尴尬的事情。我们所感兴趣的不仅是相关的现象或数学模型，还包括这个可以理解的世界。而高度抽象的观点，比起那些有形或质朴的概念，让人在解决问题的过程中，并无启发性的价值。因此，尽管遭到物理化学的先驱、诺贝尔奖得主威廉·奥斯特瓦尔德（Wilhelm Ostwald，1853—1932）及巴黎学院的教育部长和常任秘书长马赛兰·贝特洛（Marcellin Berthelot，1827—1907）的反对，原子论的观点和立场最终战胜了热力学理论。化学家并不精通高深的数学，不管是布尔代数还是微分方程；他们所从事的是一门手艺，但也是一门科学。原子理论是可行的，它也可以通过模型来教授，这使理论可以像实验一样，通过实践来领会。

视觉语言

沃拉斯顿按照严格的扁圆和扁长的球体形状，制作了可旋转的椭圆台球，用来解释晶体形状。[58]他还制作销售木制的晶体形状的盒子。阿尔伯特亲王（Prince Albert，1819—1861）意识到他的居住国在教育方面的落后，特意把奥古斯特·霍夫曼（August Hofmann，1818—1892）带到英国。1865年，奥古斯特·霍夫曼在英国皇家学会演示了"模型化公式"，分子模型就此进入主流科学。当时，这种方式刚获得认可。为了使按"类型"排列的表格中的公式更加生动易懂，他先把小盒子叠起来，标上N、H或O，组合后形成对等的更大的盒子，再标上氨和水的符号。接着，这个"快乐的实验员"就用杆和球玩起了"槌球游戏"，于是，实际结构可以在想象中去完成。他乐观地总结：[59]

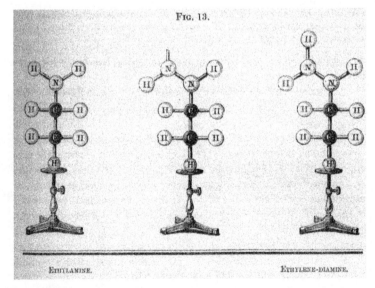

图2 分子模型。奥古斯特·霍夫曼，英国皇家学院第四个议项（1863）：421

现代化学并不像它长久以来表现的那样，是由各种孤立的事实不断累积而成的结果……某种疲惫与绝望的感觉之后,在我们的头脑中产生的一种控制与力量感……现在,有了几条普遍原则的帮助,我们发现自己能够了解这些公式的复杂性,能够有序排列它们所代表的化合物。不,我们甚至能够随意增加它们的数量,并且,在把它们创造出来之前,就基本上能够预测出它们的本质……这就像是一场把光明播撒于晦暗废墟的运动,把定律有序地传播在一片混乱之中的运动。对这场运动的思考,肯定会有某种快乐——恰如参与见证一个美丽的黎明到来时的景象,一种类似从混沌中创造出一个新世界的宏伟壮举。

霍夫曼的溢美之词恰如其分地表达了这一时刻。无论过去还是现在,模型化对于化学专家和学生都是一个巨大的宝贵财富。虽然他用盒子和球来为他的观众带来生动有趣的图解,奇怪的是,他仍然认为它们是二维的,所以并没有对他的模型进一步充分利用。无论木制或头脑中的模型,它们都像隐喻。1874年,荷兰化学家雅各布斯·范托夫(Jacobus van't Hoff,1852—1911)认真研究了霍夫曼的玩具,从中发现了它们的全部含义:四条炭笔线不是与平面形成直角,而是指向四面体的四个角。[60]这让他能够解释不同的光学特性和各种化合物的结晶形式,特别是酒石酸盐,路易斯·巴斯德(Louis Pasteur,1822—1895)对此做过研究。从此之后,化学家不得不用三维去进行思考,现代的螺旋式DNA模型就是这样一个例子。

绘制霍夫曼模型很容易,但要清楚地绘制范托夫模型就比较难了。就像晶体学家威廉·哈洛斯·米勒(William Hallowes Miller,1801—1880)借助深奥的几何符号那样,[61]化学家发现,自己以新的方式对结构的展示,常常让外行难以理解。化学家已经逐渐脱离了拉瓦锡时代那种以设备仪器、实验室和工作场所为特征的实在场景,此时,那些球形或圆柱形的试管容器反而被小心翼翼地遮挡了起来(的确,在雅克·路易·大卫所作的华丽的拉瓦锡画像里,一些仪器被放在了这位伟人的脚边[62]）。到了19世纪中期，任何学习化学的人都知道曲颈瓶是球形，试管是圆柱形的，它们可以以整齐的线性方式呈现。尽管如此，在霍夫曼的论文中，有一张仪器图，显示木制长凳的纹理。因为它们是新东西，所以，分子模型和支架也被描绘得十分详细。准确地描述所使用的仪器，似乎与记录未经加工的数据类似。这样，任何人想重复实验，就变得轻而易举。[63]而且，实验者那双无形的手往往也被显示在画面中，用以说明应该如何操控这些实验。

画　像

我们今天在一些化学家的肖像里，有时也能看到一些与他们行业相关的工具，就像舰队司令用船只做背景，地主与他们的豪宅、班克斯与地球仪那样。正因如此，在英国皇家学会戴维的画像里，就有他发明的矿用安全灯。[64]这些肖像往往是以雕刻的形式出版，它们可以十分逼真（让人感到画中人几乎能开口说话）。沃拉斯顿曾经与著名的肖像画家托马斯·劳伦斯（Thomas Lawrence，1769—1830）一起，为皇家学会写了一篇文章，论述为什么你会觉得肖像中的眼睛在左右跟随着你。[65]从19世纪中叶起，开始有了拍摄的照片：有些科学家是在实验室中拍的，但更多的是在照相室里拍的肖像（一般是作为发给朋友和同事的名片之用），从中看不到任何能显示照片中的人从事的职业或者他所取得成就的东西。摄影的出现，意味着艺术家不再需要为地点的精确性伤脑筋，可以把关注的重点放在光线、情绪或效果的冲击值上。那些从事科学图示的人，可以用符号而不必用直接的图片，来描绘化学结构和程序。[66]生动地使用表格和图表，大大扩展了自然科学的图示范围。随着受过训练的人的涌现，可以看懂这些图示的人越来越多。而对于普通的公众而言，科学成了一本被合上的书。[67]

漫长的19世纪，也是自然历史图示创作的伟大时代，为科学目的制作的动植物绘画也同样是艺术作品。[68]为了分类，必须展示分解的花朵、种子和美丽的开放的花朵，甚至某种昆虫的生命周期（虽然毛虫、蛹和成虫的存在通常是不同时间的）。鸟类和动物在野外很难被发现，所以，只看照片根本不能了解它们高超的伪装术。[69]起初，欧洲那些从未见过异国各种神奇鸟儿的画家，只能在自己的画室里，对着标本作画。这些只有外皮的鸟的标本，是被涂抹砒霜，然后装进桶里运回欧洲的，看上去也和木头没啥两样。[70]约翰·詹姆斯·奥杜邦（John James Audubon，1785—1851）在美国野外，爱德华·李尔（Edward Lear，1812—1888）在动物园里，还有澳大利亚的约翰·古尔德（John Gould，1804—1881）和他才华出众的妻子伊丽莎白，他们都属于在自然环境中，对鸟儿进行写生的人。他们看到鸟儿如何进食、筑巢或运动：视觉语言传达了行为方式，而不仅仅是外表。画家约翰·康斯特布尔说："除非我们以这样的方式理解了它们，否则我们看到的都不是真的。"[71]在费迪南·鲍尔（Ferdinand Bauer，1760—1826）美丽的澳大利亚花卉画中，我们可以看到伟大的植物学家罗伯特·布朗（Robert Brown，1773—1858）与才华横溢的艺术家的结合能有多么丰硕的成果。他是随马修·弗林德斯（Matthew Flinders，1774—1814）进行了那次史诗般的航海旅程。在英国克佑区皇家植物园和其他植物园里，类似这样活灵活现的图示传统得到了发展。[72]视觉语言是文本的一项必要补充。

在自然历史中，一幅画的确抵得上一千字，但它必须付印发行。为了把他的画刻在巨大的铜面平板上，奥杜邦不得不到英国来做这件事（这是一笔昂贵的花费）。他那一米高的《美国本土鸟类绘本》（Birds of America）双开本的出版发行被拖延了很长时间：因为整体成本巨大，他只好每隔一段时间出版一部分，用前一部分的收入来支付下一部分的出版费。[73]在世纪之交，托马斯·比威克（Thomas Bewick，1753—1828）使用雕刻技术，把他对英国鸟类的迷人研究雕刻在黄杨木坚硬的横切面上。[74]这是一种凸版印刷工序：木材需经过雕刻，让要染黑的部分凸起，然后便可排版付印，图像的印刷一次成型。如果确实需要长期使用，可以铸造一个类似印刷书本用的浇版凸印版。有趣的是，这项高超的技术给我们带来了表示稳定的暗喻："刻板"。有了这样的工序，价格合理的精美图书出版成为可能。就拿一个最近的、值得关注和被分析过的例子来看：亨利·卡特（Henry Carter，

图3 蓝黄金刚鹦鹉。爱德华·李尔，《鹦鹉科家族画册》，伦敦：李尔，1832年，图8

1831—1897）就是在优质的平板上使用雕刻技术，把亨利·格雷（Henry Gray, 1827—1861）经典的《解剖学》（*Anatomy*, 1858）教科书完美地印刷出来。[75]此后，在19世纪20年代，石印技术得到进一步的完善：先用蜡笔在石板上作画，再用油性颜料涂上油墨，把它弄湿，就可以影印了。很快，石印工艺作品就像版画一样细致，但费用却大大降低了，因为它极大地节省了人力成本。雕版是一种凹版印刷工艺，要印刷的部分要低于表面，然后用油墨擦拭。这意味着雕版技术和石印技术都需要采用不同于活版印刷术的印刷机，使用的纸张最好也不同。在雕版技术和石印技术中，图像通常要与文本分开。雕刻是一项细致的艺术，需要使用锋利的"刻刀"在铜板上刻出线条；石印技术刻出的线条更流畅，印刷出来的文字也更清晰。彩色印刷（在日本被长期使用）的出现历经了各种各样的实验，直到20世纪才成为常规的科学用途。在此之前，自然历史书本仍是靠手工着色，因此容易有不同的色差。有了石印技术,石版可以反复擦拭使用,不存在"原版"一说。艺术家可先将一件作品着色作为模版,再让其他的着色师尽可能去模仿;也许要等上好几年的时间,才有买家出现。在流行作品中,使用彩色平版印刷工艺带来了色彩鲜艳的效果,价格也更便宜,但缺点是少了一些色彩的雅致。

图4 模版,有注释的石版画。威廉·斯文森,动物插图,伦敦:鲍德温·柯利达,1820—1823年

有关造物主的设计之争

查尔斯·达尔文的作品里都有配图,有时甚至有照片,但《物种起源》(*Origin of Species*,1859)只有一张图示,那是一张表明演变和灭绝是如何发生的图表。对于未经专业训练的人而言,当图表和解剖图取代图片,生物学的作品看起来就

不再那么有吸引力了。但是，视觉元素仍然是科学语言中的重要部分。在人类起源的问题上，上帝也只是扮演了跑龙套的角色。作为与此相对应的词语，"可能"和"也许"被使用得非常频繁。[76]在19世纪大多数的时间里，特别是在盎格鲁-撒克逊世界中，宗教用语在科学中非常重要。大部分科学的普及是以不太严格的自然神学的形式完成的：在对上帝造物的精妙设计、整个动物王国的幸福美满赞叹不已之中，那些表达天真无邪、惊喜和快乐的词语，都可以被天真地使用。用大自然中的例子来证明上帝的仁慈和智慧的自然神学，则显得较为严谨。帕利是这方面的经典作者，他的《自然神学》（1802）是在去世之前完成的。这是一部致力于倡导英国圣公会信仰的著作。[77]他建议读者用反章节的顺序来阅读该书。这样，读者在被说服这个世界有造物主之后，看到的将是基督教启示真理的证据。《自然神学》的第一章经常被收进各种选集，它描述的是从一只钟表所引发的启示：没有人会怀疑这只钟表的背后有位钟表匠。该书的其余部分以清晰优美的风格和令人无可置疑的论证，说明我们和整个宇宙就像钟表的设计和制造一样，其中每个组成部分都有目的。该书经由不同编辑之手进行过修订和更新，销售了整整一个世纪。

19世纪30年代，受运河遗产继承人布里奇沃特公爵教士遗嘱的委托，《布里奇沃特论文集》（Bridgewater Treatises）加入了关于自然神学的内容。八位作者用各自的专业科学证据，来证明上帝的仁慈和智慧，每人因此获得了1000英镑的巨款。其中特别值得关注的有：惠威尔从天文学角度论证的那一册，他是用数学方式来阐明他的观点；威廉·巴克兰（William Buckland，1784—1856）那册是从地质学角度来论证的。帕利的造物主设计论与居维叶关于灭绝动物的重建理论，以及他的亚里士多德学派对功能的强调不谋而合。巴克兰迷上了恐龙，激情洋溢地认为它们不是上帝在设计的过程中，因为更钟情于哺乳动物而遭遗弃的试验废品，而是当时这种动物恰好适应地球那时的状态，一直到上帝为人类把地球安排好了之后，它们才消失。[78]上帝没有像医生那样，把他的错误隐藏起来。如果从字面上理解，《圣经》里所说的创造世界发生在六千年前。爱尔兰大主教詹姆斯·乌舍尔（James Ussher，1581—1656）计算的日期是在公元前4004年。[79]巴克兰没有从字面上去解读《圣经》。他像民众一样，相信《圣经》包含了寓言、诗歌和故事，而不是一种教科书。他那篇地质学论文的篇首折叠插画超过一米长，展现地球历经数百万年的地貌变迁。他相信人类出现是新近的事。他认为在这之前的一切都包含在"起初"这一时期中，这段时期有过一系列的生物灭绝和创造。这种说法使地球的历史成为一部史诗。[80]巴克兰的文字，经由他妻子玛丽·莫兰·巴克兰（Née Morland）的润色，让人感受到他那种乐观主义的决心和快乐。尽管对《创世记》的理解可能有所不同，许多人还是追随巴克兰写作和讲解的道路。其中一位是休·米勒（Hugh Miller，1802—1856），他更倾向于把创世当作一个时代来看待。[81]

19世纪40年代，匿名出版的《痕迹》（*Vestiges*）因其惊世骇俗的内容，引起一时轰动。它被指责为一篇无神论文章，其实是一种自然神论。在书中，上帝被认为是遥远的起源，而不是慈爱的父亲。[82]当时，《物种起源》（1859）使发展观受到尊重，很多人不再接受帕利和巴克兰的上帝，例如赫胥黎[这令他的未婚妻亨丽埃塔，"娜蒂"（Henrietta，"Nettie"）十分苦恼]。[83]否定造物主的设计，使对人特性的讨论变得更加困难。但是，对于赫胥黎来说，达尔文挽救了局面。他借用政治经济学家的词汇，如"生存竞争"和"适者生存"，来回答那些似乎涉及目的性的问题，就变得科学而安全。对于达尔文主义者和帕利主义者而言，他们也都有了用来表达人类适应力的赞叹用语。我们对此不应感到惊讶，因为达尔文一直很欣赏帕利。是啊，一个仁慈的造物主，似乎不该创造出一个如此残酷不堪的世界。达尔文一直在努力寻找一条围绕神创论争议的出路。

1860年，一群牛津的自由派学者出版了《论文与评论》（*Essays and Reviews*），敦促人们像对待其他古代经文那样来阐释《圣经》。他们认为，地质学是地球历史的关键，那些上帝创造的奇迹是不可能的。[84]威廉·威尔伯福斯（William Wilberforce，1759—1833）对他们进行了谴责。但是，他并没有拘泥于字面，坚持把上帝六天创造天地、大洪水、巴兰说话的驴或巴别塔作为事实。因为受过良好的教育，而且博学，他主要选择从论点的假设性、或然性与达尔文进行争论——正如怀疑论者对原子理论进行争辩的那样。尽管在赫胥黎及同时代人的著作中，依然能听到许多来自英王钦定版《圣经》的回声，宗教词语正在逐渐从科学词语中消失。赫胥黎和威尔伯福斯一致认为，所有各种肤色的人都是兄弟姐妹。他们联合起来反对奴隶制，反对把黑人当作不同的种类，因此将他们区别对待。[85]耶稣曾谴责把坏人分类，把税吏当作不可救赎者和罪人。在19世纪，许多人把穷人区分为值得帮助和不值得帮助的。到了19世纪末，科学家也进行了一个分类，他们把白痴、傻瓜、愚笨和弱智进行了仔细的区分。[86]

是人文教育还是两种文化？

达尔文在剑桥所受的教育并非专业化教育，而是适合毕业后就成为社会精英，也许专门从事某一行业或有某种爱好。大多数像他那样的同时代人，都有望被任命为神职人员或从事教职。[87]这些人都有共同的文化和语言。在哈佛、耶鲁或普林斯顿也大致如此。法国自从大革命之后，已经有这样的学校，如巴黎综合理工大学和巴黎高等师范学院，为准备拥有这种最高的职业岗位的工程师和教师，提供更专业的教育。滑铁卢战役之后，德国大学沿袭了威廉·冯·洪堡为柏林设计的教学与科研结合的教育模式，[88]鼓励学生按照自己的志趣，发展和深入更尖端的领域。医学方面，在爱丁堡、哥廷根、巴黎和伦敦，学生进行终生专业研习。从19世纪50年代起，牛津、剑桥和常青藤联盟大学受到越来越大的压力，去开设新学科的学位课程，包括历史、神学、各种语言和科学学科。保守派人士非常担心通识教育会被培训所取代，这是一种确实而不变的恐惧。但在1870年，当普鲁士人取得对奥地利人和法国人的胜利后，赫胥黎和其他人关于教育是国家发展乃至生存关键的观点，似乎得到了证实。

专业化必然意味着大众文化的削弱，但如果把科学用语看作价值中立的、冷静描述的语言，与历史、文学、宗教和政治完全不同，也是错误的。在威廉·托马斯·布兰德（William Thomas Brande，1788—1856）、法拉第、赫胥黎、约翰·廷德尔（John Tyndall，1820—1893）和布拉格取代戴维的大众演讲台上、在通俗读物中、在教科书中、在严谨地对待同行的科学论文中，如果要把他们的观点表达清楚，科学词语的表达就必须呈现出各种不同的形式。像每个人一样，科学家不仅对政治和宗教，而且对他们的学科持不同看法。他们并非枯燥无味的计算机器，而是有感情的人。因此，对化学的争论也可能变得很激烈：贝采里乌斯不仅指责汤姆森无能，就连李比希和让·巴普蒂斯特·杜马斯（Jean Baptiste Dumas，1800—1884）也同样受到这样的指责。他们在进行有机化合物实验用氯替代氢的工作时，没有产生贝采里乌斯的电化学理论所预测的性质上的根本改变。之后，赫尔曼·科尔贝（Hermann Kolbe，1818—1884）也同样对范托夫的结构理论进行了肆意攻击。赫胥黎对理查德·欧文（Richard Owen，1804—1892）与达尔文关于猿和人的争论的谴责，就令人感到很不是滋味。科学中的争论或谩骂的风险一向很高。的确，在这些情况下，无论结果如何，争论者的声誉都会遭受损失。然而，科学领军人物之间吵得不可开交是19世纪的一个特征。[89]当人们全身心投入他们的研究时，强烈的感情是不可避免的。

在原则上，科学家更倾向于在学术界和学术团体范围内，进行冷静而理性的争辩。因此，那些伟大而善良的人，在赫胥黎与威尔伯福斯的公开对抗中，还是会对赫胥黎的坏脾气进行公开或私下的谴责。[90]

当拉瓦锡指责燃素定义模糊时，他称其为（而不是直接针对某个同事）"真正善变的海神普路提斯"。这种使用较为平和的科学辞藻的风格，同样可以从法国化学家查尔斯·葛哈德（Charles Gerhardt，1815—1866）的身上看到。当他遇到无法确定的事情时，就召开一个各抒己见的讨论会——在会上，他支持"一个体积"的氢氧（HO）系统，他的同事奥古斯特·洛朗（Auguste Laurent，1807—1853）对他进行了有声有色的反驳。针对化学界面临的混乱局面，奥古斯特支持采用假设（推理）的方法。他风趣地提道，没想到他所发现的一种新金属原来是氢，是由金属从酸性化合物里置换出来的，就像一种更具活性的金属会从它的盐类成分里置换出另外一种金属那样。[91]另一方面，据说当卢瑟福被掌握国家镭料储备的化学家威廉·拉姆塞（William Ramsay, 1852—1916）惹恼时，也说过"化学家"这个词的意思就是"笨蛋"这样的话。科学家也不是铁板一块的群体，他们也有各自需要保护的知识领地。例如，化学家和物理学家之间就有着长期互不信任的历史。

结 语

科学历经多种语言撰写，拉丁语在18世纪后期让位于地方语言。在接下来的一段时期里，法语占据主导地位。同时，随着语言被看作人类的本质特征，语言学家对语言本质和语言之间的关系带来了新的认识。从18世纪末开始，物理学家越来越多地借助数学术语来表达他们的学科；而化学家则寻求一种新的、系统的、尽可能不掺杂理论的术语，一种恰当和必要的行话；而自然历史学家却一直需要使用配图。但是，出于分类学的需要，对解剖细节的要求越来越高，他们的视觉语言与艺术的视觉语言逐渐分道扬镳。过去，物理学家和化学家也需要好的图片仪器。随着设备的标准化，这些不再是那么必要了。但是，化学家开始描绘假设的分子结构，用不同的图示来说明它们不同的用途。在科学的其他领域，图表已经成为视觉语言中必须学习的一种重要的交流方式。事实上，为了使各种朴实的科学术语更具权威性，特别是（但不仅是）在科学的普及和教学中，类比和隐喻已被证明是不可抗拒和必要的。它们使科学变得趣味盎然。众多科学家的肖像照亮了19世纪的天空，同时也把科学的方法植入了各行各业，例如在自然神学或社会进步方面。到此，我们先打住，接下来看看那些在19世纪所兴起的许多被称之为技术的行为。它们就是应用科学的兴起。

第三章 应用科学

Applied Science

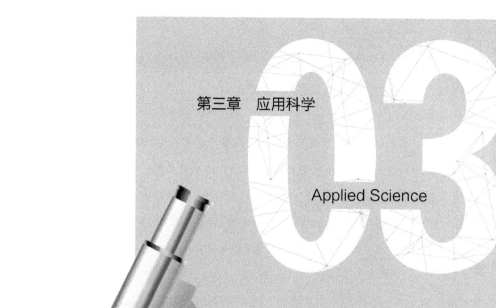
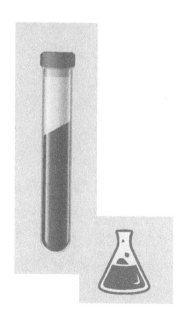

1802年1月21日，戴维在就职演讲中，讲述了他所走过的化学历程。他向人们勾勒出了一个用科学力量来改变世界的蓝图：[1]

> 我们不需要展望遥远的未来，或寄托于那些虽然辉煌但却虚幻的关于人类的无限进步，一切辛劳、疾病甚至死亡都终将消除的梦想。但是，我们可以用简单的事实进行类推论证。我们只需要从人类今天发展的现状来看未来的发展。我们可以合理地期待一个时刻，期待一个我们已经看到曙光的光明日子。

在世界上第一个工业化国家英国，应用科学的发展前景尤其强大，他的演讲更使听众激情澎湃。这将是本章的主题，我们的叙事也将必然特别围绕英国展开。

知识就是力量。培根早在两个世纪前所憧憬的、用自然知识帮助我们战胜贫穷和疾病（以及敌人）的世界，对整个欧洲的祖先们都非常有吸引力。能理解自然的人，就能够掌控它（通过顺应它）。在18世纪科学人士中，虽然他们并没有小觑设施的作用，但很显然，他们几乎没有任何能与近代科学相提并论的设备。当自然哲学家把注意力转向机器、加工、方法和耕作时，他们通常希望应用经验法则来理解所发生的情况，来证明哪种是最佳的做法，辨别天然产品中的活性剂或其中的成分。理解带来了发明创造，正如美洲的西部荒原勘察带来了定居点的开发。就像奎宁这种药物是从秘鲁进口的退热药"金鸡纳皮"（Jesuits' bark）中分离而来、吗啡从鸦片中提取的那样——它们都是可以通过恰当的评估，按控制的剂量来使用，虽然这都需要花费些时间。[2] 1805年，戴维因为在皮革鞣制方面的研究，荣获了皇家学会的科普利奖章。他所使用的方式如出一辙：他发现在各种乔木和灌木中都含有鞣酸，通过稀释的鞣酸溶液缓慢鞣制，能制造出最柔韧耐用的皮革。他对这一过程进行了验证，虽然走在前沿的制革业者早已知道这种方法。

18世纪农业方面的伟大创新，以及各种发明带来的早期工业革命，更多是依赖于务实的常识推理和大胆的行动，而不是复杂的理论推理。科学的发展更多归功于蒸汽机，而不是科学，这是老生常谈。[3]当时，"科学"一词指的是逻辑上有组织的知识体系，有别于其他艺术［就像乔舒亚·雷诺兹（Joshua Reynolds，1723—1792）主持的新英国皇家美术学院和狄德罗主持的法国沙龙评论］，一个代表好看，一个代表有用。在一个相互关联的理论框架内，可检验的解释并不真正适用于技术：一个布丁的好坏是靠吃来证明的。当然，许多创新者和项目承担者几乎没有受过正规教育，然而，他们所取得的一些成就，在同时代更为饱学的人看来，似乎是不可能的。毕竟，各种发明有时确实会让科学家和普通人同样感到惊讶："他们是怎么做到的呀！"在我们的叙事中，19世纪十分重要。那时，科学跟上了最终被称为技术的步伐，培根的希望也因此开始得以实现：一些发明确实是在全新或已经被人们所接受的理论指导下，对新发现进行应用的结果。[4]

染　料

以前，将布匹漂白是将布摊在阳光下曝晒进行的。当贝托莱（1784年起任哥白林漂染加工厂总管）等人发现了他们称之为氯酸的令人窒息的有毒气体是一种强大的漂白剂时，一种新的化学工艺就此完全改变了漂白工序。虽然使用烈性化学品（特别是氯）会产生一些问题，但在兰开夏郡，因为棉花产业的迅速扩张和潮湿多云的气候，这是一个特别有价值的发现。纺织品通常漂白后就紧接着染色。到了19世纪早期，人们已经掌握了大量有关天然色素、动物、植物和矿物的知识。羊毛、棉花、亚麻、丝绸的染色效果各不相同。要让它们能吸附颜料，明矾是最重要的媒染剂。过去，制造明矾依赖经验，在制作过程中要添加尿液和海带。这种做法开始让位于我们称为程序控制的方式，这就需要化学知识。经过对罗马古城庞贝的绘画颜料的分析，包括戴维在内的化学家建议画家和染色业者使用新的颜料。1835年，托马斯·汤姆森写了一系列关于染色的论文，并配有图案样本。其中一些粘贴到页面上的样本异常漂亮。[5]跟戴维一样，这位化学教授使促进工业化的最优方法变得一目了然。[6]就这样，合成染料在被发现二十年后，才由另一位教授霍夫曼，使用图案样本加以说明。[7]在此期间，还有许多化学家在进行染色工艺实验，使它们可以迅速得到利用并被添加到可用的颜料清单中。虽然许多纺织公司雇用了不少化学家并为他们提供实验室，但为了推广应用科学，阿尔伯特亲王还是在英国皇家化学学院设立了霍夫曼的实验室。1857年，当威廉·亨利·珀金爵士（William Henry Perkin，1838—1907）在那里试图制取奎宁时，却出乎意料地得到一种深紫色的物质，他将其称为苯胺紫。[8]我们今天以为维多利亚时代的人在哀悼时，大多数时候是裹着黑布，就像维多利亚哀悼阿尔伯特亲王那样。其实，真正的天然黑色染料在当时很难得到，但"苯胺黑"这一新技术的出现，使这样的哀悼仪式变得更容易。

竞争激烈的染料工业，是最早表现出光靠经验法则已经不够的行业之一。该行业必须聘请训练有素的科学家担任全职工作，而不是等到出差错时才去请教科学家顾问。虽然英国继续主宰煤炭和纺织工业，但英国和法国［品红（magenta）颜色是法国人的发现，它是以当时法国取得胜利的马真塔战役（Battle of Magenta）命名的］都逐渐放弃了以煤焦油作为染料的工业，而德国和瑞士逐渐成为煤焦油染料的生产大国。面对日益激烈的竞争，聘用化学家团队的大公司也诞生了，如赫克斯特（Hoechst）、爱克发（AGFA）和巴斯夫（BASF）。1869年，巴斯夫公司的海因里希·卡罗（Heinrich Caro，1834—1911）仅比珀金提前一天获得茜素专利权。他们达成茜素生产协议，这也导致了茜草种植业的衰落。从1877年起，德国立法全面保护化学发明的专利。从1897年起，巴斯夫和赫克斯特开始成功生产合成靛蓝，天然靛青的贸易也因此开始走下坡路。随着实验室产品进入日常生活，现代科学的力量开始显现。测定结构与成分技术的完善与染料生产携手并进，纯化学和应用化学也同样结合得天衣无缝。到1914年底，世界上近90%的合成染料来自德国，10%来自瑞士，只有2%或3%来自英国仅存的染料厂。[9]

图5 沃克（Walker）改良的蒸汽机（1802）。亚当·沃克，《我们所熟悉的基本原理》，伦敦：沃克，1802年，图28

保护民众

戴维仅有一次无偿为煤矿工人发明安全灯的事迹，就成为一个吹嘘科学顾问必要性的例子。1802年，在他23岁时所做的就职演讲中，戴维就呼唤以应用科学而不是政治革命来改变世界。他的演说令听众十分振奋。[10]他以前对一氧化二氮和其他气体的研究，就像普里斯特利那样，是通过"吸吮和观察"的手段。1806年，他转向电化学，遵循一种理论和它所产生的结果来证明化学亲和力是电性的。因为分离出钾和其他稀有金属，并确定氯是一种元素而声名鹊起，戴维被誉为"高手先生"（Mr. Fixit）。

1815年，戴维被授予爵士头衔，并娶了一位有钱的寡妇。同年，拿破仑的

"百日王朝"失败（以滑铁卢战役告终），戴维匆匆忙忙从欧洲大陆返回，接受一项解决煤矿爆炸的任务。对于煤的需求意味着需要挖掘更深的矿井。当时，排水问题可以通过蒸汽泵处理，但煤气威胁的问题亟待解决。他对送到伦敦的样品进行化验，发现它们是甲烷。这种气体和空气混合在高温下才会发生爆炸。他一次又一次尝试减少进入矿灯中的空气，然后用细小的管子待其冷却后再排放出去。当戴维向皇家学会宣布试验成功之后，他又想到了使用金属丝网的方法。这种金属丝散热速度非常快，所以它永远不会热到足以引爆气体。因此，他的这款经典矿灯的灯芯是由一个圆筒形金属丝网罩着，没有玻璃罩。班克斯兴高采烈地宣布这是皇家学会的发明：一个都市实验室里的科学天才，找到一种简单的办法解决了一种可怕的不幸。这种办法在矿井中试用，被证明行之有效。一盏灯是一种智慧光明的感人比喻，但情况在此并非如此简单。乔治·斯蒂芬森（George Stephenson，1781—1848）针对限制气体（他以为是氢气）的进入进行了反复实验之后，发明了一种类似装置，和戴维的矿灯竞争。仔细察看可以发现，他们二人似乎都是以同样的方法进行研究，而不是通过深思熟虑的推理。[11]科学家写实验报告时，常常使他们的发现看起来比实际情况更合乎逻辑。这一次，有班克斯的宣传，再加上戴维本人，皇家学会和皇家机构占了上风，科学被认为是可行的。戴维收到了来自英国和国外的礼物和赞誉，并在1820年班克斯去世时，成为皇家学会主席的不二人选。

在那些还没有发生煤矿事故的地方，矿工经常手拿蜡烛，吸着烟斗下到矿井。在矿井通风良好的情况下，即使戴着戴维灯，火焰也可能通过滤网点燃甲烷或周围的煤尘。煤尘是另一种爆炸媒介物。尽管开采每吨煤所造成的事故比例比以前少很多，但仍有可怕的灾难发生。因此，矿灯必须要改造成现代的样式，将灯火用玻璃罩罩着，让空气还是通过滤网进出。后来，有了电灯照明，安全灯便作为一种探测"甲烷"，而不是用于矿井照明的装置，被继续使用。采矿仍然是危险的行业。在复杂多变的现实世界中，即使杰出的科学家，也无法做到每时每刻都能解决所有的实际问题。

瓦斯是自然界中的一种危险气体，到了1800年，工业、经济变化和人口增加都在带来其他有害物质。没有人愿意在制革厂或宰杀动物的屠宰场的下游生活，而燃煤则导致了伦敦等城市的雾霾。建筑物的通风是一个公认的难题。像伦敦的上议院和纽盖特监狱那样的建筑结构，都引起戴维从科学角度进行关注。因此，戴维在1808年访问纽盖特监狱后，染上了"监狱伤寒"（斑疹伤寒），生命危在旦夕。因为西欧常年盛行西风，富人们纷纷搬离了烟雾缭绕的城市东部。伦敦和纽卡斯尔的东边，因为都是下游地区，所以水更脏。以前那些用土掩盖排泄物的厕所，以及由掏粪工定期清理、无冲洗设施的户外厕所，都被抽水马桶取代了。这是一个环境灾难，因为排泄物直接排入原本用来排放雨水、用砖砌成的下水道，直接进入河流中。各种污物在泰晤士河、泰恩河和易北河等河流里，随着潮起潮落来回涌动，而不是眼不见为净地被带入大海。[12]同时，来自沿河各种工厂和码头的污水，和越来越多（如莱茵河和默塞河）看似无用的化工副产品和污染物都被排放到空气或水中。1820年，亨利·卢特雷尔（Henry Luttrell）在他的诗中，表达了希望有一条干净的泰晤士河的愿望：[13]

> 啊，化学，迷人的少女，
> 请出于同情屈尊施予我们援助吧！
> 用你的坩埚、曲颈瓶和玻璃瓶，
> 带走你无处不在的气体，
> 你惊人的能量和奇迹，
> 带来耀眼的灯光和电闪雷鸣！
> 在伍拉斯顿和戴维引导着的
> 你这列火车上的车厢里，
> 看见亲爱的氮气和美丽的氧气，
> 和在你身旁的碳。

在19世纪后期，工程师的伟大成就之一，就是洁净了水源，建成了有效的下水道系统，终于为科学扳回了一局。特别值得一提的是伦敦，在约瑟夫·巴泽尔杰特（Joseph Bazalgette，1819—1891）主持下所完成的这一切令人瞩目。

20世纪末，化学家获得污染者的骂名；但在19世纪，他们受到公众信任。[14]贝采里乌斯设计了可重复分析矿物化合物的方法；而汤姆森则在后来被称为研究学院的地方，开始训练一批学生从事分析工作。在小小的吉森大学，李比希设计出动植物产品的分析装置（现在被绘制成美国化学学会的标志），并培训研究生使用这些装置。[15]这些技术有助于对原子理论的确认，但同时在其他方面也有用。1842年，英国为税收目的设立了消费税实验室，检验啤酒和葡萄酒的酒精度。但在那时，化学分析家不仅参加对掺假食品和饮料的测试，他们在中毒案件的审判中也被作为专家证人，特别是在法国。[16]继《柳叶刀》(The Lancet)杂志发起一系列运动之后，英国政府于1860年通过了《食品与药品法》，十年后，地方议会开始任命公共分析师。同时，1863年发布的《碱性金属法》，对限制污染做出规定，特别针对盐酸蒸汽以及来自制造苏打水和硫酸的工厂里的污染。曾是李比希学生的罗伯特·安格斯·史密斯（Robert Angus Smith，1817—1884）被任命为督察。政府的不干涉主义旧观念即将结束。出于公共利益对工业行为进行控制，作为"改革"的一个方面，终于开始了，尽管经常效果不佳。[17]1894年，在海德堡和波恩接受过培训的托马斯·爱德华·索普（Thomas Edward Thorpe，1845—1925），被任命为英国政府化验师，兼伦敦的政府化学实验室主任，为食品、啤酒、烟草等其他行业制定标准。[18]

消除饥饿

戴维对发展农业的许多审慎建议，是在饥饿的战争年代，他所做的讲座中提出来的（包括在1812年那场使美国也卷入战争的封锁）。这些文稿在1813年整理出版。通过实验，他那些提议被证明是最好的做法。[19]他让大家明白，把新鲜的粪肥犁进地里效果最好。他教大家如何确定土壤的酸度，并亲自监督在沃本庄园贝德福德公爵不同的草地里进行的实验。牛津大学的化学与农村经济学教授查尔斯·多贝尼（Charles Daubeny，1795—1867），对农业化学有着浓厚的兴趣。他的一个学生，约翰·班尼特·劳斯（John Bennett Lawes，1814—1900），在他的罗森斯特庄园进行这类实验，并在实验中发现，用酸处理过的骨头粉做肥料效果很好。他将其称之为过磷酸钙，并于1842年获得该产品专利。查尔斯就此开辟了化肥工业时代，并成为其他化学品的著名制造商。1843年，他雇用1840年在李比希手下获得博士学位的约瑟夫·亨利·吉尔伯特（Joseph Henry Gilbert，1817—1901），负责他所设立的用来测试各种肥料的实验农场。面对"饥饿的40年代"，李比希的想法更激进：他想通过分析，对土壤和农作物中所缺失的任何矿物成分，都通过添加肥料来进行补充。他希望消除作物轮作和土地休耕的做法，不认为土壤中的腐殖质、植物腐殖土有多大重要性。与戴维的建议相反，李比希的研究属于理论驱动，在实践中并不总是有效的。

罗森斯特庄园成为先锋农业研究所。实验表明，光有李比希的矿物肥料不够，而磷是必需的。戴维一直对氨的强调是正确的。让-巴普蒂斯特·布森戈（Jean-Baptiste Boussingault，1801—1887）在自己阿尔萨斯的农场，发现三叶草能够使土壤富含氮元素。当他试着在其巴黎的实验室无菌条件下种植三叶草时，却莫名其妙地没有成功（因为无菌）。这些研究结果导致从智利进口硝酸盐和鸟粪，并最终在20世纪应用哈伯-博斯制氨法（Haber-Bosch process），在高压下经氮气和氢气化合制成合成氨。该工艺一直到1914年才得以完善（其产品却被用于制造战争武器）。劳斯和吉尔伯特都参与了李比希就利用城市生活污水作为肥料的可行性项目，他们一边合作，一边争吵。有传言说，在伦敦附近，污水被转化成草莓和奶油。然而，从污水中赚钱的计划却总是被证明只是理想而已。和李比希一样，[20]劳斯和吉尔伯特也研究动物营养与生理机能，以此来了解植物的养分与牛的关系，是什么促进了牛的肌肉和脂肪生长。

随着美国西部的开发，由美国大草原进口的廉价谷物基本上解决了19世纪

40年代的粮食问题。在英国,部分因为爱尔兰马铃薯几乎绝收,罗伯特·皮尔(Robert Peel)在1846年废除了保护农业免受竞争之害的谷物法,成了英国历史上一个极具灾难性的政治事件。英国已经成为一个依靠自由贸易的城市化国家,废除谷物法更是被视为城市对农村的胜利,并导致罗伯特·皮尔的保守党分裂。食品价格应声跌落。19世纪70年代,廉价的进口产品导致了数十年的农业萧条。园艺市场蓬勃发展,但改善农业的投资几乎为零。此前,化学并不是唯一得到应用的学科。畜牧业者在进化论或遗传学被公认为科学之前,就已经对牛群进行认真改良;而蒸汽机的应用,使耕地、抽水、脱粒等劳动过程不再那么辛苦。一提到应用科学,我们通常想到的是工程师的发明。然而,甚至在英国,直到19世纪,大多数人居住在城镇,而不是住在乡下。所以,在滑铁卢战役之后,许多农村习俗在曼彻斯特各地依然随处可见。[21]对于进行现代科学发展的所有国家,农业是经济体的一个重要组成部分,有了这一领域,化学和其他科学才能获得有效和有益的应用。

工 厂

当时,纺纱和织造是在家里进行,而其他行业的产品则是在小型作坊、锻造厂和铸造厂里完成。在18世纪,军火库和海军造船厂属于国防工业,规模非比寻常。18世纪初,"工厂"一词意味着在国外的一个仓库,由一位代理人负责照看待装运的货物。1771年,理查德·阿克赖特(Richard Arkwright,1732—1792)建立了第一个以水为动力的现代化棉纺机械工厂,并很快被大量效仿,尤其在兰开夏郡。1790年,他成为首批使用蒸汽机的先驱之一。从此,工厂的生产不再受制于降雨量的多寡。所有这些都需要大量的资金投入,为此,工厂开始采用轮班制,让昂贵的机器处于充分运作的状态。这种工作制度从纺织业扩展到其他行业,如蒸汽机制造业。[22]值得一提的是,马修·博尔顿(Matthew Boulton,1728—1809)和詹姆斯·瓦特(James Watt,1736—1819)位于伯明翰苏活区

（SoHo）合办的工厂，[23]威廉·默多克（William Murdock，1754—1839）用制造无烟燃料焦炭的副产品煤气"照亮"了工厂外部，庆祝1802年亚眠和平条约的签署。第二年，工厂里面也被照亮了。燃烧的煤气喷嘴比蜡烛更明亮、更便宜。虽然煤气在小房间里使用起来气味难闻，但却很适用于工厂、公共大厅和街道照明。最初，只有工厂有自己的煤气设备，但市政煤气厂不久就建立了。这是一个无所不在，气味难闻的化工行业。随着街道下面管网铺设的完成，从1807年起，伦敦的街道都使用了煤气照明。

煤气照明使机械研究所、文学和哲学学会以及图书馆的发展成为可能，因为现在晚上学习变得更容易了。实际上，它将白天延长了，而这对于北欧尤其重要。鲸油以及用鲸油制成的燃料可以替代煤气使用。法拉第在实验过程中，从鲸油里分离出了苯。他在分析中发现，苯含的碳与氢的比例与乙炔相同。后来，苯也被用作电石灯的燃料。赞助人戴维去世后，法拉第把他的工作从对玻璃和钢的研究，转向对电与磁的研究。基于他的研究成果，伦敦的实验哲学教授、键盘式手风琴发明家，查尔斯·惠斯通（Charles Wheatstone，1802—1875）设计出了第一台电报机。[24]从19世纪30年代开始，运载旅客的列车出现了。很快，火车就以超过30英里（约48千米）的时速运行，这意味着，靠手执小旗的信号员已经难以防止事故发生了。沿着铁路轨道铺设了电报线路，这让消息能以闪电般的速度被发送到各信号亭和站台。随着列车时刻表变得更加精确，时间信号也同时被发送。1847年12月，"铁路时间"取代了以太阳为准的地方时间，英国人的生活变得越来越受时钟的控制。[25]铁路部门还向那些想发送紧急信息的人开放他们的系统。铁路沿途的每根电线杆的间距是一定的，能让旅客测算出火车行进的速度。

蒸汽机与速度

因为在康沃尔地区所能开采的是锡矿，所以煤炭价格相当昂贵。康沃尔的工程师，制造了高效的高压发动机，甚至给它们配上车轮。[26]但铁路的出现却是从东北部原先的货车轨道开始的,它们被直接改造为蒸汽机车轨道。靠自学成才的乔治·斯蒂芬森,把自己的儿子罗伯特(Robert,1803—1859)送到爱丁堡学习一年以后,父子俩一起制造出了蒸汽机车。机车在利物浦和曼彻斯特的铁轨(1830)上试行,不仅性能可靠,速度比马还快。铁路很快遍布英国的工业区,罗伯特也被任命为工程师,负责连接伦敦到伯明翰铁路线的工程。[27]1838年,这条铁路线建成。当机车行驶到卡姆登镇时,由定点等候在那儿的一个机头,把各节车厢往来拖送到在尤斯顿(Euston)的终点站。随着铁路建设的热潮,1840年,英国建成了全国铁路网。欧洲大陆和美国北部也建设了铁路线,交通发生了革命性的变化。铁路使邮政快捷服务和廉价旅行成为可能,这也意味着奶牛不再需要在城市中圈养。在法国,笨拙的公共马车还在连接着城镇交通,而在英国浪漫作家托马斯·德·昆西(Thomas de Quincey,1785—1859)的眼里,代表速度和效率的极致是快捷邮件马车和收税关卡系统。[28]许多人以前几乎没有走出过郡县边界,而现在搭乘机车到伦敦、巴黎和其他大都市参加会议和展览变得很容易;到海滨度假也开始流行起来。

历来,铁路货车道的标准轨距都是4英尺8.5英寸(约1.435米)。当计划从伦敦到布里斯托尔,经过英格兰上流社区兴建一条铁路时,受命的工程师决定把它做成一条能行驶豪华列车的铁轨。工程师的名字是伊桑巴德·金德姆·布鲁内尔(Isambard Kingdom Brunel,1806—1859)。和罗伯特·斯蒂芬森一样,他也是一位著名工程师的儿子。[29]他认为7英尺(约2.1米)的轨距将能承受更大的负荷和更高的速度。在约翰·鲍纳(John Bourne)精彩的大开本画册里,可以看到对这条伦敦和伯明翰之间的铁路建设,以及初期的运行情况的描绘。我们由此可以看到,服务于温莎与巴斯的线路,与穿行于中部工业黑色区域(Black Country)的线路有多大的区别。[30]铁路建设是一项庞大的工程,需要大量的挖土工人。他们挖掘修筑河堤、狭窄的通道,修建隧道和桥梁。在西欧,城市之间距离很近,土地被完全占用,修建铁路需要花费巨大的资金。但事实证明,这也是非常有利可图的。在北美洲,铁路建设较为便宜,这有助于美国西部的开发。一向习惯开着蒸汽船航行在大江大河里的美国人，也开始谈论起乘坐火车了。他们建造的火车车厢模拟的是酒吧间的样子，而不像欧洲人那样，把马车厢拴在一起变成火车的包厢。美国国会为"太平洋铁路"计划所做的大型调查，将"地形学工程师"带入了这片处女地。他们所写的报告被大量成册出版。铁路吸引了大西洋两岸对当地自然美景的关注，让人们看到自然美景的同时，也意识到了科技进步的力量。[31]

布鲁内尔是一名富于想象力、有远见的工程师。在他眼里，他的铁路线并不只是停止在布里斯托，而是在蒸汽机动力的牵引下继续前行，直到纽约。[32]在19世纪早些时候，这种想法似乎不可能实现。蒸汽机确实经过改造被用于轮船，但因耗煤太快，不可能进行远洋航行。河船与拖船得到了发展。有了拖船，不必等待起风就可以把其他船舶拖进带出港口。1823年，英国皇家海军首次有了自己的拖船。[33]为了适应螺旋桨驱动的蒸汽拖船，还在达勒姆煤田新建了锡厄姆港（Seaham Harbour）。现在，这样的一艘拖船还保存在格林尼治。拖船增加了帆船的可靠性，在19世纪后期，帆船的发展达到顶峰。来自缅因州的"顺风号"和伦敦的那些快速帆船，满载茶叶和羊毛，争先恐后地比赛谁先到家，先到的货物就能卖出最高的价格。随着更好的饮食条件（1815年有了可食用的肉类罐头）、更准确的航海图［皇家海军"贝格尔号"战舰（HMS Beagle）在做此项工作］以及美国海军军官马修·莫里（Matthew Maury）对洋流研究的辅助，船只可以沿着更短的圆形航线航行。尽管这些航道在高纬度地区经常遇到暴风雨和冰山，但比传统从一个登陆点到另一个登陆点的航程更短。有了灯塔引航，靠近海岸行驶的船只安全性提高了。法拉第曾建议灯塔的照明改用电力，[34]但在有生之年，他没能找到一种足够可靠的、可替换煤油灯的电灯照明技术。

最早的蒸汽轮船在大部分时间内都不使用船上的引擎。一旦到了海上，在有风的情况下，它们还是依靠船帆航行。在无风带或在背风的海岸，或其他风平浪静的时候，发动机会帮助它们摆脱困境，但要在船上储够远洋航行所需要的煤炭是不可能的。美国海军准将马修·佩里（Matthew Perry，1794—1858）率领的舰队，迫使日本于1852—1854年"打开"国门，所用的就是这种船只。[35]布鲁内尔意识到更大的船只并不需要多很多的燃料，他认为真正的蒸汽轮船体积必须更大。为了往来于大西洋两岸的客运和邮件贸易，他设计出了"大西部号"（Great Western）轮船。到后来，因为有了"大西部号"和比它更大的姊妹船"大不列颠号"（Great Britain），以及在之后建造的其他船只，移民美国的航程才变得不那么令人难以承受，移民者甚至还可以怀揣他日返回祖国，或与原籍国保持联系的希望。这对于之前去美国的人而言，通常是不可能的事。对于更富裕的乘客而言，蒸汽轮船使跨大西洋旅行越来越容易，变得更快捷和舒适，可以像火车一样，根据确定的时间表运行。布鲁内尔找到支持者，设计了更大的、往返于澳大利亚的"大东方号"（Great Eastern）轮船。"大东方号"在经济上从来就没获得过成功，尽管到了最后，它在铺设海底电缆方面起到了至关重要的作用。"大东方号"的引擎能带动轮叶和螺旋桨，这是一种相当于皮带和背带双保险的设计安排。弗朗西斯·佩蒂特·史密斯（Francis Pettit Smith，1808—1874）早前就已经发明了螺旋桨，并在布鲁内尔的建议和帮助下，建成了皇家海军舰艇"响尾蛇号"（HMS Rattler）。它不但通过了一系列的测试，还最终在1846年，与一艘大小类似的明轮蒸汽船"阿勒克图号"（Alecto）展开一场激烈的公开比赛并获得胜利。此后，螺旋桨逐渐成为海军舰船的标配。螺旋桨蒸汽船可以有更强大的侧舷，而且船桨不容易损坏。但是，直到20世纪50年代，民用的明轮船仍然在使用。[36]

设立统一标准

纳尔逊的军舰是用木材建造的，而布鲁内尔的巨轮是用钢铁制造的。船工在造船时，就像石匠在建造宏伟的教堂、建筑商搭建联排寓所一样，他们都对设计方面有相当大的调整余地。像木材这类天然材料无法进行精确的标准化。到了18世纪末，与桥梁设计一样，法国在海事工程方面比其他国家更先进，设计变得越来越详尽，执行者必须严格执行设计标准。随着铁、铸造和锻造以及1855年后便宜钢材的到来[这要归功于亨利·贝塞麦（Henry Bessemer，1813—1898）发明炼钢"转炉"〕，船舶和桥梁的建设过程加速了，它们使用的都是具有确定性和可预测性的材料。在巴黎综合理工大学，加斯帕尔·蒙日（Gaspard Monge，1746—1818）的几何制图课程奠定了现代工程制图基础，专利规格自此要求精确的描述和相应的图纸。绘图成了工程师工作中必不可少的一部分，工人们必须严格按照说明书、图纸和模型进行工作。[37]实际上，由于技术进步，工人们只能从事非技术性工作——这是科学发展的常态性结果。从工作中学到的专业知识已经不够了：对于那些准备从事设计和管理的工作者来说，一些书本知识、正规的科学学习，再加上数学与工程学的知识，这些都是必须要有的。尽管英国实业家长期以来对学位证书和昂贵的实习制一直都持怀疑态度，但这些依然是工程师行业的规范标准。在关注科学与技术进步的同时，我们也别忘了，尽管高科技正在到来，还有众多的产业保持着原有的传统，小作坊和经验法则仍然极为盛行。

法拉第在《化学操作》（Chemical Manipulation，1827）中提出一个极好的倡议：螺丝的螺纹距离应该一样，这样就能被用于不同的设备。但当时并没有一个可以遵循的普遍标准，结果，来自不同制造商的螺母和螺栓都互相不能匹配。自从博尔顿以来，伯明翰就成为精密金属加工中心。在那里，即使是枪支或手表，也是由熟练工人将那些公差要求非常宽松的零件手工组装完成的。面对在战场上损坏的武器，技工们只能使用锉刀，费力地把一个个火枪上的零件，锉到能被用在另一把火枪上。铁路的发展促成了1851年在伦敦水晶宫举行的大型博览会。英国确实使自己展现得像个世界工厂，但法国人用他们的工业设计、美国人（虽然没有及时准备好）用他们的六发式转轮手枪，给参观者留下了深刻的印象。塞缪尔·柯尔特（Samuel Colt，1814—1862）的转轮手枪，由精确加工的可互换零件组装而成，这是赢得美国西部的最重要原因。因为，在给火枪重新装弹时，印第安阿帕齐人（Apache）会有充足的时间冲上前来厮杀。大批量生产非常见效，因为在美国，技术工人比在英国更难找，而且成本更高。在一个巨大的兵工厂里批量生产武器，对于供应战场使用再合适不过了。[38]

著名的曼彻斯特实业家约瑟夫·惠特沃斯（Joseph Whitworth，1803—1887）

作为英国政府正式派遣的三名委员之一，参观了美国1853年举办的纽约工业展览会，并向英国议会提交了一份关于"美国制造业系统"的报告。[39]这份极具分量的报告，使得美国的制造体制，特别是在军火工业中，受到了应有的重视。这种技术上的转换是那个时代的伟大特点。惠特沃斯和他的同代人、纽卡斯尔的威廉·阿姆斯特朗（William Armstrong，1810—1900）一起对枪支进行改进，在枪筒中加上膛线，并改在后膛装填子弹。19世纪是把军事与工业综合为一体的一个重要时期。随着钢材取代青铜，炮被造得越来越大。远程火炮被赋予了一个全新的角色（在此之前，目标总是近在眼前），军舰也因此发生了改变。以前，军舰是等对方靠近时再向对手发起猛烈的炮击。现在，随着交战双方战艇之间的距离在不断扩大，这一旧时的方法已经不再适用了。在克里米亚、波罗的海和美国，到处都爆发了战争。在德国，俾斯麦一统天下，并且让奥地利俯首称臣。在法国和南非，以及其他殖民地（尤其是印度）也都发生了战争。在英国，人们一想到拿破仑三世将试图入侵，就会感到不寒而栗，他们都登记参加预备役步兵。在皇家学院，教师们定期举行关于军事方面的讲座——其中最著名的是弗里德里希·阿贝尔（Frederick Abel，1827—1902），他是这个火药棉和烈性炸药时代的专家，无烟火药的发明者。这些爆炸品，如硝基甘油和炸药，给阿尔弗雷德·诺贝尔（Alfred Nobel，1833—1896）带来了大量财富——它们也具有重要的民用价值。日本人从阿姆斯特朗那里购买了一支海军舰队，在20世纪初用它击败了俄国人。作为一个强大的海上帝国，英国采取的路线是，它必须拥有一支相当于两个全球最强大的海军联合在一起的海军力量，这就导致了与德国海军的军备竞赛。[40]从一艘移动的战舰向几英里外移动的敌方舰艇进行炮击，需要进行计算。这既可以通过设备来计算，也可以简化为交战中临时应用的经验法则。

惠特沃斯萌生了一种想法，那就是把螺母和螺栓的螺距标准化。这样一来，所有东西都可以轻易地安装在一起。这是一个巨大的进步。但不幸的是，英国工业还在以英尺和英寸为单位，就算欧洲大陆最终一致同意标准化，以米为单位的欧洲大陆的度量标准，仍然与英国不同。美国虽然保留了英尺和英寸做单位，但同时采用了不同的（史密森）公约，这使英美两国的螺距也不能互相兼容。为了国家统一和提高经济效益，法国废除了在不同城市流行的长度和体积单位；但英国变革的速度缓慢。以煤炭为例，一直到19世纪，在英国各个地区，煤炭依然以查尔特隆（chauldrons）为单位计算销售。轮船、电报的发明使世界变小了。以前那些在地区范围内，大家使用得很熟悉的各种度量衡标准，现在则需要使用统一的国家标准，甚至是全球性的标准。这种情况，对铁路轨距和螺距也是一样的。布鲁内尔设计建设的7英尺（约2.1米）宽的铁路线覆盖了英国西部，但在伯明翰等地与铁路网中的其他铁路线交汇时，货物和旅客都必须换车，这是一个大麻烦。经过耗时几年的工程，在铁轨的枕木上又加入了第三道钢轨。到1892年，"大西方"铁路线才完全改造成斯蒂芬森的轨距。然而，俄罗斯还是保持其更宽的轨距标准，而澳大利亚各州则有不同的轨距标准。到了19世纪70年代，英国协会最后选择了80年前令他们痛恨的革命分子们设计的米制度量系统，使英国在科学上与其他欧洲国家相接轨，一个作为真正的国际科学团体开始形成了。但是，尽管面对十进制货币单位的压力，英国人还是坚持使用英镑、先令和便士。同样，英国工业继续使用旧的度量单位，这种状况又延续了一个世纪。在这样的状况下，应该说，简便计算表出版商和计算尺生产商做得已经很好了：我们已经有过一些因为度量单位的混乱所造成的灾难，特别是发射到火星的火箭的事故，但总的来说，我们的前辈似乎还算是幸运的。

各种灾难

当然，错误的发生在所难免。灾难迫使人们寻找原因。1830年，利物浦和曼彻斯特之间的铁路线开通。开幕式因为当地的国会议员威廉·哈斯基逊（William Huskisson）的死亡而蒙上了阴影。当时，威廉正为与惠灵顿公爵讲和而穿越铁路线。当火车以每小时15英里（约24千米）的速度向他迎面驶来时，他惊恐得不能动弹。这一悲剧完全打乱了庆典活动。经过多年发展，尽管列车速度变得越来越快，但通过列车上的真空泵与各节车厢的连通，火车能够进行持续的制动。在一个星期日，巴贝奇测试"大西部"铁路的安全装置，他以为当时铁线路上没有其他列车，没想到布鲁内尔正以每小时50英里（约80千米）的速度，驾驶另一列火车从他面前通过，驶向另一边的铁轨，他们的发动机所设置的时速为40英里（约64千米）。受到惊吓的巴贝奇问道，如果其中一列火车开错了线路，情况将会怎样。布鲁内尔的回答是，他会希望通过加速，把巴贝奇的火车推出轨道。[41]也许司机有时会遵循这种方法。火车会相撞或脱轨，锅炉会发生爆炸，平交道口会发生事故，当然，一般不会发生在像正式的开幕式那种重大的场合。最初，人们认为司机应该像马车夫那样任由日晒雨淋，这样才会有开阔的视野并保持清醒。至于在驾驶室地板铺上合适的垫子，或我们今天看到的封闭的驾驶室，那都是很久以后的事情了。每当严重事故发生时，都会进行公开调查。从这些事故中，人们对于正确的程序、材料的强度和其他有价值的工程数据，都会有新的认识和了解（今天也一样）。

煤矿重大爆炸事故都会引起这类调查，而杰出的科学人士可能被邀请作为调查员。因此，法拉第和地质学家查尔斯·莱尔（Charles Lyell，1797—1875）就曾被指派去调查是什么引起这样一种灾难的原因[42]：他们发现安全措施松懈（调查期间，法拉第就曾经被邀请坐在一袋火药上），并指出在通风能力强的矿井中（而不是小男孩开关门一样），安全灯会引燃周围环绕的煤尘。虽然他们的报告没有引起太多关注，但预防措施和灯具也逐渐得到改进。桥梁也很容易发生坍塌，有时既轰轰烈烈又十分恐怖。比如，在1879年一个狂风暴雨的星期日，一列火车就是这样与泰桥（Tay Bridge）一起坠入河流之中。[43]那时，人们遵守安息日不工作的规定的压力比过去低，所以，火车在劳动阶层唯一的休息日里依然正常行驶。著名的苏格兰诗人威廉·麦戈纳尔（William McGonagall，1830—1902），用一首阴郁的打油诗描述了这一现象，充分体现了当天的情形。在新建的泰桥边，仍然可以看到当年坍塌的桥墩。随后的调查显示，承包人在施工方面存在问题，但调查也对设计、材料质量和安全问题提出质疑。这座桥的建设并不是一项特别高科技的工程。这座桥虽然很长，但中间有一系列桥墩，不是那种蔚为壮观的飞跨式大桥。与其相比，其他几座桥更令人印象深刻：斯蒂芬森设计的大不列颠桥（Britannia Bridge），将铁路从威尔士大陆横穿到安格尔西（Anglesey）岛，邮件从那里海运往返爱尔兰；布鲁内尔的索尔塔什桥（Saltash Bridge）使铁路延伸到康沃尔；还有约翰·福勒（John Fowler，1817—1898）和本杰明·贝克（Benjamin Baker，1840—1907）的福斯桥（Forth Bridge）。[44]所有这些桥梁都设计得很高，以便船只可以从桥下通过。它们是成功的项目，充分显示出桥梁工程师的精湛技艺。在美国，在德国出生和接受训练的约翰·罗布林（John Roebling，1806—1869）设计出大跨度的壮丽典雅的布鲁克林大桥。这是世界上第一座由钢索支撑吊起的大型悬索桥。

工程师人才的培养

正如在药店工作的人可以被称为药剂师，那些修理电器或开火车的人也可以被称为工程师。这有时会激起那些在化学和工程学领域拥有高等学历者的愤慨，毕竟他们获得证书的过程是极为艰辛的。法国早在大革命之前就开始了工程师的专业培训。这种培训，在大革命之后的巴黎综合理工大学变得更为系统化。但是，竞争性的考试、高难度的数学及科学方面的教学课程，注定只能培养出少数精英；而且在拿破仑时期，军事化的特点也变得极为明显。在英国，务实者通过学徒制进行学习。就像把化学作为医学专业学生的正规课程似乎是可取的（1815年以后成为必修课），也就是这样，罗伯特·斯蒂芬森在爱丁堡大学用一年时间完成了学业。受过良好教育的苏格兰人比英格兰人更多，他们拥有更多（也更民主的）的大学。他们不仅出口医生和化学家——就连蒸汽轮船上的工程师，往往都姓"麦克"（Mac）。大学正规课程的开展较为缓慢。传统上，考试形式是口头的，但大约从1800年起，开始有了书面考试。例如，在剑桥的数学考试中，我们有时可以看到指导学生的导师在试卷上所做的批注。[45]达勒姆大学在初创时期，曾聘请剑桥数学家滕梧·谢瓦利尔（Temple Chevallier，1794—1873）在1840年开设工程学课程，其试卷内容令人耳目一新。有些问题非常实际，涉及标价及土方的明细，具体到用多少插销钉子、如何操作挖斗等。[46]另外还有与数学、自然哲学和化学相关的问题。考生必须具有相当的现代语言水平才有通过的机会。1832年，在大学奠基时，达勒姆大学的主教做过调查，看其他主教是否有任用他们毕业生的打算，结果令他十分满意。不幸的是，实业家对资格证书并不太感兴趣。这也许与大学没有更进一步给他们的工程师授予学位没太大关系（虽然他们的课程看起来比文科更难）。学校只给他们学业证书。结果，毕业生到车间里只能从学徒做起。除大学费用之外，他们还不得不支付正常的学徒费。这确实是一条漫长的道路（尽管毫无疑问，他们所学的技能可能会对将来有所帮助），这门课程就此失败了。

与此同时，在英国和美国的工业城镇中，长期以来，技术学校一直在组建图书馆，举办晚间讲座和学习班。18世纪后期，曼彻斯特和纽卡斯尔文学及哲学学会宣告成立，在格拉斯哥的安德森（Andersonian）学院也同时开办了。伦敦在1799年也迎头赶上，成立了皇家学会。这相当高端气派。其他针对白领家庭的学校也很快相继成立，如伦敦学院和萨里郡学院。在装订书铺里当学徒的法拉第，也参加了一个名不见经传的学会学习机械知识，希望成为一名技术工匠。他对教育的渴求一点也不逊色于那些社会地位比他更高的人。当时，"进步"是大势所趋，而工业化则创造了各种新的机遇。在纽约的奥尔巴尼，约瑟夫·亨利（Joseph Henry，1797—1878）在去华盛顿指导新创办的史密森学院之前，曾经在奥尔巴尼学院学习数学，然后执教数学。[47]乔治·伯克贝克医生（George Birkbeck，1776—1841）是在格拉斯哥安德森技术学院开始学习机械课程的，并很快在伦敦从事与此相关的工作，最终创建了伦敦技术学院和伦敦大学。那些新《机械杂志》（*Mechanics Magazine*）旗下的激进分子，对这种居高临下的做法是持怀疑态度的。有些学习机构是一些中产阶级人士为培养技工创办的，当然，还有其他更大众化的。煤气灯和蒸汽供热使上夜校变得舒适，而自1827年后的四分之一世纪里，书的价格大约是原来价格的一半。这要归功于像亨利·伯恩

（Henry Bohn，1796—1884）这样的出版业的企业家，他们将新技术应用于造纸、印刷、图书装订等方面。书不再是奢侈品，甚至普通平民学校也能够有自己的图书馆。⁴⁸

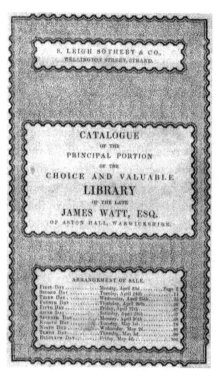

图6　詹姆斯·瓦特2665本藏书销售目录（1849）。
一位博学的工程师、伯明翰月球协会成员的丰富藏书。

1815年，拿破仑倒台之后，德国众多联邦州的科学家，再次对洛伦兹·奥肯（Lorenz Oken，1779—1851）关于每年在不同的城市举办年度会议的倡议做出响应。起初，各州当局对这样一个泛德团体都抱有戒心，但他们很快就意识到，科学研究者对他们是无害的。各州不仅在歌剧院的建设方面不甘落后，对开办大学也不甘示弱，并互相借此向来访者炫耀。这类会议引起了英国方面的关注。1831年，约克郡也举办了类似的会议，并成立了英国科学促进协会。⁴⁹后来的几次会议在牛津和剑桥举行，并很快就开枝散叶，很多城市竞相申请主办这样的会议。会议在每年夏天举行，获得了广泛的公众关注，同时也激发了当地对科学和工业的热情。中标的可能机会之一是承诺建造一座博物馆、图书馆或学术机构，其中部分在一段时间后，成为某所技术学院和大学的种子。就像皇家学会一样，英国科学促进协会致力于弘扬科学作为有用知识的观念和知识就是力量的信仰。每年，科学促进协会主席都会大张旗鼓地宣布科学的新发现，借此获得更多的资金和扩大科技的影响力。

"科技"是英语中的一个新词。当1855年乔治·威尔逊（George Wilson, 1818—1859）被任命为爱丁堡的教授（同时是博物馆馆长）时，他不得不花很多时间解释它的含义。[50]在伦敦药剂师协会注册的一家公司，一直保留其原有的制药宗旨。当别人都在忙着跑银行和钻法律的空子，它却在药房的大厅设立了制药实验室，并从18世纪后期一直坚持到19世纪。在这里，化学理论中的连续性几乎没有被打乱。他们主要的工作是整理医疗人员所开的传统药物处方，并严格遵循传承下来的处方和方法来制药。他们只是在设备上进行一些创新，如用陶瓷捣臼研磨小的原料样本，在1819年改用蒸汽动力来做，这在以前是一项让学徒筋疲力尽的苦差事。新药逐渐进入了药典，但医生对创新还是有所疑虑。甚至在这个行业中，化学理论也不会起到很大的作用；最重要的因素，反而是药店药物本身的真实可信度——这种情形在各地都一样。[51]在当时的英国，工业技能被视为一种工艺，李比希在19世纪20年代就在吉森大学开始培养博士学位的学生做化学分析，尤其是有机化合物的分析工作。他们不仅在制药业，甚至在诸多领域中（如染色）都找到了工作。到了1900年，化学家的身影可以说无所不在。以各铁路公司为例，各家都有自己的化学实验室，对铁轨、燃料和危险货物等，进行各项检测工作。在曼彻斯特的那些公司招募受过训练的德国人（以及苏格兰人），并为他们建立工作实验室。随着合成染料在19世纪后半叶的出现，英国、阿尔萨斯、德国（1870年后统一为德意志帝国）和瑞士的公司，都急需受过培训的化学家进行新染料的生产，调查竞争对手的产品，并监督新产品从实验室转向全面生产的过程。[52]这些做法蔓延到化学工业的其他分支机构。在英国，这方面的杰出人物有被称为"化学大富豪"（the chemical Croesus）的路德维希·蒙德（Ludwig Mond，1839—1909）和英国国会议员约翰·布鲁纳（勋爵）[（Sir）John Brunner，MP，1842—1919）]，他们都属于德国人才外流的一部分。美国也从其移民以及在德国学成而归的公民中受益。

德国的大学不仅培养出了一大批政界精英，还包括数量可观的科学家。但在科学和技术的合唱团中，除了个别的独唱者，还需有众多的合唱演员，技术高职就是德国的答案。然而，当这些学校开始与大学竞争时，它们的地位就显得难以确定，因此，它们也要求有授予各级学位的权利。在美国，从1874年开始，约翰·霍普金斯大学就遵循德国模式。[53]还有那些公立和私立的赠地学院（如麻省理工学院，1861），也开始成立应用科学专业。随着德国、美国和法国工业的进步，警报声在英国响起。皇家学会专门成立了一个科学指导委员会，由德文郡公爵威廉·卡文迪什（William Cavendish）主持，诺曼·洛克耶（Norman Lockyer，1836—1920）为秘书。该委员会于1872年5月提交了一份有两大册的调查报告，其中罗列了所有的证据、表格和插图，包括他们的结论和建议。[54]在此之后，英国建立了私立的红砖大学，这种大学一般强调实用的知识。[55]在19世纪末，它们开始获得政府的补助。[56]威廉·加内特（William Garnett，1850—1932），曾协助詹姆斯·克拉克·麦克斯韦将卡文迪什实验室的实验物理学带进剑桥，并希望将来能接任他的位置。当这一位置被瑞利勋爵（Lord Rayleigh，1842—1919）接任后，加内特就离开了剑桥。他在1884年到了工业城市纽卡斯尔，执掌达勒姆大学，即当时的"物理科学学院"。该校新址位于城市边缘，后来与历史悠久的医学院合并，直到20世纪才成为一所独立大学。从学校开始创建和发展，加内特对所有一切都是亲力亲为，甚至包括校园的建筑工程。他在1893年去了伦敦，负责建立理工学校系统，作为一种相同于技术职高的学校。这项工作直到1914年才完成。

这都是一些零敲碎打的事件。要数重要的原创，那就得算上由伦敦一些城市公司出资创办的芬斯伯里公园技术学院（Finsbury Park Technical College）。那些公司的老板原来只是某些手艺协会的成员，但到了19世纪中叶，大部分都成了暴发户,摇身一变,成为城市富人俱乐部里的绅士。除非做了某种有益社会的事情,否则他们上不了慈善事业排行榜。[57]这种情形,是对学校和学院的投资,以及建立城市行业协会、为技术人员制定资格和设置考试所带来的结果。20世纪伊始,几个这样的机构被融合到南肯辛顿的帝国学院——一个伟大的应用科学中心。人们常说,英国失去原来领先的工业地位并且衰落,是为了迎合那些受通才教育的帝国缔造者们的品位,因为他们更注重的是古典教育而不是科学与技术教育。但这是科学家急切想获得更多资金的观点,他们全然无视在德文郡委员会那份报告之后的四十年里,到底真正发生了什么。先驱们不可避免地会被那些模仿他们成功做法的人所赶上,如法国在科学上、英国在技术上,但衰落却是另一回事。[58]这里当然有势利的因素,正如发生在19世纪中期的一个令人奇怪的争论:到底是工匠瓦特,还是贵族亨利·卡文迪什在几十年前发现了水的成分。[59]

医生和律师有着精英社会悠久的传统,他们按照行业所制定的职业能力和道德标准,来接受从事该行业的入门者。在18世纪末之前,工程师同样组建了专业特许机构。在19世纪期间,该行业分为土木、机械、电气等其他专业。当大学刚开始教授工程学的时候,这些机构的打算是,让学生有不用考试毕业的机会;唯一前提是,他们必须学习所提供的课程。有的人则直接从车间进入该专业。与此相反的是,伦敦化学学会是一个高端学术团体,致力于知识的开拓和论文的发表。一些在工业界工作的会员,在他们的名字之后加上了FCS(化学学会会员),并敦促学会去提出要求。比如,在事实上,像公共分析师这样极为专业的工作,应该局限于学会成员之中,而不是给医生或其他人。这导致了长达一百年的纷争。最终,新的(皇家)化学学院制定了考试要求,要求技术人员能够展示与其学位相当的知识水平,从而使自己具备与其职位相称的能力。[60]

仪器与设备

当仪器、设备和机械变得更加复杂时,技术人员是必要的。约西亚·韦奇伍德（Josiah Wedgwood，1730—1795）为他制作陶器的窑炉设计了程序控制方法，其中包括一个"窑温计"，当温度达到玻璃熔点时，它就能显示。对此，他向皇家学会做了演示。从一个特定的矿坑，取出一团大小标准的黏土，把它放进一个非常热的窑中，让它在定好的时间里收缩。然后，把它移到一个定型槽中，再将温度逐渐升高，产品就这样制作成型了。韦奇伍德把他的窑温计推向市场。19世纪初，该产品被用于冶金和化学领域。但有一点还不清楚，这种温度计的度数与普通的摄氏或华氏温度计的计算是如何结合起来的。最终，耐热的铂电温度计和热电偶温度计这样的电气设备解决了这一问题，它们可以准确地显示温度的高低。[61]韦奇伍德的设备，取代了由原先有经验的工头根据火的颜色和声音来估计温度的方法。这种方法虽然很实用，但迟早要被科学仪器所取代。在整个19世纪，工业和科学之间的交替就是这样进行的。18世纪伟大的设备制造者使用游标卡尺，设计出了分度圆的方法，以便能精确测量角度，并把它用在望远镜的瞄准器上。[62]这使得对连接英国、法国和爱尔兰的大三角以及对其他地方的测量变得可能，尤其是大大地方便了乔治·埃佛勒斯（George Everest，1790—1866）在印度进行的测量工作。追求更高精度的光学和电子设备，以及精确计量化学品的天平的工作还在继续，而新的制造工艺使它们成为更容易获得和更便宜的产品。

　　这有助于改变实验室的做法。在法拉第的《化学操作》一书中[63]，他告诉读者如何把吸水纸（吸墨纸）切割成圆形用来进行过滤，如何把玻璃管弯曲来进行分级蒸馏。确实，他也像所有化学家一样，一直到20世纪，还对自己的手工技艺感到骄傲。有许多只能意会不可言传的操作，只能靠个人亲自动手学习，此后就变成一种全凭感觉的手法。化学家必须自己制造仪器，因为它们并没有在市面上销售，所以，玻璃吹制是一项必要的技能。对于那些复杂难弄的小器件，如真空玻璃罐和分馏管，在橡胶管被普遍使用之前，技术人员是把具有黏性和稳固性的水泥混合制作为封泥，用于连接玻璃器皿。玻璃必须厚得经得起机械压力，又必须薄到加热时不会开裂——实验室实在是一个令人沮丧和危险的地方。渐渐地，几年之后，落后于先驱研究人员的设备市场也赶了上来。韦奇伍德出售类似他为普里斯特利所制作的装置。在这之后，弗雷德里克·艾卡姆（Frederick Accum，1769—1838）出版了一本关于化学分析的书。实际上，该书同时也是一本产品目录，其中的插图展示了他的系列产品，并在下面留有他的地址。[64]

当时市面上有一种装有仪器与试剂的大箱子出售，它们被称作便携实验室，测量员工作时随身携带。之后，这种产品也受到巡回演讲人员或居家的科学爱好者的欢迎。各种科学机构和开设理科课程的具有前瞻性的学校也都在使用它们。此外，他们可能还有一些我们可以称之为概念化的设备。比如，为了向年轻的乔治三世展示力学原理的那些用精美的黄铜和桃花心木制作的装置[65]、来自阿羽依时代展示结晶学的木制几何形体，还有霍夫曼制作的球与线的模型。更严格的分析和合成需要专门的房间作为合适的实验室。在19世纪，实验室的数量稳步增长，特别是当化学已成为科学教育和工业实践的一个主要特征。这就产生了对设备标准化的要求。企业制造商的产品目录里，要有新的和更昂贵的专用设备。例如，不仅要有安放玻璃器皿的支架和夹具，还要有储存它们的货架。

1860年，罗伯特·本生（Robert Bunsen，1811—1899）和他在海德堡的物理学家同事古斯塔夫·基尔霍夫（Gustav Kirchhoff，1824—1887）在实验中发现，从本生灯火焰中的物质所发射出的光线穿过棱镜时，其光谱显示出所出现元素的明亮特征谱线。以前，人们也曾使用火焰来进行测试，但其他颜色却常常被钠的无所不在的亮黄色所掩盖。光谱仪提供了一种可以不使用吹管、炭块、试管、味道强烈的试剂（如硫化氢、强酸和碱）来进行的化学分析。这标志着一个设备化革命的开始。依靠专业化和昂贵的设备，人们最终得以在20世纪后期，使分析成为一项阅读表盘和打印数据的简单工作，以"物理方式"的技术，取代了化学家和其他工匠的技艺。[66]分光镜对化学工作提高纯度标准起到了最重要的作用；虽然人类鼻子的嗅觉极为敏感，但与此相比，却还差得远。过去，化学家要花很多时间来净化各种试剂，但到了19世纪末，大量适用于直接使用在研究方面的试剂材料在市场上应有尽有，它们都来自各种分支的精细化工行业。

分光镜不仅是一种超净的化学分析工具，它甚至还是化学还原到物理学的一个步骤。它也使物理学中有关原子及其光谱的各种相关的问题浮出了水面。细纹光栅可以代替棱镜，通过衍射而不是折射产生光谱，这样就可以对光谱线的频率进行计算。许多美国人都在致力于高精度装置的开发工作，因为在19世纪的最后几十年里，精确的测量设备是进行准确的测量工作必不可少的装备。亨利·罗兰（Henry Rowland，1848—1901）就是其中之一。他因为高精度光栅而声名大噪。自动记录装置避免了人为的错误，比如气压计，它通过缓慢旋转的磁头划出线条，记录各气象站测得的气压变化。由开尔文为发送电报制造的非常敏感的电气设备，也同样能使用感光板或光谱进行记录。光学仪器变得越来越好，越来越便宜。消色差显微镜（在图像中去除彩色条纹）在工业分析中起着至关重要的作用，它的出现是在19世纪初。其实，相关原理早已经被应用于大型的望远镜镜片中了。光学仪器制造者用衍射光栅作为测试对象。最好的显微镜是那种能够显示细分的线条，这更是激励了光栅的制造者，使他们造出更精细的产品。19世纪20年代，约瑟夫·弗劳恩霍夫（Joseph Fraunhofer，1787—1826）的衍射光学玻璃是最好的，这也使他能够确信，在太阳的光谱中，确实存在着暗线。法拉第曾为造出清晰的高折射率玻璃，用尽了各种添加剂，结果还是徒劳无功。经过半个世纪，好的玻璃成为一种来自工业的产物，而不是靠手工艺，并且也更容易获得。

社会转型

电力工业从电报的使用开始，但直到19世纪90年代，电灯还在与煤气灯竞争。1885年，奥尔·冯·韦尔斯巴克（Auers von Welsbach，1858—1929）发明了煤气罩，罩中（淡蓝色）气体火焰在浸渍氧化钍的石棉纤维网上燃烧着。这意味着煤气灯可以和托马斯·爱迪生（Thomas Edison，1847—1931）与约瑟夫·斯旺（Joseph Swan，1828—1917）在1879年发明的电灯泡一样亮白，更比散光的碳弧灯或那种通过白垩或石灰石做定向的氢氧燃烧的白炽灯方便多了。改进设备来延迟新发明的出现也很常见：面对18世纪蒸汽机的出现，水车轮被改进得更高效；路上的车辆使用蒸汽机看起来比早期的内燃机更好；自从莱特兄弟首次危险飞行，新发明的飞机开始逐步发展，而德国齐柏林的飞艇也曾一度被认为前景广阔。对这些情形，我们在事后都可以简单地说，新技术这种纯粹的"好东西"的进步是不可阻挡的；而事实上，在人类复杂开放的世界中，事情完全可能产生各种不同的结果。

随着城市里的电车，还有像默茨工作过的城郊火车、地下铁道或地铁系统运送的人员越来越多，电力也被用于牵引机车的工作。首先，在早期以蒸汽机车为动力的伦敦大都会铁路线，那种乌烟瘴气的情况一定是令人不愉快的。但是，它以伦敦站为中心的铁路网，使各城市以及伦敦西区的交通变得四通八达，同时也涵盖了南肯辛顿的文化区阿尔伯特城。后来，如果没有那些穿越狭窄隧道的无烟电力机车，更进一步的"管道"线路（地铁）将是无法想象的。电力是1900年巴黎博览会的主题，它代表了人们对新世纪的科技乐观主义思想。电力和化工行业、全球的交通网络、电报（现在是电话和无线电）、高效农业、廉价的出版物和邮政系统，这一切使人类社会发生了天翻地覆的改变。显然，因为应用科学的力量，戴维在1802年呈现给观众的梦想正在成为现实。到了1914年，打字机、缝纫机、留声机、汽车都已成为司空见惯的东西，而维多利亚式的广告带领我们进入了消费社会。随着繁荣向下蔓延，[67]摄影变得司空见惯，电影（甚至科学纪录片）成为一种生活娱乐。[68]正如我们所知，默茨和他的读者并没有想到，就在20世纪，炸药、机关枪和战列舰也和这一切是多么息息相关。

布鲁内尔喜欢设计建造结构宏伟、高动力、高速度的机车和船舶，他并不考虑经济成本问题。但是，并非所有工程师都像他那样，投资者往往心仪的是那些默默做事，不制造喧闹和哗众取宠的人。自行车是19世纪一个伟大的、极具影响力的发明。作为一种"普通"或廉价的安全交通工具，你只需要神经正常，头脑清醒就够了。自行车有轻便的张力钢丝辐条车轮和各种适合男女的式样，很快就大受市场欢迎。有了自行车，人们可以方便地进出城镇。事实上，自行车一直被视为一种比任何科学理论对宗教更大的威胁，因为星期天骑车比去教堂更有趣。

在骑自行车的背后，是动态平衡物理学——它是对各种骑车动作的研究——这是一种经常与技术相结合的做法。同样，有这种类似做法的有著名的苏格兰物理学家彼得·加斯里·泰特（Peter Guthrie Tait，1811—1901）。他投入了大量时间，用节点物理研究高尔夫球运动，他的儿子就是该项运动的一名高手。他也许希望提高自己的比赛能力，而这是科学的一大吸引力——在这种情况下更令人赞叹——这种追求永远是一种智力上的刺激。这是一个与实用和应用同等重要的方面，对此，我们将在下一章进行讨论。

结　论

把科学和技术分开是很困难的，这样做通常都是有意为之，或别有用心的误导。从大炮到蒸汽机，再到自行车，所有发明的经典模式都是基于常识的尝试和不惧犯错，它们经常走在科学之前。对于科学，它需要的是一种概括性和理论性的知识结构；而在技术上，它所需要的是实用和经济的测试。但在19世纪的进程中，从法国的化学和工程学开始，科学开始走在了前面：最声势浩大的例子是戴维发明的矿灯。从这里开始，他认为应用科学能改变社会的设想似乎已经实现了。电报的发明使铁路运行成为可能，这是科学研究的成果。而染色和肥料的制造要求有越来越多的化学知识和理论。同时，用于探索发现和设备制造的新标准也设立了。应用科学的进行只能通过那些受过良好教育，训练有素的人，所以科学和技术学院（其中最主要的是化学）得以蓬勃发展，甚至取代了学徒制。大学沿袭了德国的研究与教学相结合的模式，为许多从事工业职业的人提供科学学位；而研究实验室的工作，则使出版作品的科学家和生产这种专利产品的技术专家之间的界线变得模糊不清。

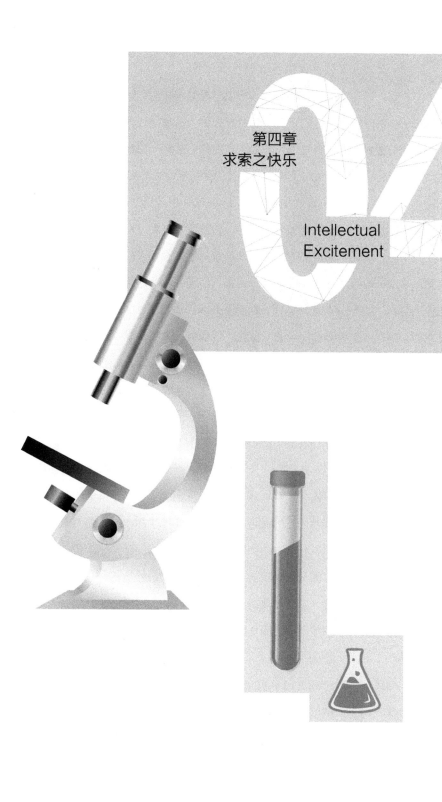

第四章
求索之快乐

Intellectual
Excitement

化学实验室可以是令人兴奋的地方，不仅有趣又有味，它还能让人通过自己的手指、鼻子、眼睛和舌头，去获得和思考那种更为抽象的行为所能得到的同样的收获。无论是被默许还是合法的，获得这样的知识总是一种极大的快乐。我们热爱科学不仅因为它有用，或将会有用，而且因为它同时也是美的。[1]过去，我的物理老师总是咆哮："你们是来这里学习的，不是来明白什么的。"基础科学大多是这样教下来的。也许，跟拼写和语法一样，它就该那样学：库恩所描述的"正常科学"的学生，在被安排好的模式中接受训练。他们看起来就像某个伟大的科学家随意涂抹的一幅巨大的图画中的人物，和其他漫画没啥两样。但是，这是一个被扭曲的事实。[2]如果真是这样的话，科学就是一种极为枯燥，比事实更为主观的一种东西。教条似的教学和完全的专业化，可能会给探索自然那种纯粹的兴奋蒙上阴影。了解这个世界是如何运作的，找到那些相关的线索，并把它们和那些似乎毫无关联的自然现象联系起来，[3]这原本是件极其美妙的事情。

在19世纪上半叶，我们的前辈可能从刻板的问答手册中学习科学，就像孩子们学习教会的教义一样。[4]但他们所受的专业化教育要少一些，尽管这是专家开始受到重视的年代。戴维还有时间到月光下的海滨去漫步，向同学们讲一些浪漫故事。而查尔斯·达尔文则是在大家可能正在学习更多拉丁语和希腊语的时候，正在收集甲虫。在英国和其他地方的大学里学习医学和数学的学生，前者的课程中包括一些化学、比较解剖学和植物学，后者则包括一些物理学知识。所以，这两门课程在培养科学人才方面都很重要。其他人，像在剑桥的达尔文，所学的是更一般的和要求较少的课程，以便让他们有时间去听课外的科学讲座。正因为这样，他才有机会被植物学和地质学所吸引。另一些人则是通过学徒制，使用图书馆进行自学提升，或经过机械院校或其他机构的教育，就像爱德华·弗兰克兰（Edward Frankland，1825—1899）那样。[5]在专业课程的学习过程中，有些不可避免的苦差事，课本上有大量的材料要阅读，还必须通过考试。但是，科学并不是只有在教学大纲中饱受折磨的一条道，对于那些充满好奇和热情的人来说，他们完全可以选择一条没有系统的、充满热情的学习道路来进行对科学的学习。他们的知识可能只是一个辉煌的片段，而不是一座坚固的大厦，[6]就像贝采里乌斯说戴维的那样，"他并不是那种把化学的所有方面作为一个整体而努力工作的人"。但是，把苦差事最小化应该是谁都愿意的一件事。而且，往往都是那些在学术主流之外的人获得有趣的发现，就像戴维那样的机会主义者。他们没有被教导什么是不可能的，或者什么是唯一正确的道路。所以，要是很幸运的话，他们所走的路会更好。

正如法国在第二次科学革命中所发生的那样，在欧洲各地，科学变得越来越专业化，人们开始对自己所知的知识了解更深，但对其他的却知之更少。这一过程不仅发生在科学领域，只是在那里表现得尤为明显罢了。那时，已经开始出现专家协会和期刊。同时，在一般团体的会议过程中，也开始分成不同的小组，因为必须以不同的方式处理不同类型的问题。碎片化的可能性正变得越来越大。班克斯很担心这样分裂出来的科学团体会变得软弱无力，所以反对在1807年筹建的地理学会[7]。他认为，具体的学科，应该是在他所主持的皇家学会内部的事情，而不是在学会之外。在法国，强大的中央集权学院包揽了所有的事情，但在各地，职业化、对日益遥远的前沿知识研究的压力都在不断增强——也许，这让人感到压抑——当然，也有许多人，对有机会发展他们的特殊才能感到高兴。到1830年，约翰·赫歇尔也和洪堡一样，令人颇感意外地反对专业化，而玛丽·萨默维尔那种高层次的科普方式也同样受到欢迎，因为它们可以让科学人员清楚地知道，其他领域的同行专家正在做些什么，并把他们拉到一起。[8]一种以收集事实和怀疑假设的培根哲学理想受到广泛提倡，这使科学看上去就像是一堆被非常松散地连接在一起的信息。如果科学想成为一门真正的自然哲学，作为西方世界观和文化的一个令人兴奋的主要组成部分，而不仅只是一些五花八门、令人着迷的技术，那么，它就需要具有各种伟大的、包罗万象的概括性理念。

在19世纪中叶，就出现了这样两个宏伟的综合理念——能源和保护。它们把一系列以前与科学毫无关联的学科，[9]包括地质学、动物学、植物学、解剖学、生理学和心理学相关的进化理论，带入全新的、基础的经典物理学之中，形成了一个强大的综合体。拉瓦锡已经把物质守恒定律解释清楚了，所以，在他那个时代，法国科学院已拒绝再检验任何关于永动机的说法，这种机器的设想是无需能源就可完成工作。在伊拉斯谟斯·达尔文1803年充满诗意的初稿基础上，同时代的拉马克在1809年出版了他的进化理论。拉马克和德国的戈特弗里德·特鲁（Gottfried Trew，1776—1837），一起创造了"生物学"这个词，将自然历史王国中的"动物、植物和矿物"更新换代，把原来的植物学和动物学合成一门学科。在1800年左右的德国，弗里德里希·谢林（Friedrich Schelling，1775—1854）旗下的浪漫思想家，认为世界是动态的、坚不可摧的两极力量隐藏在所有自然现象的背后进行着变换的平衡，[10]而我们人类，通过我们组成的粒子的流量，就像瀑布一样，是一种比看上去更坚固持久的东西。自然哲学的任务是揭示对立事物之间的冲突，这种冲突导致新的事物生成；牛顿物理学试图表现事物的客观性，即惰性的"无生命的蛮力物质"，其实是一种假象。在自然历史中，歌德的研究揭示，所有植物都是从简单的乌尔植物（Ur-plant）发展而来、花瓣是叶子的改良、脊椎动物的头盖骨是脊椎发展的结果。[11]这是一个令人兴奋的、充满泡沫的时代。

自然的力量

李比希认为自然哲学是一种智识上的黑死病，居维叶也对拉马克的疯狂猜测痛加谴责。第二次科学革命对理论的准确性有着严格的要求，对这类不可证实的概括采取的是不予庭审的做法。在他那部极具影响力的《自然哲学研究的初步论述》（Preliminary Discourse，1830）中，约翰·赫歇尔以牛顿似的语气坚定地认为，科学的解释涉及真实原因，即一个确切的而不是假设的原理。在19世纪初，"能量"只是一个模糊的、普通的词，让人觉得还不如"力量"科学，而信奉进化论则是在意识形态上一件丢脸的事。更令人肃然起敬的是颅相学，这是一种机械心理学。它通过对头部隆起部位的研究，来揭示大脑的发展，以及由此产生的精神官能。[12]这不仅能直接有益于教育和社会政策的制定，而且，它似乎是实证的和可测试的，而动态和进化的概念则不能。当一个伟大的思想在成为时代精神的一部分时，它的出现是一回事，成为科学的一部分则是另外一回事。它牵涉到的可能是一个局外人，而不是某个在一种学科的主流和权威中心的人。似乎也有一些时候，在某些地方，分析与还原科学也能繁荣兴旺，比如大革命时期的法国和之后的法兰西帝国。而在同一时期的其他地方，就像德国，一种注重体制的综合方式而非讲究个人身份的综合做法，会更加吸引人。[13]那么，多年来，由无数人提出的能源保护和进化，是如何成为现有权威科学的核心特征，其中包含的意义对每个人都产生吸引力？对这些事情，我们无法把它们当成像南极那样，随着探险的脚步，目标越来越近，是可以让我们找寻得到的。明白这点很重要，但在实践中却很棘手。这些不但不可避免，甚至是有益的组织原则。这对于同时代的人来说，并非一件显而易见的事。我们也明白，这些理论结构并不是永恒的真理，需要不断地修改；就像在1900年前后，这两个伟大的演绎推理就出现了这样的问题。

大约在1800年左右，化学令人兴奋着迷，原因是它的理论新颖，而且不确定。就是新手也可能偶然会有一些重大的发现，对化学一无所知的人也可以通过倾听演讲获得开窍的效果。伏特发现，液体中的金属只要一接触，就会产生电流。他发明电池的消息震惊了同时代的人。从此，化学家进入了一个从前大多是由训练有素或冒牌医学工作者所主导的领域。[14]问题是，如何将这种现象与其他领域联系起来。普里斯特利曾希望，光学、电和化学将成为比牛顿力学更深刻地揭示一个新的世界的关键。[15]在信仰的飞跃中，一些化学家推断，富兰克林"云电"和机械摩擦电、伏特的电池电和青蛙腿"痉挛"的"动物电"、电鳐和电鳗的电，本质上是一样的，而不只是相似。但是，也有一些令人奇怪、费解的效应发生：当电流通过水时，水遭到分解，而分解出的氧和氢的比例并不恰当；并且，酸伴随氧气生成，碱则伴随氢生成。1806年，戴维在他的获奖研究中宣布，这种情况都是由氮的溶解造成的。只要在实验中使用金、银或玛瑙制成的仪器，使用新鲜的蒸馏水就会产生预期的比例结果，不会产生其他的副反应。[16]

他的解释是，化学亲和力与电一定是某种力量的体现。戴维的这种预感，通过他在下一年将钾与其他金属进行分离的实验得到了证实。这使大家感到异常兴奋。戴维已经将以前不同的学科，通过一项新的综合方式把它们结合在一起，但他无法详细解释那些物质在通电的过程中，经电流分解后，是融合在一起还是分解到溶液中。法拉第（最终证实用各种不同办法产生的电，在本质上都是一样的）后来写道，基于这一见解，就有十几种不同的和互不相容的理论被提了出来。[17]与此同时，那位勤奋的、学识广博的、系统思维能力很强的贝采里乌斯，把戴维的工作和自己的工作看作把化学组织成一个系统的关键，即二元论：每种化合物都有一个正极和负极的部分，在电的作用下聚集在一起。这有助于将化学转换成一个稳定却不断扩大的知识体，虽然对于那些寻找新的设想和引人注目的实验的局外人而言，化学不再那么激动人心了——用惠威尔的话说，[18]当一门学科走向成熟，"那些缺乏自律，见识狭隘，缺乏逻辑思维的人必将被远远地排除在外；潜心研究者会少了很多；欢呼声也会变得不再那么喧嚣"。

普里斯特利是研究光合作用的先驱。在光合作用过程中，只有当光照在它们上面时，植物才会吸收二氧化碳并释放出氧气。化学家都知道，在实验室的条件下，光和热都能有效地促进化学反应。1802年，托马斯·韦奇伍德（Thomas Wedgwood，1771—1805）在戴维的帮助下，利用光在银盐上的作用，在摄影方面做了一些开创性的实验（但却无法让图像固定）。约翰·赫歇尔接着继续进行这一研究。红外线和紫外线辐射、热辐射和"光化"射线的发现，使普里斯特利的预测变得更可信：光、电和化学亲和力之间确实存在着某种联系。[19]

电磁学

1829年，戴维去世之后，法拉第终于从他的阴影中走出来。他把一直被迫做的对钢铁和玻璃的单调的调查抛在脑后，迈步进入了"蓝天"的研究项目中。结果证明，此项研究具有更伟大的作用。法拉第是一位伟大的实验家，他没有接受过数学训练，不可能将其作为科学的第一要素与想象的空间。他把实验室视为一个上帝将其创造揭示给谦卑的询问者的地方。他一直在探索物质的连贯性和关联性。他觉得需要有新的词汇术语，用来分析电流通过液体时发生了什么。词语"两极"，正极和负极，带有极性的浪漫概念和对立的辩证冲突，暗示两极终端的吸引力，分解了其中的化合物。为避免科学术语中的不确定性或误导性，法拉第也跟戴维原先一样，在给氯找到合适的命名时绞尽脑汁。在与惠威尔通信后，他给两极终端定下了"阳极"和"阴极"这两个词语，用"离子"代表带电粒子。从此，他进入了电磁学的新领域。

电与磁均为两极现象，但除此之外几乎没有什么关联。磁与铁、钢，与地理和导航有关；电与雷暴、生理机能以及化学亲和力有关。丹麦人汉斯·克里斯蒂安·奥斯特（Hans Christian Ørsted，1777—1851）曾在德国留学，他在那里受到了自然哲学思想的影响，相信这两种极力之间必然有联系，并试图从电流中找到磁力的作用。最终，令每个人吃惊的是，他的研究有了结果。在1820年的一次演讲中，在电灯一开一关的电流转换间，罗盘指针发生了摆动现象。[20]这一发现堪比伏特的发现，震惊世人。在法国，安培看到这个实验在科学院被得到公开的验证，他开始着手用牛顿物理学的电动力学原理，来对此进行合理的解释。[21]其他人也纷纷兴奋地参与进来，这其中也包括法拉第。当时，法拉第一度被指控非法侵入沃拉斯顿的知识领域，而沃拉斯顿去世不久，戴维也离世了，这是法拉第认为他又可以自由地重新开始研究的另一个原因。与牛顿不同的是，安培所使用的方程式似乎并没有得到任何出乎意料的预测结果，所以，无论如何，法拉第都不能跟着他们的研究套路走。与他们不同，法拉第所做的实验，借鉴的是同时代人难以理解的理论。他在实验中发现，当铁环一端的绝缘线圈中的电流发生变化时，会引发铁环另外一端缠绕的线圈产生电流——第一个变压器由此产生了。法拉第与美国的约瑟夫·亨利几乎在同一时间，制造出了电磁铁，并在他的演讲中展示了电磁铁巨大的磁力景观。他在演讲中抛起扑克、钳子甚至煤斗，使它们高高悬浮在听众上方。

他建造了世界上第一台发电机，一卷电线缠绕在磁铁的两极之间，通过机械运动产生电流（正如电机中的极板或玻璃球摩擦时产生的静电）。一开始，在它的反面，有一个浸泡在水银中的星形轮，电流通过时轮子会旋转并迸出火星。这是电动马达的始祖。电和磁被结合在一起会产生运动。尽管在1867年，法拉第去世时还没有发电站，但他的这些发现使其成为电力工业的教父。在1844年和1846年，法拉第在皇家学会举办了两场不同寻常的非正式演讲。第一场是关于电传导和物质的实质，挑战了被公认的（道尔顿）台球式原子模型概念，并推测（他的原话）它们其实是力的中心点——这一想法可以被追溯到普里斯特利以及18世纪的耶稣会会士罗杰·波斯科维奇（Jesuit Roger Boscovich，1711—1787）[22]。在1846年之后的（可能是即兴的）讲座中，他提出世界因此主要是由空荡的空间组成的，其中充满了他所描述为力线的光之振动。他将铁屑撒在下面一张有一个条形磁铁的纸上，从铁屑的落入模式来说明这一点。法拉第进而把太空看作一种力"场"，这种想法比以前的科学人员所专注的粒子想法（在远处神秘地起作用）更有趣。那一年，威廉·赫歇尔运用牛顿力学的平方反比中心引力原理（牛顿引力平方反比定律），预测出新行星海王星，是使行星轨道上他已经辨别定位的天王星产生摆动的原因。这一点用法拉第的电磁学似乎无法解释。对于那些外行听众，法拉第可能已经把他的想法在尽可能让他们理解的同时，传达给了他们。但对同行来说，因为法拉第在数学知识方面的缺失，他们对他的理论依然感到难以理解。

与此同时，1845年11月20日，法拉第在英国皇家学会宣读的一篇关于磁致旋光的论文震惊了大家。当一束平面偏振光通过置于磁场中的磁光介质时，平面偏振光的偏振面就会随着平行于光线方向的磁场发生旋转。法拉第的论文宣读是这样开场的：[23]

> 我一直持有的一个与其他自然知识爱好者共同的观点，它几乎可以算是一个信念，那就是，通过各种形式得以显现的物质力量，它们都有一个共同的源头。或者，换句话说，它们直

接相关、相互依赖，彼此可以相互转换。它们在活动中，拥有同等当量的力。在现代，它们的可转换性在相当大的程度上已经得到证明，这一切是从对它们的等效力的含量测定开始的。

麦克斯韦极为欣赏法拉第关于力线的想法，他认为法拉第是一个伟大的直觉数学家。麦克斯韦把他的理解转换成数学公式，形成了后来的场理论的基础。[24] 虽然法拉第抓到了他所谓的力之间的联系，但却无法计算出他在最后一句话中所提到的那种同等当量的力——后来被称之为能量——在不同形式之间的转换率。

能 量

法拉第占据了科学世界的中心位置，但是，他在皇家学院的听众是那些把科学作为文化的一个分支而感兴趣，并不是把科学作为一种职业的男男女女。因此，法拉第在1844年和1846年的讲座只是在口头上很受欢迎。一个突出的特点是，在热力学的发展过程中，有许多重要见解都是在公开演讲上公之于世的，例如詹姆斯·焦耳（James Joule, 1818—1889）和赫尔曼·亥姆霍兹（Hermann Helmholtz, 1821—1894）的讲座，或者是那些像萨迪·卡诺的人，为了普及科学所写的书。在整个发展过程中，我们将会看到诸如此类的情况。"钱"是一个抽象概念，这一概念只有通过英镑、欧元或美元才能得以体现——我们需要知道每种货币兑换成其他货币后的价值。"能量"有点类似这样。至少有许多法拉第同时代的人，构想出了能量守恒公式，但想同时澄清这一点，并在不同的形式（热、光、机械工能等）之间建立交换率，却非常困难。[25]其中两个关键人物是朱利叶斯·罗伯特·迈尔（Julius Robert Mayer, 1814—1878）和詹姆斯·焦耳。他们两人的故事说明了运气在科学中的作用，一个是关于被忽视所带来的悲伤结局，另一个是胜利的故事。这两人的故事都经由廷德尔进行了完美的叙述。他同时也是法拉第的继任者、其讣告的作者，也是亥姆霍兹重要演讲的翻译者。[26]

迈尔是一名在图宾根受过训练的医生，他在给爪哇的一个病人放血时惊讶地发现，这位爪哇人静脉血液就像主动脉的血那样，十分鲜亮，而生活在气候温和的欧洲人的血液相比之下就暗淡得多。迈尔据此推断，在一个与血液温度相同的环境温度下，人体不需要任何燃料来保持温暖，因此在血液中消耗的氧气就更少。于是，他想到了一种热量和功转换率的计算方法。比热是任何东西的温度升高一度所需的热量，但对于气体来说，有两种数字。气体可以在一个恒定的体积密封的容器中加热，或者在一个U形管中，用水银保持恒定的压力，直到它产生膨胀。后者的测量值总是更高，迈尔推断，这是因为气体在对抗大气压力做功所产生的结果。这是一种直接计算热的机械当量的方法。1842年，迈尔已经是海尔布隆恩镇（Heilbronn）的医生。他在1845年给李比希的期刊寄去一篇论文，详尽地阐述了他的结论。不幸的是，在一本化学期刊上，一位不知名医生写的论文，文章的推导过程还复杂费解，更不可能引起人们的兴趣。迈尔在精神上受到极大打击，但他并非在默默无闻中死去，英国皇家学会在1871年授予他科普利奖章。

焦耳同样也是一个局外人，他是曼彻斯特一个富有的啤酒商，也是约翰·道尔顿私下的一名学生。在啤酒制造生意上，他早已习惯了对温度的严格控制，并且，为了税收的需要，总是保留下精确的数字记录——和拉瓦锡一样，他对账目平衡簿有一双会计一般的眼睛。他对电动机及其效率很感兴趣，认为电动机可以替代蒸汽机。他试图量化他的电气研究，并分别在1841年和1843年发表了论文。他的论文含有能量守恒的观点。焦耳认为，如果热是粒子的运动，那么，对水进行搅动应该会使水变暖。在瑞士度蜜月时，他试着测量瀑布顶部和底部的温度来验证这个想法。在1845年，他更加规范地设计了一项实验。在这个实验中，水被一个带有重量的发条装置搅拌。装水的容器做了仔细的隔热，温度表也极为精确。结果，他发现，在下落的重量和温度的上升之间有直接的关系，即能产生"热功当量"。作为一个外行，焦耳可谓一个幸运儿。剑桥和格拉斯哥的威廉·汤姆森（后来成为开尔文勋爵）在一次英国协会会议上遇见他，其后，他们合作共同研究热。威廉·汤姆森把焦耳介绍到科学的内部圈子。于是，1850年，焦耳的精细和明确的实验结果得以在英国皇家学会出版。与此同时，1847年5月，他在曼彻斯特做了一场关于"物质、活力和热"的演讲。他在结束时说道：[27]

> 我向您们保证，今晚我所提倡的那些原则，虽然还未尽善尽美，却一定可以被广泛地应用于阐明许多无论深奥还是简单的科学要点。只要据此进行耐心的探究，一定会获得充分的回报。

1870年，焦耳理所当然地获得了皇家学会的科普利奖章，并拥有一个以他命名的能量单位，就像我们今天在酸奶罐上看到的那样（kJ）。

尽管有法拉第、迈尔和焦耳，在亥姆霍兹把他的听众和读者从教条的麻木状态中唤醒之前，科学界并没有认真地对待能量的保护以及力与能量之间的关联。[28] 亥姆霍兹先是于1847年在柏林，其次在1854年哥尼斯堡举行演讲，指出所做的这些事情的重要性，并说明了其中蕴藏的广泛的启示。他一心想成为一名工程师，却因手头拮据，不得不去上向他提供奖学金的一所医科大学，条件是要求他在毕业后必须在军中服务。亚历山大·冯·洪堡通过协商帮他解除了军中义务，让他在大学从事生理学教学工作。亥姆霍兹一直在各大学里教授生理学，直到1871年被邀请到德意志帝国的中心柏林担任物理系主任。他发明了眼底镜，让医生可以查看病人的眼睛。他成为伟大的博学家之一，在对色彩和音乐的感知研究领域中是位举足轻重的人物。与迈尔一样，他在动物热能方面的工作引领他进入了能量守恒的研究领域，从他在1854年的演讲中，可以看出他的概括和量化的能力。他说：[29]

> 最近，人们的兴趣普遍被一种新的现象，即自然哲学所征服……这是一种新的、普适的自然法则，它支配着自然力量在相互关系中的作用。这一法则不仅对我们从理论上理解自然过

程的观点影响重大,其技术上的应用也同样十分重要。

如果电子、磁、热和光的能量相当于机械功,那么,它们就应该都可以在质量、长度和时间的相同维度中表达,即质量乘以长度的平方除以时间的平方。以克、厘米和秒(或者是以早先部分英语世界的科学和工程的计量单位)作为衡量、比较和表达的单位,对这一新的领域进行统一和规范,是一项堪称伟大的任务。"物理"一词来自希腊语,原意指自然。到1800年,它指一系列以实验科学为主的科学,但不包括力学。到19世纪中叶,它意味着能源及其变化的科学,包括在其领域内的电、磁、光学和其他已经独立于化学领域之外的学科——现在则"缩小"到只剩一门物理学学科的意思,已完全没有了最初的含义。物理学开始成为科学的王者。[30]随着这一学科的进步,物理科学变得更具凝聚力,各种事物之间的联系愈加清晰,科学家的权威也越来越大了。

热力学

是否还有进一步的规则在转换过程中起决定性的作用,以及如何确切理解热在气体中起什么作用,这是一些还存在的问题。1824年,卡诺试图解答其中的第一个问题[31]。作为拿破仑参谋总长的儿子,萨迪·卡诺是巴黎综合理工大学的毕业生,他发现自己在恢复君主制的省份里并不受欢迎。他认真思考了蒸汽机的效率(他认为蒸汽机的效率是经济力量的来源,从而使英国赢得战争的胜利)。而瓦特以及康沃尔的工程师对蒸汽机的改进,意味着使用越来越少的煤就可以完成越来越多的工作。他支持拉瓦锡的观点,认为热是一种失重的流体,即卡路里。他将(非常纯理论的方式)从锅炉到冷凝器流经蒸汽引擎的热能,与源头水流经过水车到达水池(他父亲曾经对此进行过分析)所产生的热能进行比较。就像水车一样,功率的大小取决于高度和水量的差异,而在蒸汽发动机中,功率的大小取决于温度和热量的不同。在这一过程中,水和热量都没有被消耗掉,只有他们的工作能力被降低了。两种热能都不能自发地向"上坡"流去。如果要达到更高的效率，可以在高压引擎中通过提高锅炉的温度来达到，但有一个上限。这是现在所说的热力学第二定律的第一种说法，对有科学文化知识之士的一个准则。它的宣布是在第一定律之前，（富有教育意义）来自现在被视为错误的一个理论——如果热能是粒子运动的话（应该是这样的），它的真相就更加难以被证明。

卡诺的工作是相当复杂的。他想象有另一台引擎作为一个制冷机在向后运转，在循环过程中恢复物质的原状。威廉·汤姆森对此想法深感兴趣。卡诺英年早逝，默默无名。在去世之前，他意识到热量理论是有问题的。汤姆森十分崇拜傅立叶关于热传导方程的分析理论（1822），该理论并没有过多地纠缠什么是热的解释。汤姆森对这些方程有更广泛的应用，尤其是在静电学中。[32]后来，这对麦克斯韦把法拉第的观点规范化起了很大的作用。汤姆森发现很难接受焦耳所说的功，但又无法回避：很明显，能量，虽然可转换，却会变得"耗散"和无法利用。他，以及工程师威廉·兰金（William Rankine，1820—1872）和鲁道夫·克劳修斯（Rudolf Clausius，1822—1888）在大约1850年前后，推导出了互有不同但又相似的解释。克劳修斯后来据此发明了"熵"（entropy）一词，作为衡量不可利用的能量的方法。在一个封闭系统中，热的物体会冷却，冷的物体会变热，直到它们的温度变得相同；然后，没有能量可以工作。以此扩展开来，这个观点指向了世界上不断增加的熵，即太阳系的"热寂"。它带来了一种悲观的想法：几百万年后，地球上的一切都将走向冰冷的结局。[33]

1859年9月，英国科学促进协会在阿伯丁举行年会，麦克斯韦在会上提出了他的气体动力学理论，即气体由弹性粒子组成，随着温度的升高，粒子的运动速度变快，并开始相互碰撞和与壁面碰撞。虽然这不是一个新的模式，但麦克斯韦的理论却不能被忽视，不但因为他在土星环的稳定性方面所进行的受人尊敬的研究工作，而且还因为他带来了可以依据的统计数据。个别分子会像碰碰车一样，以一定的速度移动，有时会在碰撞后静止。虽然我们无法跟踪它们，但可以肯定，它们在热气中的平均速度会更快。他在后来推断，有那么一个微小的"有限的生命体"(汤姆森将它戏称为恶魔),能够区分不同的单个分子。当这一"有限的生命体"被置于同一温度下的两个气体容器之间的一扇光滑的门时,可以使快速运动的分子从一侧通过,慢速运动的分子从另外一侧通过,其中一侧的气体会变热,另一侧会降温——这违反了热力学第二定律。因此,该定律必须以统计学为基础。19世纪应用数学最伟大的胜利之一是对机遇的把握,这对于那些信奉通过严格的决定论找出物理学根源上混乱的人士来说,不啻为一大震撼。

进 化

出于对查尔斯·达尔文在藤壶方面研究的尊重,他的猜想不会被人们忽视。也正是在那个时候,他正专注整理《物种起源》的证据和索引,并已安排好10月3日去约克郡伊尔克利水疗院,恢复他因努力工作带来的各种身体不适。他认为,他的自然选择原理就是约翰·赫歇尔所追寻的真相,但这其中还缺少一个确切的统计定律。一般来说,那些伪装得更好、善于捕猎、视力更敏锐等,诸如此类的后代都能存活和繁殖。但是,在人生的各种机遇和变化中,每个人一生的命运却都是变幻莫测的。就像人们所遗忘的约翰·赫帕斯(John Herapath,1790—1868)与同样都在研究气体的著名人物焦耳和克劳修斯那样。事实上,在达尔文之前,就已经有很多同样在研究进化的先驱者。达尔文不喜欢"进化"这个词,因为对他来说,它唤起的是一些必要和可预知的进步的模糊概念。《物种起源》的最后一个词是"进化"(evolved),除此之外,达尔文所用的术语是"发展"(development),在当时,这个词的含义不那么具有目的性与理论性。

本来,达尔文已经准备好了一份《物种起源》的稿件要邮寄给赫歇尔,当听说赫歇尔把自然选择称为"杂乱无章的规律"时,对他来说,这无疑一种极大的轻蔑和"巨大的打击"。[34]他担心自己的理论不会比前辈更好。他祖父的进化诗《自然神殿》是在其身后出版的。这首诗展现了一种进步、乐观的前景,就算面对大自然的暴力,也毫无畏惧:[35]

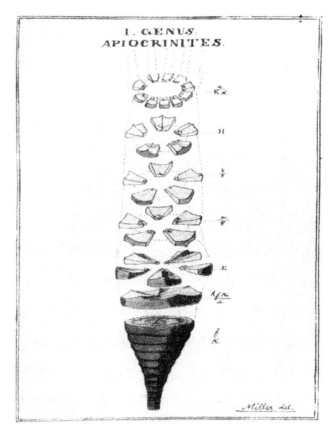

图7 精心设计的化石生物——一幅零散的"石百合"图。
J. S. 米勒, 海百合, 布里斯托尔: 弗洛斯特, 1830年

> 从空气、大地、海洋, 到令人惊奇的每一天,
> 一种血腥的场面, 一个雄伟的坟墓出现!
> 从饥饿的臂膀, 发出的死亡之光,
> 投向这个交战的世界——一个巨大的屠宰场!

这首诗远不及他早期的《植物之爱》有名, 因为, 从1789年起, 文学和政治气候就变得非常不同。在反雅各宾派的时期, 左翼的伊拉斯谟斯受到了嘲

弄[36]——那种广泛的乐观主义不再流行，人们对自然（尽管其仍被视为道德的源泉）的看法也不同于从前。诗歌不再是一个传递科学信息的工具。尽管还有科学之士在继续进行诗歌写作，但他们的风格转向了轻快的谐趣体。[37]

当时，帕利把这个世界和世界上的生物与钟表做比较同样是一种乐观的做法："世界是由一个仁慈的造物主所设计制造的。这种设计就像精准的钟表一样。再怎么说，这都是一个快乐的世界。"[38]对他而言，每个动物和植物都是由上帝设计的，食肉动物帮助清除那些体弱年老的，实际上是减少了这个世界的痛苦——毕竟，说到折磨，我们可能更愿意被鳄鱼一口吃掉，而不愿意遭受癌症慢性的摧残。尽管该书获得了巨大的成功，但它并不能满足那些寻求动态而非静态模式的人，特别是当人们逐渐意识到，随着时间的推移，一切都在发生变化。这也没能终结休谟（Hume）所表达的悲观情绪，在他的诗歌中，盲目的大自然会"不加区别、不具任何父母之爱地从她的怀中，将残缺或流产的孩子抛弃"。政治经济学家托马斯·马尔萨斯在人类中看到的是绝望的"生存斗争"。[39]在大自然中寻求道德权威是一种悠久的传统，正如威廉·华兹华斯在早期诗歌所表达的那样：[40]

> 一阵来自春天树林的冲动
>
> 和所有的圣贤相比，
>
> 可以教会你更多
>
> 关于人的道德的邪恶和善良。

他在下一节诗中提到了我们那些"无事生非"的自作聪明，以及我们如何通过谋杀来进行解剖分析。但是，当他和柯勒律治（认识到我们把自己的感情强加于自然）嘲笑伊拉斯谟斯·达尔文和帕利时，他们对戴维的动力科学和约翰·亨特的生命生理学却表示欢迎。

在法国，事情的发展有所不同，但拉马克（他的无脊椎动物的分类赢得普遍称赞）的进化论思想也同样受到嘲笑，情况就像伊拉斯谟斯·达尔文在英国一样。居维叶是拉马克的同事，也是他在自然历史博物馆中的竞争对手，他对拉马克的观点非常轻蔑。居维叶的伟大名声是基于他对巴黎盆地那些灭绝的脊椎动物的重建，他信奉一种新亚里士多德的观念，依赖比较解剖学来进行研究，并相信大自然是自有其道的。一种动物身体的所有部分，都是为了构成一个整体，这不可能是偶然的过程所导致的结果。为了解释他对化石生物群演替现象的惊人发现，他引入了种群因灾难性事件导致灭绝的观点，但他并不急于以18世纪那种地质学所谓的"理论"方式宣布他的发现，尽管对他的介绍性文章的英文翻译的标题，就是以这种形式来表达的。[41]居维叶比拉马克的寿命更长，他还与其他的进化论者，艾蒂安·若弗鲁瓦·圣伊莱尔（Étienne Geoffroy St-Hilaire，1742—1844）以及他的儿子伊西多尔（Isidore，1805—1861），畸形学的先驱（对出生畸形的研究），进行了一番较量。居维叶的声望使进化论观点在法国不会像在英国和德国那样，虽然不受敬重，但也广为传播。

在德国，从奥肯的作品中看到的是无处不在的极性和类比；而卡尔·莱欣巴赫（Karl Reichenbach，1788—1869）却是从生物磁性的改良中，看到了自然力或者光密度的灵光。在某种程度上，他们的作品破坏了人们对那种以统一和进化为显著特征的浪漫科学的信任。[42]但是，尽管这类作品激起了像李比希这种头脑清醒者的恐惧，在德国，对于那些全心投身于科学及哲学的人们来说，伟大的综合演绎推理仍然受到广泛的欢迎。在英国，情况有所不同，到处都有强大激进的暗流涌动，其中包括颅相学、唯物主义和进化论的观点——在英国，尤其是在医学领域中，人们对精英阶层、伦敦的各种皇家学院的绅士化的权力地位，怀有巨大的不满。[43]滑铁卢战役之后，大量的英国人涌入了法国，直接的接触令他们看到了一个有着比他们更现代化机构的国家。接下来，与德国的直接接触让他们看到了德国大学的强大发展。这些都加剧了英国人对自己国家的不满情绪。

图8 巴克兰在牛津演讲（1822）。E. O. 戈登，
《威廉·巴克兰的生活与通信》，伦敦：默里，1894年，32页

牛津大学的威廉·巴克兰非常不同寻常。他是一名教区牧师的儿子，对地质学很感兴趣。他从一位高级讲师成为第一位地质学教授。在北约克郡的洞穴里，他发现了似乎是诺亚方舟上的木材。其中还有一个是大洪水前的鬣狗的巢穴。很明显，巢穴里有鬣狗之前在那里啃咬过的骨头，这证明它们的尸体绝非从非洲被洪水冲到那里的。因为他的那些研究，包括给活鬣狗喂食骨头，并将它们的粪便与化石土狼的粪便进行比较，巴克兰获得了当时戴维任主席的英国皇家学会颁发的科普利奖章。[44]巴克兰也对恐龙的发现感到兴奋不已，并参与了这项工作。在选择听他讲座的学生中，有查尔斯·莱尔，他不相信那一长串灾难（大洪水是最近的一个）是上帝对这个世界的所作所为。他提出，地质学应该根据《地质学原理》(*Principles of Geology*，1830)，以大自然的各种力量（也以同样的强度）作用于当前的现象来解释在过去发生的变化，并着手开始这样的工作。地质学家们已经接受了世界非常古老的事实，但莱尔的"现实论"却包含了更为广阔的领域和

更为深远的时空。[45]他的一个皈依者是查尔斯·达尔文。达尔文在跟随巴克兰在剑桥地位相当的反对者亚当·塞奇威克（Adam Sedgwick，1785—1873）的实地考察后，又搭乘"贝格尔号"军舰出发考察。巴克兰在很大程度上与他的学生莱尔观点一致，他的《布里奇沃特论文集》(1836)的卷头插画展开有一米多长，展示了地球古老的年龄及其年代的变迁。他看到了一个为我们所准备的星球上的演变，并由此导致了相对新近才出现的人类。尽管他放弃了一场世界范围的大洪水的概念，还是坚持大灾难学说，并且认同瑞士路易斯·阿加西（Louis Agassiz，1807—1873）在英国发现了一个冰河时代的证据。

莱尔倾向于相信一个稳定的，而不是演变的世界，他的书中包括了一个旨在驳斥拉马克观点的章节。这是一件危险的事情，因为它引起了人们对于持不同观点者的关注。1844年，一本匿名的关于进化研究的作品《痕迹》，引起了轰动。[46]作者罗伯特·钱伯斯（Robert Chambers，1802—1871）是一位爱丁堡出版商。他清楚地意识道，如果公开支持进化理论，将会损害公司的教科书出版业务。于是，他小心翼翼地采取了匿名预防措施。他绘制了一个太阳和行星在最初的火雾中合并的世界，就像威廉·赫歇尔和拉普拉斯著名的星云设想理论一样。[47]生命从作用于一个小球体上的电火花开始，在自然法则的作用下展开了进化过程。澳大利亚的生物因为更年轻，所以也更具原始形态。比利时数学家朗伯·凯特勒（Lambert Quetelet，1796—1874）指出，人类已经被统计法所左右，"人口动态统计"和"普通人"正在成为生活的事实。钱伯斯出版了该书的英语版本。[48]高斯原来为天文学所设计的"误差曲线"的平均值，用来衡量人的特性时，变成了绕不出来的"钟形曲线"。因此，钱伯斯将人类纳入其不可阻挡的进化过程中，这一过程部分以新铁路系统有限的线路交叉路口作为模型。所有的胚胎都是从同样的一种单细胞开始的。在进化主线上，有一些可以分化的确定点，从这些点再分化出其他的支线，或成为鱼类，或成为爬行动物，或成为不同种类的哺乳动物。当一些鸭蛋沿着某条线往下再分化的时候，鸭嘴兽出现了。在适当的时间里，从它们的卵变出了老鼠。毫无疑问，这两种情况都让它们的父母感到惊讶。人类在这条主线上走得最远。在这种变幻莫测的进化过程中,有可能从人类再分化出某种更高级的生命形式。

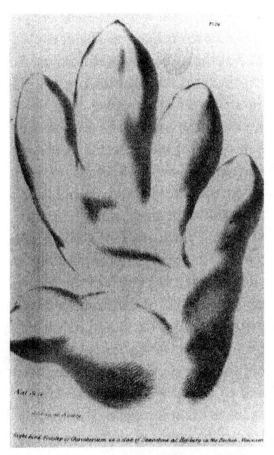

图9　恐龙足迹。威廉·巴克兰,《自然神学观视角下的地质学和矿物学》(布里奇沃特论文集),伦敦:皮克林,1837年,图26

达尔文对该书中那些推测出的生命系谱图大为惊恐,因为这激起了上流社会的狂怒。但是,该书销售却很好,给阿尔弗莱德·丁尼生勋爵(Alfred, Lord Tennyson)留下了深刻印象。他在著名的诗作《悼念》(In Memoriam,1850)令人难忘的一节里,对其中的一些观点进行了呼应:[49]

> 信神（者）可以得到真爱
>
> （他）确信爱是创造的最终法则——
>
> 尽管大自然露出张牙舞爪的血盆大口
>
> 冲着他的信念厉声叫唤。

尽管只是一个自然神论信仰者，而不是无神论者，钱伯斯的世界似乎是极度的无神论世界。

与此同时，达尔文已经在着手研究藤壶，收集变异、遗传分化和进化的证据。达尔文在1842年已经勾勒出他的自然选择理论，并于1844年，在一份计划自己去世后出版的清稿中，更为详细地阐述了他的观点。甲壳动物之所以引人注目，是因为海军外科医生J. V. 汤姆森（J. V. Thomson，1779—1847）在当时（1828—1834），已证明它们孵化出来时看起来像小虾，并且在成熟的过程中，会像软体动物一样生活。[50]与它们的兄弟姊妹甲壳类动物虾、龙虾和螃蟹不同，它们已经不再进化了，而数量则在大大增加。进化并不总是一种"向上"的进步，而是由自然选择驱动所分化而成的生态定位。达尔文对植物和鸽子进行了实验，并与克佑区植物园的植物学家约瑟夫·胡克（Joseph Hooker，1817—1911）、哈佛大学的阿萨·格雷（Asa Gray，1810—1888）以及观点中立的莱尔都保持通信来往。1859年，阿萨·格雷也接受了进化论对植物分布的解释。1858年，达尔文收到来自他的崇拜者华莱士的一封信。他从信中得知，华莱士先是一段时间在亚马孙、后来在马来西亚寻找收集植物和动物，并在信中概述了他的自然选择的新理论。达尔文震惊地发现，自己已经被他人抢先一步了。胡克和莱尔刻意安排了华莱士的信和达尔文早期的概述在伦敦的林奈学会宣读并出版。达尔文因为病重无法出席，使这件事只能草草收场。[51]

达尔文随后开始压缩他原本打算写成三卷的自然选择著作，其中包括大量的注释和参考书目。《物种起源》一书是提炼和压缩的最后结果。因此，这一科学经典没有任何注释，看起来就如《痕迹》那样的一部流行作品，通俗易懂。正如帕利的"神创论"一样，这是长期争论，也是一个累积的过程。它不像几何论证那样，有一系列推理证明，更像一根绳子，由细弱的纤维缠绕而成，结果却能承受巨大的重量——这是一种超越合理怀疑的合法证明，而不是一种毫无疑问的逻辑证明。家畜饲养的选择可类比于自然选择（虽然无需"宇宙饲养员"）。比如，它们的分布、分类、结构、动物和植物器官的退化和化石的记录（不够完全），都在这本书中得到了解释，但"可能"一词却被用得比比皆是，甚至其中还有一章是专门讨论"各种分歧"的。[52]在许多对《痕迹》的批评者中，有年轻气盛的托马斯·亨利·赫胥黎。他急于摆脱帕利"设计论"中的各种问题，专门挑《痕迹》细节上的各种毛病，却难免犯了那种抓小放大的错误。达尔文比钱伯斯更谨慎，并很快赢得了赫胥黎的支持，尽管他对于自然选择理论从来都不太接受。赫胥黎铁齿铜牙的推广，其中一个结果是使达尔文进化理论的支持者和反对者两极分化。

达尔文的策略是让人们先在某种程度上理解他，并能部分接受进化思想，在面对自然历史中令人困惑的事实时，能让进化论有一席之地。他相信他们会发现自己陷入一种难以自拔的境地，迟早会完全认可进化思想。他是一个富有的、受人尊敬的剑桥人，他不喜欢让人美梦破灭。[53]而赫胥黎却是那种为自己的平民身份倍感自豪的人，他致力于提升和改进世俗世界，并且争强好斗。[54]他试图让科学成为一种对人才开放的职业，除此之外，它还能成为一种重要的文化力量，用以取代教会、牛津和剑桥那种"已确立的权威"。[55]他与他的赞助人理查德·欧文之间已经起了争执：1860年，他们在牛津英国科学促进协会进行了关于人类和大猩猩的大脑问题的公开辩论（赫胥黎是正确的）。在这场辩论中，欧文力挺主教塞缪尔·威尔伯福斯。在这场关于进化论的争论中，威尔伯福斯的观点不仅令人困惑不解，更使其声名扫地——这个事件已成为一个神话。[56]由于赫胥黎对于"理论"的标准极其严格，他把进化论描述为一种推论，这令达尔文痛苦了好多年。

对进化论思想的接受

他们很快赢得了一些信徒，但正如达尔文所说的那样（拉瓦锡也有同感），科学家是保守的。欢迎这种理论的人，是那些想寻找问题、解决问题的年轻人，而不是他们的长辈。早在多年前，他们就已经成功地将各种生物进行分类——通常只是对博物馆里的生物体进行分类，也许只是看到了任何特定物种的一个标本，对各类生物的多样化改变却一无所知。和许多恐龙化石一样，美国西部荒原的野外科考获得了有关马的进化的证据；早期的鸟类——始祖鸟——化石则来自德国的一个采石场。这些证据令赫胥黎兴奋不已。达尔文自己则对兰花这一进化难题案例进行研究，结果表明，兰花不同寻常的花朵是与帮助它们传粉授精的昆虫一同进化而来的。在此过程中，其中一小部分花粉刚好落到花蕊上。他发表了关于变异、攀爬植物、性选择和人类起源、人类和动物的情感表达，以及关于蚯蚓的极为有趣的研究文章。一直以来，他都试图揭示我们与动物之间的紧密联系，以及人类来自同一祖先的证明：性选择不仅是孔雀尾巴的关键，也是人类分化的关键所在。[57]亨利·沃尔特·贝茨（Henry Walter Bates，1825—1892），先前与华莱士一起结伴在亚马孙收集标本。后来，华莱士回国后，他选择独自继续留在那里。他观察到了蝴蝶是如何从鸟类的美味种属到看上去令其倒胃口的物种的演变：进化正在发生。[58]

认为神职人员都联合起来反对达尔文的想法是错误的，达尔文在这方面有一些全力的支持者。比如牧师兼自然学家查尔斯·金斯利（Charles Kingsley，1819—1875）和威廉·塞缪尔·西蒙兹（William Samuel Symonds，1818—1887），在他们的演讲和《老骨头》（Old Bones，1860）一书中，达尔文被比作牛顿。[59]他们对上帝通过自然法则进行统治的观点表示赞同。西蒙兹指出，狮子根本不能像牛一样吃草——《圣经》中诗意的段落不应该被从字面上解读。他还补充，上帝一直对鲨鱼非常友善。在《物种起源》出版几周后，七名牛津学者在《论文与评论》上

图10 摄影图片。查尔斯·达尔文,《人类和动物情感的表达》,伦敦:默里,1872年

发文,向英国公众介绍了德国对《圣经》文本的研究,并从科学的角度,对《创世记》第1章的解释以及其中展现的奇迹和创世说法提出了质疑。[60]这一事件引发了一场轩然大波,也引发了保守派的激烈反应。但可以肯定的是,有更多的人是因为对《圣经》的批评而失去了信仰,并不是通过自然科学。[61]其中一位引起最激烈争议的作家是弗雷德里克·坦普尔(Frederick Temple,1821—1902),他曾经是艾克赛特的主教,后来又成为伦敦主教,最终成为坎特伯雷大主教。1884年,在达尔文去世两年后(达尔文被葬在威斯敏斯特教堂),他在牛津大学发表了一系列与宗教和科学有关、令其名声大振的公开演讲,其中的一个主题是进化论。他(以及后来的英国人)认为,事实上,达尔文的进化论是为帕利的神创论增添了力量。[62]最初,对于达尔文主义,罗马天主教也没有认为它是一个严重的问题。但是,随着在意大利各地的教皇属国被强行合并为一个统一的新国家,第一次梵蒂冈理事会(1869—1870)颁布了教皇绝对的权威以及其他相关的决议,其结果就是开始对"现代主义"的否定和对思想自由的开明者的迫害。这种朝着保守的"教皇无上权力"方向的改变,其后果是深远的,同时也令其他教会的基督徒感到沮丧。在法国,随着普鲁士帝国对巴黎的围攻和1870—1871年间拿破仑

三世帝国的终结，法国新共和国的语调是反教会的。而在普鲁士一统之下的新德意志帝国，俾斯麦所领导的针对罗马天主教会的文化抗争，被视为对其主导的新的政治秩序的威胁的反应。文化抗争一词是由病理学家鲁道夫·菲尔绍（Rudolf Virchow，1821—1902）首先使用的。[63]在英国，信奉罗马天主教的进化论者，如赫胥黎的学生圣乔治·杰克逊·米沃特（St George Jackson Mivart，1827—1900），发现他们处于一个为难的境地。他们被自己的教会谴责为自由主义者，而赫胥黎的"教会科学"则批评他们是"耶稣会主义者"。[64]而早已习惯拉比对《圣经》的评论和争议的犹太人，似乎没像各种基督教徒那样易感困扰，他们对《创世记》中所安排好的一切深信不疑。[65]

在19世纪80年代的英国，用进化论来解释一切的做法变得很流行。[66]达尔文认为自然选择过于血腥，不可能是慈爱的上帝的做法；而赫胥黎则开始相信，道德意味着反对自然的自私。[67]尽管被退化的悲观情绪所笼罩，达尔文所描述的暗淡世界却在广泛地被一个更加乐观和更具目的性的世界所取代；进步无处不在。建立在自然基础上的道德似乎仍然是可能的。因此，亨利·德拉蒙德（Henry Drummond，1851—1897）在《人类的崛起》（*Ascent of Man*，1894）一书中写道：[68]

> 进化给世界带来了新的希望。在这个时代，科学最重要的寓意是，整个大自然都站在试图崛起的人类一边。进化、发展、进步不仅是在她的计划之中，而且本来就是她的程序。因为，所有的世界、所有的行星、所有的恒星和太阳、所有的事物都在变化成长。

在法国，实证主义十分强大，拉瓦锡和居维叶的声望很高，原子理论和进化论都受到怀疑。但在德国，浪漫主义思想家却使进化思维变得容易被接受。[69]在那里，恩斯特·海克尔（Ernst Haeckel，1834—1919）扮演了一个类似赫胥黎的角色，在令人窒息的威廉帝国中有敢于直言的名声。他赞赏自然之美，并在无脊椎动物的精美插图中把这种美展现出来。尽管达尔文曾设想过一种类似于灌木的进化树图表，人类位于一根树枝的末端，但在所有被想象出来的各种树木中，最著名的当数海克尔的想象：人被置于树的顶端，就像圣诞树上的天使一样。[70]以同样的风格，德拉蒙德的达尔文主义在波士顿洛厄尔的演讲大获成功。事实上，在美国东海岸的不同教派之间，无论在神职人员还是一般信徒中，进步的进化观点都获得了广泛的接受。[71]平民出生的赫胥黎，成功地把对达尔文的反对力量描绘成来自死气沉沉的英国教会和统治阶级，他的《人类在自然界的位置》（*Man's Place in Nature*，1863）一书，强调了人与猿之间的关系。然而，在美国，内战的获胜方认同进化论，落败的南方则抵制进化论以及那些贪婪的北方佬和各种机构，因为他们攻击传统信仰和利用混乱大发国难财。[72]不管真相究竟如何，我们目前看到的结果仍然是，无论在19世纪或现在，在保守的福音派圈子里流行的看法还是：科学、赫胥黎和他的不可知论的追随者，尤其是达尔文主义者，似乎一直都是宗教的敌人。[73]苏格兰裔美国人约翰·威廉·德雷柏（John William Draper，1811—1882）那篇题为"冲突"的论文，在理查德·道金斯（Richard Dawkins）和其他无神论者手中，仍然具有强大的说服力。[74]

结 论

这两项宏大的综合体——能量守恒和进化论，在他们所生活的那个世纪中，应该可以位列知识成就的最高级别。它们把表面上互不相关的大量事实和观察结果连接起来了，在经典物理学和进化生物学这两门学科的大伞下，统一四分五裂的学科，为新的研究打开了多扇大门。第一项似乎朝向一个正在向下移动的世界，第二项朝向一个向上移动的世界。正如我们稍后将会看到的，当关于太阳与地球的时间和年龄的种种问题出现，而热力学的计算和化石记录却推导出不同的结论时，它们就会相互密切地结合在一起。[75]汤姆森和赫胥黎的辩论，在部分方面已超越了各自的问题；那就是关于物理学是否是科学的根本，因为物理学确立了所有从事科学的人都必须遵守的规则。赫胥黎去世后不久，安东尼·亨利·贝克勒尔（Antoine Henri Becquerel，1852—1908）发现了放射能。这一发现，也被年事已高的汤姆森所证实。放射能的发现将改变两人之间的争论，因为它揭示了19世纪的人们未曾梦想过的能量来源。

奇怪的是，伴随着20世纪的到来，能量守恒和进化论都带来了科学上的争议，而且，二者似乎都有值得怀疑的地方。达尔文尚未解决的起因和变异限制的问题，留给了他的开创了指纹学研究的表弟弗朗西斯·高尔顿（Francis Galton，1822—1911），以及奥古斯特·魏斯曼（August Weismann，1834—1914）。魏斯曼通过对染色体的观察，抨击了拉马克关于性格特性能够遗传的观点（出于对评论家的敬重，达尔文接受了这种观点）。但在1900年，经过对豌豆长达四十年的研究，孟德尔发现豌豆的绿色、黄色、光滑或褶皱等特征，都可以遗传。他的研究成果在去世后同时获得了不同国家的科学家迟来的认可。遗传学就此诞生了。起初，这暗示了进化的一种不稳定性，而非达尔文的微小变化积累的进化观。在1909年，自《物种起源》发表以来的半个世纪里，只有年迈的胡克和华莱士是极少数依然坚持严格的达尔文主义观点的人。与此同时，1905年，阿尔伯特·爱因斯坦（Albert Einstein，1879—1955）提出，物质和能量是可转换的，因此，它们并不是独立存在的。这一理论在20世纪的核能利用中得到了证实。科学的真实是暂时性的，光明的圈子越大，黑暗的周长就越长。即使那些最强有力的普遍原理，我们也不应该期望它们能经得起时间的考验而被无限期地保留下来。

因此，知识的激励一直是科学的重要组成部分，其文化意义至关重要。但它也不应该被高估，因为科学也必须是有用的。如果我们只把注意力集中在天文学上而忽略了每个人都必然关注的医学，我们对17世纪的科学就会有一个非常扭曲的看法。同样，在19世纪，对健康至关重要的探索，也是不容忽略的。特别是在19世纪上半叶，医学院（如迈尔、亥姆霍兹、达尔文和赫胥黎）也同样对许多学科的科学人员的培训起到了非常重要的作用。接下来，就让我们把关注转到对健康生活的探索上吧。

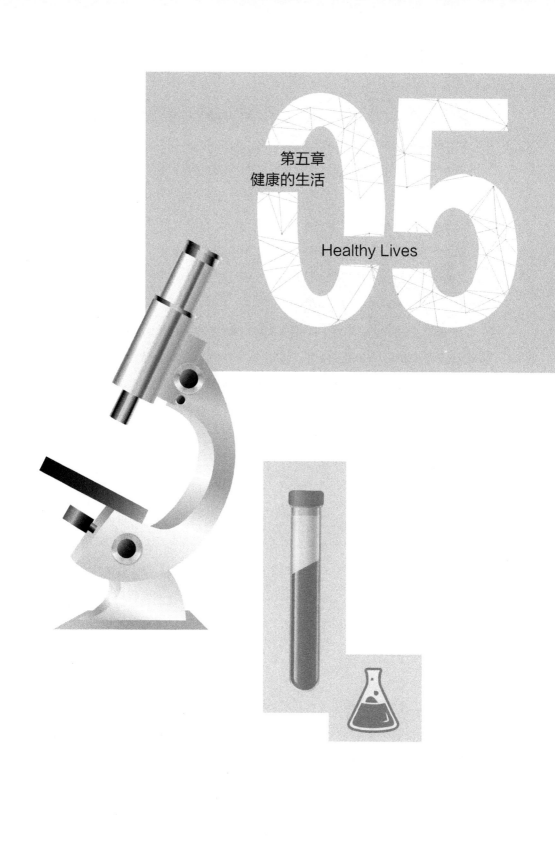

第五章
健康的生活

Healthy Lives

随着岁月的流逝，人口变得越来越多。人口普查和普遍的感觉都显示，19世纪早期，欧洲和北美的人口增长迅速。然而，死亡率尤其在年幼儿童中很高，而且由于意外、战争和疾病（包括在分娩时感染）导致的过早死亡，使孤儿院、再婚家庭以及由姨妈或祖父母抚养孩子，成为司空见惯的事。在18世纪后期，婚姻的平均寿命并不比现在长，因为死亡将人们分开。尽管大多数婚姻都留下了后代，并且大家庭是普遍现象，但还是有相当多的人没有孩子，例如班克斯、戴维、惠威尔、法拉第和廷德尔。这在过去一直是一种悲伤的源头，但它也可以（正如单身生活）释放女性参与其他活动的能量，包括科学活动。在19世纪初，预防天花的疫苗刚刚问世，取代了以前取自患者脓疱那种更危险的接种法（有可能反而会造成疾病的传播）。但是，"损耗性疾病"（包括肺结核和其他销蚀性疾病），与斑疹伤寒和伤寒一样的"发热性疾病"却依然猖獗。过去人们认为，孩子是由上帝借给他们的，上帝可以随时从这个罪恶的世界中收回孩子，把他们带到天堂。但是，我们不应该认为，这样的宽慰就会让死亡变得让人容易忍受。似乎可以这么认为，迄今为止，西方世界：[1]

> 已经发展出了一个专业的和科学的医学模式。相比所有关于地球的年龄，以及地球在宇宙中的位置的那些见解和发现，或者人类进化的故事来说，西方的医学发展可能对世俗价值观的传播贡献得更多。路易斯·巴斯德和亚历山大·弗莱明在改变人们对宗教角色的态度方面，所起的作用可能要远远超过伽利略和达尔文。

在19世纪，我们看到基于常识的发明越来越多地成为"应用科学"和技术。医生们总是宣称，让他们知道更多的不仅有临床经验，还有他们的科学知识。在一个科学时代，众多新颖的科学知识总是层出不穷。从18世纪早期开始，为人寿保险做的"关键数据统计"的收集和解读，在比利时的朗伯·凯特勒手上得到了极大的发展和利用。因此，在19世纪末，政府对人口的把握和了解比19世纪初期有了极大的提高。统计数据显示出疾病的因果关系，以及公共卫生领域的许多活动背后隐藏的对预期寿命的巨大影响。因此，到了1900年，西方各国终于有了干净的饮用水、完善的下水道和更好的食物（这是经济繁荣和立法的结果）。先是在俾斯麦统治下的德国，然后是爱德华时代的英国，福利国家开始成形。这种实用的统计数据方法却使主持英国科学促进协会的人们感到不安，因为它们具有政治上的影响——正如我们从本杰明·迪斯雷利（Benjamin Disraeli）"谎言、该死的谎言，它就是统计数据"的评论中所看到的那样。然而，科学团体应该对政治和宗教秉持中立的态度。[2]自然科学家对朝着社会科学和价值判断的这种转向，历来都是感到不安的。更甚的是，从这些统计数据中得出的推论，似乎具有相当的实用性和普遍性。另一方面，麦克斯韦的气体动力学理论既抽象又晦涩难懂，达尔文的自然选择理论也远不像赫胥黎在给工薪阶级所做的演讲中表现的那样通俗易懂。公共健康实际上是一种专业的、有组织的常识。[3]19世纪医学拯救生命的伟大进步并不依靠复杂的理论，而是依赖对待肮脏和疾病的许多看法。虽然人们现在对那些看法不以为然，但在当时却被认为是一种很好的培根式的科学精神。犯错误总比混乱好，所有的科学都是暂时的。这些观点都在实践中起作用，并形成了一种易于接受和理解的理论。

从事医学的男性和女性

在18世纪后期，尤其在英国，医疗市场处于一种没有监管的状况。在这样的环境中，大学里培训出来的医生不得不与接生婆和各类巫婆术士竞争。他们中有像约翰·卫斯理（John Wesley）那样的神职人员，也有滥用春药和使用电或磁疗法的庸医，还有那些从学徒制成长起来的外科医生和药剂师（当时，大多数从业者都是这样来的）。[4]德国人有巡医，法国有健康官，他们都同样从事针对乡镇穷人的医疗工作。外科医生的地位逐渐上升：在皇家海军中，到了1800年，他们已经不再是像水手长那样的士官长了,而是被视为(有委任状的)军官,拥有权佩剑。[5]在伦敦,皇家外科医学院成立于1800年,而1815年的药剂师法案要求学徒除了接受培训之外,还必须学习正规的化学课程。在当时,他们所接受的培训通常是在医院里,而不是跟当地的执业医生学习。几个世纪以来,医学院一直在进行化学学术科目的培养。在苏格兰爱丁堡大学,也有专门为外科医生开设的化学课程。同样,从1793年开始,外科医生和其他医生在正进行革命的巴黎学习一样的课程。这样的医学课程不但树立了新的医学标准,也被其他国家所竞相效仿。在18世纪,条件较好的城镇出现了建立医院的热潮。在法国和德国是通过政府,在英国则是由各地自发建立的。[6]在伦敦,中世纪所设立的圣巴塞洛缪医院和圣托马斯医院都得到了扩大和发展,并成立了盖伊医院(Guy's Hospital)以应对大规模疾病的发生。[7]从1807年起,各种化学课程和讲座都是在盖伊医院进行的。[8]这是一个严谨的、代表最新科学的医院,医院配备有一间实验室。学生们可以购买一份印刷版的"课程讲座摘要"。摘要会定期修订,更新过的版本重新印刷,各页之间配有空白页,便于学生做笔记。一些这种"课程讲座摘要"被保留了下来。看着它们,我们仿佛又回到了济慈时代那种烂漫纯真的世界。[9]在19世纪早期,巴黎的外科医生们正在学习大量的解剖学知识,并开展了一些大胆的手术,正如我们在让·马克·布尔热里(Jean Marc Bourgery,1797—1849)华丽的插图本《记事》(*Treatise*,1831—1853)中和他的传记作者尼古拉斯·亨利·雅各布(Nicholas Henri Jacob,1782—1871)的石版画中所看到的那样。在这部巨作中,正如在亨利·范戴克·卡特(Henry Vandyke Carter,1831—1897)为亨利·格雷著名的《解剖学》课本(1858)所绘的插图一样,文艺复兴时期的那些艺术惯例终于被颠覆了。[10]

在英国,苏格兰人约翰·亨特,是提升外科医生地位背后的推手,他将外科医生从手艺人提高到绅士地位。亨特在1785年退役后,在伦敦开设了一家博物馆和医学院。他保存在博物馆里的解剖学方面的教学用具和标本,在比较解剖学和生理学方面的研究,以及在性病研究过程中,曾将病人身上的脓汁在自己身体上进行令人震惊的实验,所有这一切都令他闻名于世。[11]他确信,活体与死的物质或试管中的物质有不同的变化过程。具体来说,我们是通过自身粒子的不断变动,来维持自己的模样。正如在本书第一章中所指出的,亨特对于死后胃液开始消化胃部自身的方式尤其感到震惊。在生活中,胃液会分解我们吃下的任何大块的肉,而不损伤自身的肉质容器,在这一关键的消化过程中,胃是受到保护的。活体和死亡体显示出它们是受制于不同的规律。[12]与这种普遍想法类似的另一种观点,被泛称为"活力论",是来自于他同时代的杰出人物,德国哥廷根的约翰·弗里德里希·布鲁门巴赫。他对人类头盖骨的收集与研究引人关注,在托马斯·贝德多(Thomas Beddoes, 1760—1808)的推荐下,柯勒律治曾特意去听他的讲座。布鲁门巴赫提出了"再生元力"(nisus formativus)引导子宫内胚胎发育或"进化"的观点。从事医学的男性开始走进分娩这种一直属于女性的领域。布鲁门巴赫的弟弟威廉(William, 1718—1783)还就此发表了一篇关于妊娠子宫的图文并茂的研究论文。但在相当长的一段时间里——尤其是在穷人集中、感染蔓延很快的分娩医院里——母亲们所面临的经常是难以预测的结局。

直到1827年,哥尼斯堡的卡尔·冯·拜尔(Karl von Baer, 1792—1876)才首次对哺乳动物的蛋进行观察。改进后的显微镜,使胚胎学成为一个令人感兴趣的主要领域,主要是涉及动物学的进化和分类(而不是针对母亲们)。这类研究也带来了对活细胞的新理解,马蒂亚斯·施莱登(Matthias Schleiden, 1804—1881)和西奥多·施旺(Theodor Schwann, 1810—1882)正对此进行相关的研究。与此同时,在伦敦,亨特的弟子参与了动物化学俱乐部的活动。该俱乐部是皇家学会的一个分支,其中包括来自盖伊医院的威廉·巴宾顿(William Babington, 1756—1833),以及皇家学会未来的主席戴维和本杰明·布罗迪。[13]当法国旅游再次成为可能时,游客发现不同的时尚不仅体现在服装上,还体现在生理学上。更唯物主义的解释开始流行起来——在英国和美国,普里斯特利的左翼政治观点使他的非正统基督教唯物主义不再受到信任。在革命与战争带来的混乱和机会并存期间,巴黎医学科学的新星是泽维尔·比恰特(Xavier Bichat, 1771—

1802），他于1797年开始做各种讲座。他那本关于细胞膜的书，引起了医学界对细胞组织的关注。他还写了一篇经典的论述生死的论文，着重提到人体组构粒子的变迁问题，把动物生活（与知觉和运动有关）与只是"有机"的生活（与同化和常见的动物和植物有关）区别开来。拉马克创造了"生物学"，即"生命科学"这个词，将动物和植物王国从矿物中分离出来。像亨特一样，比恰特将医学研究从解剖学引向生理学，成为对活体的研究探索。对他来说，"生命的力量"使生命研究与物理科学成为截然不同的领域。但是，尤其是当他探究死亡问题的时候，他的书读起来令人感到不快，因为在他的活体实验中，狗通常是实验牺牲品。例如，对于窒息的研究，他是这么描述的：[14] "打开颈动脉，通过折磨动物使其呼吸加速（因为疼痛通常会产生这种效果），血液的流射将明显增加。"他也做人体尸检，是这么写的："尸体的数量多得惊人。"由于"血的流动性和大量的血"，解剖那些被绞死或窒息的尸体，变成一件"非常疲劳和令人不称心的工作"。在这之后，我们也能看到类似这样的观察记录：当格拉斯哥人安德鲁·尤里（Andrew Ure，1778—1857）在执行一项对一名重罪犯的公开解剖时，记者注意到"有大量的血液流出"，血把整个地板都淹没了。[15]但是，在英国，要想得到一具尸体很难，所以盗墓，甚至为了解剖的谋杀，都成为医学院独有的特色。尤其在爱丁堡，许多人都知道，解剖学家罗伯特·诺克斯（Robert Knox，1791—1862）在收到尸体时从来一句话都不问，当即付款。[16]从1832年开始，随着《解剖学法案》(the Anatomy Act）的出台，无人认领的贫民尸体可以用于医学研究，英国的医学教育不再依靠犯罪活动来支撑。而另一方面，穷人则开始担心，他们的身体或他们所爱之人的身体会被从"济贫院"（自1834年建立）直接带到解剖室，成为解剖科学的原材料。[17]

比恰特因为在医院照顾病人后发烧（医学界有许多这样的烈士），于1802年过早去世了。他著名的《生命与死亡的生理研究》(*Physiological Researches on Life and Death*，1822）一书，是由弗朗索瓦·马根迪进行编辑。新增加的注释因为采用了更加唯物主义和实证主义的观点，常常与文本有矛盾冲突之处，但却令年轻

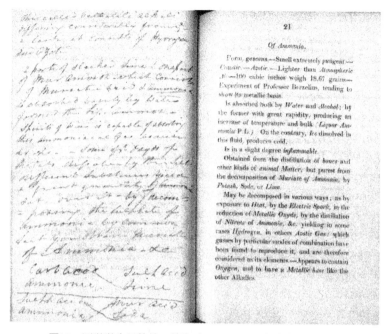

图11 医学学生罗伯特·普和（Robert Pughe）在教材空白处所做的笔记。W. 巴宾顿，A. 马塞特和W. 艾伦，《一门化学课程的教学纲要》，伦敦：盖伊医院，1816年，21页

人和叛逆者感到兴奋。[18]马根迪对该领域的进一步研究使比恰特声名鹊起。比恰特为了阐明神经系统，进行活体实验，这使他在英国获得了"谋杀者"的绰号。而在同一时期，查尔斯·贝尔（Charles Bell，1774—1842）在对运动和感觉神经末梢分离进行的研究中，并没有虐待动物的行为，他让英国人感到骄傲。[19]但在1819年，亨特学派（Hunterian）约翰·阿伯内西（John Abernethy，1764—1831）的明星学生威廉·劳伦斯，在活力论的大本营，皇家外科学院（那里保存有亨特的相关收集物，并有所扩充[20]）做了一个系列讲座。劳伦斯将讲座的发行本献给年迈的布鲁门巴赫用以表达敬意。与此同时，他向人们介绍了法国当时的一些新思想——那是经历了法国大革命以及旷日持久的战争的一代人，才有可能提出来的种种疑问。

劳伦斯从"神学家之间的反感"，谈到了保护科学和社会的必要性。随后，在

将"生物学"这个词引入英语之后,他补充道:[21]

> 生命……仅仅是动物结构的活跃状态。它包括了感觉、运动的概念和所有生物中那些普通的属性,这些都是显而易见的。它代表了我们那些明显的生理感官特征;一旦将其应用于那种玄学上的微妙产物或非物质方面的抽象概念上,就与其最初的公认意义完全背离,致使原本清晰可解的事物变得模糊与混乱不堪。

劳伦斯受到阿伯内西的谴责,并引发轩然大波——这是19世纪科学的一个特征。但这次冲突如此令人不快,以至于劳伦斯(他被认为否认灵魂的存在)同意收回他出版的书。然而,该书在医学院的学生中非常受欢迎,因此,胆大而有魄力的出版商威廉·本博(William Benbow)推出了未经授权的"盗版"版本。[22]劳伦斯指控本博的侵权行为,但埃尔登法官在法庭上的判决是,这部作品亵渎神明,而亵渎神明的作品不该享有版权。在对抗邪恶作品传播的这一方面,法律被证明是一种愚蠢手段。在此之后,维多利亚女王出于对其才能的赏识,不顾宗教正统,任命劳伦斯为她的私人医生之一。就此,激进和不敬的思维成为伦敦医学界的一个特征,他们憎恨牛津、剑桥和皇家学院的特权。托马斯·韦克利(Thomas Wakley)的《柳叶刀》是他们发出声音的渠道。[23]

维护健康

尽管有贝尔和马根迪这样在生理学及外科手术方面取得的进步,但医生真正能做的很少。除了对生活方式提出建议之外,在无法避免的情况下,他们也只能听天由命。[24]无论希波克拉底的"体液学说",还是广泛的机械或化学启蒙运动概念,似乎都无济于事。首个为戴维以及英国皇家协会杰出人物写传记的作家约翰·艾尔顿·帕里斯医生（John Ayrton Paris，1785—1856），撰写了关于饮食健康的文章（一个永远流行但并非总具科学性的主题）。他苦苦思索关于衰老的问题：[25]"如果机器的每个部分能够获得及时和不断的修复，为什么它还会老化？"他回归到了希波克拉底学派的传统，认为养生方法对于避免疾病是至关重要的，预防比治疗要好（这句格言也成为那些参与公共健康工作人士的导向）。帕里斯以亨特无私的精神进行他的写作工作，而在当时［就像牧师伍德福德（Woodforde）[26]一样］，富人却过着暴饮暴食的日子。在他之前和以后，直到今天为止，关于健康饮食的书刊数不胜数，它们给出的建议也五花八门。[27]帕里斯认为，莴苣具有"麻醉"性，或"催眠"作用，正如碧雅翠丝·波特（Beatrix Potter，1866—1943）著名的《弗洛普西家小兔的故事》（*Flopsy Bunnies*）[28]中描写的那样。他建议卷心菜应该煮两次，中间要换水。但他的建议大多是谨慎的，他解释说，像吃饭时间这类习惯的小小改变，可能会对解决消化不良有很大的帮助。

约翰·基德（John Kidd，1775—1851），牛津大学皇家钦定的医学教授，在1833年《布里奇沃特论文集》中，写了一篇关于上帝的善良和智慧的论文。他的结论是，在上帝创造的植物领域的礼物中，只有三样东西在医学上真正有很大的帮助，它们是奎宁、鸦片和酒精。奎宁对发烧和疟疾患者有神奇的疗效，而另外两样则具有更普遍的应用。盖伊医院的讲师将这种"令人陶醉的效果"与一氧化氮（笑气）所制造出的效果相提并论。[29]人们不禁会想：戴维在1799年已经证明了鸦片的特性（在一个医疗机构中），但在此后的四十年里，为什么它没有被用于外科手术上？答案只能是，纯度足够的鸦片已经变得唾手可得，而且更方便使用了：[30]

> 有多少次，鸦片帮助减轻折磨人的痛苦？有多少次，鸦片给疲惫不堪的身体带去甜美的睡眠？……我可不能忽略不提那令人恢复美德的天赐之物（酒）……当使用得当，美酒不仅能

恢复将要耗尽的精力，而且还能使即将熄灭的生命火花重燃。

事实上，戴维的老板贝德多就给柯勒律治开过使用鸦片的处方。在19世纪早期，阿司匹林或扑热息痛就经常被溶解在酒精中来产生鸦片酊。[31]由于治疗手段有限，医生对病人的态度就显得至关重要。据报道，查尔斯·达尔文的父亲罗伯特（Robert，1766—1848）就有一种特别能提振病人精神的方法。即使没有康复的希望，预知后事也很重要：好的医生会解释病症并预告不治的结果，让病人有时间来安排后事，并在临终时将家人召集到跟前。

坏血病曾经是在水手中流行的一种疾病，到了基德时代，坏血病已经不再是一种严重的威胁。剑桥大学的化学教授理查德·沃森（Richard Watson，1737—1816），后来成为一名主教，意识到了一种工业方面的疾病，即困扰那些镜子水银电镀工人的汞中毒。[32]随着工业革命的到来，还出现了各种其他新的疾病，这不仅是因为拥挤不堪的住房和迅速扩张的城镇，还因为工作环境所致。1831年，查尔斯·特纳·萨克莱（Charles Turner Thackrah，1795—1833），一位在工商业城市利兹的医学院创始人，出版了他对各个行业对健康影响的研究结果。一年后，萨克莱在该书扩充第二版发行前不久就英年早逝：跟在盖伊医学院的同学济慈一样，他也是死于肺结核。通过对出生和死亡记录进行的研究，他估计，英国每年至少有5万人死于制造业的影响，以及与此相关的"缺乏节制的生活"——爱丁堡医学研究生托马斯·特罗特（Thomas Trotter，1760—1832）在1804年也出版过一本研究该课题的书。[33]除了产业工人，萨克莱还研究了传统行业工人、讲究吃喝的人，以及职业男性的健康状况。面对闷热的工厂、充满灰尘的肮脏的工作环境、长时间操作机器的工作压力、极端的冷热环境、女帽制造商和裁缝的视力损伤，以及普遍的喧嚣环境，他明智地提出为这些场所提供更好的照明和通风、合理的晚餐时间、饮食和生活方式的建议。他的研究为那些迫切需要为工作场所制定制度的人提供了借鉴。[34]

他并不是唯一推动公共卫生措施的医生。詹姆斯·凯（James Kay），后来改名为凯-沙特尔沃思（Kay-Shuttleworth，1804—1877），在1832年出版了关于表面繁荣的曼彻斯特的工人阶级状况的小册子，情况确实令人触目惊心。[35]爱尔兰移民得到的是被压低的工资，他们的工作时间长、住房过度拥挤、饮食不佳、污染无处不在，结果导致了难以控制的骚乱、酗酒、道德堕落、疾病、痛苦和过早死亡。想要解决这些弊端，就需要在爱尔兰适当地规划新的街道和住房、公共设施、就业项目、公正运作的工会，以及在雇主和工人之间建立更好的社会关系。弗里德里希·恩格斯（Friedrich Engels，1820—1895）在1844年出版的《英国工人阶级状况》（*Condition of the Working Classes in England in 1844*）一书提到了这一切以及其他的报道。伊丽莎白·盖斯凯尔（Elizabeth Gaskell，1810—1865）在《北部和南部》（*North and South*，1855）等小说中，将工人的这种状况传递给读者大众，成为一国之中"两种国民"的写作新流派。他们的目标不仅为了增加感情上的共鸣，而是这些问题已成为紧迫的现实了。事态发展显示，虽然富人享有好得多的健康状况，但城镇中贫困区域的疾病会蔓延。疾病是不偏袒任何人的。

霍 乱

1832年是一个重要的年份，不仅因为具有重大意义的《改革法案》的颁布，还因为在1831年秋天，尽管有检疫限制，"亚细亚霍乱"还是先在整个欧洲大陆蔓延，随后到达了桑德兰，并从那里迅速在整个英国传播。地方病是一回事，但瘟疫是另一回事。在症状刚出现的几个小时内，除了严重腹泻，相当高比例的患者皮肤变成可怕的暗青色，并在极度痛苦中死去。以前也发生过被称为霍乱的瘟疫，但这次是"吐泻性霍乱"。医生们束手无策：他们通常使用的秘方是给病人放血，但这比什么都不做还更糟，因为霍乱患者本来就是因为体液流失而死于身体脱水。对此，只能用两种看法来解释。一种是把它看作上帝的旨意，就像在圣经时代一样，这个民族的邪恶行为冒犯了上帝；另一种是把它看作污秽带来的结果。我们不应该对此感到惊讶。疾病有两个方面：主观的一面（我到底是怎么了、为什么、我该如何应对）和客观的一面（诊断结果是什么、病因和预后如何），两者都有自己的道理。这不是一个简单的非此即彼的问题，尽管过去和现在总有一些人选择如此看待它。在这一事件中，英国采取的是双管齐下的策略来应对这两方面的两种可能性。在各大教堂和小礼拜堂，举行了国悔和祈祷活动，[36]各个地方则成立了健康委员会。

我们的祖先也总是生活在有臭味的环境中，但过于拥挤的城镇发出的恶臭比小村庄更糟糕，而燃煤又导致了雾霾。疾病是由神秘的"流感"所引起的旧观念已经被"瘴气"（糟糕的空气）所取代，它通常也被称为"臭气"。这种气体被认为是从污浊的水、垃圾堆和粪堆中产生的湿气和恶臭气混合的结果。人们相信，腐败物质会在活人体内诱发腐烂。腐败气体会沿着鼻子的线路进入人体：臭味、尘埃和疾病就这样不可避免地被联系在一起。在充满恐慌的城镇里，由当地知名人士，如市长和市参议员、医生和外科医生、神职人员和律师成立了委员会，他们开始寻找和清除肮脏的东西。粪堆被移走，暗沟被疏通，肮脏的小屋被刷上了石灰，用土掩盖排泄物的厕所被清空，街道也被清理干净。流行病走完了最后的一程，终于被止住了。

每个人都放松警惕，又恢复了不讲卫生的习惯，城市又逐渐脏乱不堪，垃圾成堆。几年后，霍乱再次来袭：1848—1849年，1853—1854年，持续循环不断。每次霍乱流行都令人越发感到困惑：上帝为何一再惩罚英国和其他欧洲国家的公民（他们也遭受了同样的痛苦）？越来越多的人开始意识到，一场更持久的卫生清理，而不是更多的祈祷，似乎才是正确的答案。人们开始认为求上帝宽恕的祈祷其实并不起作用。[37]威廉·法尔（William Farr，1807—1883）根据新成立的统一登记办公室的数据，对现有的数据进行了统计分析。从此，他成为公共卫生措施的重要宣传家。但是，这种疫情的爆发还是令人恐惧和难以预测，使各国政府对疾病传染和检疫都不敢掉以轻心。[38]问题的答案来自约翰·斯诺（John Snow，1813—1858）因此而出名的做法。斯诺在纽卡斯尔做学徒时，遭遇到霍乱首次爆发，后来，他在伦敦接受更为正规的训练。[39]他发现霍乱在消化系统上的作用非常迅速，认为它一定来自人们吃喝的食物。他在伦敦苏活区工作时，那里的水是通过街道和广场的水泵供应的。霍乱在伦敦宽街（Broad Street）的水泵周围区域蔓延，而在邻近其他水泵周边却鲜有发生。约翰·斯诺意识到，那些得了霍乱的家庭（有些是工人阶级，有些是中产阶级）都是从第一个水泵中取的水。水泵不仅是当时生活的必要设施，也是社区的中心。于是，他卸掉了该水泵的手柄。[40]

约翰·斯诺确信水是霍乱的源头，法尔和其他人收集的统计数据更使他对这种想法确信不疑。1849年，为伦敦南部供水的萨瑟克-沃克斯豪尔和朗伯斯水务公司，都从伦敦泰晤士河中部取水，而霍乱就是在那里肆虐。到1853年，这两家水务公司已经铺设了各自的总水管道，在一个大的区域范围内自来水已经安装到户。伦敦朗伯斯公司从上游的泰晤士迪顿（Thames Ditton）取水，使用他们公司水的客户，比那些使用下游水源的萨瑟克-沃克斯豪尔的用户，同年染上霍乱的概率大大减少。只用裸眼观测和嗅闻就能知道，宽街的水被污染了。萨瑟克-沃克斯豪尔公司的供水也是如此，通过显微镜检查，证实絮状颗粒和微生物的存在。1853年，斯诺给分娩中的维多利亚女王使用了氯仿，在麻醉学这一新领域也为自己赢得了盛名。斯诺于1858年去世，那时，污水与霍乱之间的联系获得了普遍的认同。与公认的观点相反，斯诺坚持认为，肮脏和臭气本身并不是疾病的起因。大城市里的水是如此明显不洁净，谁都不应该忽视这一问题，而污水与疾病的联系很容易被觉察。[41]

公共健康

与此同时，1842年，杰里米·边沁（Jeremy Bentham，1748—1832）的信徒埃德温·查德威克（Edwin Chadwick，1801—1890），代表"济贫法专委会"发表了一份关于英国"劳动人口"卫生状况的官方报告，这时的英国，是大约有一半人口居住在城镇和都市的第一个工业化国家。[42]查德威克从一些医生那里，比如凯，还有与新济贫院关联的"济贫法专委会"的委员们，以及其他线人那里得到证据,引用并总结了大量关于劳工生活和工作条件的信息。他将报告提交给议会。在报告中,他对生命被漠视进行了谴责,提醒议会:如果工人的生命更健康,那么工会领袖将更年长,更睿智,更不会去宣扬鼓动工人闹革命(在"饥饿的40年代",这种可能性是真实存在的);人们可以享受开心的生活,而不是感到绝望。多年来,公共行政机构薄弱无力,政府在粮食歉收的情况下面临严重的问题。因为废除以维持高价来保护农业的谷物法,导致农民不满,而马铃薯枯萎病给爱尔兰带来了饥荒。尽管如此,由于查德威克的报告,在1848年通过了《公共卫生法案》,标志着政府(相当小的)参与公共健康保护的开始。在这方面,英国比较落后。欧洲大陆更为家长式的制度(他们也有自己的查德威克[43])早就开始了。比如,他们有小镇医生(比如在海尔布隆恩的迈尔),并有相关的法规以供遵循。但是,这些刚开始的法律对于高度城市化的英国仅仅意味着放宽政策,允许小镇和城市提高地方税收,用于改善卫生和健康状况。

查德威克被视为虚张声势的人而不受欢迎,他想实际负责国家公共卫生状况的希望从未实现。利物浦,然后是伦敦市(圣保罗大教堂周围一平方英里之内,而不是整个大都会),利用这一法案任命了医务官员。伦敦的医务官员是约翰·西蒙(John Simon,1816—1904),对于当权者,他的报告比查德威克的更有技巧,也更有说服力。1854年,有了新的立法机构之后,西蒙成为政府的首席医务官,并致力于强制性公共健康的推行工作。[44]与此同时,在1847年,由于有更多有关城镇人口健康的证据,成立了一个新的"城市下水道委员会",以取代之前在伦敦的七个各自独立的机构,这些机构在其他方面仍然在各个地方起重要的作用。这个机构是伦敦"都市工作委员会"的前身,是第一个服务于伦敦整体(当时是世界上最大的城市)的一个机构。

下水道的设计是用来进行雨水排放的,在引入抽水马桶的情况下,严格说,把污水管与下水道连接是违法的,但所有人都这么做。这意味着卫生方面的巨大改善反而带来了灾难性的后果。像伦敦这样的大城市是建在潮汐河上的,排水沟在低潮时排放,当涨潮时,污水就会回流到上游。在干旱时期,当没有太多淡水涌向下游时，潮汐就会变得越来越臭；而在低潮时，恶臭不堪的海滩就会暴露出来。1855年夏天，伦敦出现了"大恶臭"。当事情变得非常糟糕，连上下两院都看不下去，这就到了不得不采取措施的时候了。人们咨询了年事已高的法拉第。法拉第从一艘船上把白色卡片投入河中，观察它们从视线中消失需要多长时间。在浑浊的河水中，它们立刻消失不见了。他考虑是否可以用氯来对泰晤士河进行消毒，但很明显，这并不是解决问题根本的办法。1855年7月21日，《喷趣》（Punch）杂志刊登了一幅法拉第的卡通画：他戴着高顶大圆礼帽，捏着鼻子，"正把他的名片递给泰晤士老爸"。[45]

问题的答案并不在于化学，而在于工程学。"都市工作委员会"的约瑟夫·巴泽尔杰特监督修建了大河堤以控制河水，下水道主管通到河堤下面，并从伦敦向下游排放。其他光滑的下水管道把污水带入主管道。1874年，这些措施再加上提供的饮用水取自远高于城市的上游并经过过滤处理，意味着户籍总署署长终于可以感到欣慰了，因为这是历史上第一次伦敦人口能够自然繁衍。在此之后，只有不到三分之一的孩子在三岁之前夭折。[46]这种将精力投入对下水道的改造的方式被复制到了英国其他地方。在巴黎[以尤金·贝尔格兰（Eugene Belgrand，1810—1878）为主管工程师负责的下水道工程，已成为一个旅游景点]和情况同样糟糕的美国城市，[47]下水道改造成为19世纪减少死亡率的最重要因素，这取决于对肮脏和疾病关系的常识性认识，而非任何其他更加深奥的见解。1862年11月15日，《喷趣》杂志表达了对一个辉煌的未来的预见：

> 切尔西轮船的乘客
> 将看到稀有的鲑鱼，
> 从前他看到的
> 是在你身上漂浮的死狗死猫，
> 还有那种难闻的恶臭。

确实，历经一个世纪后，鲑鱼又重新回到了泰晤士河。

护 理

查德威克的一个盟友是弗洛伦斯·南丁格尔（Florence Nightingale，1820—1910）。1851年，她在莱茵河上的凯泽沃斯（Kaiserwerth）与女执事们待在一起。她很富有，人脉甚广，未婚，不确定要过什么样的人生。在她的生活中，护理是一种职业，而不是像在英国那样，通常是无技能者在做的事。当然，年轻女士也不会去从事这种工作。[48]她知道自己可以从欧洲大陆类似做法中学习到很多东西，在1853年计划与巴黎仁爱会的修女们一起接受训练，但因患麻疹不得不放弃。尽管如此，她还是决定在伦敦为上流社会的妇女设立一所医院，而且这样做了。但在1854年，俄国和土耳其爆发了战争，英国和法国一道站在土耳其一边。波罗的海地区发生过军事行动，但大多数战斗都发生在黑海附近，就是后来被称为发生克里米亚战争的地方。这使她有机会将其社会地位和人脉，以及强大的能量，发挥在一个更大的事业中。威廉·罗素（William Russell，1821—1907）创造了战地记者这一身份，在伦敦《泰晤士报》上对战争的各种不当行为进行报道，并将法国的医疗安排和战地医院进行了对比，后者是仁爱会的修女在护理病人和伤员。相比之下，英国在这方面是不称职的。[49]作为回应，弗洛伦斯·南丁格尔带领一支由38名护士组成的护理队，穿越伊斯坦布尔海峡，出发前往斯卡塔利（Scutari），着手改革那里的基地医院。她急躁、不老练，又好管闲事，不理会各种繁文缛节。因为有政府背景和热心人士财力支持，尽管在医疗界和军事高层处处树敌，南丁格尔依然表现出了一个组织和管理者的天才。[50]她意识到，对军队来说，疾病问题比在战场上的生命损失要严重得多。为了赶上法国人，她开始研究如何改革护士培训。这些护士将在一家组织良好的医院里，在一名护士长权威的管理体制下工作。

仅靠她的努力并没有结束在斯卡塔利的高死亡率。当工程师发现并清理排干医院地下的污水坑时,情况才有了极大的改善。但是,当她在前线巡回访问时,受到官兵们极大的欢迎。在塞瓦斯托波尔(Sebastopol)沦陷后,她从回归和平的前线返回,士兵们称她为"提灯女神",因为她经常这样,为受伤的人带去安慰并减轻他们的痛苦。南丁格尔成为一名女英雄。其他护士,如玛丽·谢克尔(Mary Seacole,1805—1881),她们也都在前线奋不顾身地照顾受伤士兵,但弗洛伦斯·南丁格尔与她们来自不同的社会阶层,习惯与上层人士密切交往,因此有可能影响体制的改变。在克里米亚,后来在英国国内,她利用自己的地位推动了改革。在对军队和印度的健康状况进行调查取证之后,她将这些报告出版,并写下了非常人性化的《护理注意事项手册》(Notes on Nursing,1859)。很明显,对医生和将军们而言,她是一个难缠的人,但她对病人和他们的需要的想法却非常正确。[51]她的学校成立于1860年,由她的信徒管理。她的学校培养的新型职业护士,都成为国内医院里的护士长,从整体上提高了全国的护理水平。就在她残疾卧床之后(和许多杰出的维多利亚时代人一样),依然没有停止努力。她一直活到了1910年。[52]

和许多同时代人一样,她从来没有时间去思考理论,即设想中的病菌而不是肮脏和瘴气,才是导致疾病的原因。她从法国人那里学习的是实践而不是理论。到她的时代,医院已经变成了穷人才会去待的地方,任何有舒适房子的人,都希望在家中得到护理、必要时进行手术,以及分娩。他们认为,在家里,清洁和护理才可以得到保障。这种情况逐渐开始发生改变。在18世纪中期以前,外科医生只是被看作熟练的锯骨匠,被称为"先生"而不是"医生"。在19世纪,他们成为医疗界的精英。麻醉剂一氧化二氮(相当不成功)是在1844年由霍勒斯·威尔斯(Horace Wells,1815—1848)引入美国的。1846年,威廉·莫顿(William Morton,1819—1868)将乙醚作为麻醉剂。麻醉剂在欧洲被迅速采用。1847年,詹姆斯·杨·辛普森(James Young Simpson,1811—1870)在爱丁堡引入氯仿,斯诺成为使用这种麻醉剂的专家。外科手术变得不那么绝望,外科医生可以从容地进行手术,但感染的风险还是居高不下。

毒 药

随着科学在医学领域,以及由实验室和统计证据所支持的实验方法的扩大,以前依靠临床经验的做法被逐渐取代。于是,病理学成为一个非常吸引人的领域,它能够更准确地查明各种死亡的原因。[53]我们祖先对于毒药的使用十分普遍,但也常有意外发生。要发现哪些物质有毒并非易事,需要经过反复试验,其间也会出现差错。重疴下猛药。自从帕拉塞尔索斯(Paracelsus)开始为梅毒这一新出现的疾病开出水银处方后,医生们就开始用非常手段治疗各种绝症,现在仍然如此。毒蛇、蜘蛛和像铁杉之类植物以及致命的茄属植物都令人不寒而栗,伊拉斯谟斯·达尔文讲述过在印度那种见血封喉的尤巴斯树(Upas Tree)的可怕故事,所有接触这种树汁的人都会命悬一线。[54]有毒的水汽会潜藏在许多洞穴中。因为很容易获得,砷经常被作为农药,它也像铅一样,被用于绘画颜料中。砷中毒完全有可能是因为过失,也可能是谋杀的结果。在乡镇和城市里出售的食品和饮料会经常被掺假:牛奶被兑水、面粉和茶叶被掺假增重、糕点糖果中使用的糖含有铅和重金属染料、啤酒未经纯净过滤。[55]蓄意下毒引发人们各种各样的想象,因为这种恶毒的行径通常是预谋好的(常被认为是女性所为),因此很难被察觉。逐渐地,化学家和医生改进了分析化学的方法来帮助解决这些问题,使对食品和饮料的立法成为可能(从而也让训练有素的分析师有了施展专业技能的机会),也使对谋杀案的审判比以前更为严谨。[56]

由于这类案件的审判让人们感到兴奋刺激,作为提供证据的病理学家因此成为名人。他们希望被请去做专家证人,为不容置疑的事实提供证据,而不是提出一些被反复盘问质疑的看法。因为毒物测试方法并不可靠,在多年时间里,被告和原告两方的医生,对案件的看法可能截然相反。[57]西班牙人马蒂厄·奥菲拉(Mateu Orfila,1787—1853)是一位赢得国际权威声望的了不起的人物。他在巴塞罗那接受医疗培训后(与来自欧洲各占领地的许多人一样),随着人才流失的队伍，在1807年到了巴黎。在那里，他与路易斯-贾奎斯·瑟纳德（Louis-Jacques Thénard，1777—1857）以及其他著名化学家一起共事过。瑟纳德是一位富有进取精神的药剂师，就教于法兰西学院。奥菲拉在法国度过余生。他致力于毒理学标准的写作，出版了《毒药的特性》(*Traité des poisons*，1814)，一举登上了该专业的顶峰。1819年，他被任命为医学院教授。在教学中，他遵循瑟纳德在讲课中依靠实验的方法。和许多同时代人一样，他对化学和医学领域广泛存在的靠推测和假设的做法很不以为然。[58]

一个伟大的突破出现了：1836年，詹姆斯·马什（James Marsh，1789—1846）发明了一种可靠的检测砷的方法，这种测试可以敏感地从人体组织中检测出砷，而不仅是从胃里。奥菲拉对此感到欢欣鼓舞，现在终于可以通过客观的测试进行砷的检测；而以前是依靠能否嗅到大蒜般的臭味来做判断，所得出的估计性结论常常让专家们难以认同。他认为，有了这种检测，只要怀疑中毒，即使在死亡和埋葬很长时间后，也可以进行检测。如果必要的话，尸体可以被挖掘出来进行检查，吸收到身体内的砷也同样可以被查出。以他在巴黎的身份和地位，他的自信、表现力和口才，奥菲拉成为一名出类拔萃的作证专家。但是，奥菲拉所遇到的问题是，这种新的测试方法对砷极为敏感，他必须随时掌握所有新技术和新仪器的使用。由于他获得的测验结果总是呈阳性，奥菲拉开始认为，在人体中可能都存在一些"正常的砷"，这就意味着测试结果对判断不具有结论性的作用。于是，精明的律师可以辩称，尸体中发现的所有的砷都是身体中"正常"存在的，并非他们的辩护人所下的毒。众所周知，化学纯度的级别会随着时间的推移发生变化，奥菲拉在检测反应中所使用的锌里，可能含有微量的砷。随着方法的改进，测验的结果不再呈现阳性。奥菲拉之前的检测是有误的。

这一事件虽然给他以及化学的声誉带来负面影响，却从此产生了法医科学。在英国，罗伯特·克里斯蒂森（Robert Christison，1797—1882）——虽然同样在巴黎学习，他并没有与他所敬仰的奥菲拉有过直接联系——成为毒理学，后来被称为法医学方面的杰出的权威人士。渐渐地，随着分析技术进一步完善，其他有毒物质也可以被明确无误地检测出来。公共分析学家成为一种职业，有自己的行业协会。[59] 他们从事的是科学的一个分支，在这一学科中，精确的操作和规定的，而且可重复的程序所起的作用，比任何理论都重要得多（一直持续到物理化学的崛起[60]）。因为医学院的课程包括化学，许多著名的化学家是从医学教育开始他们的职业生涯，这造成了医生与化学家在同一行业争抢工作的状况。病情诊断一直都有点像侦探工作。亚瑟·柯南·道尔（Arthur Conan Doyle）笔下的夏洛克·福尔摩斯（Sherlock Holmes）是以爱丁堡医务人员约瑟夫·贝尔（Joseph Bell，1837—1911）为原型，他因为能从病人的外表和步态中获得病情线索而闻名。虽然这一领域最令人兴奋的是关于谋杀案件的审理，但对水、牛奶、啤酒和食物的稳定和有条不紊的监测，关注的是生命而不是死亡，这对每个人来说才是最重要的。这项工作以前通常是在私人实验室或医生的手术中完成的，但到了19世纪末，已经有政府成立的实验室和带薪员工在进行这些检测。[61]

医学科学

医生一直被尊为学识丰富、具有智慧和医疗经验的绅士，他们一般都熟知自己的病人。到19世纪中叶，作为医生，不仅要有解剖学和药剂学，还要有化学与生理学的正规训练，这一切都变得至关重要。盖伊医院的实验室，以及瑟纳德和奥菲拉在巴黎的工作场所，都说明了这一点。进行测试和对测试结果解释所需的专业知识极为关键，这种专业知识必须具有权威性。有那么一段时间，人们并不清楚科学知识究竟在多大程度上改善了临床实践，而比起化学分析，一些仪器更能显示出它们的作用。作为医师职业标志的听诊器，是由勒内·泰奥菲尔·雷奈克（René-Théophile Laënnec，1781—1826）在1819年发明并用于临床。听诊器当时的样子就像一种短管，像助产士今天依然在使用的；现在听诊器的样式是19世纪50年代的产物。比恰特在他对动物的实验中使用了注射器，但皮下注射在19世纪50年代才开始。眼底镜也是由亥姆霍兹在这一时期发明，借助这种新器械，医生可以看清眼睛内部。体温计的出现是在19世纪70年代。[62]所有这一切中，最重要的也许要算显微镜。[63]显微镜发明于17世纪。那种复式显微镜使用起来很麻烦。它的球状透镜很难准确聚焦，只有中间一部分镜片能起到聚焦作用，而且需要有足够的光线，聚焦图像的周围还会形成彩色条纹，使图像看起来模糊不清。结果就像奥菲拉在检测过程中产生出砷而不是检测到砷一样，天文学家通过望远镜看到了火星上的运河、显微镜专家看到了精子中并不存在的胎儿。在19世纪早期，随着光学玻璃的改进，以及对望远镜色差校正系统上小透镜的改进，更为可靠的复式显微镜代替了"简单显微镜"，即放大镜。从此，它也获得那些慎重人士的信赖。[64]细胞世界的大门从此打开了。到1850年，医学院的学生被教会使用消色差显微镜。这些显微镜虽然非常昂贵，已经成为他们日常使用的仪器。组织和细胞，而不是整体的解剖结构，成为医学科学家关注的焦点，他们的工作也日益与真正的病人护理脱离了。

一个极端的例子是路易斯·巴斯德，他并没有接受过医学方面的训练。作为一个化学家，他的第一个研究是关于酒石酸的晶体。他经过仔细观察，发现它们是不对称的，对偏振光的影响不同——这是结构化学史上的一个重要发现。合成物和天然产物（通过发酵）是不同的。由于经过严格的训练和考试，所以，他有足够的头脑对各种大胆的假设进行测试。酵母在酒石酸的构成中是至关重要的；任何微小的有机体，都可能（正如其他人所推测的）是他正在调查的丝蚕染上致命疾病的元凶；还有鸡和农场动物，它们身上致命的炭疽细菌会传染给人类。他发现问题来自细菌，并发现接种干燥的杆菌疫苗可以保护而不是使动物感染。他喜欢引起争议再最后摊牌的方式。1881年，他邀请许多报社记者到一个农场，向他们公开展示自己精心准备的疫苗接种方法，该活动引起了极大的关注。疫情发生时，没有接种疫苗的绵羊和山羊死了，接种疫苗的则幸存下来。1885年，他研制出了一种疫苗，用于治疗可怕的，但较为罕见的疾病——狂犬病。他不能亲自动手为病人治疗，但他监督了对来自阿尔萨斯的男孩约瑟夫·迈斯特（Joseph Meister）进行的疫苗注射。迈斯特在被一只疯狗咬伤后，经过疫苗注射，没有引发狂犬病。巴斯德被认为是最伟大的人类造福者之一。巴斯德研究所于1888年成立，巴斯德在此继续他的疫苗研究与配制。[65]

细　菌

皇家学院的廷德尔接受了关于我们的隐形朋友和敌人的观点，在他的推广下，巴斯德的发现被英语国家越来越多的人知晓。格拉斯哥的约瑟夫·李斯特（Joseph Lister，1827—1912）应用微生物理论，引进了抗菌手术。他发现石炭酸（苯酚）可以消灭细菌，便使用浸渍过石炭酸的棉签，并在手术室里喷洒，大大降低了手术感染的风险。李斯特成为第一个受封勋爵的医生。然而，用石炭酸浸泡过的伤口，不像那些保持干净的伤口愈合得快。直到1900年，严格清洁，戴橡胶手套，用巴斯德建议的煮沸消毒法，而不是用消毒水浸泡的方法来杀菌，才成为外科手术消毒的标准方法。巴斯德的竞争对手和新疫苗制造的继任者是年轻的罗伯特·科赫（Robert Koch，1843—1910）。德国在19世纪后半叶取代法国成为医学创新的伟大中心。1882年，科赫发现了杆菌是导致肺结核的细菌，又在1884年发现导致霍乱流行的罪魁祸首。

在某种意义上，这是完成了三十多年前斯诺的发现，但微生物理论并不容易被理解与接受。每个人都会接触无数微生物，为什么只有一些人会生病呢？纽约的"伤寒玛丽"（Typhoid Mary）将伤寒传染给其他人，但玛丽本人没有显示任何症状。从前，医生主要是对病人和他们的"体质"感兴趣，不同体质使他们易患上某些疾病，而他们这一次关注的重点是疾病及其可能的病原体。科赫列出了一份作为标准的条目，满足了这些标准，才能够说明细菌是某种疾病的原因。但是，在医疗行业中有众多利益的保守主义者，不愿轻易放弃瘴气的说法。然而，针对常见的伤口感染结果的破伤风疫苗，以及不问贫富贵贱都有可能染上的白喉病疫苗，在1890年已经面世。哲学家伯特兰·罗素（Bertrand Russell）的杰出父母和无数儿童就死于白喉。在巴黎和其他地方，巴斯德的信徒（在当时被称为巴斯德分子）在疫苗的制作和使用方面都有很突出的成效。[66]

医学教育

德国实验医学的伟大人物约翰尼斯·穆勒（Johannes Müller，1801—1858），在柏林大学教授生理学。他的杰出学生包括卡尔·路德维希（Karl Ludwig，1816—1895）、艾米尔·杜布伊-雷蒙德（Emil Du Bois-Reymond，1818—1896）、恩斯特·布鲁克（Ernst Brücke，1819—1892）和亥姆霍兹，他们在1847年发表了一份联合宣言，呼吁生理学以化学和物理为基础，实际上否定了从前他们老师的活力论。他们都成为优秀的教师和研究人员，吸引了来自国外的学生，从而使德国而不是法国成为一个国外学者去体验和开阔眼界的地方，而德国的研究型大学也成为英国、美国乃至全世界的典范。鲁道夫·菲尔绍是穆勒的另一名学生，1856年被任命为柏林大学教授，并于1858年发表了极具影响力的《细胞病理学》（*Cellular Pathology*）。他的学生们四处奔走，推行他对细胞和营养等功能的观点。当时，法国医学院校仍然占据重要的地位，伟大的生理学家克劳德·伯纳德（Claude Bernard，1813—1878）继承了比恰特和马根迪的学说，他在1865年的《实验医学研究》（*Introduction to the Study of Experimental Medicine*）一书的导论中，精彩地体现了方法论的思想。[67]由于对统计数据和不成熟的量化标准，以及对法国实证主义传统所盛行的那种对待假设令人不安的模棱两可的态度（尽管这种假设——演绎推理事实上极具影响力）抱有极大的怀疑，他呼吁将注意力从腺体的"内部分泌物"转移到体内平衡，即在外部环境变化的情况下，动物保持"内部环境"的方式。

在19世纪下半叶，医学教育普遍趋于严格，德国模式被认为——比如在法国，有时极不情愿——是最佳标准。在英国，学徒制逐渐消失，通过医院培训成为一种规范。从19世纪30年代起，在伦敦和纽卡斯尔，医院培训与大学相联系，以便学生可以继续攻读学位，包括医学博士学位。到1860年，想获得学士学位的学生都需要通过这类正规课程。与欧洲大陆的大多数国家不同，英国的医院仍然是"自愿的"，由慈善捐款支持，而赞助人和支持者有时有权要求医院对某些病人给予特殊照顾。医生通常在那里只是兼职做一份名誉上的工作，因为这能给他们带来社会地位和临床经验，而医生在医院里对穷人的态度则是说一不二。一般来说，这种区别只是治疗上的而不是实验上的，虽然关于哪些治疗方法有效的信息也会被逐渐积累起来。牛津大学和剑桥大学授予学生医学学位，并有自己的教授，但直到世纪中叶改革之后，学校才真正提供这方面的课程。即便到那时，学校依然要求学生们必须在伦敦的医院里获得临床经验。那里的毕业生可以直接进入皇家内科医学院或外科医学院，也可担任该行业的高层顾问。赫胥黎没有这种特权门路，在伦敦教学中，他将比较解剖学转化为生理学（当时，这在英国被忽略），并写了一本关于小龙虾的教科书，这是他作为教学范本所使用的生物。[68]虽然自己避免对脊椎动物做活体解剖，但他认识到，为了科学和医学的进步，这是必要的。来自抗议团体的压力很大，在这种对峙中，他发挥了自己的作用。在他看来，这是一场真正的捍卫科学之战。他的弟子逐渐占据了许多大学的重要职位。1870年，迈克尔·福斯特（Michael Foster，1836—1907）被任命为剑桥大学教授，并在1883年被提升为教授会主席。他设法创建了一所生理学学院。在他的努力下，到19世纪末，英国与德国之间生理学的差距被赶上了。在德国，保罗·埃尔利希（Paul Ehrlich，1854—1915）在1909年偶然发现了治疗梅毒的药物"神奇子弹"撒尔佛散（salvarsan），并认为在细胞中有特定的受体，其中有特别分子可以配合——这是药物如何起效的一个线索。

苏格兰的一些大学提供医学学术和临床训练，许多英国的，甚至在英国各殖民地的从业医师，都是在这里完成了他们的学业。最终，在1858年，设立了全国医学总会作为这个行业的官方管理机构，为教育和道德方面制定标准，它扮演了一个在学术机构和白领工会之间奇怪的角色。医学传统是自由开明的，而善行和智慧被认为是执业医师的特征，就像威廉·奥斯勒（William Osler，1849—1919）在作品中描绘的那样。[69]奥斯勒出生于加拿大，他从蒙特利尔来到新成立的约翰·霍普金斯大学，最后在牛津结束了他的职业生涯，他是基德的继任者。美国的专业规则姗姗来迟，它的倡导者是亚伯拉罕·弗拉特纳（Abraham Flexner，1866—1959）。他在1910年发表了一份关于北美医学教育的调查报告，与德国相比，总体情况差强人意。在美国，有许多私立医学院，通常很小，就像早期英国的亨特学校一样。在欧洲，只有名牌大学有资格授予学位；而在民主的美国，则处于随心所欲的状况。顺势疗法医师和其他另类传统的追随者建立了大学并颁发文凭，有时（就像在18世纪的欧洲一些野鸡大学一样）对学生在校时间或学习方面的要求极低。渐渐地，德国模式在约翰·霍普金斯大学普及并成为榜样，其他的私立和州立学校也纷纷效仿。牙科逐渐从普通外科手术中分离出来。从1834年开始，使用汞合金填充物为蛀牙提供了一种替代方法。随着假牙的出现，我们19世纪的祖先在年老时不会再无牙了。著名的探险家威廉·莫克罗夫特（William Moorcroft，1770—1825）曾接受过医学训练，但后来进入兽医学领域。他来到印度，为驻扎在那里的骑兵部队寻找合适的马源。[70]兽医的培训始于19世纪早期，并获得专业认可，他们逐渐取代了在工作中学手艺的蹄铁匠。

到目前为止，除了护理方面，这里所讲述的与医学相关的人都是男性。渐渐地，勇敢无畏的女性开始闯入这一领域。1849年，伊丽莎白·布莱克威尔（Elizabeth Blackwell）在美国获得医生资格。1869年，索菲娅·杰克斯·布莱克（Sophia Jex-Blake）被爱丁堡大学录取，她于1874年创办了伦敦女子医学院（这是因为所有的医学院虽然没有公开排斥女性，却心照不宣地处处为难）。就此，女性也可以成为医生。助产士以前总是在工作中学习，但在1881年，助产士学院给予这些以前没有专业地位的妇女从业的资格。由女性照顾、专门收治妇女的医院开办了。但直到我们这个时代，"女医生"仍属罕见。医学院甚至落后于其他大学的院系，而妇科医学几乎完全是男性的领地。在医院里，护士长是一个令人敬畏的人物，但在一个男人世界里，无论她多么不可或缺，却绝对与指挥官无缘，也许她就只能像军队里的军士长那样。

边缘地带

住院的病人被完全限制在医院的范围里,用米歇尔·福柯(Michel Foucault)的话来说,被是被置于一种冰冷的医学眼光之下,并在适当的时候出院,恢复其日常生活。[71]在19世纪,出现了数量众多的疯人院。[72]因为到18世纪的时候,精神失常被看作一种医学上的疾病,患者经常被用锁链捆绑起来,这对他们来说并不是好事。1796年,贵格会教徒威廉·图克(William Tuke,1732—1822)创立了约克郡疗养院,在那里通过温和的管理促进患者康复。约翰·康诺利(John Conolly,1794—1866)在汉威尔的米德尔塞克斯庇护院以此为榜样,他认为"限制"患者就是一种漠视。正如这些医院的名称所隐含的那样,它们给患者提供的是同情与安全,是建在乡间,远离尘嚣的庇护所。很多患者变得习惯,终生在那里生活。与此同时,1793年在巴黎,被任命为比埃特利医院(Bicêtre Hospital)院长的菲利普·皮涅尔(Philippe Pinel,1745—1826),与曾经是患者的让-巴普蒂斯特·普珊(Jean-Baptiste Pussin,1745—1811)一起,给那些难以控制的病人除去脚镣,代之以相对舒服的束缚衣。随后,他到了萨尔佩替耶医院(Salpêtrière Hospital),并对该医院也进行改革。后来,也就是在这所医院,著名的神经学家让-马丁·查考特(Jean-Martin Charcot,1825—1893)吸引了众多学生,其中包括西格蒙德·弗洛伊德(Sigmund Freud,1856—1939)。查考特对"歇斯底里"患者的引人入胜的演示课引起了极大的关注。当然,他的有些做法并不是很科学的。

"精神病医生"或"精神病学家"并不总是一个受人敬重的职业。精神病医生除了要管理精神病院,还需设法对精神疾病进行分类;就像其他专科医生,除了精确的治疗观察之外,还需通过病菌理论对疾病重新进行分类。对精神错乱的定义,尽管在重要的法律层面已经达成了一致,但他们的分类工作努力并不成功,以至于英国多年来一直有那种奇怪的判决结果:"有罪,但属精神错乱"。就像专家证人在中毒问题上可以有不同意见一样,他们也可以就被告人的心理状态持有不同意见,但在这种情况下,实验室的测试难起任何作用。在精神残疾领域,急需从分类学上对于各种不同程度的"白痴"进行分辨与命名,这经常是出于对这种病情恶化的恐惧,就像我们将要看到的那样。[73]

由于不喜欢接受这样的临床观察,担心他们会沦为麻疹或神经衰弱症患者的境地,遭受痛苦而无效的治疗,19世纪的病人(现在也是如此,但更有理由)转求"另类"医生,他们也因此逐渐被排除在受管控的医疗行业之外。例如,查尔斯·达尔文通过水疗法,包括经常在家里洗冷水澡和其他刺激手段,以及定期去温泉浴场做水疗,来缓解他的神经衰弱症状。在德国和英国,许多人都到水疗中心接受治疗。在这些国家,社交生活和治疗一样重要。[74]有些人找顺势疗法这样的医生咨询,获得从正规医生那里无法得到的关怀,症状也得到了缓解;也有人寻求来自异国文化的治疗方法。那些没有选择或负担不起任何类型的医生咨询的人,则购买那些大肆宣传的药片,托马斯·霍洛威(Thomas Holloway,1800—1883)就是因此而暴富。他出资捐建了一所女子大学——皇家霍洛威学院,维多利亚女王亲自为学院剪彩,该学院现在是伦敦大学的一部分。[75]

结　论

很久以来,医学曾经是唯一的科学职业,医生的名望则依赖于他们广博的学识以及他们的治疗经验。然而,只是在19世纪的进程中,以生理学、病理学和化学的形式出现的这门科学,才逐渐被认为是所有医学从业者必不可少的素养。在19世纪的大部分时间里,更符合常识的科学技术已经足够了,而且,比起外科和微生物理论的进步,基于消除疾病与肮脏的公共卫生措施,拯救了更多的生命。19世纪上半叶,许多科学家,如亥姆霍兹和赫胥黎,都曾接受过医学培训;或者像戴维和达尔文一样,曾经从医学系辍学。对解剖学和生理学的兴趣,有可能导致人们对古生物学或生物学的研究,而药物学则涉及从自然产品中分离出活性成分以及对药物的测试，很容易将人引进化学领域。正如赫胥黎在当时所发现的那样，靠科学谋生是很困难的。所以，许多人是在行医的业余时间，进行科学方面的研究。后来，随着专业化程度越来越高，大学和科学产业的扩张带来了更多的工作岗位，作为一种科学培训的医学变得不那么重要了。但是，对于奥菲拉来说，医学曾经是他非常重要的通往实验室生涯的大门。这是我们下节的主题。不同的国家有不同的传统、不同的教育制度和做法，在我们这个时代，出国留学的经历仍然很重要。医学也和其他领域一样，铁路和轮船的出现意味着国内和国际会议的大幅增加。就像在其他科学领域一样，医学院的扩张以及随后的专业化，导致各种新的学会和期刊出现，包括像新西登汉姆协会（New Sydenham Society）这样的图书出版俱乐部。到了20世纪早期，医学成为建立在一系列科学基础上的学科，它原来的所有理念已经被改变了。

第六章 实验室

Laboratories

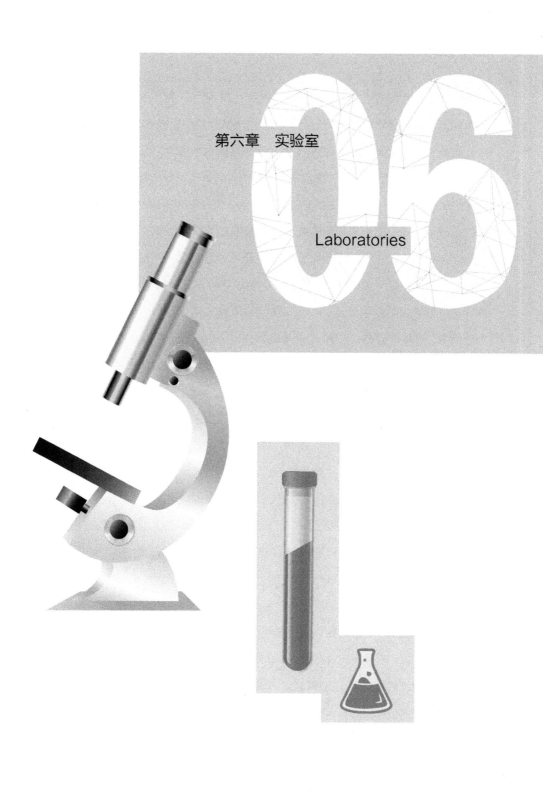

牛顿对棱镜如何将白光分裂成多种颜色的这一研究，是在剑桥三一学院自己的房间里，从紧闭的百叶窗的一个小孔透进来的光线中完成的。（当百叶窗打开时，他便伏案进行他的数学研究。）但对于所做的化学实验，跟以前的炼金术士一样，他需要有个精心布置的实验室，配备炉子和其他设备。有时，一些炼金术士炼金的精彩画面，看起来的确会给人某种徒劳和失败的感觉，但他们更常表现出的是一个正在工作中的乐观团队。[1]在帕拉塞尔索斯的传统中，许多以毒攻毒的治疗方法都是这种工作的成果之一。人们对矿物和金属有了很多了解，诸如蒸馏之类的技术也经过实践得到了改良。科学的实验传统来自化学。[2]一种与机械世界相抗衡的化学哲学出现了[3]，它认为天地万物的产生是一个化学过程，在这个过程中，世界将通过"化学"（chymical）知识的应用而进化（甚至可能产生生命）。[4]这些工作不需要特别设计的房间或空间，带有炉子和水槽的厨房也许就可以了。但是，当化学家需要，并且必须拥有精密的天平、精致的玻璃器皿和其他昂贵的物品，并处理危险物品时，富有的科学家，如拉瓦锡，就在巴黎的阿森纳（Arsenal）建立了一个实验室。这的确是那些献身科学的人与业余爱好者在工作过程中出现分离的一部分。业余爱好者缺乏设备，他们可能会即兴发挥，用什么都行；而另一方面，科学家也会成为精心制作的设备的奴隶。

1818年，贝采里乌斯访问巴黎时惊叹道："在巴黎所完成的化学工作是完全不可思议的。我相信，这儿有超过100个实验室在致力于这方面的研究。"[5]这样的实验室几乎都是在某座房子里的一个房间，就像詹姆斯·史密森（James Smithson，1765—1829，史密森学会创始人）当时在巴黎拥有的那个专门用于实验的房间一样，或多或少配备了一些精密仪器。在整个19世纪，这样的私人实验室一直是极其重要的。例如，威廉·克鲁克斯（William Crookes，1832—1919），他是铊的发现者，阴极射线的研究者。在1914年"一战"爆发时，他担任皇家学会的主席，所有科学研究都是在他的私人实验室里完成的。[6]但在19世纪的进程中，依附于大学或工业机构的实验室和研究所变得越来越重要。19世纪的大部分研究成果都是个人所为，但到了20世纪，整个团队的一长串名单（包括实验室主管，他可能与这个特别课题只有一点关系），成为研究项目的一个特征。当信奉贵格教的药剂师威廉·艾伦（William Allen，1770—1843）和威廉·哈兹尔丁·佩皮斯（William Haseldine Pepys，1775—1856）在1807年发表了一篇重要的有关二氧化碳的构成和金刚石的性质的联合论文时，皇家学会对如何授予他们科普利奖章而大伤脑筋，因为"奖章是不可切割的东西，不能同时给两个人"。[7]法拉第是独自一人在实验室里，通过找寻他的所造之物对上帝表示信仰的，只有沉默顺从的安德森中士做他的助手或侍从。然而，实验室通常是社交场所，是朋友偶尔拜访、提出建议，也许还参与其中的地方。在这里，受雇的助手可能正忙于某个实验，成果却归功于主人。贝采里乌斯的管家安娜负责清洗试管和盘子，拉瓦锡夫人玛丽·安妮·波尔兹（née Marie Anne Paulze）也在实验室扮演协助丈夫工作的重要角色，她们并没有穿着戴维给她们画的肖像里的那种华丽服装。[8]其他人的妻子也在实验室中发挥重要的作用，但她们的名字大部分都不会被提及。[9]

我们已经习惯了白大褂作为实验者的制服，但这是20世纪的一个特征。事实上，半个世纪以前，人们可以保持自己的业余身份，在没有穿或没有选择穿白大褂的情况下，获得化学学位，尽管大部分人还是会选择穿白大褂。在19世纪，防护服装只是类似于工匠穿的一种围裙，这也提醒我们，实用化学或生理学既是一门艺术，也是一门科学。在简·马塞特（Jane Marcet）《化学实验中的交谈》（*Conversations on Chemistry*，1806）中，姑娘们似乎穿着薄纱连衣裙做实验，并没有穿围裙，因为卡洛琳的裙子被酸烧出了窟窿。[10]其他安全措施通常是灾难发生后采取的应急方案，而非预防措施。这种对危险的无所谓使化学更具某种男性的吸引力。法拉第首次受聘于皇家学会，也正是因为戴维在一次爆炸中被玻璃碎片扎伤眼睛致残。随后，他们在这项研究中戴上了护目镜，但在危险被证实之前，他们经常避免这种繁琐的预防措施。在生命的最后，戴维写道：[11]

> 操作时的耐心、细致、整洁，观察和记录发生的现象的准确和精细，这些都是至关重要的。眼明手稳有非常大的帮助。

但是，伟大的化学家很少能终生保持这些优点。原因在于，实验室工作有一定危险性，化学元素尽管臣服于魔术师般的化学家，却犹如浪漫精灵，难以驾驭，时而摆脱化学家护身符的控制，危及他们的人身安全。当然，有时可以充分利用他人的手和眼睛。

戴维的朋友约瑟夫·科特尔（Joseph Cottle，1770—1853）就很惊讶地表示，像戴维这样热情而勇敢的实验者居然能活到"五十岁。对他来说，那已经是很大的年纪了"。[12]1811年，法国化学家皮埃尔·杜隆（Pierre Dulong，1785—1838）在发现三氯化氮的爆炸性能的实验中，失去了一只眼睛和一根手指。因此，当戴维接手这项工作时，他被警告要采取预防措施。化学不仅有臭味，还会发生爆炸。

仪　器

戴维在伦敦拥有一个可自由支配的大型地下实验室，那里曾经是厨房，有一个炉子和其他大规模的设备。戴维的接班人布兰德把这个实验室作为插图放进教科书里。现在这里是博物馆，它依然保留着法拉第当时使用时的状况。[13]艾伦是那些提供试剂的人之一，但提纯是19世纪实用化学的主要特征，直到19世纪末，人们才能买到用于分析的纯度的化学品（因为纯度问题，是另一个使重复经典实验变得棘手的因素）。此外，实验研究经常需要制造仪器。但从早期起，仪器制造商就与皇家机构联系在一起，而像艾伦、佩皮斯和史密森这样富有的狂热者都是仪器制造的支持者。[14]实验仪器最先是由像戴维这样的人设计出来的，他因在研究中快速而有创意地误用器材而出名（有时他为那些坐成一排的特邀观察者做演示），经他改进后再由弗里德里克·艾卡姆、理查德·奈特（Richard Knight，1768—1844）或其他商人进行销售。19世纪的化学研究者要自己制作仪器，而仪器从发明到商业化生产间隔的时间并不长。发明者必须用插图仔细地描述仪器及其用途，甚至像牛顿发明棱镜那样向同行分发样品。当这些仪器开始出售，就很容易被复制，这是很正常的，用现在的行话叫作"山寨版"（black-boxed）。

戴维在1807年发明的用电流分离钾的装置，就出现了这种情况。根据他在1806年的演示，化学亲和力与电有关。戴维在一次引人注目的实验中，用电解法电解熔融的氢氧化钾得到金属钾证实了这一点。过后，戴维欣喜若狂地在实验室里跳起舞来（在此之后，别的实验室也延续了这个传统），然后在他的笔记本上草草地记录下了这个"伟大的实验"。佩皮斯改进了这个装置，在其他未知金属的实验中采用水银的负极来代替铂。戴维的电池性能不稳，时耗短，他打出爱国牌（取得适度成功）从皇家机构的支持者那里筹集资金组装了一个更大更好的电池。而在法国，拿破仑出资建了一个可与之匹敌的电池。[15]戴维花费了大约600英镑，当时皇家机构每年平均花费在仪器和试剂上的费用为140英镑。这些巨大的、昂贵的玩具没有带来进一步的惊人发现。事实上，在法国，盖-吕萨克找到了另一种更为方便的方法，那就是让碳酸钾通过一个烧红的管子。实验室科学在当时并不算是昂贵的"大科学"——它只是沿袭库克船长传统的探索精神——但要跟上时代，从而保持科学领先地位，却并不是件便宜的事。

法拉第希望结束这种资金上的约束。作为一个铁匠的儿子，他受过装订工的训练，做的活工整细致，他为自己的手工技能和修修补补的能力感到骄傲。《化学操作》是他唯一的专著，其他的则是由期刊的论文汇编而成的。[16]在书里，他描述了化学实验的过程，称重、磨削或研磨、加热、溶解、过滤、滴定；如何自己制作石蕊试纸，甚至如何在塞子卡住时打开瓶子。[17]他真可以为自己的"试管化学"感到骄傲，试管可以被弯曲成Z形用于分馏：他在1852年就是用Z形试管从鲸油中分离苯。各个弯管处可以收集不同的分离物。戴维在有生之年看到了化学家需要的大多数实验仪器是怎样变得不再笨重和昂贵的，就像沃拉斯顿和史密森演示的那样，酒精灯可以用来替代炉子，试剂的剂量大大减少。他提出，所有必要的东西都应该装在一个小箱子里。1813—1815年，当与助手兼随从法拉第到欧洲大陆国家考察时,他就是带着这样一个"便携实验室",虽说在完成碘的性质分析时,他们用的是谢弗勒伊(Chevreuil)的实验室。[18]

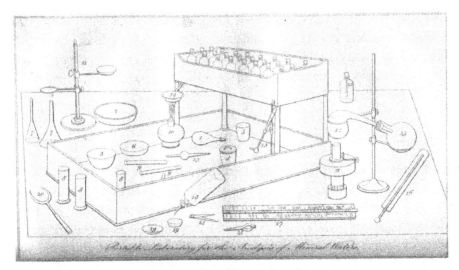

图12 法拉第的便携实验室。《科学、文学与艺术季刊》第10期(1821):216

在皇家学会的季刊以及布兰德的书中,法拉第阐明了如何用这种便携式实验室进行矿物分析。[19]船上的外科医生在他们的航行中携带着装有设备的箱子,而家庭医生坐马车出诊时,马车上放着装满仪器和药水的箱子。这些箱子可能就是便携式实验室的最初模型,来自像曼彻斯特亨利家族的经销商那里,他们都是道尔顿的朋友。它们适用于旅行(也许是矿物学家在做实地考察),适用于想要开展科学教学但没有专门的实验室的学校,或者适用于那些在家里,却又想象简·马塞特笔下的人物那样能自我消遣,又不想做有太大挑战性的原创研究的人。[20]最初,这种类似医药箱的木制盒子主要是销售给男孩的,这是20世纪上半叶化学装备的原型,但后来被健康安全条例和管理化学品销售的法律规范化了。少年奥利弗·萨克斯(Oliver Sacks)对实用化学的狂热,就像19世纪的男孩对科学的嗜好一样,这样的情形如今已不复再现了。[21]

手工技能

正如法拉第所说，实验室操作技巧不容易掌握，就像学习乐器一样，需要练习。他的书后面就有这样的练习。从一丝不苟的实验记录中，可以看出他的实验技能，以及在实验过程中的想法。[22]玻璃器皿和试管当然是很常用的，因为可以看到反应过程，但约西亚·韦奇伍德向他的朋友普里斯特利提供的是陶瓷设备和类似的器件。陶瓷坩埚、蒸发皿、研钵（优于大理石，大理石易裂）和用来收集水或水银产生的气体的气槽。这些都是实验室必不可少的仪器。正如拉瓦锡所证实的那样，18世纪末的玻璃绝不是惰性的化学物质。他发现经过烧水之后，烧瓶的重量就会变得轻些。吹制和弯曲玻璃并不像看上去那么容易。直到20世纪中叶，制作T形气密管还是化学系学生的必要练习，而且很难做到——试管在弯曲时很容易破裂，如果不缓慢冷却退火就会破裂。玻璃器皿的最大难题是既要抗力度，又要耐热。它们必须坚固，经得起铁的钳制，还要经得起诸如泡在水里清洗、通过氯化钙干燥等一系列程序的考验，这样玻璃必须是厚的。但是，要想在加热时不会开裂，它又必须是薄的。所以，实验者需要有耐心、创造力和决心。

为了让烧瓶散热，减少开裂的风险，经常使用沙浴炉加热；在不用高温加热的情况下，在热水中加温或隔水加温也是合适的。有时需要加热玻璃试管来分解固体或使其与气体反应，实验者又得设法散发热量而不是聚集热量了。酒精灯比火炉更好操作，也更容易控制（尽管温度不像鼓风良好的炉子那样高）；就像艾米·阿尔冈（Aimé Argand，1755—1803）的高能灯，中间是一个有空气的圆柱形灯芯。连接装置对于蒸馏和其他过程是必要的，但很棘手。连接必须牢固，而且密不透风，但过紧就易碎。化学家非常喜欢用黏稠混合物（称为封泥）来包住接头，使其在反应过程中保持化学惰性。在19世纪期间，封泥被软木塞代替。软木塞柔韧性好，不会把瓶口挤裂，再用穿孔器（各种尺寸的空心钢管）在木塞上穿孔让试管通过。软木塞用纸卷裹起来揉压至柔软适用为止。在法拉第时代，出于对柔韧性的要求，引进了橡胶管。他提到的"橡胶接头"管，是根据实验者的要求用印度橡胶板制成的，这种接管薄而软，而硬橡胶压力管是在19世纪末才出现的。20世纪，橡胶塞取代了软木塞，更抗裂的硼硅酸盐玻璃虽然不易制作，但也越来越普遍了。

使用坩埚可抵挡炉子的高温，设备齐全的实验室里都配有一个高炉。这些都不容易做到，为了控制陶窑的质量而设计的韦奇伍德高温计，提供了一种测量金属和矿物熔点的方法。尽管这种"韦奇伍德度"是任意的，出于纯粹的经验主义，无法跟常用的华氏或摄氏刻度玻璃温度计结合使用，但可与其他数据一起制成数据列表。[23]坩埚本身易开裂，或者当容器内的任何东西变得非常热时就可能开裂。沃拉斯顿用金属铂解决了这个问题，金属铂通常被称为白金（跟惯用的命名方式不同），在当时是不能熔融的金属。

沃拉斯顿是个医生，但他对科学比对患者更感兴趣。他设计并运用一种简单实用的方法净化形成铂的灰色粉末，并将其高温锤击锻造成纯净、有光泽的金属块。他和合作伙伴史密森·特南特（Smithson Tennant，1761—1815）在实验过程中分离出新的金属钯、铑、锇和铱，但铂是最有价值的。[24]1801年，沃拉斯顿用一笔继承的遗产在伦敦西区买了房子，并把房子后面的房间改造成实验室。他在这里悄悄进行实验，并全面参与了伦敦的科学活动。铂看上去像银子，当时没人想到将其用于珠宝制作，但它在工业方面派上了用场，用于制作枪支的触孔，制作用来提取腐蚀性物质的容器，特别是硫酸。对于实验室里的化学家来说，它是一种无价之宝。铂跟玻璃一样，偶尔也会受热膨胀，所以电线可以被密封在玻璃管或容器中以传导电流。此外，铂电极不与钾等物质发生反应。铂制锅铲可用来取出液体里的东西，完成压碎小晶体或其他操作任务：在不锈钢发明之前，它们一直是化学家装备中必不可少的一部分。铂制坩埚即使在炉中也可抵制腐蚀物质，铂的电阻随温度的变化而变化，因此这种金属可以用来弥补原来韦奇伍德温度计所产生的差距，替代原来设备中所使用的材料。铂金后来被证明极有价值，因为它可以加速反应，贝采里乌斯称其为催化剂。因为垄断了铂的市场，据说沃拉斯顿变得非常富有。

学习如何做实验

铂制仪器，就像戴维的电化电池，是一种因设备创新而开辟了新领域的例子。这在实验科学中经常发生。李比希就是通过设计了新方法，给有机化合物分析带来了新的立足点。李比希在巴黎曾与盖-吕萨克一起工作，还遇见了他的赞助人亚历山大·冯·洪堡，并在洪堡的帮助下，在自己家乡不起眼的吉森大学获得了一席之地。他在那里开设实验教学课，并为研究生建起了一个研究实验室。李比希并非开展实验教学的第一人，在他之前已有其他德国人和来自格拉斯哥的托马斯·汤姆森也都开办了研究学校，但他最为成功，其模式得到了广泛应用。他的学生开始进行博士学位学习，在此之前，这种学位被认为无足轻重。神学、法学和医学领域的博士才受到青睐，其重要性一向位于人文学科之上，（人文学科包括哲学、道德学、政治学和自然学）。[25]李比希创立了通常被称为"李比希年鉴"的期刊，学生可以在此发表论文，他还从贝采里乌斯手中接管了化学进展研究年报的出版工作。因此，他成为科学界的核心人物。同时，尤其是通过英国科学促进协会与英国的密切联系，他具有了国际声誉。在李比希实验室工作的经历以及他的推荐信，对于想在英国和德国获得学术职位的人来说，确实变得极其重要。[26]

实际上，李比希开创的研究型学习，对科学的发展产生了巨大影响。他的博士生并非都有望找到学术职位，但不断发展的制药、染料工业带来了新的就业机会，特别是在工业革命正如火如荼进行的德国。在英国，纺织业是最重要的，许多德国人也在这里找到了工作。随着天然染料的改进，苯胺染料的发明，化学工业为聪明且训练有素的人提供了大量机会。[27]李比希实验室对研究分析天然产物极为专业。对活性成分的分离与提炼是药物和染料工业不可或缺的工作。然而，拉瓦锡想通过无机化学对碳、氢、氮以及有时由少量其他元素组成的有机物质的分析，获得精确元素的理想被证明是极为困难的（也帮助不大）。在这个领域中，还有著名的化学家贝采里乌斯、沃拉斯顿和托马斯·汤姆森。[28]传统分析的第一步是蒸馏，这是一个古老的工艺，在这个过程中（如法拉第在书中所说），蒸馏瓶的瓶颈可以用湿布或纸包住来冷却和凝结产物。尽管"冷凝管"（condenser）以李比希的名字命名，但实际上，李比希并非冷凝管的发明者，他只是接受使用了这种仪器。蒸汽通过试管时，试管外面套着一层玻璃，水流从试管外面的玻璃罩底部进入玻璃管再从顶端流出，这种冷却方法效果更好。为了收集碳化合物分析过程中释放出来的二氧化碳，他发明了"李比希五球仪"（kaliapparat），即用苛性钾来吸收二氧化碳的精密玻璃仪器。这样的仪器可以获得可靠而且可重复利用的分析，学生也可借此得到训练。于是，有机化学变得更为开放，作用与无机化学相当，但比无机化学更具条理性，也更为盛行。蒸馏可以使用干燥的化合物，也可以用水、酒精或乙醚作为溶液。在蒸馏物中，如果有晶体产生（也许是和标准试剂结合生成的），还可以从它们的熔点来辨别原来的物质，并把各种结果列入手册的表格中。

从分析到公式

从分析结果推导出公式，这是一个更加复杂的过程。道尔顿的原子理论为元素提供了原子或等重的计算方法，但当时的化学家并不清楚水到底是HO还是H_2O，对此意见完全不一致，直到1860年在卡尔斯鲁厄的著名国际会议之后，这个问题才得以解决。那些研究生和他们的导师必须具备在理论与实践之间进行微妙协商的技能和判断力。[29]获得可重复的结果，并从中推导出原子重量和公式，以这种方式得到的精度和准确度是否可靠，汤姆森和贝采里乌斯曾因为看法不一大吵一架。[30]法拉第在1825年展示，他刚刚发现的苯的成分和乙炔的比例是一样的，而李比希的朋友弗里德里希·韦勒（Friedrich Wöhler，1800—1882）也在1827年发现，氰酸铵可被转化为尿素（以前只知道从尿中）。他们的发现揭示了结构和排列在化学领域中的重要性。韦勒无法向自己或李比希说明，这是没有生命力的。毕竟，他的合成所需的条件和生物体内的环境迥然不同，"活力论"（vitalism）不是那种靠单一实验就能摧毁的东西，而是通过世界观的变化缓慢改变的。[31]这些实验证实了同型异构体的存在，不同的化合物具有相同的元素成分，仅靠化学分析是不够的。奥古斯特·洛朗曾呼吁采用演绎法来解决化学中的问题，奥古斯特·凯库勒（August Kekulé，1829—1896）采纳了这个提议，在化学中引入这样的观点，化学实验者应该假设结构，推断结果，并通过实验进行验证。[32]法国化学家马塞兰·贝特洛主张，在确认结构时合成和分析同样重要。这样，人们才逐渐掌握了如何进行化学反应的过程。1849年，从巴黎返回伦敦后，亚历山大·威廉姆森（Alexander Williamson，1824—1904）着手进行酒精形成乙醚的几个阶段的研究；[33]而卡托·马克西米利安·古德伯格（Cato Maximilian Guldberg，1836—1902）和彼得·瓦格（Peter Waage，1833—1900）在挪威研究反应速率和某种试剂使用过量所产生的影响；弗农·哈考特（Vernon Harcourt，1834—1919）则在牛津进行可逆反应研究。1900年，人们可以通过实验来研究物质结构而不是特定物质的特性。这样的物理化学成为当时的一个重要分支学科，有自己的学术期刊和学会。最终，化学家们通过学习和实践，掌握了标准流程以及在已知的化学反应中应该使用哪些特定的试剂。但是，化学的第一步仍然是定性和定量分析。

设 备

在定量研究中，法拉第详细描述了过滤、干燥和称重这些必要的步骤。[34]他买来无光"吸水纸"（bibulous paper），剪成条状，浸渍石蕊用来显示酸碱，或者剪成圆形用来过滤，然后将这些滤纸对折或者像扇子一样折起来放进一个漏斗里。在做无机化学定量研究时，理想的滤纸会燃烧而不留灰（或者更确切地说，留下的都是过滤物），剩余的物质可以被称重或做进一步的处理。[35]可以用玻璃干燥器进行干燥处理，底部放上氯化钙或硫酸，上方放置一个架子，然后把潮湿的物质放在架子上，用盖子密封，将其放置较长一段时间。滴定分析法是用吸管吸进一定量的碱性溶液（这些味道对粗心的学生来说很熟悉），再用滴定管添加酸性溶液进行综合反应。原先是使用一个标有刻度的玻璃壶来进行，后来采用底部有一根橡胶管和一个小阀门的长滴管。一般不用玻璃塞子，因为它们容易被粘住。称重是一门艺术，它是实验室工作中最讲究精确的一个程序。天平置于玻璃箱里，上面的盖子可开关，秤盘放在用玛瑙做成的刀刃型支架上。通过转动把手把秤盘从刀架上抬起，将称重物质放在一个盘子上，砝码在另一边的一个盘子上，然后通过增减砝码（小的用钳子夹）进行称重，结束称重后再转动把手使秤盘迅速落架。微调是由双绞线拖动的"游码"（rider）完成的，在箱子外面用特殊的钩子拖动游码到横梁上相应的刻度，箱子前面被关闭，以免受气流影响。在储存室里，天平要尽可能远离试剂和腐蚀性气体，这和显微镜的维护一样，它们和许多实验室中必需的化学仪器一道，用于矿物学、植物学、动物学、病理学，以及食品饮料或纺织品各种材料的分析研究。

　　实验室遗留的气味真是个问题，在停用几年后，味道依然难以消散，尤其是在比英国皇家学院那些洞穴般的实验室还小的房间里（实验室里的一排座位是为观摩戴维的现场工作准备的，就像外科医生在手术室里为特定的观众做演示一样）。对于用于定性分析的硫化氢来说尤其如此。皮特鲁斯·雅各布斯·启普（Petrus Jacobus Kipp，1808—1864）在1844年发明了启普发生器（历代化学家都很熟悉），这个三层装置的玻璃仪器能产生大量的硫化氢，恶臭和致命的气体通过旋塞散发出来。慢性或急性中毒，与爆炸的伤害一样，确实都是实验室工作的风险。早先，做实验时需要打开窗户，或在烟囱下进行。后来，通风柜渐渐普及，通过一扇可从室内开关的上下推拉窗与外界相通。这种新事物从专用机构实验室不断推广开来。最早的这类实验室之一在牛津古老的阿什莫尔建筑的地下室，现在这里是一个博物馆。18世纪末，葡萄牙的科英布拉大学（University of Coimbra）也建立了一个壮观的实验室，它是庞巴尔侯爵（the Marquis of Pombal，1699—1782）对先前负责教育的耶稣会进行镇压之后，所推行改革的一部分。一批精美的仪器设备被用于化学和自然哲学的示范讲座，这批器材大部分是通过约翰·海叶森思·麦哲伦（John Hyacinth Magellan，1722—1780）从伦敦定购的。[36]

物理实验室也出现了

法拉第被戴维当作一个化学家加以培养，因此，他早期是以化学家成名的。在其一生中，他通常被当作化学家。他在英国科学促进协会化学分部任职，从没在物理分部待过（物理和数学对他来说都是陌生的学科）。英国皇家化学学会的一个分支是以他的名字命名的，惠威尔认为他开创了化学的一个新时代。[37]约翰·弗雷德里克·丹尼尔（John Frederick Daniell，1790—1845）（一种电池的发明者）根据法拉第的科学方法，在伦敦大学国王学院撰写了他的化学教科书[38]——我们也许可以有点不合时宜地将其称为"物理化学"。1829年，戴维去世后，法拉第重启了对电化学的研究。皇家学会的实验室变成了一个以电、磁、光学为中心的地方（而不是化学分析）——那些我们会认为是物理学的课题，法拉第却以化学家的方法对它们进行归纳研究。电流的难题是测量。卡文迪什通过电击对自身产生的效果，以惊人的准确度测量出电流的强度。[39]加尔瓦尼和伏特用青蛙的腿进行电流的测量，贝德多和戴维也使用了相同的方法。这种与法国人相似的方法让有些英国人认为，他们之中一定藏匿了某个法国间谍。在英国皇家学院，法拉第有一个"养蛙场"，[40]他和其他人在电磁学方面的研究工作，使他能够采用指针数字刻度电流计。精确度变得越来越重要。通过进一步改进，用镜子反射的光束来精确测量微小电流，是电报和19世纪晚期的电气实验室的一个特征。

实验物理在法国大革命之前，就已经是法国科学院认可的科学，它也需要实验室——与化学家使用的实验室相比，更容易保持清洁，相对没有异味。与化学相比，物理学停留在演示实验演讲厅的范围里时间更长。后来，物理学也进入了实验室教学，对化学专业本科生来说，它确实是"额外"的（选修它的人要专门为此支付费用）；但到了19世纪中叶，它成为化学专业课程中不可分割的一部分。就这样，1831年，托马斯·汤姆森在格拉斯哥获得了一个新实验室。在落后的英格兰，伦敦大学学院在1846年开设了化学实验室；一幅图片展示了一些学生在做实验，其中一些人还戴着高顶黑色礼帽。[41]房间屋顶很高，使用天窗采光；有很多做实验用的工作台，台下面有抽屉和橱柜，中间是摆放瓶子的架子，学生们被安排在两边，还有像酒吧用的高脚凳；沿着墙壁还有更多摆放着瓶子的架子。学生们用酒精灯蒸馏，翻找仪器，坐着观察实验反应，并做笔记。一个多世纪之后，这种教学实验室，和我最早使用的一样，除了煤气和自来水供应之外，所有的一切与1846年那幅图上的样子并没有太大的不同。

图13　伦敦大学学院的教学实验室。《伦敦新闻画报》（1846）

1871年，当英国皇家科学指导委员会正在听证将于1872年开始发布的证词期间，委员会主席德文郡公爵（以他的名字命名为德文郡委员会）却在剑桥为卡文迪什实验室奠基。获聘教授克拉克·麦克斯韦的首要任务是监管实验室的建设。[42]为了给学生上课，他四处找房间，因此自称是一只在其他鸟窝里下蛋的布谷鸟。到了1874年，他管理的这个机构成了世界上最著名的科学机构之一。在1860年落成的牛津博物馆，已有良好的配套设施。[43]委员会还负责察看当时各个学校的科学课程。在其1875年的报告中能看到，包括在拉格比、伊顿、伦敦大学附属学校以及曼彻斯特文法学校各个学校里化学实验室的规模和课程计划；在哈罗、达利奇和克利夫顿的学校，还设有物理实验室。这些实验室看上去与伦敦大学（UCL）的实验室一样，安排有观看演示和做实验等各种不同的座位。[44]这个时候，对科学以及古典文学的认真学习正被列入教学大纲。对那些在学校和大学里进行专业学习、立志成为科学家的学生，他们的愿望正在变得可能，而实验室工作则是极为关键的部分。对于那些选择其他道路走进科学的人来说也是如此，其中有一大批合格的技术人员是作为在车间或工厂接受训练的学徒，他们的成长受到越来越多机械学院的支持，比如在伦敦芬斯伯里公园设立的技术学院，或者是德国（最终是法国）模式的技校，它们都有自己的实验室。[45]偶尔，就像弗兰克兰一样，药剂师的学徒也可能成为科学上杰出的人物。[46]他最先是"学术名望极高"的伦敦化学学会主席，然后是1877年新成立的新"专业"（后来的皇家）机构，化学研究所的主席。随后，在1881年成立了化学和工业学会。后面这两个机构，以及公共分析家协会，代表了那些靠化学和化学工程职业谋生的人。在此期间，质量控制实验室和产品开发工业研究实验室正在从德国扩展到英国、美国和法国。助理的角色因此变得正式化。还有一些专业顾问，他们拥有私人实验室，通常在出现某种问题时，会有人找上门（他们在科学技术方面能起较强的指导作用），但他们的作用正在慢慢消失。

无菌无尘？

在应用化学领域，实验室从嘈杂的地方，如厨房或铸造车间发展而来，但是，现在它们被要求无菌无尘，这样的实验结果才可靠。1809年，戴维曾向工作人员抱怨，实验室"一直处于一种肮脏和混乱"的状态。[47]"干净、整洁和规范"是非常必要的；没有标准解决方案，玻璃器皿未清洗，设备已订购但未安装，

（羽毛笔）钢笔、墨水和纸张随处乱放——"我现在正在用的笔和墨从未在任何其他地方被使用过"——这是他用一贯潦草的字迹写下的话。所有这些听起来就像是仆人问题的典型例子。事实上，作为他的助手，从1813年起，法拉第就不断收集并装订戴维零散的稿纸，并保存了他称之为戴维日志的范例记录。[48]到了19世纪中叶，实验室对洁净度的要求越来越高，就像在医院里一样。在20世纪早期，诺贝尔奖得主威廉·拉姆塞爵士也会在实验室里不停地抽烟、乱弹烟灰，有时还会污染化学物质，使研究结果变得混乱不堪。[49]

然而，总的来说，实验室变得越来越标准化，与普通的生活环境决然不同。光照和温度很重要，允许变化的范围非常小——曾经就有一些实验被分为适合在夏天或冬天做的。做实验时，必须意识到每次只能有一个条件是变化的。到19世纪中叶，实验室已经成为一种人为设计的有序和整洁的场所。在这里，假设可以被检验，相关性可以被确认或否定，它与外面混乱的世界截然不同。随着化学的定量研究变得更加重要，化学家不得不对纯度越来越讲究。1859年以后，化学家采用新的加热方法，一种"物理"分析方法首次进入化学实验室。燃烧的喷气被用于公共场所的照明，也包括实验室，已经有50年了。但本生[和他的技术员C.德萨加（C.Desaga）]发明了以他的名字命名的燃烧器，通过改变燃烧器中空气与煤气的混合比例，可进行亮度调节，需要时可以发出灼热的蓝色火焰。这样，对高温就可以进行控制，在使用上比酒精灯优越多了。这在化学实验中至关重要，因为，当温度上升10ºC时，通常会使反应速度加倍。

之前，对放在木炭块上的小样本矿物进行分析时，用蜡烛或带吹管的酒精灯加热——这使分析很难进行，因为化学家必须用鼻子呼吸并同时稳定地吹气。[50]而通过使用本生燃烧器不同的火焰，可以实现氧化或还原。使用硼砂这样的"助熔剂"（flux）可以使熔化更容易，采用压缩空气和氢氧吹管（用洗瓶和金属网作为爆炸防护装置）来增加火焰的温度范围。黄色的火焰表明钠的存在，淡紫色表示钾，其他金属也有其特有的火焰颜色。但如果钠含量丰富，其亮黄色就会掩盖其他颜色。1860年，本生和他的同事物理学家基尔霍夫用分光镜分析了由本生灯加热的矿物质释放的光,他们的这次合作在当时是不同寻常的。他们发现每种金属都有不同的光谱,并且用他们的仪器识别出了两种新的碱金属:铯和铷。克鲁克斯是一个狂热的科学信徒,他是稀有的有毒金属铊的发现者。但在19世纪其他时间里,老一代化学家们对不是通过化学实验的分析结果仍然感到不安。然而,包括自动记录光谱仪在内的仪器化,将随着时间的推移,无情地淘汰那些勤奋学习如何用类似法拉第手册来进行实验分析的化学家。[51]设备的创新和与之相关的新技术又为科学开辟了新领域,这一次是出现在化学和物理学的模糊前沿。

然而,在19世纪后期和20世纪早期,化学实验室还是一个试管、反应釜、冷凝器、瓶子和本生灯的地方(本生灯需要各种气体阀门,必要时它们可用橡胶软管连接起来)。继科英布拉之后,随着研究型大学的蓬勃发展,越来越多设备齐全的实验室已经建立起来,尤其是在德国,经常是为了吸引科学明星从德国的某个小州迁移到另一个州。那些在波恩和柏林的人都过得特别精彩,教授拥有自己的小帝国,那里有官殿似的教学科研实验室、平衡室、演讲厅和住所。在那里,他们就像指挥一艘战舰的舰长。这些计划和优厚的待遇不仅在德国,也在英国出现。这一例子说明,在这个以染料、爆炸物和药品为王的世界里,为了保持并驾齐驱的地位,这一切都是必要的。19世纪60年代,在苏黎世建一个实验室需要花费一万英镑,在波恩是两倍,而在柏林成本更高。[52]德文郡委员会认真听取了有关这些海外实验室的报告,几个见证人都异口同声地对德国的做法赞誉有加。1870—1871年普法战争后,法国的斯特拉斯堡处于普鲁士的统治之下,在这里就能看到德国的大学和其卓越的实验设施的一面。在德国和法国,这样的设施都是由各州政府资助建立的;而在英国和美国,人们对这样的做法历来就怀有疑虑,他们寻求通过私人赞助,但有时是徒劳的。英国科学促进协会,后来是英国皇家学会获得政府的小笔拨款,为个人提供研究经费,但无法资助实验室的建设。直到1889—1890年间,英国政府才开始向英国大学发放年度补助金,主要用于科学和技术方面的研究——美国的一些州在这方面做得更好。

其他机构的实验室

实验室有时是作为科学场所的一部分建立的，其中包括各种各样的活动设施。大学里早就有植物园，后来还有了天文台。[53]牛津大学的一些学院都有小型实验室，就像牛顿的实验室那样，但也用于（选修课）教学。1860年，正好赶上英国科学促进协会访问的时间，一个新的威尼斯哥特式风格的博物馆（有铸铁柱子和像火车站一样的玻璃屋顶）建成了，这里保存着自然历史标本，特别是巴克兰和他的后继者们所搜集的化石。博物馆还设有演讲厅和一个模仿中世纪修道院院长厨房的化学实验室，今天仍在使用。牛津博物馆是在地质学家约翰·菲利普斯指导下进行设备的配置，给人的整体印象就是一所致力于科学的大学终于实现了现代化。[54]博物馆是由牛津大学出版社出售《圣经》和祷告书所得的资金赞助的，所以很奇怪的是，第一次使用这栋建筑的是英国科学促进协会，在主要会议结束后，被用于威尔伯福斯对抗赫胥黎和其他人就物种起源进行的那场大辩论。[55]伦敦自然历史博物馆的馆长威廉·弗劳尔（William Flower，1831—1899）认为，博物馆和实验室的结合是一个具有重要意义的步骤。他在1893年对老式博物馆只专注陈列这种情况深表遗憾，"整栋大楼里没有储存室，没有实验室，没有工作室"。[56]现在的画廊和博物馆都是以他所想的方式出现的。动物园和植物园增加了实验室来进行基础解剖和显微镜观察（涉及化学污染问题），于是，到了19世纪末，化学数据在生物分类学和经济植物学中变得很重要。后来又增加了天文台，因为分光镜的出现（加上摄影）开启了恒星化学——一个众所周知的不可能完成的题目。

德国大学的新化学实验室是当时那个年代最宽敞的，而最小的实验室可能是在那艘1872—1876年间环游世界的英国皇家海军"挑战者号"（Challenger）的勘探船上。[57]有张照片显示，桌上放着准备好的吹管和坩埚钳，在狭窄的空间里整齐地堆放着一排瓶瓶罐罐。在这个整洁的小房间里，行李架和抽屉之间有一个藤底的椅子可以坐。另一张照片显示的是设备：正使用蒸锅和酒精灯进行蒸馏，冷凝器似乎是用来使浓缩的蒸汽回流到烧瓶中。二十年前，在地质调查中，亨利·德拉·贝歇（Henry de la Beche，1796—1855）推荐使用便携实验室来进行与科学航行有关的矿物学分析，但现在，这种设备所使用的范围更广。[58]观察事物的现场和做实验的实验室之间的差距正在缩小。

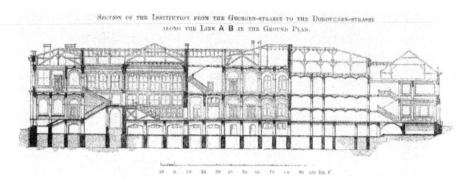

图14　最新事物——柏林新化学实验室剖面图（1866）。奥古斯特·霍夫曼，《正在建造的德国波恩大学和柏林大学的化学实验室》，伦敦：克洛斯，1866年，66页

　　这在美国尤为明显。美国人有一个可以探索和定居的大陆，所以更方便从自然历史开始。[59]海岸勘测和地形工程师是由国会资助的，在1839年到1840年间，查尔斯·威尔克斯（Charles Wilkes，1798—1877）带领科考队到了南极洲和太平洋，这个广阔的世界成为他们好奇的对象。富兰克林因电学研究而出名。约瑟夫·亨利，史密森尼博物馆的首任馆长（1846），是科学界的重要人物，他在1830年制作了一个巨大的电磁铁。实用而非理论科学是美国人的强项，所以，约西亚·威拉德·吉布斯在热力学上的成果在国内无人欣赏。在19世纪后期，美国人因高科技设备的精密加工而闻名，比如罗兰为光谱仪所设计的光栅。物理学家不需要像化学家那样双手灵活——泊松和沃尔夫冈·泡利（Wolfgang Pauli，1900—1958）是笨手笨脚出了名的——这反而对他们有益无害。滑轮和砝码、透镜和棱镜、磁铁、电烙铁、用虫胶绝缘的螺旋状电线或棉线、黄铜把手、阴极射线管，以及像卡文迪什那样偶尔所受到的电击，这些都给研究物理的人留下许多美好的

回忆。

基础实验

在英国，麦克斯韦早逝之后，瑞利勋爵接管了卡文迪什实验室。随着物理学成为科学在各个领域发展的推动力，他致力于精确测定单位和常量的研究，与柏林进行竞争。与此同时，克鲁克斯也接手法拉第对电流经过气体的路线的研究。他发现，当气体压力越来越小时，会产生阴极射线，投下清晰的阴影，在磁铁的作用下，能使一个小叶轮旋转并使射线转向。[60]这些奇特效果的发现使克鲁克斯名声大噪，也引领其他人进行了令人震惊的物理实验，从而改变了物理学。1895年，威廉·康拉德·伦琴（Wilhelm Konrad Röntgen，1845—1923）在进行"克鲁克斯管"（Crookes tube）的操作时发现，射线从被遮住的感光板内发射出来。通过这一观察，他发现了X射线，并发表了有名的摄有他妻子手骨的X射线照片。1897年，在卡文迪什实验室，约瑟夫·约翰·汤姆森[Joseph John（J.J.）Thomson，1856—1940]与经验丰富的工作团队，配备了一个比以往任何时候都更强大的泵，完成了用电场来偏转阴极射线的实验。这个设计巧妙的装置，通过磁场控制，使射线偏转，绕一圈回到发射的原点，他证明不管管内有什么气体、阴极是由什么金属制成的，射线都是由非常小的带负电荷的粒子组成的。他称它们为"微粒"（corpuscles），波义耳和牛顿都喜欢用这个术语来称呼物质的基本粒子，[61]但它们很快就被确认为电子，这是乔治·约翰斯顿·斯托尼（George Johnstone Stoney，1826—1911）和亥姆霍兹对假想的电粒子采用的名称。

很多人，特别是德国人，都认为和X射线一样，阴极射线具有波的特性，而非粒子特性。J. J. 汤姆森的实验似乎对彻底解决疑问，支持微粒子说起到"至关重要"的作用，就像19世纪中叶的杨、多米尼克·弗朗索瓦·让·阿拉果（Dominique Françoise Jean Arago，1786—1853）等人用实验直接肯定了光的波动说一样——尽管牛顿偏爱光的微粒子说法。在20世纪的开端，爱因斯坦提出了令人震惊的观点：在不同情况下，光表现出粒子特性，电子表现出波的特性。无论多么细致精确，实验都不需要得出理论性的结论，因为它们的重要性从来都不是绝对的。

美国方式

在美国，联邦政府慷慨地为西部勘探提供资金，从拿破仑手中购买了路易斯安那，也可说是从墨西哥手里掠夺的土地。这些土地在被勘探之前就已经有人居住了，有大片人烟稀少的森林和草原。特别重要的是，为修建太平洋铁路所进行的勘测，寻找出一条穿越那些未开发的被敌对的"印第安人"所控制的区域的路线，这些未开发区域也包括将加利福尼亚与中西部和东海岸连接起来的崇山峻岭。这些勘测为梅里韦瑟·刘易斯（Meriwether Lewis，1774—1809）和威廉·克拉克（William Clark，1770—1838）之后的自然历史学家和地理学家提供了绝佳的机会，他们可以使用便携实验室或者带回样品在更大的实验室里对矿物质进行分析，以确认山里是否有黄金。1884年，英国科学促进协会在蒙特利尔召开年会，以一种帝国姿态推进加拿大的科学。会议结束后，资深的古典物理学家威廉·汤姆森前往位于巴尔的摩的约翰·霍普金斯大学，这是一所以德国模式建立的大学。在那里，他为被他称为同行的美国教授举办了一个有关光的性质、物质和以太的研讨会。会议内容由速记员记录并被油印出来，二十年后，经过扩大与修订，它们最终被出版了。[62]以太被认为是光波的基础，就像海水是水波的基础。汤姆森曾经有这样的想法，原子中可能是涡旋环，也可能是一个巨大能量场的能量中心。该团队中还有阿尔伯特·迈克尔逊（Albert Michelson，1852—1931），前海军军官，后来在安纳波利斯海军学院教科学，又去了华盛顿国家年鉴办公室，然后在欧洲的巴黎、海德堡和柏林进行了两年的研究学习。1882年，他被派到俄亥俄州克利夫兰的凯斯研究所工作。他专门研究精密的光学测量，发明了干扰仪，这种仪器把光束分裂成两束，穿过不同的路径并在重组时产生干扰条纹。通过测量这些条纹，他在1879年以新的精度计算出光的速度。化学家爱德华·莫雷（Edward Morley，1838—1923）也是来自凯斯研究所，他以极高的精确度而闻名，特别是在测量氧和氢的密度方面（精确到万分之一），以及它们结合的比例。

由于在巴尔的摩的讨论和1881年在欧洲波茨坦所完成的实验，1887年，迈克尔逊与莫雷合作，用干扰仪做了一项著名的实验：将光束经分光镜分成两束光分别沿着直角的两边传送并返回，路径距离相等，然后将它们混合。如果其中一束光在某次环程中比另一束光所花的时间稍微长一点，光束就会干扰，在仪器产生一种亮暗间隔的条纹图案漂浮在水银槽上，以便可以被旋转。如果地球正穿过以太，那么在某一点上，一条路径就会朝着它的行进方向，而另一条路径则与它成直角。沿着地球运动方向的光束被认为会花费更长的时间，且产生干扰条纹。我们可以通过一个简单的类比来理解为何会这样。任何划过船的人，或者做过简单计算的人都知道，往上游划船再返回所花的时间，比在静水中往返同等路程所花的时间要多。这种仪器非常灵敏，可捕捉任何微小的变化。因此，实验是在夜间进行的，这样实验室周围的一切都是静止的，可以把干扰控制在误差范围之内。这是自富兰克林的风筝实验以来的第一个美国实验，它让好奇的国际科学界的科学家们感到惊讶和困惑。

它没有推翻整个以太理论——单一的实验无法做到这点，就像我们所看到的活力论那样。但是，这意味着对某些人来说，他们必须对自己原来的理解进行修改。特别是，对爱因斯坦来说，在其相对论中，零结果可以是意料之中的事——尽管他似乎直到对牛顿时代以来，主宰科学的关于空间和时间的假设进行重新思考时，才知道这个实验。在20世纪的科学新方向上，同样重要的还有哈佛大学西奥多·理查兹（Theodore Richards，1868—1928）的精确分析。就像一个世纪前的沃拉斯顿，他被认为是绝对可靠的。在蒙特利尔，他通过实验表明铀矿中的铅比普通铅的原子质量更低，从而证实了卢瑟福和弗雷德里克·索迪（Frederick Soddy，1877—1956）的观点，铀在释放辐射时，也同时会使铅产生衰变。通过化学分析的精确测量技术、放射性衰变、转化、同位素和核原子稳步进入了物理学家和化学家的世界观。

结 论

拉瓦锡拥有可自由支配且设备精良的实验室，在伯明翰的普里斯特利也是如此。对化学家来说，在机构或私人场所拥有这种专属空间用来做实验，变得越来越必要，尽管对于一些科学家"便携实验室"就足够了。实验室科学需要在工作中学习，就像一门手艺：通常采取非正式学徒制的方式，直到19世纪20年代，李比希等人为研究型学生引进教学实验室，不久本科生也接受了这种实践性教学。生物学家也需要实验室，主要用于解剖和显微镜观察。随着实验物理和数学物理的融合，实验室对物理学家来说也变得不可或缺。实验操作都需要培训，先是非正规的，然后再正规化。从1860年开始，随着分光镜的应用，"物理方法"进入化学实验室。实验室既提供设备和仪器，也提供做实验的仪器的可控环境。实验室里既有知识的归纳积累，还能通过尝试来观察实验结果，记录数据，也可对理论进行演绎测试。随着对原子理论、光的性质和化学结构，用实验对其进行预测性验证，实验室变得越来越重要。实验室逐渐被视为产生科学知识的圣地。

对爱因斯坦来说，科学是一种人类思想的自由创造。对戴维最喜爱的诗人亚历山大·蒲柏来说，研究人类最得当的方式就是了解人。[63]自古以来，人类的身体就被各种各样的禁忌所分割，但在19世纪，人类的身体和思想，我们与动物世界的关系，以及不同种族之间的所谓区别成为科学研究课题，这是前所未有的。这就是我们接下来将要面对的广阔领域。

第七章
身体、思想和精神

Bodies, Minds and Spirits

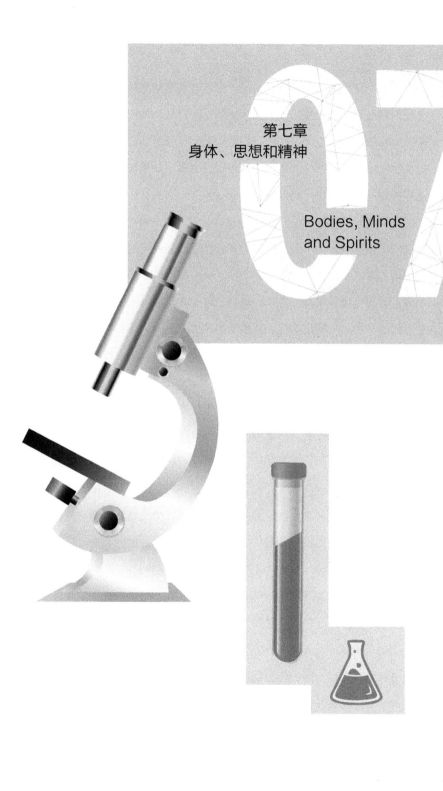

林奈在《自然系统》(Systema Naturae)一书中采用他创立的双名命名法给人类命名,为我们贴上智人的标签。他用拉丁语简要描述每个物种以便识别,对于智人写的是"Nosce te ipsum",意思是:认识你自己。[1]但是,这并不像看上去那么容易。他接着描述了各种各样的人种,为与我们类属的其他物种命名,被他称为森林人的其实就是马来语中"猩猩"(Orang-utan)一词的译语。林奈与同时代人都使用了"科"(family)和"属"(genus)这样的词,作为隐喻,这暗含着有关系的意思。但到了18世纪末,它们所暗含的意思已经在进化论的思辨中得到了应用。早在查尔斯·达尔文写《物种起源》之前,就存在着这样的观点:猩猩如果不是我们的表亲,那也可算是某种近亲。但是,对于大多数与林奈同时代的人来说,大自然形成了一个巨大的生物链,从最低等的生命形式到人类,然后(在精神领域方面)再到不同等级的天使。链条上没有空缺是很重要的,作为他们的研究项目,自然主义者在他们的航行和旅行中必须寻找"缺失环节",以使链条完整。在链条上,猩猩离我们很近,下面是不同物种的猴子,这意味着我们下面的链条应该是被了解得比较完整的,但链条的其他部分还存在着较大的空缺。林奈所制定的分级系统是嵌套式的,而不是线性的,但尽可能把它填满同样是很重要的。他的学生们被派遣到遥远的国家去收集"未加描述的"动植物。植物和动物可能会改变它们的特性,这一观点被认为是一种诅咒,因为这将颠覆造物论,并对整个有序的科学行业造成混乱:我们所要的是一个稳定社会的分类法。我们将看到,在整个19世纪的进程中,不断变化的科学是如何改变什么是人的看法。

18世纪后期,许多不同的国家都派出探险远征队,特别是西班牙、法国、俄罗斯和英国,他们随身携带证件以免在战争中被俘。[2]但是,随着1805年的特拉法尔加海战(the Battle of Trafalgar),英国的海上霸主地位在接下来的一百年里得到了保证,英国皇家海军在这方面的作为就显得尤为突出。詹姆斯·库克不但战胜了坏血症,而且运用《航海历书》(Nautical Almanac)和后来的航海经线仪开创了勘测和制图传统,这对于建立一个商业和海洋帝国至关重要。[3]随同他第一次航行的约瑟夫·班克斯,永远也不会忘记在当地遇见被查尔斯·达尔文在后来称之为

"赤裸的野蛮人"的情景。在火地岛、塔希提岛、新西兰和澳大利亚，库克的探险队遇到了各种不同的异域文化，他们根据自己的知识和能力试图理解与尊重这些文化。[4] 古希腊和罗马为他们对塔希提岛和新西兰的理解提供了模型，这是任何受过教育的绅士都熟悉的。他们为塔希提岛的首领们取了经典的绰号。他们还希望在当地实行国王和酋长的等级制度，的确，这些在他们的帮助下也实现了。在试图去了解当地宗教仪式的同时，他们也将经典的基督教活动方式带到了当地。正如人们在其他科学领域所做的那样，他们根据对历史和政治哲学的阅读和讨论，来自启蒙运动的自负，或他们所认为的常识，以这一切所形成的一种固定模式，来观察他们所看到的现象。但是，他们发现，用这种模式来理解火地岛的土著人和澳大利亚人还是相当困难的。欧洲人对赤裸和肮脏的禁忌，以及理解这种狩猎和采集生活所需的想象力的飞跃，阻碍了他们与当地人在感情上的共鸣。毕竟，他们是生活在一个进化后的时代。

让·雅克·卢梭是一位哲学家和植物学家，[5]他曾写过他眼中高贵的野蛮人。一些旅行者也希望能找到未进入文明社会的人，这些人没有受到商业、雇佣劳动以及文明生活的复杂与人格妥协的影响。1788年，拉彼鲁兹伯爵（Comte de La Pérouse，1741—1788）带领的法国探险队在植物湾不幸失踪，无人生还。为库克和拉彼鲁兹伯爵探险队所制定的指南是非常开明的，禁止过度使用武力，并敦促要注重人们的兄弟情谊。但不幸的是，跨文化交往中误解太容易产生了，双方都有人员伤亡。在库克的第二次航行中，发生了一件令人心情极为沉痛的事情，一艘小船上的船员在新西兰被杀害并吃掉。[6]交易必须依据沙地上画的一条线小心谨慎地进行，因为这涉及不同的财产观念。而且，如果没有时刻保持警惕，像航海仪器这样吸引人的玩具被偷的事件就会发生。当偷窃行为发生时，很难区分强硬（这通常涉及拘留或绑架一个有声望的原住民，直到被窃物品被归还）和暴力之间的界限了。事实上，1779年，库克就是在夏威夷死于这种情况。

语言：定义人类性质的关键

对班克斯来说，研究人类最得当的方式就是了解人，对植物学来说也是如此。语言把我们同猩猩区分开来。班克斯和其他人与塔希提女人们在一起，学习塔希提语言。后来，他们惊奇地发现，在新西兰2000英里（约3219千米）以外的地方，竟然也有人能听懂他们学来的语言。在其他太平洋岛屿，语言截然不同，不同语言的词汇被记录下来——就像现代的常用语手册，它们可能只是在一定的范围内使用，但它们同时又显示了极为异常的区别和奇怪的相似，正如一个词在世界很多不同的地方，意思似乎都大致相同。但是，正如我们所见，这种比较已经过时了。像琼斯、赫尔德和威廉·冯·洪堡这样的学者，他们所倡导的是在其他文化环境中来研究其语言。[7]琼斯曾经抓住机会向一位权威人士学习梵语，他惊讶地发现这种语言就像欧洲的语言。在印度寻找淘金机会的英国人要么衣锦还乡，要么更经常是客死他乡，而琼斯不幸属于后者。洪堡是一位外交官、政治理论家，也是伟大的古典建筑师卡尔·弗里德里希·申克尔（Karl Friedrich Schinkel，1781—1841）的保护人。在1801年担任普鲁士教育部长期间，他创办了柏林大学，这所大学成为19世纪研究型大学的典范，并使它在我们所有科学发展的故事中变得至关重要。[8]洪堡喜爱语法和句法，他研究了各种美洲语言，然后是巴斯克语，《论语言》（*On Language*）是在他去世后于1836年出版的。文章追踪语言发展、结构和语系，作为他对爪哇语研究的大量工作的介绍。[9]对他来说，语言是创造力，是能量，是思想的器官，以及了解各种思维的关键。就像居维叶用分支结构取代了巨链状或梯状结构和林奈的嵌套式结构，洪堡也把语言分成很多不同的分支语系，每种语系的语言都像人一样有自己的个性。他认为（这个观点并不令人奇怪），在我们的语系中，最好的，最有表现力的语言来自梵文。他看到语言变化并不是一个线性渐进的演化过程。每个分支都保持独立。语言学成为一门科学，特别是在德国的大学，它是一门声誉极高的学科。学者们在分析文本时，以"更高级的考证"（higher criticism）方式，对《圣经》进行研究，发现了惊人的喻义。

《圣经》中关于语言多样性的神话是这样的：大洪水过后，说着同样语言的人类决心在巴别（巴比伦）建造一座伟大的城市，用砖块修建一座通天的巴别塔。上帝看到这种情形时，觉得对人类来说，这将变得没有什么是不可能的。于是，他下到人间，使人类四处分散，语言混乱，让他们不再理解彼此的语言。[10]这个有关傲慢，有关如果人类一起合作，可能会做出些什么的精彩故事，在18世纪被广为接受。对于基督徒来说，这是一个在圣灵降临节时"语言的障碍就自然消失"（speaking with tongues）的预示。将语言的多样性乏味地解读为历史原因，这成了科学发展、地理和语言大发现的牺牲品：世界如此之大，语言如此多样，如果没有一系列的奇迹，在《圣经》所描述的时间内发生这些变化是无法想象的。琼斯的研究表明，印度人接受轮回转世的说法，而德国对闪族语的研究开始表明，《圣经》的作者们是如何将不同文化和不同日期的材料重新整合编写流传下来给我们的。逐渐确立的西方宗教面临的最严峻挑战来自这些研究，而不是地质学和生物学。

在正统的教会眼里，言语能力是一种不朽灵魂的标志，即使最肮脏的"野蛮人"也能凭此与猩猩区分开来。[11]因此，对于笛卡尔来说，身体和思想是完全不同的。动物的行为是自发的，但我们人类可以通过大脑中灵魂的所在地的松果体，来选择做什么，并相应地控制移动我们的肌肉。人类存在于物质和精神的双重领域，他们可以像神一样与自然界的一切分离。牛顿曾表达过这样一种著名的观点："无知觉的物质"是惰性的，即使重力在其中也是不存在的。[12]虽然法则是准确的，但宇宙间事物在远距离的作用下如何相互吸引，这是一个谜，我们的灵魂和身体之间的关系也是如此。中世纪的基督徒曾有过这样的设想：死者会一直沉睡到被天使审判的号角唤醒，复活的身体被送往天堂或地狱。到了18世纪，另一种观点占据了主流：我们不朽的灵魂，就像一只从蛹中飞出的蝴蝶，把它的惰性物质留在身后，直接与其被祝福的家庭成员一起，享受幸福（对于一些家庭来说，或许是痛苦）。基于对物质的动态理解，普里斯特利用基督教唯物主义来挑战这种二元论。[13]罗杰·波斯科维奇曾提出，如果原子是交替出现吸引或排斥力量的中心点，而不是像台球那样，那么，超距作用的问题就可迎刃而解。[14]普里斯特利抓住这个想法，从中看出了这样的问题：如果物质是活跃的而不是惰性的，那么为什么适当组合而成的物质就无法生存和思考呢？物质是奇妙的。普里斯特利抛弃了陪伴他成长的加尔文主义，成为一神论牧师。他否认基督教对不朽灵魂的说法和三位一体的教义，认为这些思想来源于柏拉图主义对真正的基督教精神的腐蚀。对他和其他"理性的异议者"来说，耶稣是独一无二的，但不是上帝。没有必要乞灵于"灵魂"（soul）和"精神"（spirit）或任何一种无形的物质。在复活的时候，我们都将奇迹般地恢复生命并接受审判。就像早期执异议的新教教徒一样，普里斯特利成为一个支持美国和法国民主的狂热的政治人物。[15]

颅相术

作为响应，普里斯特利的唯物主义版本并没有跟上法国大革命，但在欧洲大陆却出现了另一种形式。瑞士牧师约翰·卡斯帕·拉瓦特（Johann Kaspar Lavater，1741—1801）试图为"相面"这一古老的文化提供科学依据。他用人类和动物头部的轮廓和雕刻以及诸如鼻子和嘴唇的细节来解释我们性格的倾向，阐述他的"面相学"。1799年，当法国军队占领苏黎世时，可怜的拉瓦特受伤了，而且从未完全恢复过来。他误判了士兵的暴力性格，也许是因为没有时间仔细观察他们的面相。他的书被著名的激进分子托马斯·霍尔克罗夫特（Thomas Holcroft，1745—1809）[16]翻译成英语。很快，他的研究引起了注意并在医学领域的颅骨学中被加以详细的阐述。颅骨学，即后来众所周知的颅相学，其研究的要点是头颅的整体结构。其背后的观点是，大脑是思想的器官，不同的感官位于不同的部位，而头骨的形状能表明其下方大脑的状况。

颅相学的第一个倡导者是弗朗茨·加尔（Franz Gall，1758—1828），他于1785

年在维也纳定居，行医。在那里，他注意到了人头"凸起"部位的突出特征，并发现了一些明确的性格特征和头骨形状之间的相关性，例如善行、乐感或破坏性。于是，他开始了绘画头骨的工作。[17]智力和道德能力被认为高于动物的激情，属于更高级的形式，而眉毛高的人更具智力和道德天赋。比如，像居维叶这样的大脑袋，表明大脑容量大。如果大脑的功能发育受到一定位置大小的限制，那么由于婴儿的头骨是柔软的，大脑发育良好的就会在一些地方凸出来。加尔利用病人和囚犯来检验和完善他的理论，并在调查研究的过程中增加了大脑的功能区。他在维也纳的公开演讲受到了听众的热烈欢迎，直到1802年被政府禁止。当时，正统的医学人士怀疑这是骗人的江湖医术，正统派教会人士则认为这种唯物主义观点贬低了人的自由选择。如果性格天生是由大脑的形状设定的，那么大脑的善行部位没有凸起的人就永远不会有做善事的冲动，而且也不能因为作恶而受到责备。

颅相学没有被压垮。[18]实际上，就像一个世纪后产生于维也纳的另一门科学——弗洛伊德精神分析学一样，颅相学在其门徒中传播开来，成为一百年来文化中的一个重要方面，尤其是在英语国家。约翰·施普茨海姆（Johann Spurzheim，1776—1832）来到英国，通过发表演讲和出版论著，颅相学的"人相系统"变得广为人知。[19]他在书的扉页上列出了颅相学的宗旨：对神经系统，特别是大脑的解剖与生理检测，将显示出人的性格和心理特征。在标题页上展示了一个头颅的后面、正面和侧面，上面标有相应在头颅上的各个定位区域。很快，人们就以这种模式做成陶瓷头，现在仍然可以在古董店里找到。至关重要的是，大脑被认为是"器官功能的集合地"，各种功能在其联结之下进行相互独立的运作。性情、习性和性格都是各部分的总和。到1815年，经过仔细和密切的研究改进，大脑被划分为33个功能区，它们包括了"爱家"（对住所的爱）和"爱后代"（对孩子的爱），以及好斗、尽责、隐秘、自尊、希望、协调、比较和机智。因此，我们的能力是天生的，就像现在的能力和心理测试人员一样，颅相学家能够通过观察头颅预测行为并为教育和职业的选择提供建议。

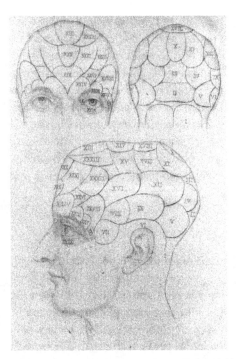

图15 颅相学描述的头部。约翰·施普茨海姆,《加尔博士和施普茨海姆博士的人相系统》,伦敦:鲍尔温,克拉多克和乔伊,第二版,1815年,卷首

那些在大脑中具有好斗、破坏性强、自负、贪婪(而不是仁慈、有序或有爱)的人,被认为是具有危险性的人,但教育工作者的任务是研究其他的性格倾向来培养优秀的公民。因此,喜欢得到认可的心态,也许还有谨慎以及相信报应(表明犯罪并非一种出路)等性格倾向,它们一旦出现,就必须给予鼓励,以抵消不被社会认同的那些性格特征。即使一些具有不良特征的人也可为社会所用,他们可以从事如屠宰业这样的职业。一个人较好的一面可能就会据此战胜其低劣本能的另一面。颅相学中明显的决定论(与我们当今许多人对基因的看法并没有太大的不同)使很多人感到震惊,而且证据似乎也不可靠——比如,一个臭名昭著的杀人犯也有着显著的代表善行的颅凸。但是,特别在有医学院和加尔文主义传统的决定论或宿命论的苏格兰,颅相学很有市场,我们会在讨论科学异端时专门提到这一点。颅相学在这个故事中很重要,因为它是一种唯物主义的思想理论,

也是维多利亚时代科学自然主义的基础,特别是在政治激进分子中极具吸引力,如果不能说完全,但起码是广受尊敬的。杰出的教育学家,如苏格兰人乔治·康比(George Combe,1788—1858)也推崇颅相学,他的作品在英国和美国都是畅销书。[20]画家和作家们利用颅相学的发现进行创作,种族理论家则指出,欧洲男性的脑袋比其他地方的人都大。颅容积被用来表示智力,尽管伊曼努尔·康德(Immanuel Kant)的头很小。颅相学被认为是比进化论更科学的理论,尽管它们有可能相辅相成,就像刻薄的自然学家休伊特·科特雷尔·沃森(Hewett Cottrell Watson,1804—1881,研究植物分布的先驱)和声名狼藉的《痕迹》(1844)作者钱伯斯之间的情况那样。[21]

很少有颅相学家设法去异国他乡旅行,但布鲁门巴赫从世界各地收集了头骨,而亚历山大·冯·洪堡也从美洲带回了一些——很明显,这些头骨有的比较圆,有的比较长。由此可见,不同人类群体的头颅形状是不同的,因此,他们的特征和文化也是不同的,这是他们的颅凸不同所致。他们的肤色和身体形状的比例也不一样。探险家用素描尽力勾勒出美洲印第安人、火地岛土著印第安人和澳大利亚人的特征。但是,回到欧洲后,将他们的画作整理出版的专业雕刻师研究过古典雕像,知道裸体应该是什么样子。结实、骨瘦如柴、警觉的人就这样被改造成了希腊的众神。就像要用更精确的作品来取代丢勒绘制的壮观的犀牛画像是需要时间的,欧洲的艺术家发现,他们很难准确描绘出澳大利亚和新西兰那里的原住民。[22]然而,肮脏的野蛮人形象渐渐取代了欧洲人意识中的高贵的野蛮人。但是,即使这样,他们也有灵魂需要拯救。基于在本质上人类都是兄弟姐妹的信念,作为18世纪晚期福音派复兴运动的一部分,传教士们开始了针对他们的传教活动。

人类来自同一祖先吗?

不是每个人都相信这个说法。尽管欧洲人航行所到之处,都会有当地女子怀上他们的孩子，他们的子女又互相交叉繁衍后代（这是检验是否为同一物种的常用标准）。虽然这些人或多或少都能学习对方的语言，但还是有理由相信所有人类并非都是亚当和夏娃的后代，毕竟他们的儿子们都有许多妻子。所以，尽管为非正统的观点，我们仍可以推测，亚当之前就有不同的起源人类存在。[23]所有的语言里都有贬低非本族群成员的词语，表示他们低人一等。也许，非欧洲人是截然不同的物种。

从美洲的经历中明显可以看出，土著人在与欧洲人的接触中大量死亡，不仅因为他们没有火枪或马，而且因为疾病（他们较为好酒）。[24]马尔萨斯的读者容易冷淡地将其视为生存竞争的能力不够完善，甚至富有同情心的人[像曼丹人卡特林（Catlin）以及澳大利亚的P. E. 德·斯切莱茨基（P.E. de Strzelecki, 1797—1873）]，也会认为这一被淘汰的过程是无法改变与不可避免的。[25]令库克和他同时代的人感到震惊的是，自从欧洲人到来之后，在塔希提人中爆发了性病。法国人、英国人和西班牙人都互相指责对方污染了人间天堂。尽管如此，仍有许多人认为当地的土地无人认领，将其作为他们合法的殖民地，并把土著居民当作有害的野兽而非人类来对待，随意捕杀伤害他们。再说，如果这些人真的是不同的物种，那么奴役他们与驯养动物并没有什么不同。农民圈养动物，将它们视为己有，饲养它们，买卖它们，让它们劳动。回顾圣经故事里诺亚的那些儿子和他们的社会等级，奴隶制可谓师出有名。而且，如果否认"单源论"（认为我们都是亚当、夏娃的子民）而接受了"多源论"（认为我们来源于不同的种族），那么奴隶制就更合乎情理了。在19世纪60年代早期的美国内战期间，这个想法在英国国内外那些支持南部邦联者之中极为盛行。令人惊讶的是，理查德·伯顿（Richard Burton, 1821—1890）也是其中一员。他是知名的非洲探险家，也是伊斯兰教的仰慕者，很容易适应异国文化，曾乔装改扮前往麦加朝圣，人们都以为他会认为所有人类为同一起源。[26]

在18世纪后半期，奴隶制已经开始让英国人感到恐惧。1807年，福音派的托马斯·克拉克森（Thomas Clarkson, 1760—1846）、格兰维尔·夏普（Granville

Sharp，1735—1813）和威廉·威尔伯福斯发起了一场运动，导致奴隶贸易（当时主要由英国人掌控）被废除。一代人之后，英国在殖民地废除了奴隶制。[27]这些措施由皇家海军强制执行。与此同时，拿破仑镇压了海地的自由黑人政府，其领导人杜桑·卢维图尔（Toussaint L'Ouverture）在被囚期间，于1803年死于法国。华兹华斯还为他写了一首诗：[28]

> 每阵风中发出的呼吸，都不会
> 将你忘记；你给所有为自由不屈的人
> 带来了苦难中的狂喜；它就是
> 爱，还有人类那种不可征服的精神。

许多人抵制奴隶种植园的产品——糖。班克斯和其他人积极参与了为开放非洲大陆建立的非洲联盟的活动，反对奴隶制度。作为探险计划的一部分，他们在1795年派遣外科医生蒙哥·帕克（Mungo Park，1771—1806）到了传说中的廷巴克图城（Timbuktu）。然而，帕克却在随后的一次探险中去世了（就像他们中的许多使者一样）。[29]与此同时，塞拉利昂的居住地于18世纪80年代建立了，这里是作为那些曾与英国人对抗他们的美国主人获得自由的奴隶们的家园。1808年，它正式成为英国殖民地。在那里，皇家海军把那些在拦截的船只（不论上面飘的是哪国国旗）上发现的奴隶送上岸，不管他们原先是从哪里来的。这些定居者缺少装备，也没有为他们的新生活做好准备。托马斯·温特波顿（Thomas Winterbottom，1765—1859）被派去那里，作为一名外科医生来照顾殖民地居民的健康。[30]我们都知道非洲妇女拯救了帕克的生命的故事。尽管许多人（黑人和白人）都愿意将人类视为一个大家庭，并愿意把他们的同胞从可怕的命运中解救出来，但种族问题还是不可避免地成为人们在整个19世纪期间如何看待他人的一个重要因素。

猿类是我们的近亲吗？

苏格兰法官詹姆斯·伯内特，蒙博杜勋爵（James Burnett, Lord Monboddo, 1714—1799）是苏格兰启蒙运动的主要人物。在其长篇巨著《语言的起源和发展》（*The Origin and Progress of Language*，1773—1792）和《古老的形而上学》（*Ancient Metaphysics*，1779—1799）两书中，他强调了我们与猿类的密切关系，视猩猩为不同人类中的一种，只是在进化过程中由于偶然的因素不会说话。他和伊拉斯谟斯·达尔文的著作表明，大约在1800年时，如果人们对进化观点尚未当真的话，也已经有所知晓了。因此，年轻的浪漫主义作家托马斯·德·昆西，在其《一个英国鸦片服用者的自白》（*Opium-eater*）中，才会有吸食鸦片后这样的叙述：他在和哥哥玩统治世界的游戏时，发现不仅他的大部分领土被攻占，而且仅剩的小岛上的居民也比其他人类进化得慢，依旧留有尾巴。在其他地方，（根据蒙博杜权威的说法）经过几代人的坐立进化，尾巴已经逐渐消失了。[31]1817年，雪莱的朋友托马斯·洛夫·皮科克（Thomas Love Peacock, 1785—1866）出版了《梅林考特》（*Melincourt*），这是一部滑稽而又杂乱无章的小说，主人公是一只年幼时在安哥拉森林被抓获的猩猩。他力气奇大，在礼仪上，甚至比高贵的野蛮人更显得高贵。而且，他的主人还给他买了一个男爵爵位。[32]作为一个自然的原始人，如今他是奥兰·皓顿爵士。然后，主人又给他在议会中买了一个席位，代表的是一个有名无实的选区，他的优点是只投票不发言。作为一种幼儿园笑话和娱乐讽刺的工具，猿类（他们的不同物种还未被区分）是一个很好的话题，但对于我们严肃思考何为人类这一问题，时机却还未到。

这可能需要更细致地观察人类的身体、他们的特殊之处，以及他们的思想和语言表达。杰出的查尔斯·贝尔医生，不仅因其对神经的研究闻名遐迩，还是一位才华横溢的医学示图艺术家。他为《布里奇沃特论文集》写了一篇关于人类双手如何在非凡的远见和设计能力方面起作用的论文。[33]他认为，交流不仅靠说话，我们身体的构造同样为交流提供了便利。[34]肢体语言，尤其是面部表情，对传达情绪至关重要：我们皱眉、微笑、冷笑，我们有合适的肌肉来做这些表情。整个世纪，艺术家们都在推崇采用他的书，颅相学教科书也将其作为解剖学教育的一部分。然而，颅相学所侧重的是动物激情的器官，而相面术则是动物的面貌，它们都在某些方面强调了我们与动物的关系以及我们在自然界的地位。贝尔的观点并不只是像康比私下信奉的自然宗教，[35]或者像钱伯斯那种自然神论，他的观点更为正统。

图16　我们的表兄大猩猩正在量身定做西装。《喷趣》，1861年12月28日

詹姆斯·考尔斯·普里查德（James Cowles Prichard，1786—1848）有关人类的著作中的观点也是如此。以约瑟夫·马里·德杰兰多（Joseph Marié Degérando，1772—1842）在1800年所写的，关于如何看待在尼古拉斯·鲍丁率领下的、前往

澳大利亚的航海考察活动中的"野蛮人"的文章为起点，人类学，或者更严格来说是民族学，在巴黎这个智力活动的中心，开始成为一门独立的学科。[36]这次航行并不愉快，那些船上的公民学者们是一群好争吵的人，他们只有在反对鲍丁，以便争取更多时间到岸上收集数据的时候，才会团结起来。但是，他们确实创作了一些壮观的艺术作品，其中包括塔斯马尼亚和澳大利亚原住民的肖像画，以及他们跳舞和用摩擦棒生火的情景。考察队停靠在植物园湾附近的悉尼港，这里刚刚建立了一个英国犯人的安置地，正开始有点繁荣。尽管当时英国和法国正处于战争状态，但因为科考人员的身份，他们受到了当地人的欢迎。在那个安置地的海军和陆军官员中有一些艺术家和自然历史学家，罪犯中也有些是因为滥用技能犯了伪造罪在此服刑的艺术家。拿破仑战争结束后，欧洲人对其他种族的情况有了很好的了解。

普里查德用保守的综合方法把我们一直在研究的各种线索集合起来。他在一个贵格会教徒的家庭中长大，先在爱丁堡学习医学，后来才加入英国国教，先后到剑桥和牛津两所大学深造。[37]他在布里斯托尔开始了医疗职业生涯，作为一位专业的精神病学家（或"精神病医生"）。他是个坚定的保守派，信奉传统的体液理论，而不是他的苏格兰老师威廉·卡伦（William Cullen，1710—1790）和约翰·布朗（John Brown，1735—1788）的创新理论。他投入全部精力为《圣经》辩护，以此来证明整个人类是同源的，来自共同的祖先。1813年，他发表了《人类生理历史的研究》（*Researches into the Physical History of Man*），论证了人类是同一个物种，与猿类不同，因此，黑人并不是其中某个"缺失的环节"。[38]早期的人类（甚至亚当和夏娃也可能）都是黑人。种族群体内的差异和任何种族之间的差异同样都值得重视。普里查德反对进化论中的各种推测以及其中的那种观点：为了应对环境而获得的（或失去的，就像在德·昆西的世界里那样失去的尾巴）那些特征可能是遗传的。他认为，肤色变白是文明的产物，而不是对气候的反应。在后来的版本中，他变得越来越赞成环境论。他通晓法国和德国的作品。1843年，当他出版更受欢迎的、配有大量精美的黑白及彩色图片的《人类的自然历史》(*The Natural History of Man*) 一书时，可以看出他已得知了丹麦人的那种观点，即我们人类经历了石器、青铜器和铁器时代。[39] 显然，尽管有些引用显得屈尊俯就，令人不快，但普里查德和被他引用作品的那些艺术家都知道，黑色也是一种漂亮的颜色。

该书是献给克里斯蒂安·卡尔·约西·本生（Christian Karl Josias Bunsen，1791—1860）的，他是普鲁士的一位大使，著名的语言学家和圣经学者。普里查德对作为人类同源证据的语言发展研究非常感兴趣，尽管这需要跨越圣经中的时标不知多少代。在福音复兴运动之后，传教士们把《圣经》翻译成多种语言，并提供语法书和词典，就像路德把《圣经》翻译成德语版那样。普里查德认为，所有人类从解剖学和生理上来看一样，说的语言都有相关性，而且都起源于同一个地方——美索不达米亚流域地区。

普里查德富有同情心的保守主义还延伸到了精神病患者身上，具体体现在他对患者的人道疗法。他认为，这些人不管症状如何，仍然是我们的兄弟姐妹。在进行精神病治疗工作中，他坚持认为，在精神病领域，即使没有法定要求的妄想症状，也可能存在"道德上的精神障碍"而被认定为精神病。因此，他反对颅相学。他认为精神和情感不能被简单地视为大脑的状况，所以，颅相学是一种无知的唯物主义学说，极易破坏和腐蚀社会及其价值观。神经系统不仅是大脑，还有内脏（"肠道反应"）。的确，人的身体各部分都在人的情感生活中扮演着它们的角色。

人类的祖先

19世纪中叶，普里查德与达尔文一起，为约翰·赫歇尔的《海军科学调查手册》(*Admiralty Manual of Scientific Enquiry*) 做出了贡献。但在生命晚期，普里查德那种不切实际的人种学和对圣经的依赖方式已经过时了，因为这已经是一个需要更多的游历、习惯怀疑、存在种族主义的世界。[40] 从成为爱丁堡医学院学生的那天开始，达尔文就对心理学和唯物主义那种对思想的解释，以及包括狗和甲虫在内的各种动物感兴趣。他在1859年出版了《物种起源》，但直到13年后，才出版了另一部经典作品《人类和动物情感的表达》(Expression of the Emotions in Man and Animals)，他在书中描述了对自己的孩子以及宠物等其他动物的观察。[41]这本书通过刻图和照片（在那个年代是不同寻常的）来表明，动物通过它们的叫声和身体语言进行的情感表达，与我们人类相似——这些对狗主人来说很熟悉，但对思想顽固分子来说，这是对神人同形同性论的挑衅。达尔文不喜欢用"更高"和"更低"来形容动物，因为这样的语言带有"伟大链条"(great chain)观点的痕迹。他认为所有生物体都是通过长期的自然选择、适应环境的产物，而不是被向上或向前的进步所推动的。

达尔文与普里查德一样痛恨奴隶制，他的盟友赫胥黎也是如此。赫胥黎在1863年出版了《人类在自然界的位置》，这本书补充了人类与猿类（现在包括黑猩猩、大猩猩、长臂猿和猩猩）关系中的空缺。他在1860年著名的英国科学促进协会牛津大学会议上对此做了概述。[42]书首页的系列骨骼图已经成为一种代表进化的图标：原来它并没有这个意思，因为这些骨骼是现代猿类的，而不是我们所设想中的祖先的骨骼。赫胥黎对生物进行了分类。他的观点是，一个从土星来的，不带偏见的游客会这样来看一些生物的家族，比如马、驴、斑马为一族，红腹灰雀、苍头燕雀和褐纹头雀同族，而猿类与我们同族。除了解剖学和生理学方面的材料，这本通俗易懂的书还描述了自然史，包括关于人类食人族的轶事。人们不再有任何希望声称人类是一个独特的动物界家族，区别于动物王国的其他家族。猩猩的确是我们的表亲。

伟大的地质学家查尔斯·莱尔一直都是达尔文的知己，曾说服约翰·默里(John Murray)出版了《物种起源》。他发现要把发展与统一结合起来是很困难的，所以多年来，一直对进化论持观望态度。但在1863年，他发表了《古代人类》(Antiquity of Man)一书，作为对达尔文理论慎重的支持。这本书总结了当时的考古研究，证实了普理查德所描述的时代，把人类带回了猛犸象和其他灭绝生物生活的时代。赫胥黎写了最后一章的一部分,是关于我们的大脑和猿的大脑的相似之处。关于进化的合理推测并不多,但莱尔有先见性地提出了这样的建议:如果认为人类与猿类有共同祖先,那么,我们要寻找早期人类化石,就应该到现在那些大猩猩、黑猩猩和猩猩生活的地方。他在书的结尾部分,直截了当地回应了那些认为他的观点是唯物主义的指控,因为这是与不道德和革命有关的严重指控:[43]

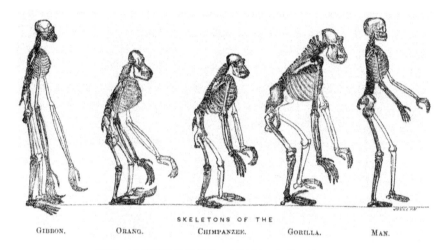

图17　灵长类动物的骨骼。托马斯·亨利·赫胥黎,《人类在自然界的位置》,伦敦:麦克米兰,1863年

> 实际上,其中毫无任何唯物主义的倾向。也许可以这么说,通过连续的地质时期的变化,地球慢慢有了生命。感觉,本能,与理性有关的高等哺乳动物的智力,最后是理性可改善的人类自身,这呈现给我们的反而是一幅不断增强的意识支配物质的画面。

人类也有可能是上帝根据自己的形象创造的,是独一无二的,但想这样简单地认为已经变得越来越难了。

在1871年出版的《人类的由来》(Descent of Man)一书中,达尔文概述了人类特征逐渐发展的进化史,可以看出,他的观点与生命多源论完全是风马牛不相及。[44]他用大量的篇幅谈论他的性选择的新观点。例如,在孔雀中,雌性是不显眼的,但雄性长有一身光鲜亮丽的羽毛——这在躲避捕食者时,将成为快速起飞逃走的一大障碍。如果再说这是上帝出于爱美之心,有意使它们如此美丽,就好像已经有点怪罪上帝的意思了。达尔文的结论是,雌孔雀是一种很酷的生物,只为华丽的表演而折腰,所以,它们一向都会选择最奢华美丽的雄性伴侣。同样,狮子的鬃毛和已灭绝的爱尔兰麋鹿的华丽鹿角可以被解释为不是为了单纯的生存竞争,而是为了求偶而存在的。对于反奴隶制家族的后代来说,人类的种族特征不是源于环境,而是源于性选择。维多利亚时代的主流科学没有像自由的布卢姆茨伯里派作家所想象的那么保守。

达尔文能完成《物种起源》与阿尔弗莱德·罗素·华莱士有很大的关系。华莱士与迪亚克人(Dyaks)还有马来西亚的猩猩生活在一起,他在1858年给达尔文寄了一篇文章,提出了一种自然选择的进化理论,这在本质上与达尔文在近二十年一直进行修改的想法是一致的。[45]早些时候,华莱士(自然历史收藏家)曾与亨利·沃尔特·贝茨一起待在亚马孙,贝茨对蝴蝶"仿效"其他物种的研究,是早期对自然选择起作用的一种实证。[46]然而,华莱士无法接受达尔文对人类起源的那种完全自然主义的描述,因为人类在纯数学和音乐方面的能力,似乎与生存没有任何联系。华莱士不相信我们只是进化后的动物,转而(和其他一些杰出的科学人士一样)皈依了唯灵论,相信我们的灵魂能从"肉体死亡"中解脱出来,并可以(通过媒介)从"另一边"与我们进行交流。[47]有关这方面的事,无需多言,因为许多当代人都认为,我们人类除了是由物质构成的,应该还有其他更多的东西。

动物磁力说和精神世界

这种对奇异现象的信仰与兴趣,让我们想起另一位维也纳医生弗朗茨-安东·麦斯麦（Franz-Anton Mesmer，1734—1815），他在18世纪70年代开始用磁力来治疗病人。他认为磁力遍及世界，动物磁力是生物的特征。他通过磁力诱导患者进入恍惚或抽搐状态，从而帮助他们度过危急发作并最终被治愈，由此证明了他的这一观点。[48]1778年，他前往巴黎，他的治疗方法在那里引起了轰动。但是，1784年，当学院委员会（包括拉瓦锡和在巴黎担任美国大使的富兰克林）调查他的疗法时，他们发现磁铁并不是必不可少的（棍子同样可以做到），而且无法检测到磁力的流动。他被指责为骗子，他的所谓治愈是"想象"的效果。尽管如此，许多身份显赫的病人仍然作为主顾和患者支持他。然而，在法国大革命的动乱中，他离开了法国一段时间。最终，他退隐到瑞士，在相对默默无闻中去世了。

用来聚集和导引磁流的磁力"牵引器"，成为非传统医学疗法的一部分。在治疗过程中，病人可能会进入被催眠的状态，他们的意志被神秘地控制。麦斯麦对精神疾病治疗的成功一直困扰着医学界，但很明显，人的身体和精神是互有关联的。在英国，"身心相关的"这个术语被记入《牛津英语词典》（*Oxford English Dictionary*）要归功于柯勒律治。柯勒律治对医学有深入研究，特别是在与贝德多，接着与詹姆斯·吉尔曼（James Gillman）在一起的过程中。他在吉尔曼在海格特的房子里度过了晚年。在这段时间里，柯勒律治明白了一点，人的心理和生理因素都是构成自身状况的基础。[49]就像许多医学领域的人一样，他对劳伦斯也持批评看法：精神不可能局限于肉体，不应该将其扔给江湖术士。他喜欢电学，对戴维的笑气（一氧化氮）和医生给他开的鸦片之类的药品所带来的意识状态的变化很感兴趣，以至于对鸦片上瘾。他也喜欢神秘的或令人毛骨悚然的事物。从他的伟大诗歌《克里斯特贝尔》（*Christabel*）、《古舟子咏》（*The Ancient Mariner*）和《忽必烈汗》（*Kubla Khan*），以及他所看过的书，就可以知道这一点。[50]年轻的诗人雪莱对劳伦斯和阿伯内西之间的辩论产生了浓厚的兴趣，对活力论也是如此，但最终还是倾向于唯物主义。在《弗兰肯斯坦》（1818）一书中，他的妻子玛丽向读者展现了这些想法可能会把轻率的、雄心勃勃的心理学家引入何种境地。[51]英国浪漫主义时期的科学可能会与普里斯特利一起颂扬活性物质所创造的奇迹，或者像布莱克从牛顿朝下的目光所理解的那样，人们远离了真正重要的精神领域；而在德国这个浪漫主义活动的中心，情况也大致如此。[52]与此同时，在斯堪的纳维亚，伊曼纽·斯威登堡（Emanuel Swedenborg，1688—1772）的神秘主义著作使他拥有许多信徒。其后，奥斯特以《大自然中的灵魂》(The Soul in Nature)一书为题的各种反唯物主义文章在丹麦出版，接着在英国出版。[53]

麦斯麦的病人陷入恍惚或抽搐的情形，与早期的卫斯理教徒在基督教福音布道聚会上受到感化的反应是一样的。这一切可追溯到史前时期，那些与神灵交流的萨满和通灵者，他们的状态也都一样。调查麦斯麦的学者们都没有发现他的治疗有任何催眠作用，这种方法似乎只对没有受过教育的人才有影响，尤其是（据说是）易受感动的女性——这使其更加声名不佳。工业化学家卡尔·冯·莱辛巴赫（Karl von Reichenbach，1788—1869）看到了那种"神额头上"的光环围绕在通灵者灵魂的头部，尤其是怀孕的女性，这种缥缈的物质出现在许多现象中。[54]美国纽约州的"布里多弗区"（burnedover district）是众多宗教复兴和集会活动的所在地，正是在这里，与灵魂世界联系的活动有了蓬勃的发展。[55]1848年，受人尊敬的卫理公会派教徒——福克斯家族的两姐妹在与灵魂进行交流的过程中，听到了神秘的敲击回应声。由此，一种与死者灵魂交流的热潮迅速蔓延至新英格兰地区，并跨越大西洋向欧洲流传开来。[56]那些失去亲人的人忽然获得了这样的安慰，那就是，他们深爱的亲戚朋友不会就此永远消失，他们将在另一个世界里重聚。这些消息（奇怪的是，它们通常都是千篇一律的）可以通过某种通灵媒介来传递。唯灵论让女性变得更有权力，使主流教会的声望受到了冲击。

心灵现象的研究

唯灵论在欧洲盛行，特别是在人们对宗教信仰的怀疑与日俱增的英国。一些失去信仰的人感觉得到了解放，但对其他人来说很痛苦，这意味着在阳光照耀下的教区牧师的草坪上度过的快乐童年，变成了在细雨蒙蒙的肮脏城市里的街道单调度过的空虚日子,两者相距甚远。人们怀念过去,希望通过死者并未消亡的经验证据,以及我们的祖先所忍受的丧亲之痛来恢复那种失去的信仰,这促使诸如华莱士和克鲁克斯等科学人士寄望于唯灵论。降神会都是在黑暗的房间里举行,随着灵界中的"物质"(physical)现象被通灵人唤醒,发生的一切变得更为惊人。通灵者通常是女性,她们经常被聚会的成员控制住,以证明不是她们在房间里游荡才产生的效果。(在黑暗中抓住年轻女性的这种做法,并没有机会提高通过调查所得出的结论的可信度。)有一些通灵者是男性,引人注意的有斯坦顿·摩西牧师(Revd Stainton Moses,1839—1892):"当灯熄灭时,摩西在哪里?"这是一个可作为典范的问题。另一个是丹尼尔·邓格拉斯·霍姆(Daniel Dunglas Home,1833—1886),他成为罗伯特·勃朗宁(Robert Browning)的讽刺诗(写于妻子去世后,他的妻子一直是信徒)中的"泥渣先生"(Mr. Sludge)的典范:有一次,有人看见霍姆从楼上的窗户往外飘,又从另一个窗口飘回来。[57]如果困惑的目击者证实这些不同寻常的显灵事件,并得到了安慰,那这就是可靠的。克鲁克斯推断,这是某种精神力的作为,并向英国皇家学会提交了报告,他本身就是学会会员(不久就将成为学会主席)。但是,这些报告被拒发了,他不得不于1870年将其发表在自己的杂志上。[58]剑桥大学的亨利·西奇威克(Henry Sidgwick,1838—1900)是一个心智高远、广有人脉的不可知论者。1882年,他同意担任心灵研究会主席,以调查这些现象。[59]

在英国,心灵研究会派出埃德蒙德·格尼(Edmund Gurney,1847—1888)、弗雷德里克·迈尔斯(Frederic Myers,1843—1901)和弗兰克·鲍德莫(Frank Podmore,1856—1910),开始调查活人产生幻觉的原因。[60]当远离家乡的人处于致命的危险中时,他们似乎经常会出现在深爱的人的床边。对这种事件的调查(在受人尊敬的阶层中)、访谈以及时间上的仔细对比,表明这是一种真实的现象(对我们来说,这是了解维多利亚时代的生活和死亡的特殊途径)。他们认为,这可能是心灵感应造成的,因此对这一现象做了调查。一名受试者举起扑克牌,另一名受试者在视线范围之外画出扑克牌上的图形。测试结果不是肯定的，这是异常心理学上的大难题。

与此同时，西奇威克和他那位令人敬畏的妻子诺拉（Nora，1845—1936）以及其他人一起调查降神会事件。他们发现，有些是欺诈或魔术花招，有些不是，但无法说服自己相信通过通灵所产生的现象都是真实的、无可置疑的。[61]迈尔斯分析了那些已死之人的鬼魂事件，认为它们都属一种"幻觉"（phantasms）故事。1903年，在他去世后所出版的书，是作为献给同样已经去世的西奇威克和格尼的，这可谓一种再合适不过的方式了。[62]尽管那些被催眠的人会执行所给的指令，但被叫醒后似乎不知道自己在被催眠的状态下做了什么，迈尔斯对此非常着迷。这似乎更像一个多重人格现象，在罗伯特·路易斯·史蒂文森的小说《化身博士》（*The Strange Case of Dr. Jekyll and Mr. Hyde*，1886）中被表现得淋漓尽致。在故事中，不好的人格使主人公失去了代表令人尊敬的博士头衔。巴黎著名医生让-马丁·查考特和其他人一起调查了诸如此类的案例，并引起广泛关注。迈尔斯认为，我们所有人在一定程度上都是多面的，而且，在我们的头脑中，意识部分处于左右我们潜意识的地位。跨过那条界限，通灵媒介也许可以通过心灵感应来传送它们所挖掘寻找的信息。虽然我们大多数人都对潜意识里的东西感到不安，但天才们却与之相处得很好。所以，并不奇怪为什么迈尔斯会把弗洛伊德介绍给英语读者。

与此同时，在欧洲大陆，事情的发展却完全两样。在法国，比恰特和马根迪的生理学传统是由克劳德·伯纳德在实验室的研究中进行的，然后由查考特负责临床实验，他是巴黎萨尔佩替耶医院的精神病专科医院的医师。[63]他吸引了来自世界各地的学生，其中包括弗洛伊德，而且因为对歇斯底里症的研究，变得非常有名。有时在公开课程上，他的病人会像麦斯麦的病人一样进入催眠状态，或者浑身抽搐。尽管成立于1871年之后的法兰西第三共和国是一种世俗政权，而且可以看出，科学和罗马天主教会之间存在冲突，但达尔文的理论并没有在巴黎的实证主义思潮中流行起来。在那里，居维叶仍然受到人们尊敬；而在获胜的德意志帝国，情况却有所不同。德国的自然哲学已经为进化论观点设立了基础，而德国的医学和生理学也已经取得很大进步。在耶拿，海克尔提出的进化一元论经常被不公平地视为唯物主义。其实，这只是达尔文主义的一种自然主义版本。在其中，人类通常被描绘成占据"系统树"顶端，而不是其中的一个分支。在他书中的那幅半身像，是我们所假设的"缺失环节"上的猿人祖先，还有一些令人惊奇的浮游生物的图片。在毕恭毕敬、令人窒息的德意志威廉王朝中，他勇敢地坚持自己的一元论，认为这是一种宗教，而不是一种不可知论。[64]他的房子现在成了博物馆。在离此不远处的利普齐（Liepzig），威廉·冯特（Wilhelm Wundt，1832—1920）从1875年开始，用实验心理学的方法来进行研究，为澄清各种问题的答案带来了希望，并为20世纪美国的心理学研究提供了模型。

结　论

对物质主义的关注贯穿了整个故事，人们有时会欣然接受，但通常还是将其视为还原论，认为它贬低了道德。人类被视为会说话的动物，语言（思想和灵魂的体现）把我们同猿类区分开来，尽管它们在其他方面与我们惊人地相似。颅相学家认为由头骨上的凸起所揭示的大脑形状决定了我们的性格倾向，这种说法对某些人来说是开放和激进的；对另一些人来说，则是对责任和自由选择的一种贬低。不管怎样，它似乎也是一种理解大脑思维的方式，并且还引起过一阵轰动。反奴隶制运动，以及南太平洋和澳大拉西亚（Australasia）航行的经历，都向我们尖锐地提出了这样的问题：是否所有人类在本质上都是兄弟姐妹？人类学先驱被分成了不同的两派，一派是认为不同种族源于不同物种的多源学家，一派是反对这种种族主义的单源学家。对于进化论者来说，我们不仅与猿类非常相似，而且有着共同的祖先，它们被认为是我们的表亲。人类和其他动物世界之间的鸿沟似乎正在消失。物质主义的幽灵越变越大。在英语国家，许多人转向唯灵论，寻找我们有不朽灵魂的证据，在这点上与其他领域一样，科学（以心灵研究的方式）似乎也有望给出答案。结果，科学研究并没有在这方面给出什么可靠的答案。而在欧洲大陆，冯特的实验性心理学和弗洛伊德的理论性心理学作为研究精神的科学却大为盛行。

迈尔斯和他的伙伴曾希望证实我们的不朽灵魂一直存在，而且可以与我们交流，而通灵媒介也同时声称已经收到了这类信息。但在生命最后，他认为人类是支离破碎的，我们的大部分人格都被淹没了，他所希望的不朽灵魂是否能幸存下来尚不清楚。对于这一切，他的朋友们在调查中也没法确定。威廉·詹姆斯（William James，1842—1910）是心灵研究协会（SPR）的支持者，他以局外人的身份来看待宗教，写了令人着迷的著作《各种宗教的经历》(Varieties of Religious Experience，1902）。另一个支持者是诺拉·西奇威克的哥哥亚瑟·贝尔福，他曾任英国首相以及英国科学促进协会的主席，实际上就是后来20世纪20年代的科学部长。他坚信科学是建立在信仰之上的，科学的领域是有限的，科学的解释是片面的。对他而言，达尔文的观点是正确的，但认为善良和美丽使生命变得意义重大，不能将其简化为生存的价值。世纪初曾出现一些唯物主义者，到了世纪末唯物主义者多了很多。不管在1900年还是1800年，贤人智士似乎还是那么困惑，"认识你自己"还是如此困难。更有甚者，到了19世纪末，人们对精神世界的兴趣，还有世纪末（fin-de-siècle）忧郁甚至虚无主义也到处盛行，而魔术和非理性在"现代"运动中居然扮演起了重要的角色。[65]尽管如此，这还是一个充满科学胜利的世纪。接下来，我们就来谈谈关于此类种种，以及科学的教会的发展成型、科学的"宗教"就像在过去的几个世纪里教会所扮演的文化角色一样的这些故事吧。

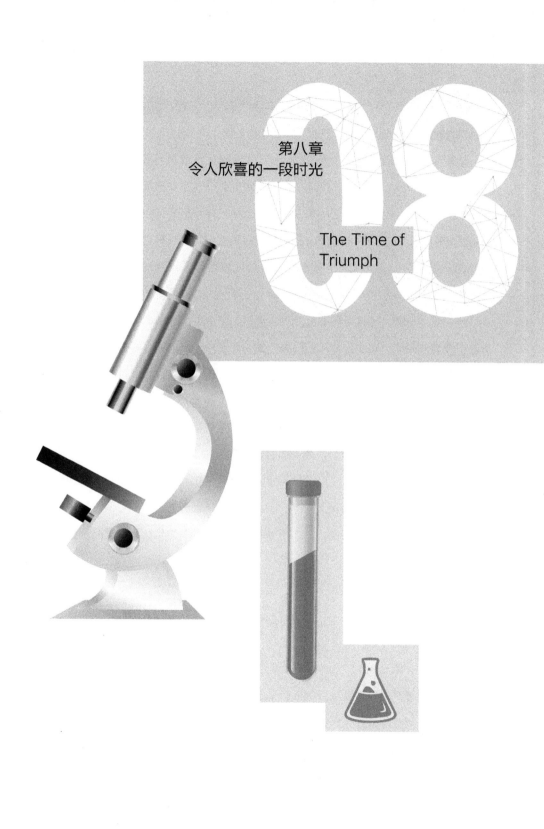

第八章
令人欣喜的一段时光

The Time of Triumph

19世纪40年代，对整个欧洲而言是凄惨的十年，人称"饥饿的40年代"。当时，愤怒的人民反对他们统治者的革命风起云涌，在1848年达到顶峰。在爱尔兰，由于马铃薯歉收，出现了严重的饥荒，大批难民逃荒到英国和美国，住在肮脏的贫民窟里，生活潦倒。即使是在较为稳定的英国，在法国战争阴影下长大的富人也生活在对失控人民发起的革命的恐惧之中。1832年《议会改革法案》赋予工业城市中产阶级选举权，但民主（这是个在19世纪听起来有点骇人的词）的实现仍然遥遥无期。[1]英国人在伦敦肯宁顿公共区域举行了一场大型示威活动，要求政府兑现《人民宪章》(People's Charter)所规定的成年男性的普选权，示威受到了当权者的压制。随着各种动乱的尘埃落定，整个欧洲大陆的独裁政权很快又重新恢复建立起来，几乎没有任何民主方面的改善。流亡的革命者们逃到了英国（以及帝国的各殖民地）和美国，在那里，他们在原本市侩的社会里形成了一个受过教育的、充满活力的流散侨民团体。由于移民涌入，城市人口还保持增长，但直到19世纪70年代，伦敦城市可怕的死亡率、特别是儿童的死亡率，才有所下降。[2]世界各地的其他城市也好不到哪里去。尽管当时铁路、电报和大型工业的成熟经济即将到来，但戴维对应用科学能战胜疾病和带来许多好处的设想，在19世纪40年代显然没有实现。[3]19世纪50年代，人们的精神面貌有所改变：经济环境得到改善；由于从北美进口粮食，加之使用李比希等人发明的化肥，饥饿问题也得到缓解。

走上前台的科学

拉姆福德（Rumford）在1799年为英国皇家学院所做的计划是，将技术创新作为改善"机械制造"教育项目的一个部分进行展示。但是，该计划流产了。部分原因在于，要在伦敦西区兴办一项机构活动需要许多富人捐款投资，单靠机械师的少量捐款远远不够；另有部分原因在于，制造商不愿泄露他们的商业机密。像韦奇伍德、博尔顿和瓦特这样的工业家都生活在保密的环境中，他们担忧工业间谍的活动，因为获取专利涉及诸多问题，不仅很难拿到，还需花费巨资投入生产。英国化学家沃拉斯顿用物理化学方法成功提炼出铂，但对提炼方法有意隐瞒多年也曾使他臭名远扬。然而，这种做法确实属于常见的谨慎，可以理解。他之所以受到大众批评，是因为一心只想获得科学荣誉并从其科学成果中赚取丰厚的利润。[4]到了1850年，情况已大为不同。在法国，杰出的科学家为政府下属的行业提供咨询服务，如哥白林（Gobelins）的织毯业、塞夫勒（Sèvres）的制陶业、酷彩（le Creuset）的铁器业。从1797年以来，法国举办了一系列的展览活动，最终于1849年在香榭丽舍大街一个临时的"宫殿"中所举办的巴黎博览会达到了顶峰，该博览会获得了极大的赞赏。在巴黎的法国国立工艺学院，也有一个长久性的机械展览。在德国，推广工艺和工业的展览会举办地点都是在"冬季花园"。欧洲大陆的强制义务教育，以及英国的各机械院校和心智发展（March of Mind）教育项目，都使拉姆福德所设想的培养具有良好教育的工匠的理念更接近实现。各国，甚至在全球，旨在保护创新的专利立法也比以前更加严格。长期以来一直为新发明提供"额外奖励"和宣传的艺术协会（Society of Arts），在1817年不惜以高薪聘任著名的化学家和矿物学者亚瑟·艾金（Arthur Aikin，1773-1854）为秘书长。在他的管理下（1817—1840），协会工作的重点转向了论文审阅以及对专利申请的咨询指导这些更新潮的活动。在德国，各州聚集在德意志关税同盟旗下，共同促进贸易和工业的发展。众人信心满满，一个展示科学进步与成就的时机已经成熟了。

尽管法国的新发明和机械制造已经获得了国际上的广泛赞誉，但英国还是工业革命的中心，各工业城市在19世纪40年代就开始举办各种展览，推广它们的产品。但这些都是小规模的，只是出于地方的利益。维多利亚女王的丈夫阿尔伯特亲王来到英国，满怀着实现英国机构现代化的希望。1844年，他将李比希最得意的学生霍夫曼带到伦敦，管理新开办的皇家化学学院（Royal College of Chemistry），此举作用巨大。接着，在1850年，阿尔伯特亲王帮助说服他在当时任会长的艺术协会，决定在接下来的一年里，在伦敦举办一个各国艺术作品的大型展览会，该展览会由皇家委员会全程安排和组织。一个委员会最初试图设计一个适合的展览会结构，但没能达成一致意见。委员会成员中有约瑟夫·帕克斯顿（Joseph Paxton，1803—1865），他是奇西克花园前园丁的儿子，后来成为德文郡公爵的私人朋友，他曾为公爵设计了巨大的玻璃温室大棚。他绘了一幅玻璃大棚草图，所选中的地点是有着巨大空间的海德公园，玻璃大棚有三分之一英里（超过500米）长，其高度足以容纳园中任何大树。[5]玻璃大棚内设有茶点处（选择的地点巧妙地利用了树荫）、售票室、行政人员办公室、消火栓和公共厕所，所有这些都被包括在内。他的设想得到了公众赞许，1850年7月16日，该投标被口头接受，皇家开幕式的日期定在1851年5月1日。想象一下现在各国为了举办奥运会的大量前期准备工作，我们不得不感到非常惊讶，当时那场玻璃温室展览会居然按时开幕了。英国的幽默杂志《喷趣》，将这座建筑命名为"水晶宫"。

图18　女王和阿尔伯特亲王视察机械装置。《参展者画报》插图……
在万国博览会中，伦敦：卡斯尔，1851年，117页

展览委员会最初的意图是将展品根据性质和功能来摆放展出，但发现这样难以执行，因而改按国家原产地摆放，各国的展品在各国的摊位展出。英国及其所

属殖民地的展品自然占了最大的份额，尽管如此，这次展览会确实真正具有国际性。[6]评判委员会由6～8名专家组成，一半来自英国以外的国家，他们对各类参展作品进行评判，颁发奖牌。评判委员会还发布了他们的报告，报告密密麻麻地写着有关作品的信息。官方与非官方的展览指南，也都被打印成册。其中最好的一本插画杂志是《参展者画报》(*The Illustrated Exhibitor*)，每周推出，价格两便士，后来还以装订本出售。该画报以双面式排版，读者阅读时能一目了然。它刊载了大量关于"水晶宫"的文章和展出的展品介绍，包括了介绍"水晶宫"整个建筑过程的文章，其中还有关于梁架和排水沟的安排，以及它是如何用螺栓支撑架起的这些细节。画报还包括一些展品插图（有些是折叠式）、展览过程中发生的事件、知名外国人的信件、对印刷机和矿井结构模型等展品的描述、委员会委员名单、评判员和获奖者名单，以及关于各国参展者的文章。每个人都对该建筑发出赞叹。它宛如一座大教堂，在清晨展览会向公众开放前，一位肃然起敬的记者禁不住声称："伟大的上帝一定就在这里面！"[7]

展览的推动力无疑是来自工业方面的，但令我们感到更为惊讶的是它所突出的美学效果。浏览《参展者画报》，那大量看似冷冰冰的裸体雕像会吓你一跳，而那些哥特式"中世纪宫廷"的服饰，在展会中也是大受欢迎的一部分。因此，《艺术期刊》(*Art Journal*)刊出了展览样品目录，突出表现了样品的美观而不只是其实用性，例如其制造工艺，或像以橡胶与矿物质为原材料的那些样品。评判员把大部分奖项都授予了这类展品。[8]玻璃窗在之前是需要交税的，玻璃消费税直到1845年才被取消。消费税的取消和新技术使玻璃变得更便宜、更好、应用更广——这种绝佳的现代材料，为各种神奇的产品和人们的幻想插上了翅膀。在玻璃大棚里陈列的玻璃产品在当时尤其引人注目。[9]历史学家和文化评论家用数以百万计的参观者在展览会上得到的各种信息，作为调查研究的资料。[10]展览会举办的另一个重要意义在于，它吸引了巨大的人群。很多人乘坐当时正时兴的火车第一次来到伦敦，他们都态度温和，兴致勃勃，这完全是一幅太平盛世的和谐画面。从更大的意义上来说，人们对促进国际贸易、和平与理解的信心更为高涨。

这与当时反天主教的"教皇侵略"的歇斯底里活动形成了鲜明的对比。[11]

这座水晶宫于展览结束时的10月被拆除,后来,又模仿它的样子在西登汉姆重新建立起来,直到1936年才被拆除。在19世纪60年代,它曾在一场大火中受损。[12]在我出生的那天晚上,另一场大火彻底摧毁了它。到了那个时候,它似乎也老了,就像被用得太久的"维多利亚的"词语一样。它像恐龙似的消失了,但展览会给我们留下的遗产,依然源远流长。它所创造的利润(不像后来的所有的世界博览会),被用于收购肯辛顿戈尔庄园(在当时伦敦的郊区),目的是将它建成为一个庞大的文化中心——阿尔伯特城[13],一个类似于1830年在柏林设立的博物馆岛。在那里,英国人为了赶上法国人较为高雅的鉴赏品位,尤其是在工业设计方面,建造了一个博物馆(后来以维多利亚与阿尔伯特命名),并设立了皇家艺术学院。没过多久,那里又开办了师范大学(以法国师范大学为模式)、阿尔伯特音乐厅和皇家音乐学院(英国人意识到,他们在音乐方面远不如德国);而且,特别是出于科学方面的考虑,还设立了自然历史博物馆、科学博物馆和其他一些机构(包括矿山学院和皇家化学学院),它们在1907年变身为帝国理工学院。

认真的参观者从展会中可以学到的是[14]:

> 世上所有的荣誉、智慧或价值,
>
> 只能诞生于辛勤的劳动。

维多利亚时代的人确实钦佩勤奋和自助,因此,就连他们也同时能在展览会上倍感鼓舞,因为,显而易见,辛勤的科学研究是所有这些进步的基础。正因为这样,《艺术期刊目录》(*Art Journal Catalogue*)附加刊登了一些文章,一篇是罗伯特·亨特(Robert Hunt,1807—1887)论科学的文章,其余是关于制造方面和蔬菜植物的,以及评论色彩和高尚品位的文章(因为英国之前的展览在这些方面被认为品位稍逊)。罗伯特·亨特是实验物理学教授,也是实用地质学博物馆(Museum of Practical Geology)的矿物学家。后来,实用地质学博物馆与皇家化学学院合并，搬到南肯辛顿。亨特对科学的看法与戴维、李比希等人一致，他认为科学研究是技术开发的基础，[15]"天才的发明家与他们的想象力密不可分，但必须受制于哲学（科学）教育的约束，只有这样，他们所拥有的才能才会有价值，或者说，才能被用于对人类有益的方面"。

依靠"盲目猜测"的发明家，会像魔法师的学徒一样，被他所唤起却无法控制的精灵所摧毁。1851年，电灯和马达被当作无用的玩具。然而，（正如亨特所预言的那样）人们一旦了解电的基本定律，它们将会成为有价值的东西；只依靠经验主义是毫无用处的。亨特从观察中得到了满意的答案，英国在这次展览中展示了人们前所未知的科学的新应用，它激发了英国人的爱国情绪和对神之荣耀的赞叹。对此，阿尔伯特亲王是这么说的：

> 相信整个世界，从东方的中国到南美的智利，再到西部的加利福尼亚，都将感受到来自1851年世界工业中心令人兴奋的活力震撼，我们为这优秀的展示成果感到自豪……"不要说我们的发现是我们自己的；每种艺术细胞都是上帝植入我们体内的，是他，我们的导师，在冥冥之中为我们输送发明的能力。"

霍夫曼实验室，在19世纪60年代首次成功开发合成苯胺染料，就此一例，就能有力地证明亨特关于科学是技术开发的基础的论断。

从经验中学习

对自己国家在这次展览中出色的表现，英国人表现出了特有的洋洋自得的嘴脸。他们确实可以为之自豪，但科学界对此却不怎么高兴，担心这个国家可能就此不思进取。正如我们所看到的那样，惠特沃斯就已经意识到，英国人在大规模生产和标准化方面有很多东西应该向美国学习。另一些英国人则被法国优美的设计和德国优良的高等教育感到震撼，尤其是在科学研究领域（但对德国工业却不以为然，只因当时目光长远的人还很少，直到1870年普鲁士打败法国之后，他们才醒悟过来）。在阿尔伯特亲王建议下，10月展览会结束后，由艺术协会举办了每周一次的会展讨论讲座，讲座由包括布鲁内尔、狄更斯、法拉第以及无所不在的民事官员亨利·科尔（Henry Cole，1808—1882）所组成的委员会来进行安排。会展讨论讲座从1851年11月持续至次年的3月，讨论讲座高度赞扬了此次展览会的胜利成果，但也特别对展览会所带来的长远意义进行了反思。我们应该记住，尽管展览会上的雕像优美动人，"艺术"这个词在当时还只是工艺和技术的代名词，等同于实用东西的制造，在高雅艺术中经常作为对装饰性和美学技巧的一种表达。

第一个演讲者是英国博学家惠威尔，他强调科学作为艺术基础的重要性，不露声色地将听众的注意力吸引到"科学家"这个词上：[16]

> 关于各国艺术家和科学家（请允许我这样称呼他们）在此汇聚一堂，通过他们对每个国家艺术作品的联合研究，通过他们对优秀作品的产生过程、产生方式、作品思想、技能和美所做的欣赏和评估的努力，此举对世界艺术和科学必然产生的影响，在此就不用我多说了。

其他演讲者也坦率地指出了英国一些落后的方面，特别是在科学研究领域里的一些落后现象，这些问题在各方面阻碍了工业生产的提高和对原材料新用途的发展。他们认为，即便是纳尔逊时期的英国战舰，也比法国战舰逊色。英国的工业落后，更多依赖来自国外的人才，正如化学家和政治家里昂·普莱费尔（Lyon Playfair，1819—1898）所说的那样：[17]

> 我们最大的危险是那种国家的虚荣，我们在所谓的征服中

> 欢呼雀跃，但却忘记了曾有的失败……在这个文明发展进程的高级阶段，工业的竞争一定是知识人才的竞争。金钱可能会让你在一段时间内买到一些国外的人才……但这种无异于自杀的政策应该结束了。这与个别的制造商的做法不同，他可以在需要的时候精明地买进所需的人才，但对于一个国家来说，这样做和忽视自己儿女的教育没有两样，而且还把我们口袋里的钱作为奖金，都送往国外用于他国的智力发展和进步。直到今天，我们对这种情况还仍然无动于衷，难道这不是我们最大的危险吗？

普莱费尔以白棉布印染、玻璃和陶瓷、银器制作和钻石镶嵌来举例说明，这些行业主要是依赖来自外国的专家和他们所带来的科学知识的支撑。对英国工业衰退的看法由来已久了。[18]

在这个负责规划和评论展览会迷人的小圈子外，有脾气暴躁的数学家查尔斯·巴贝奇，他对英国的政治与科学权威当局一向挞伐有加，他是手摇风琴和现代电子计算机的前身、最早的机械装置计算机的发明者。查尔斯·巴贝奇在1830年出版了一本关于科学在英国衰落的书（具有讽刺意味的是，法拉第在当时正开始对电的研究，达尔文也正乘坐皇家"贝格尔号"动身前往南美洲探险勘察），此时又出版了一本关于展览会的书，书中大部分篇幅主要是在述说，如果让他布置展览，他一定做法不同，而且一定会做得更好。他同时在书中强调了他的观点，即科学家这个职业应该得到更多的回报。他不是惠威尔的崇拜者，因此，在关于科学地位的开场章节中，他尽量小心避开惠威尔所造的新词。他说：[19]

> 在英国，科学并不是一种职业：这种职业的栽培者几乎不被作为一种阶层承认。英语本身找不到一个术语来表现这个职业。我们从另一个国家借用了一个外来的词语"savant"（学

者），这个国家的雄心壮志是发展科学。

他60岁了，是一个孤独而又愤世嫉俗的人，在1851年展览会举办时，被当作不合时宜的人。但是，他的书确实能促进经验主义和实用主义理念在工业发展上的应用，也确实为我们现在可以称为科学家的人，提供了促进科学文化和提高国家价值的一种思路。一个革命的时代就这样发展演变成了科学的时代。

新信心

在19世纪50年代和60年代，人们对科学充满信心的原因之一是科学界各种不同理论的成功统一，如我们所知的对能量守恒定律和自然进化论的统一认识。物理学家、生物学家和地质学家们为他们已经找到了科学研究的正确方法而信心十足，并相信他们已经建起了真实的知识大厦。有些科学家可能有点狂妄自大，如廷德尔和海克尔，但即使他们那些内敛平和的同事也有充分的理由相信，科学研究正在飞速发展，必须加紧训练研究人员。那些更为保守、不接受达尔文进化论学说的科学家，也都有信心百倍的理由。他们的物种分类程序五花八门，物种间的界限也显然含糊不清，要想取消物种分类的界限不仅没有必要，从理论上讲也是危险的。在19世纪前叶，许多书中有很多植物和动物的"同义词"，本书的作者认为，这是因为有两个人同时给一种生物起了不同的名字。从1840年起，由斯特里克兰德（Strickland）为英国协会起草的提案逐渐成为国际通用的基础。它是以林奈的分类作为基线，给新物种命名时，优先考虑该物种的第一个正式名称，并根据商定的公约，在括号里写上给该物种命名的作者的姓名。斯特里克兰德在使他同时代的人反对那种大胆的生物整体模式的分类方面也起了重大的作用。比如，他拒绝采用所流行的英国鸟类学家威廉·斯文森（William Swainson，1789—1855）的"五进制"（Quinary System）分类法，就连达尔文、华莱士和赫胥黎也曾被这种分类法所吸引——支持对物种的评估采取谨慎而开放的多重标准。这一学科领域的科学家分为两派，观点不一，"主合派"接受同一物种中种类繁多的分类，而"主分派"则喜欢把这样的物种划分为不同的种类。但总的来说，就他们达成一致的部分，已经够博物馆的工作人员快乐地忙上一阵子了。无数的动物和植物被送到大都市的博物馆和花园进行分类。自然历史正在蓬勃发展，一时成为时髦的学科，这一学科在提供原材料方面也用处颇多。

化学研究也同时方兴未艾（随着1860年在卡尔斯鲁厄国际会议上制定了统一的原子质量单位），原子理论和随后产生的分子假设结构模型最终被证明对理解分子式是确实有帮助的，甚至可被检验测试。

1865年，霍夫曼在英国皇家学院用槌球和线演示了分子模型，就像构建玩具模型一样，比纸上的图表更能有效地支持化学科学的想象。[20]从分析到合成，化学家开始构建衍生分子。在霍夫曼的实验室里，珀金从废弃的煤焦油中意外地发现了第一种合成染料——苯胺紫。[21]随着化学家对分子结构的了解，一个新的时代开始了。它为其他有机化学的合成打开了大门（各种合成的有机化工品随后在英国、阿尔萨斯和德国，以产业规模的形式迅速出现）。合成化学的研究在德国多所大学的大实验室里如火如荼地进行着。随着凯库勒对苯的环状结构的发现，其他含苯化合物环状结构研究也取得了进展。德国有机化学家埃米尔·费舍尔（Emil Fischer，1852—1919）等科学家对糖类化合物的合成也获得了成功。[22]化学家通过分析，掌握了一系列能决定分子结构的反应顺序，有些反应还会重新创造结构。化学家已经俨然成为分子模型的建筑师了。在可见分子模型的帮助下，基础化学的教学变得更加容易，作为基础科学，各学校都开设这门课，进行广泛的教学和实验。

但重新受到热捧的原子理论也不乏批评者，他们认为它仍然是推测和假设性的，对人们以如此简单和教条的方式讲授这一理论感到不可思议。但是，原子理论确实成功了，而科学家们是务实的一群人。[23]

原子理论复兴的另一个结果就是，基于水分子式为H_2O的新的统一的原子重量单位，一些化学家——最著名的就是门捷列夫，他根据这种新的原子量计算方式，制作出世界上第一张元素周期表。就像植物学家和动物学家分门别类一样，门捷列夫向人们展示了原子是如何形成原子"家庭"的。[24]根据该元素表的排列，可以从它们和其邻居的属性，预测一些新的（甚至是未发现的）元素在表中的位置（门捷列夫已为它们留下一些空白处）。化学家也开始明白不同阶段的化学反应是如何发生的，而且，如果出现影响化学平衡的情况，反应还可能是可逆的。因此，可以预见，热量和压力将会使得反应产生不同的结果。化学不再是一门手艺，而是一种"学问"，内含众多的技艺和奇特的科学事实，因此成为一门真正的科学。在这门学科里，化学家必须具有经验知识，并能用理论进行解释。这是一门结果可以预见，预测可以做出，效用随之而来的学科。德国化学家霍夫曼在对苯胺紫和品红染料的问世发表讲话时，对未来充满了欣喜。他说，当法拉第从煤焦油中提取出苯的那一刻，他完全可以体会他当时的那种"纯粹的喜悦"：[25]

> 正是本着同样的精神，他的接力者继续这样的研究。他们耐心地研究，不断有各种新发现；不厌其烦地观察又观察，并做下记录；这是为真理而进行的爱的劳动。最终，在众多热心的化学家年复一年，朝同一方向的共同努力下，终于追踪探寻到了苯酚及其衍生物的化学衍变路径。科学的基础已经被奠定，科学应用的时刻已经来到，从某种意义上说，在过去完全属于哲学家把玩的那些物质，已经出现在大众生活的市场上。

同样在这个科学的讲堂里，戴维曾看到了曙光。今天，光明出现了。

甚至，天气的变化也开始向科学露出了它神秘的脸庞。[26]贵格会教徒卢克·霍华德对云进行了分类，约翰·康斯特布尔和他的法国弟子也对云做了仔细的研究，认为它们是风景画的重要组成部分。罗伯特·菲茨罗伊船长（Robert FitzRoy，1805—1865）在率皇家"贝格尔号"探测船在航行中使用了气压计，它可以用来预测好望角周围何时有狂风或是威利瓦飑。短时间担任国会议员和殖民地总督之后，他回到英国，1854年被任命为伦敦贸易委员会新气象局的局长。在美国，约瑟夫·亨利利用全国各地电报发来的报告数据来预报天气，而法国的阿拉果则是在巴黎的天文台收集数据，发表文章和论文。菲茨罗伊在1861年开始发布海上公共风暴预警，他在海岸警卫站设计了一套圆锥形风暴信号和鼓声系统，将信息传递给在海上航行的船只。从1863年出版的《天气》（*Weather Book*）一书中，我们可以看到他收集的天气预测数据，比17世纪以来的气象预测爱好者收集的数据总和还要多，这其中也包括查尔斯·达尔文的朋友、牧师兼博物学家伦纳德·詹恩斯（Leonard Jenyns，1800—1893）。伦纳德是皇家"贝尔格号"探测船南下考察时，第一个受到邀请随船出行的博物学家。菲茨罗伊当时已是一位海军上将，但来自议会和其他地方对他天气预测的非议，导致他在1865年自杀。[27]随之，他发布的预测被叫停。此时，性格更为谨慎的英国气象学家詹姆斯·格莱舍（James Glaisher，1809—1903）和他在英国气象学会的同事，开始寻求建立一个更大的数据资料库，以此来归纳天气的变化。格莱舍从1846年起一直在为登记总监准备季度的气象报告，他还多次乘坐气球进行气象观测。但是，公众的需求总会夹杂着嘲讽，所以，被叫停的天气预报不久又恢复了。

与此同时，法拉第在电磁学上所完成的实验正在得到应用与发展，从一方面看，它是因为一种新型的专业——电子工程师，使电灯和电力的使用成为可能。另一方面，法拉第对光与其他射线的关系的论证被转换为数学公式进行解释（四元方程组），麦克斯韦、海因里希·赫兹（Heinrich Hertz，1857—1894）、克鲁克斯、J. J. 汤姆森和古格列尔莫·马可尼（Guglielmo Marconi，1874—1937）据此对法拉第的理论进行了大量的实验，从中获得了各种新的理解，为20世纪带来了阴极射线管，对电子和无线电的运用。电不再只是电力学家令人兴奋的讲座演示或骗人的医疗手段，而是宇宙中可使用的基本力量之一。终于，牛顿的梦想被全面实现了，科学家们有充分的理由为之感到骄傲。他们呼吁，教育领域应该更加注重科学教育，为科学知识的广泛传播发挥更大的作用。尽管对科学过于专业化以及科学可能导致两种或两种以上文化一直感到不安，但他们觉得已经没有任何理由将传统教育置于科学教育之上了。然而，在当时大部分名望极高的院校中，情况依然如此。

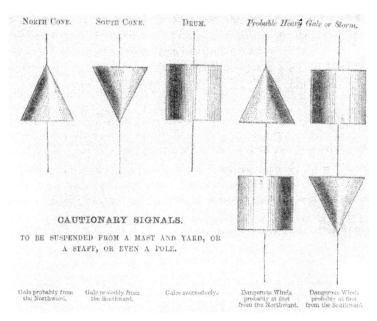

图19　恶劣天气预警信号。罗伯特·菲茨罗伊，《天气》，伦敦：朗曼，1863年，350页

科学与质疑

19世纪50年代，"科学"一词就如"艺术"一词一样，含义比我们今天所理解的要广泛得多，词源来自于拉丁语"scientia"，意为有组织的、正规的和确定的知识。很明显，自然科学不但具有不断进步发展的特点，也有其暂时性。甚至牛顿当初有关光是由微小的粒子而不是一种波动组成的结论，也曾被认为是错误的。对权威学说持怀疑态度，愿意在新的科学证据面前不坚持己见而改变原有判断，是科学家人格的必要组成部分：怀疑是科学信心的一种表现。当时，学术文献学和历史学都发展迅速，这些研究通常被认为是属于科学的。类似的科学研究，连同来自地质学的证据，都促使人们对宗教产生怀疑。这是19世纪中叶英语

国家的一个特征，它引发了新型小说和回忆录写作的盛行，这种现象至今仍在继续。[28]最著名的要数汉弗莱·沃德夫人1888年出版的小说《罗伯特·埃尔斯梅尔》（*Robert Elsmere*），小说的出版在英国和美国获得巨大的成功，并随即引起读者激烈的争论。玛丽·沃德（Mary Ward）是英国教育家托马斯·阿诺德（Thomas Arnold）的孙女，她的妹妹嫁给了赫胥黎的儿子伦纳德，她是女性教育的伟大推动者，也是文学界的重要人物。[29]完全或部分放弃信仰，只是（现在也可能仍然是）一种解脱的事情，它是一个人成长过程中会出现的现象，比如：长大了，不再相信真有圣诞老人，成熟了，在举行毫无意义的宗教仪式时不再忐忑不安。但是，这种现象又经常令人感到遗憾（今天还是这样）。对失去的满足感的无比怀念，对宁静乡村度过的快乐童年念念不忘；对于那些置身于雾霾严重、气味难闻、工作辛苦的城镇中的人来说，这几乎是他们具有的共同特点。虽然他们确实尝到了知识之树的甜美果实，但这也意味着他们就此被逐出了伊甸园。但是，如果用现代的狭义概念来理解，认为科学发展应对此负有全部责任，那就错了。对《圣经》文本仔细进行阅读考证，我们就可能对其内容提出怀疑，对犹太经文里的英雄行为与基督教倡导的极端谦逊产生反感，对《圣经》里描绘的各种奇迹和不同文本的矛盾说法感到莫衷一是。将一些神职人员挥金如土和教徒追名逐利的生活方式和简单的原始基督教教义相比较，你会觉得悲哀，若再看到某个牧师或神父和人吵架你就感到绝望了。然而，这些小说故事表明，在英国，科学在文化和道德的高地上与宗教开始抗衡，就如法国大革命以后的法国和欧洲一些被拿破仑的大军征服的国家所产生的状况一样。在法国，无神论常和科学联系在一起，正如法国物理学家拉普拉斯和他的后继者们一样都是无神论者。但在当时说英语的国家里，无神论却常与不道德联系在一起，公开对宗教表示怀疑可能对自己非常不利。

对宗教学说持怀疑态度的圈子中，最著名的是出版商约翰·查普曼（John Chapman，1821—1894）。他的出版社有两位作者，就来自对宗教过分虔诚的家庭，并因此没少受罪。一位是弗朗西斯·纽曼（Francis Newman，1805—1897），他的哥哥约翰·亨利（John Henry Newman，1801—1890）是天主教徒，最终还成为红衣主教。另一位是詹姆斯·安东尼·弗鲁德（James Anthony Froude，1818—1894），他恃强凌弱的哥哥赫雷尔（Hurrell，1803—1836）是英国高教会派约翰·亨利·纽曼和他的同僚约翰·基布尔（John Keble，1792—1866）的忠实信徒。[30]的确，纽曼对基督宗教教义的发展问题、权威作用和传统传承持极端强调的看法，这可能会像弗兰克·特纳（Frank Turner）所表现的那样，导致人们对宗教要么持怀疑的态度，要么极端狂热。因此，物理学、地质学或生物科学在此毫无存在的空间。[31]弗鲁德在1848年出版的半自传体小说《信仰的报应》（*Nemesis of Faith*），主要是受到歌德那本关于人与化学反应的小说《亲和力》的启示和影响，这本书是他翻译的。《信仰的报应》这本书使他丢掉了牛津大学埃克塞特学院的教职，这本书在那里被公开烧毁，但他仍然对科学与宗教都持怀疑的态度。他是这么写的：[32]"除非知识能与人性相联系，帮助人类阐明一些艰难的道德理念，如果仅仅只是使我们知道附生植物如何获得滋养，抑或燧石形成需要多少世纪，这些会使人变得更聪明、更快乐吗？"

弗朗西斯·纽曼的当代忏悔书《信仰的阶段》（*Phases of Faith*）于1853年出版，本书向我们展示了一种坚忍不拔的自由思想，希望宗教也像科学一样，严格遵循公正原则，不断进步向前。他在结论中坚信，它必将是这样的：[33]"发起一场向上的运动吧，就像各科学流派所做的那样！让我们离开教条主义，像初学者那样向上帝的世界靠拢吧！"因此，科学应该成为那些脾气暴躁、虚伪和如惊弓之鸟似的宗教思想家学习的榜样，他们所谓的神学是科学的皇后的提法是荒谬的，他们只是教会教条的囚徒。约翰·亨利·纽曼在1845年加入的罗马天主教会，在当时对科学思想比较宽容。后来，在1869—1870年期间的梵蒂冈议会，宣布教皇至上和圣母玛利亚升天为真理，也就是说，所有教皇说的有关教会的话和决定是至高无上的，对"现代主义"采取了强硬立场。英国的自由主义者对此义愤填膺，他们把这一切视为对科学和知识自由的威胁。德国的俾斯麦也发起了对抗罗马天主教会的斗争，德国人认为罗马天主教会对刚在德皇统一领导下取得团结局面的国家，造成了巨大的威胁。[34]

弗朗西斯·纽曼的作品缺乏他哥哥作品具有的魅力。但是，正是从阅读诗人丁尼生的诗集《悼念》，这一令人难以忘怀的伟大诗歌韵律中，早期维多利亚时代的人们（因《痕迹》一书争议不断）开始接受和欣赏对宗教诚实的质疑，也开始认真对待似乎给他们带来新气象的科学。[35]"在尖牙利爪之下，自然是血色的"，是他的著名诗句，他的作品中还包括了对地质时期年代、对科学与我们和死亡的搏斗毫无相关性进行的思考，那种希望未来的进步，将会让人们"不再像畜生一样"生存的憧憬。他已故的朋友亚瑟·哈勒姆（Arthur Hallam，1811—1833）就是诗中他所描绘的"一个高贵的人，一个过早生于时代成熟之前的人"。在这首诗中，科学被描绘成既是一种缓慢的回声，也是一种对进步和改善信念的支持，并暗示这是一个延绵不断与漫无目的的世界。要调和以经验为依据的旧文化权威与不断发展的科学方法之间的关系，没有一种轻松的方法。科学在其起步阶段也很教条严谨，但它在前沿科学家的不断质疑中蓬勃发展。由于科学在文化上变得越来越重要，它把这种不断质疑的方式也带进了主流文化。不仅世俗出版物对此有大量生动的描绘，非常博学的逻辑学家亨利·曼塞尔（Henry Mansel，1820—1871）的班普顿神学系列讲座（Bampton Lectures）也涉及其中。亨利于1858年被邀请到牛津大学举行讲座，并在此之后担任伦敦圣保罗大教堂主持一职。他的讲座后来以《宗教思想之限》（Limits of Religious Thought）为名成书出版，对存在已久的对神学的"否定方法"（via negativa）采取了接受态度，并强调了那种对上帝理解的差异性和上帝的不可理解性的真谛，这使他的立场与赫胥黎的上帝不可知论几乎相同。[36]对他来说，上帝的存在是无法证明的，而宗教的谦卑是有序可寻的。

无神论一直令世人担忧，它威胁社会秩序，因为其似乎否定人们任何向善的理由。赫胥黎的不可知论却得到人们的尊重。他和同事过着模范般的生活。廷德尔和数学家威廉·金唐·克利福德（William Kingdon Clifford，1845—1879）嘲笑他们，认为其无知且迷信。这样的嘲讽可能有点过头了，但在那些更受人尊敬的人眼中，这是一种虔诚的活法。[37]同样，像弗雷德里克·哈里森（Frederic Harrison，1831—1923）这样严肃的实证哲学家，追随孔德的哲学思想，在某些情况下，他的人本宗教学说，也不能被简单认为是不道德的享乐主义。在伦敦较为宜人的季节（10月至次年3月），那些令人尊敬的持怀疑论者们每周日下午4点，在伦敦朗豪坊（Langham Place）的圣乔治大厅聚集（位于伦敦西区），参加周日演讲协会举办的演讲活动：[38]

> 本协会为星期日在大都市的演讲提供机会，也鼓励演讲者到其他地方演讲，科学的演讲内容涵盖物理、学术思想和道德；还有历史、文学和艺术方面的演讲；内容特别关注那些有关改善人与社会这些方面的议题。

因此，不可知论者不应该被剥夺和信教者一样上教堂的权利，他们也应该同样去聆听好的说教，培养更好的社交能力。他们可以按季缴纳一英镑的订阅费，也可以用一先令、六便士或一便士买个或好或差的当天位置听讲。这些演讲都已打印好，以一份三便士出售。在这里，就像在教堂里的信众一样，支付不同的座位租金，阶层等级分明，就如我们在火车上的一、二、三等车厢一样。演讲委员会会员的名字有时印在发表的演讲稿后面，演讲者包括赫胥黎、赫伯特·斯宾塞、廷德尔和弗兰克兰（他是赫胥黎这棵大树下X俱乐部的杰出成员），还有达尔文。[39]虽然这些演讲主题讨论的不完全是我们所称的科学，然而，科学和质疑显然是密不可分的同床者。

面向公众的科学

由于"水晶宫"展览会获得了巨大的成功，因此，举办国际和世界博览会将成为19世纪下半叶的一个特色。纽约、巴黎、芝加哥和其他城市相继推出了令人可喜的新技术陈列展，人们越来越相信这都是科学研究的成果，而科学必将促进社会进步。然而，不知何故，这些大型展览会，虽融合娱乐、应用广告以及散发了展品指南，却不能与1851年"水晶宫"展览会的成功相媲美，后来举办的各种展览也都无法企及，而且也没有一次能够盈利。对此结果，我们其实并不惊讶。因为那个伟大的展览已从各方面为人们传达了如此完美的科学信息，以至于其他展览会难有更为新奇的妙招了。现代生活的驱动力就体现在这里，新一代人的进步需要新的刺激和影响，而这些展览会只是对一个已经熟悉的主题的更新和放大，缺乏新意。

这之后在伦敦举办的后续展览会尤其如此。原本计划举办一个"水晶宫"展览会十年庆续展，但由于阿尔伯特亲王在1861年染病，并于12月死于伤寒，该计划未能如期进行。加之，此时在美国爆发了血腥的内战，现代技术的应用导致了巨大的伤亡。阿尔伯特亲王派遣首相帕默斯顿，并成功地敦促他不要以好战的口气，给亚伯拉罕·林肯政府带去了他生前的最后一封信。展览会被推迟到1862年，在女王对丈夫长时间的哀悼和在那些"水晶宫"的推动者为失去领袖的巨大的悲痛阴影中开幕。这次展览设在南肯辛顿的一栋新楼里，完全缺乏它前身拥有的魔法品质和技术创新，与其说它是有价值的继承展，不如称它为唤起"水晶宫"影子的替代品。但是，它还是拥有亮点的。展会展出了多种合成染料的水晶、苯胺紫染料和洋红色染料，它们被霍夫曼誉为英国将成功征服这一新的工业化学领域的标志，它们将煤焦油化身为颜色的新彩虹。[40]那时，其他国家也正在迅速工业化。作为第一个工业国家，英国虽在1851年还处于相对优势的地位，但已不可能（那些远见卓识的演讲者在当时已经看到了）永远处于领先的地位了。英国在高等教育方面还是非常落后：牛津和剑桥大学（阿尔伯特亲王担任财政大臣时，曾敦促其进行教育改革）已经开始颁发多种学科的学位证书，但许多行业对招聘本国毕业生的兴趣不高，那些与化学和电子行业有关的企业继续招聘来自苏格兰和德国的毕业生，这一做法让普莱费尔感到悲哀。1865年，德国波恩和柏林两所大学同时邀请霍夫曼回国执教，他选择了柏林大学。1867年，在巴黎的国际博览会上，英国的表现大为丢人。

应用科学的力量不仅在展览会和节省劳力的发明中表现得淋漓尽致，在战争中也大显身手。美国的南北战争，双方血腥的交战用的都是拿破仑的战术，不同的是现代步枪取代了火枪，工业化程度更高的北方把南方打趴下了。战后，开始南方"重建"。铁路线贯穿了整个北美大陆，通往西部的通道变得非常便利，这使密西西比河原有的商业重要性大打折扣。这就是被称为美国"镀金时代"的时期。各行各业欣欣向荣（这期间也经历了繁荣与萧条的交替，发生过关税的激烈争吵，以及令人生畏的罢工），推动激发了各种发明，发明家托马斯·爱迪生成为了美国的国家英雄。在《独立宣言》震撼世界之后，这个新世界在充满自信的欢庆中在芝加哥举办了定名为"进步的世纪"的世界博览会，芝加哥再次从1871年灾难性的大火之后繁荣起来。从美国《土地法》所获得的教育补偿金中，各州兴办了州立大学，它们促进了农业和当地工业的发展。我的美国祖母曾回忆道，1890年，当她还是一个小女孩时，听到西部边境的开发宣布中止时，她说："'昭昭天命'已经实现，印第安人被限制居住在法定保留区内，再也没有多余的土地了。"作为一种反应，建立国家公园的运动开始了。

与此同时，在欧洲，由于德国统一爆发了战争，意大利也一样，康德的永久和平与繁荣的梦想被粉碎了。接着，在1870年，巴黎在普法战争中被围困。在城市里，饥饿的市民吃掉了动物园里的动物，老鼠也成了桌上餐，巴黎公社社员曾在短命的巴黎起义中掌握了政权，但最终在屠杀和报复中被法国军队镇压了。一度强大的拿破仑三世帝国，在巴黎古老的城市里修建了林荫大道，使一个宏伟现代的首都屹立在世人面前。随着帝国倒台，法兰西第三次迎来了共和国的建立。整个欧洲从此次战争中吸取了教训：教育是战争胜利的关键，第三共和国也被称为"教师的共和国"。回顾1789年理想的破灭，国家坚定了世俗化的决心，开始提倡科学，减少罗马天主教会的影响力，蒙马特圣心大教堂的长方形廊柱大厅就是作为回击宗教建筑模式而设计建造的。工程师古斯塔夫·埃菲尔（Gustave Eiffel，1832—1923）设计了以他名字命名的埃菲尔铁塔，保持了40年世界最高建筑的纪录，这是一个经久不衰的图标，就像"水晶宫"一般强大与令人震撼。

在更为平静的英国，实行了强制性的小学教育，在皇家（德文郡）委员会的审议和报告之后，科学课程开始进入学校的教学大纲，各地也纷纷兴办强化科学和技术教育的"红砖"大学。为了确保维持标准，一些学校参考伦敦大学的考试标准，升格为学院，而其他学校则效仿达勒姆大学的做法，任命来自其他权威机构的主考官进行考试的安排。辅导、授课和出卷命题成为科学家收入的来源，在方便的情况下，他们也提供咨询服务。自16世纪起，西班牙就在殖民地创办了大学，19世纪50年代初，英国也开始效仿，在殖民地兴办大学。悉尼和多伦多在1850年有了第一批这样的大学。在1854年，墨尔本也紧随其后。随着来自偏远地区的学生人数的增加，他们融入或成为大学中的各种团体，在不同的基督教教派名称和管理下的不同学院学习，但教学比牛津和剑桥更集中。当时，年轻的赫胥黎和廷德尔曾申请担任新建殖民地国家的一些职位，但（因为是外来人）没有成功。1851年展览会的一些创收利润被用作奖学金，资助殖民地的毕业生到英国深造：卢瑟福可能是此项奖学金获得者中最著名的一位。在帝都柏林，这里如今已是欧洲强大的中心，这座拥有繁荣发展的宏伟建筑和博物馆区的城市，为位于南肯辛顿的阿尔伯特城缓慢发展的伦敦文化中心提供了学习的样板。

科学大教堂

1876年，南肯辛顿（现在的维多利亚和阿尔伯特）博物馆举办了一场特殊的国际科学设备展览，展品都是借用或各方捐献来的。尽管伦敦大都会的地铁在1868年年底就已经修到这里，但它似乎还是一个相当偏僻的地方。与展览有关的活动，还有日间的讲座和讨论会，以及针对需要白天上班群体的晚间免费讲座，由一些著名的科学家、技术专家和实业家进行演讲。他们的演讲被及时整理出版，共三卷。[41]一些演讲者向观众展示了以前的科学家们使用过的仪器，如道尔顿、戴维、法拉第、惠斯通和托马斯·格雷厄姆（Thomas Graham，1769—

1839）使用过的设备以及威廉·史密斯（William Smith, 1769—1839）的地质图等，但大多数人更关心的是那些最新的发明创造以及它们的用途。科学，尤其是物理学研究，越来越依赖高精度仪器，例如使用密封蜡这样的发明物来取代在实验中用绳线进行密封的方法。要跟上精确度的新水准需要花大价钱。但在展览会上，那些闪闪发光的桃花心木和铜制展品的价钱是由专家来评估的，一般的观众也就是过过眼瘾罢了。那些无人领回或捐赠的展品最终被收藏于附近新建的科学博物馆内，成为1885年再次举办展览会的核心展品。[42]毗邻新建的博物馆的是帝国理工学院（有一座华丽的钟楼），院内有各种来自殖民地的产品，还有有着华丽陶土墙的宏伟的自然历史博物馆和滴水兽石像。1885年，博物馆与地铁站之间修建了一条地铁通道。

大英博物馆是在18世纪中叶，由国会依照内科医生、皇家学会主席汉斯·斯隆爵士（Sir Hans Sloane, 1660—1753）的遗嘱，利用其遗赠而兴建的。[43]它像一个巨大的奇珍异品柜，馆内拥有许多地图、古物、民族志和自然历史资料，还设有一个大图书馆。人们可以在这里找到所有知识的来源，可以从现在展出的"启蒙运动时期"的画廊中看到创办人希望的愿景，特别是当时作为重要受托人班克斯所希望看到的前景。班克斯去世时，他将收藏的大量标本和珍贵的图书遗赠给博物馆（他在苏活广场的房子对来自世界各地严肃的自然历史学家来说，就曾经一直是一种珍贵的开放资源）。[44]班克斯的图书管理员罗伯特·布朗也一起随其遗赠品到博物馆工作，他曾在1801—1903年间随同马修·弗林德斯船长一起南行澳大利亚考察，并根据自己和其他人的大量标本收藏，写了一篇关于植物的文章。[45]这是一部研究植物分布的经典之作，洪堡和他都是这一领域的先驱。布朗在大英博物馆的工作成就，使该博物馆和它的标本室成为植物学研究的中心。但是，在博物馆行政管理中最有权力的人当数图书管理员。来自意大利摩德纳的安东尼·帕尼奇（Anthony Panizzi, 1797—1879），从1856年至1866年，担任图书管理员，他从1831年开始，就是该馆的助理馆员。他是一位优秀的管理者，建立了一个名副其实的国家图书馆，但植物、动物和矿物管理并不在他优先考虑的范围之内。

1856年，随着19世纪中期科学新信心的建立，科学家们说服大英博物馆任命一位自然历史部负责人，该负责人可以全权代表各展室负责人承担受托人的重任，理查德·欧文被选中。[46]在皇家外科医学院（Royal College of Surgeons），欧文把约翰·亨特的博物馆布置成庞大壮丽的比较解剖学和化石的收藏厅，并因其出版的专著，被誉为"英国的居维叶"。[47]他在书中描述介绍了达尔文从"贝格尔号"运回的化石。他决定将博物馆的自然历史展品分开，安放在新建大楼里。为此，在1858年，他开始说服受托人并同时在议会进行游说。欧文很有说服力，但整个过程并不顺利。当时，反对的声音相当大，尤其是赫胥黎（他与欧文长期不和）和其他达尔文主义者的极力反对。他们认为南肯辛顿远离大英博物馆和大学所在地布卢姆茨伯里（Bloomsbury），他们支持植物学家胡克将克佑区建成国家植物园中心的建议，并且认为，班克斯与布朗及其他植物标本室都应该搬到克佑区。这座新建筑从酝酿到建成花了二十年，1881年正式落成，整体建筑充分体现了大英帝国的豪气。与大英博物馆另立山头并不是一帆风顺的事，因为图书管理员坚持不让任何书搬出原馆，而没有一个图书馆，收藏品将变得毫无用处。为了建立一个宏伟的收藏品馆，还需要筹集更多资金，在新馆内，很大一部分藏品只能是仿品，真品仍在原馆，几乎所有班克斯的书籍都仍然收藏在原馆。

像居维叶和亨特这样的博物馆一直都在进行着收藏方面的教学，而早期的大英博物馆就像乡村大别墅一样，不完全向公众开放，只接待有预约的女士和绅士。到1880年，这种现象已经完全变了，和有表演经纪人经营的收费博物馆不同的是，新的自然历史博物馆从一开始就对每个人免费开放。[48]欧文对动物王国里，动物与人类在形体构造方面的相似之处深感兴趣。他不接受自然选择进化论学说，而是将物种进化过程看成是由无序的古老形状发展而来的。在博物馆这个科学大教堂中，他在大厅和画廊里展示了各物种类型和物种之间的同源关系。而在他的继任者威廉·弗劳尔管理期间，物种结构才被改变成那种进化论模式。[49]作为一个象征科学重要性和崇高性的伟大圣殿，博物馆展示了值得深思的自然历史,这是科学家严肃工作的场景显现。在这里,分类学家煞费苦心地研究从地球另一端带回的收藏品,并将其分类。作为海上帝国中心的伦敦,大英博物馆的地位显得特别重要。其实,与其规模和意图相似的博物馆在纽约、柏林和其他大都会中心也都已建立,就是在重视自身发展的省会城市中,也可见类似的较小版本的博物馆。其中最引人注目的是位于华盛顿特区的史密森学会的"国家阁楼"博物馆,该馆以史密森的遗赠而创立,它不但拥有非凡的科学收藏品,还出版相关的重要著作。[50]

在博物馆,人们不仅能以科学眼光来崇拜自然,那里还有像"水晶宫"一样巨大的温室大棚。在英国或欧洲其他地方,德文郡公爵并非第一个对来自异国他乡的鲜花和水果兴奋不已,并将之展示给世人的人。在克佑区植物园中,温室建筑结构令人印象深刻,各种花圃是旅游的热点。在此之前,皇家园艺学会的花圃一直都是设在南肯辛顿的基地。与此同时,在多雨的冬季,19世纪是一个观赏华丽花卉图画和阅读鸟类画册的美好时代,这些花鸟画册最初采用铜版印刷(如奥杜邦的画),后改为石版印刷,如古尔德、李尔和约瑟夫·沃尔夫(Joseph Wolf,1820—1899)的画,它们都使用手工着色。[51]这些画册极其昂贵,而且常常只是部分出版,目标读者与其说是那些想在图书馆里看到它们的科学家,不如说是针对那种富裕的有闲阶层。达尔文曾有幸获得1000英镑的政府专项拨款,用于出版拥有精美插画的《皇家海军贝格尔号航行考察下的动物学》(*Zoology of the Voyage of HMS Beagle*)画报。后来,美国和欧洲各国政府也都设立专款,资助官方的航行考察。[52]为了更大众化的目的,无色彩的平版画取代了化石和植物雕刻,木刻工艺成为自然历史出版业蓬勃发展的标准形式。[53]

劝诫世人摆脱假象、获得灵魂的救赎、增进团结友爱,播撒这些宗教信息相对简单,尽管在传递的过程中,可能会因为那些自相矛盾的规则与信条造成一些困惑。而科学就要复杂得多了,它不仅要求有常识,还要认真研究,细微观察,甚至还经常需要有数学能力。美丽的书籍画册和受欢迎的博览会、规划的讲座和博物馆里的展品,这些都可以为大众带来知识的喜悦和推动科学家前进的动力。

然而，福音使者可以希望把每个人都变成基督徒或穆斯林，我们却没有理由期望每个人都成为科学家。令那些严谨的科学家感到惶恐的是，科学中最具争议或最具猜测的部分，反而往往最能吸引记者和公众的兴趣。因此，我们有了对《痕迹》兴奋的争议，并在没有丝毫证据的情况下，有了对于宇宙其他星系是否存在智慧生物（"世界多样性"）的讨论；而且，还能高兴地看着学问显赫的惠威尔和大卫·布儒斯特爵士（Sir David Brewster，1781—1868）为此吵得不可开交。[54]然而，科学需要专业化，如何使科学教育与内容广泛的自由教育体制相适应却是一个亟待解决的难题。正如社会学家L. T. 霍布豪斯（L.T. Hobhouse）1901年1月1日在《曼彻斯特卫报》(*Manchester Guardian*)一篇文章中所提到的那样：

> 现代科学的效率和准确性导致了这种极端的专业化。由于专业化，我们也因此失去了许多对科学的新鲜感和兴趣，它不仅削弱了科学的想象力，还对科学作为一种教育工具造成了极大的伤害。

一个"两种文化"的世界正在形成。

研究、教学和进步

有人曾经请富兰克林说出某些发明的用处，他反问："你能告诉我一个婴儿有什么用吗？"当英国首相罗伯特·皮尔询问法拉第电磁感应有什么用途时，法拉第的回答是，他敢肯定，有一天政府会对这种东西征税。19世纪中叶，科学开始被区分为"纯"科学和"应用"科学。纯科学研究一定会促进实用技术的发明，这一理念在19世纪末成为被普遍接受的公理，正如霍夫曼在他对合成苯胺紫和品红染料发明所做的演讲中宣称的那样，知识的构建和它所带来的繁荣，完全是因为人类出于追求真相、试图解释自然的缘故。在科学家的等级排名中，应用科学家等级较低，但他们却可能赚钱更多。如果科学确实是社会进步的关键，就像那些推动"水晶宫"展览会的人所断言的那样,那么,科学研究必然对国家的未来至关重要,研究成果也值得夸耀。

在法国,大革命时期创办的巴黎综合理工大学从一开始就开设了数学、物理和化学课程,但在拿破仑一世统治时期,它的课程设置较为单一,主要是为军队培养工程师。后来,欧洲和北美的理工学院都相继采用了这一理工模式,以不同方式强调对科学的研究;但在法国以外,这类理工学院在公众眼里,通常要比大学的档次低。在法国,因巴黎高等学校的增加,高度集权的大学教育系统更是一直饱受资金不足的困扰。而且,法国科学院长期实行的惯例造成积弊:杰出科学家终生担任科学院有限的几个要职,并且通常身兼数职,而他们的下属却收入微薄。[55]至少,从相应的角度来看,19世纪标志着法国科学从非凡杰出的地位开始走下坡路,就如英国正在失去工业霸主的地位一样。到19世纪后期,一个具有强大科学传统和文化的国家在欧洲崛起。虽然无法与1800年法国(巴黎)在科学上的一统天下相提并论,但它在当时确实是科学方面的领头羊,这就是德国。

正如我们所知,研究型大学的理想模式来自洪堡创立的柏林大学体制,它是以系统的学科研究和个性修养的教育理念为基础,而非只强调科学在工业上的应用。正是这种教育理念使之在19世纪成为世界典范,迄今为止,虽然在形式上有所修改,其教育的理念依然。德国各州展开了在高等教育方面的竞争,他们决心已在,资金自然就不是问题了。在英语世界里,大学体制也逐渐采用德国模式,人们相信科学研究确实是有用的,至少从长远来看确实如此,而且,受过学院教育的科学家和工程师,对于第二次工业革命带来的电气和化学工业的发展是不可或缺的。1870年,普鲁士对法国战争的胜利给欧洲带来了冲击,但这种冲击是有益的。英国的高等教育并没有得到政府的支持,红砖大学一直都在破产的边缘摇摇欲坠,直到1889年才等来政府对高等教育的拨款经费。在美国,州立大学的资金来源于《土地法》规定的补偿金,这是源于认为知识有用的想法;而这些大学在实行研究型大学的办学方向上几乎没有任何作为。直到1873年,铁路金融家约翰斯·霍普金斯(Johns Hopkins)将他的巨额遗产馈赠给马里兰州的巴尔的摩,作为建立一所以德国大学为模式的大学的资金,这种状况才开始得到改变。[56]在芝加哥和康乃尔创办的大学也效仿了这种模式,这种教育形式也被美国最有名望的常春藤大学联盟(Ivy League)所接纳。然而,自那以后,教育界就一直存在一种令人不安的"同居"现象:那些与洪堡理念一致的人将科学研究看作发展人类潜能,增加知识的途径;而一些持相反观念的人却只狭隘地注重科学的功利作用。尽管如此,有一点却非常明显,那就是谁都明白,科学的进步和支撑是国家威望的源泉。

结 论

在"饥饿的40年代"之后,19世纪50年代以1851年伟大的科学展览会起步,展览馆的神奇建筑和国际风味使它与法国、德国和英国以前举办的展览会层次大为不同。以应用科学为基础的工业社会的美妙前景虽具有很强的感染力,但它也清楚地表明,尽管当时英国作为第一个工业国家,确实是世界的工业作坊,但美国和欧洲大陆的其他国家正在迎头赶上,在某些方面甚至领先英国。英国人仿照柏林模式,在伦敦建造了一个博物馆,创办了一个教育区。人们对科学和进步有了新的信心,科学家开始与其他圣人一样,在社会上并驾齐驱。抵制权威和乐意适应新事物的科学思想也同时传播到了其他领域,特别是对宗教方面更进一步的质疑。宏伟的博物馆,就像科学的大教堂,被建立起来了。然而,科学的发展进步不仅在展览中显现,也开始体现在现代战争中,尤其是在美国的南北战争和法国的战争中,被表现得淋漓尽致。科学对国家权力、国家影响力和促进社会进步的力量有目共睹,特别是在1870—1871年的普法战争中,普鲁士依靠科学和技术完胜法国的事例,更是让各国看到了科学的力量。各国纷纷创办理工学院,新扩建的大学学习采纳德国大学重研究的理念,越来越多的学生开始学习正规的科学和工程课程。

第九章
科学与国家身份

Science and
National Identities

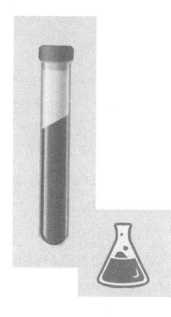

弗朗西斯·培根曾宣称，知识就是力量，如果政治一直是力量，那么，我们就应该期待，随着科学知识的扩展，政治家以及公众也会对科学感兴趣。在科学这一大范畴里，理解和理论建构、技术和医学形成了一个光谱，彼此界限不明。直到19世纪末，"纯粹"的科学和数学才被认为是一种更为高大上的学问。19世纪是国家建设和民族主义盛行的时代，因此科学成为民族自豪感和民族威望的源泉，是现代化的标志。与现代奥运会类似的各种国际竞争，在某种程度上从19世纪的科学中开始显现：1914年，"一战"爆发使国际合作企业纷纷倒闭，这种竞争在之后变得更加激烈，我们这种国际合作的故事也就此结束。其实，在此之前，现代西方科学的种子已经在伊斯兰世界、印度、中国和日本种下了，西方科学与这些国家自己的科学、技术、工业和医学传统有着非常不同的文化理念：在那里，把它与欧洲历史或自然神学的任何特定的基础分开是很重要的。技术的转移总是更容易的，自信、独立的19世纪中叶的科学比起那些充满欧洲基督教傲慢的观念更受欢迎。而这些观念，也正是欧洲各国和美国引以为豪的原因，正是这些观念，使他们掌握更为古老的文明并将其踩在脚下：这也是一种永不停息的进步的象征，与许多人乐于看到的千秋万代不变之国形成了鲜明对照。

强国的形成

尽管现在受到多元文化主义的挑战，但一提起国家，人们似乎很自然地想到一个有着中央集权的统一的民族国家，拥有稳定的国界，有国家法律和教育体系，还有国歌，但情况并非总是如此。英国四面环海，从18世纪早期开始，安妮女王统治了丹尼尔·笛福（Daniel Defoe，1660—1731）所称的大英帝国，即英格兰、苏格兰和威尔士公国，它们不仅受共同的统治，还各自失去了原有的国家议会。19世纪初，爱尔兰也被以同样的武力方式纳入大不列颠王国的版图。这种事从来都不是愉快的，在维多利亚时代的巅峰时期，苏格兰就曾有一段时间被称为北不列颠（甚至苏格兰人也如此自称），在国外，"英格兰"和"英语"经常被用来指称大不列颠和它的子民("大",更适合用于表示规模而不是伟大)。英格兰、威尔士和苏格兰之间的边界地区一向就是无法无天的地带,被合并之后,成为混合种群居住的模糊区域,古时期对君主的忠诚不再重要了;特别是在"可爱的查理王子"(Bonnie Prince Charlie)1745年起义失败后,接着,斯图亚特王朝最后的王位继承人也死了。尽管如此,史诗巨作《奥西安,芬戈尔之子》(*Ossian, son of Fingal*)使欧洲各地在18世纪60年代的岁月充满了浪漫的情怀[詹姆斯·麦克弗森(James Macpherson,1736—1796)制作,据称他是从盖尔语(Gaelic)中听到并翻译过来的]。在爱丁堡,开化的盎格鲁-撒克逊人对高地人的看法就如同波士顿人对印第安红魔的看法一样。而在史诗《奥西安》里,高地人有了海华沙(Hiawatha)式的英雄,成为浪漫的苏格兰民族主义的精神向往。继麦克弗森"造假"的一代之后,沃尔特·斯科特(Walter Scott,1771—1832)的威弗利系列小说,在滑铁卢战役之后的逃亡期间成功出版。小说创造了一个浪漫的苏格兰历史,一种苏格兰氏族花格服饰与蛮勇的性格,它与启蒙运动后苏格兰的医生、工程师和作家的实际形象截然不同。[1]浪漫主义的情感也创造了一种威尔士人的吟游诗人和英雄,同时还燃起对之前被贬低的语言的兴趣。英国人有自己这方面的作品:亚瑟王和他的圆桌骑士、会烤焦蛋糕的阿尔弗雷德大帝、罗宾汉和他的绿林好汉、善良的女王贝丝和"既无国王,也无教皇"。同样,这些故事也都与现实的工业化生活相去甚远。人们以好奇、矛盾的心态研究民间传说。[2]在这种怀旧臆想的国度中,科学是绝没有立足之地的。[3]然而,尽管如此,1789年及以后,那些生活在英国的人,他们有时(也许通常是逐渐)认为自己是英国人。他们的身份是与贸易和影响力、蒸汽机和收税关卡共同形成的。很明显,整个岛(尽管周边住着威尔士人和盖尔人)就像一个统一的民族国家了。[4]

1789年,当大革命在巴黎爆发时,法国并不是一个现代意义上的国家。当时,在遥远的那些省份,各省人只会讲本省方言或另一种语言,如德语、布列塔尼语或加泰罗尼亚语,而法语则少有人说。大家只效忠于当地的政权。革命者试图改变这种现状,使乱象得到统一。革命者废除原有公国之间的历史国界,草拟了一个大部门网络，每个部门都有自己的行政中心和机关，并强制制定了统一的法律、统一的度量衡单位及教育体系。在盟国联军对大革命和拿破仑的战争中取得胜利后，召开了维也纳会议，划定了一个具有明确国界和明确的司法管辖区的欧洲，在某种程度上取代了古老的犬牙交错的王国、城邦、大公爵和主教辖区各自统管的欧洲。一个以取代摇摇欲坠的旧政权而建立的革命法国，必须是一个现代和世俗的社会。尽管革命者废除了科学院院士被视为精英的惯例，但他们很快又在研究院中恢复了它，因为这是建设新国家良方妙药的来源以及威望的体现。军事工程师拉扎尔·卡诺（Lazare Carnot，1753—1823）是罗伯斯庇尔和圣贾斯特（Saint-Just）公安委员会的同伙，一个伟大的幸存者，在拿破仑的督政府中担任过要职，拿破仑曾任命他为意大利第一独立指挥官。在革命政府部门中，我们还看到其他许多科学家的身影，他们在支撑着革命的军队中作用重大，负责武器装备以及军队运输的重要工作。巴黎植物园和博物馆从未关闭，它们在公共教育中的作用日益增强，而教育改革则突出了科学——法国人是这场改革的领导者。对拉瓦锡的处决几乎立刻就被不安地认为他是以身殉国，但很快，罗伯斯庇尔和他大多数的亲密伙伴也被送上断头台，可以说，报应接踵而来。对拉瓦锡来说，他那种并不令人喜爱的科学圣人的形象和生活却因此被蒙上了色彩。[5]

拿破仑为科学的发展而欣喜，他对能被选为研究院的一员心生感激，并相应提拔科学家到他的政府和参议院任职（实际上只是闲职）。后来的法国政府对科学较不重视，在19世纪中期的那些年里，政府几乎中断对科学方面的资金投入——诸方面的因素，造成了实验室的缺失和与各种机会失之交臂的局面。[6]然而，这时的法国已经成为一个统一的民族国家了。英国人以牛顿和莎士比亚为傲，而法国人除了有莫里哀和其他文学上的英雄之外，还有一份更长的科学家名单让他们感到荣耀。此外，还有千米、升和千克这些度量衡单位来提醒他们，是他们科学的力量改变了人们的生活（尽管这些度量衡单位在世界上通用尚需多年）。德国当时还处于小国林立的状态，但在1815年后小国所剩无几。普鲁士成为德国当时最强大的国家（当其军队获得滑铁卢战役的胜利后），有些小国也就此被吞并了。

1806年，拿破仑废除了神圣罗马教皇帝国，它是在君主制下一种松散联邦的遗留物。法国革命和拿破仑的军队击败并终止了神圣罗马帝国的欧洲统治，也同时动摇了人们对先前状况的信心，它促进了德国人的自我意识，使讲德语的人感到他们属于一个国家。德国人也有由雅各布·格林（Jacob Grimm，1785—1863）和威廉·格林（Wilhelm Grimm，1786—1859）收集整理的自己的民间故事。理查德·瓦格纳（Richard Wagner，1813—1883）以本国神话和传说为内容的歌剧，产生了巨大的共鸣与影响。1848年，革命者希望建立一个统一的民族国家，但没有成功。1871年，俾斯麦通过外交手段和战争，建立起了在普鲁士皇帝领导下的德意志帝国。[7]这时的德国已经不再是田园式的国家，已成为一个强大的工业国。随着大学的蓬勃发展，科学和以科学为基础的工业也快速发展。科学工作者在全国各地举行会议，在各大学授课演讲，他们感觉自己是德国人，也是撒克逊人或巴伐利亚人（就如在德国国歌《德意志之歌》中所唱的那样）。德国人除了拥有路德、康德和歌德，还出现了开普勒、高斯、黑格尔、李比希、霍夫曼、亥姆霍兹等众多伟大的人物。知识分子的活跃活动，尤其是科学的发展，以及一场以化学和电力为基础的工业革命，为这个新国家带来了威望、力量、繁荣和影响力。

拿破仑战败后，奥地利与普鲁士的大罗马天主教新教成为争取与德国联盟的竞争对手。奥地利是一个摇摇欲坠的帝国（后来成为双重君主制的奥匈帝国），以德语、马扎尔语、捷克语、波兰语、塞尔维亚-克罗地亚语、意大利语等为通用语言。尽管奥地利失去了在意大利的大部分领地，但它以牺牲奥斯曼帝国为代价，获得了较大的利益。后来，奥斯曼帝国基本上被驱逐出了欧洲，它曾为这块居住着吵闹不休的混合民族的地方，强制（像其他帝国一样）带来了和平与繁荣。这些民族因为信奉不同的宗教（如新教、天主教、东正教和伊斯兰教），使用不同的语言，以及产生动荡的民族主义理念而处于四分五裂的状态。维也纳不仅仍然是一个伟大的音乐中心，也是科学的中心，尤其在医学方面，它的大学与德意志帝国的不相上下。双重君主制下的现代性很重要，虽然在德国、英国或法国并非如此。奥地利的军队装备和机动能力不如德国，在1914年至1918年的大战中，德国不得不前来对其进行营救。那场战争是由塞尔维亚民族主义者刺杀奥地利大公弗朗茨·斐迪南（Archduke Franz Ferdinand）引起的。随着历史演变，面对胜利者支持下的各民族诉求，帝国已经分崩离析，奥地利也逐渐沦为一个统一的民族小国。拥有波兰、芬兰和土耳其为属国的俄罗斯帝国，也因战争遭受了重创，在之前的克里米亚失败中被撼动，又在半个世纪后被日本人击败。革命后的俄国十分推崇科学和技术，其科学技术是建立在俄罗斯人对苏维埃政权和电力的追求之上。19世纪的俄国科学家被赋予了极大的荣誉，他们在化学研究领域中表现得尤为突出，但在沙皇统治下的俄国，他们却显得既迷人又令人不安。[8]尽管如此，帝国政府还是支持设立了著名的科学院，并于1839年在圣彼得堡附近的普尔科沃建造并装备了世界上一流的天文台。

周边情况

就此，英国与德国、法国一道，进入了19世纪科学研究的中心领域。从各方面来说，科学发展成为了各国形象的一个重要组成部分。

荷兰是一个具有悠久的重视科学传统的国家，长期的战乱导致国家异常贫困，维也纳会议将它划定为一个独立的王国。1830年，由于比利时脱离，荷兰成为一个小国，并分为讲佛莱芒语的人（Flemings）与讲法语的较为富裕的瓦龙人（Walloons），他们为了现代化的共同目标携手共进，成为其他国家所效仿的榜样。比利时在统计数据收集方面堪称典范，其高效率的行政管理、通信和工业都受惠于统计学家凯特勒对各种数据的充分分析。在科学方面，比利时人像西班牙人与葡萄牙人一样，把目光投向了法国，而荷兰人和丹麦人则把德国奉为榜样。因此，奥斯特在接受了德国的自然哲学理论之后，满怀激情地回到了祖国丹麦。令同时代人称奇的是，在1820年，他展示了改变电流的磁场效应，从而开创了电磁学研究的新纪元。[9]

然而，他在此后并无进一步的建树。后来，巴黎的安培和伦敦的法拉第一起接手共同对此进行研究——他们合作研究的身影，让我们清楚地看到了一幅处于研发中心卓越的科学家的工作面貌。但奥斯特也就此成为科学明星，在他的家乡成了一名英雄，在丹麦的科学界中占有重要的主导地位——是小花盆里的一棵大树——在这个依赖农业、非常贫穷的国家里，他强调基础研究的重要性，发表相当新潮的演讲，这些演讲都被收集在《大自然中的灵魂》一书中（在1851年已被翻译）。像天文学家第谷·布拉赫（Tycho Brahe，1546—1601）一样，奥斯特堪与汉斯·克里斯蒂安·安徒生（Hans Christian Andersen，1805—1875）和索伦·克尔凯郭尔（Søren Kierkegaard，1813—1855）一道，被视为丹麦的伟人。而在海峡对岸，与德国关系密切的瑞典，则有着（在经济发展中占重要地位）强大的冶金、矿物学、化学和自然历史研究的传统。在维也纳会议上，挪威被合并给瑞典，但在1905年又获得独立。它的科学传统较弱，但早期重要的物理化学研究是在那里进行的。比较这个时期欧洲各国出现的专业性化学研究，我们可以发现，各国的经历多么不同，但认识却是一致的，即科学是现代文化与现代工业经济的一个重要组成部分；即使在当时，距离愿望的实现还很遥远。[10]

无论是从地理还是科学上说，西方式的科学都很少根植于欧洲人的殖民地或远离这些科学中心的周边国家。[11]印度慢慢受到英国的影响与支配的原因是因为东印度公司，东印度公司的运作目标是商业性质的，其名声也有些不光彩。1800年，班克斯正在推广加尔各答植物园，在他的支持与东印度公司的赞助下，大量关于科罗曼德尔海岸植物的书出版，这些出版物在一定程度上缓和了在动荡时期英国与印度殖民地的公共关系。[12]公司总督在巴拉格布尔（Barrackpore）设立了一个动物园。麦考利在印度任职期间就在那儿开创了西式教育。[13]来自英国的军人和行政人员，和印度那些关键的，但不愿透露姓名的消息提供人和同事，在这个次大陆上进行探索和勘察。[14]他们收集了许多关于印度风俗、历史、地形、动物、植物和化石的标本和资料，并将其运送回国。这些资料都附有一些精美插图，通常是由当地传统的蒙兀儿（Mughal）微型画艺术家完成的。它们在伦敦展出，供那里的专家研究。[15]在广州和香港的公司官员制作了包括自然历史标本和图片在内的合集；而来自荷兰东印度公司的人在一年一度往东京给幕府大将军朝贡的旅途中，也在长崎基地做了同样的事情。[16]在1811年至1816年的法国战争期间，斯坦福德·莱佛士（Stamford Raffles，1781—1826）是爪哇的最高长官。这期间，荷兰被法国军队占领，其殖民地也被英国夺取。他写过有关爪哇的历史，并请美国人托马斯·霍斯菲尔德（Thomas Horsfield，1778—1859）对当地动物进行了归类描述的工作。他还制作了大量的收藏品，可惜的是，其中大部分都在他回国时的一次船只失事的火灾中焚毁。[17]滑铁卢战役之后，法国被迫把爪哇归还给荷兰，他移居到新加坡，因为那是一个理想的贸易城市。当他最终回到伦敦时，和戴维一起创办了伦敦动物园。

　　班克斯从来没有忘记他在植物学湾（Botany Bay）的植物研究，在他航海与勘探的旅途中，他在澳大利亚推广了科学，并在这个新建的殖民地鼓励动物"驯养"和推广农作物栽培技术。他在美利奴绵羊的出口中发挥了重要作用，这种绵羊是他在克佑区皇家植物园负责管理饲养的，从而推出了精纺细羊毛的贸易销售，促进了殖民地的繁荣。1801—1803年，海军部赞助的航海探险风起云涌，由弗林德斯船长负责对澳大利亚的勘探工作；1818—1822年，由菲利普·帕克·金（Phillip Parker King，1793—1856）接手。1837—1843年，杰·洛尔·斯托克斯（J. Lort Stokes，1812—1885）乘著名的英国皇家海军"贝格尔号"赴南美洲进行测量海岸线的活动。之后，1846—1850年，欧文·斯坦利（Owen Stanley，1811—1850）率英国皇家"响尾蛇号"进行了多次海洋探索。赫胥黎是"响尾蛇号"探险航行的助理外科医生。上一次"贝格尔号"航行探险，达尔文也参与其中，当时火地岛和好望角已经被绘制成海图，这对在刮西风时，从澳大利亚往返的船只来说至关重要。[18]航海家们徒劳地在那儿寻找大型河流，希望能找到那些像打通美洲大陆的河流，但在这个巨大而漫长的陆地上，艰难的陆上旅行是无法避免的。[19]伴随着淘金热，澳大利亚迎来了快速发展。在这期间，地质学家罗德里克·莫奇逊（Roderick Murchison，1792—1871）以班克斯为榜样，成为科学探索的赞助人。他曾预言能在澳大利亚找到黄金，并常为他的这一预言感到得意。殖民地被作为原料的生产者，羊毛被运往英国的布拉德福德（Bradford）制成纺织品，标本被送往伦敦分类。如果足够勤奋，并对伦敦的施恩人表示恭敬，人们就能得到认可，甚至有望挤进皇家阶层。1848年之后，受过良好教育，但却没有殖民地的德国人在澳大利亚的科学发展中也扮演着重要的角色。随着形势的发展，从19世纪50年代大学的相继建立，澳大利亚本土的科学研究变得重要起来。墨尔本和悉尼渐渐成为重要城市，但那里的人仍然期望由英国人或其他欧洲人，而不是土生土长的澳大利亚人来担任国家、教堂和学术界的高级职位。[20]因此，布拉格从剑桥来到了阿德莱德市，并在那里结婚。在他与儿子劳伦斯（Lawrence，1890—1971）共同研讨磋商的过程中，他发现X射线能够找到原子在晶体中的位置。这一科学发现使他获得了诺贝尔奖，并被召回英国任职，得以与儿子重新团聚。与他共获1915年的诺贝尔物理学奖之后，儿子已比他在更早回英国继续进行研究。[21]这种文化依赖或"殖民时期的自我贬低"，直到在20世纪后半叶才告结束。[22]

在英国政府中占有代表席位的爱尔兰虽然不是殖民地，但其经历并无太大的不同。爱尔兰有长期的制图传统（通常与战利品的分配有关），和印度一样，它只是被当作社会工程的实验室。首获英国政府支持的第一个高等教育机构是位于梅努斯（Maynooth）的罗马天主教神学院（目的是使爱尔兰神职人员可以在国内接受教育而不用出国，因为出国学习可能会接触到被认为有威胁的观念）。在英国的地形测量法令在英国展开大规模的测绘活动之前，英国率先在爱尔兰进行了大规模的测绘，地质调查在爱尔兰当地特别活跃。[23]在一本新出版的、大部头的传记合订本中，查尔斯·莫兰试图证明科学研究曾经是，也应该是爱尔兰的一个重要组成部分。[24]这是因为这里有更多的机会，虽然其中的许多人都离开爱尔兰去了苏格兰、英格兰或更远的地方工作，廷德尔和乔治·加布里埃尔·斯托克斯（George Gabriel Stokes，1819—1903）就是其中的典型例子。人才也有不同的流向。埃德蒙·戴维（Edmund Davy，1785—1857）就曾在伦敦当他堂兄汉弗莱·戴维的助手，并在1813年凭此关系被任命为皇家科克学院（Royal Cork Institution）的化学教授。被选为英国皇家学会会员后，他于1826年在都柏林皇家学会任职。在北爱尔兰，许多信奉新教的苏格兰人在17世纪奥利弗·克伦威尔（Oliver Cromwell）与奥兰治的威廉勋爵（William of Orange）的国会议员竞选活动后定居下来，在狭窄的海峡两岸来来去去。威廉·汤姆森出生在爱尔兰，他却是在格拉斯哥度过了工作生涯。他的父亲詹姆斯原在贝尔法斯特教书，但后来也搬回学生时期的格拉斯哥，在威廉8岁的时候被任命为数学教授。

莫兰的传记中还包括了一些令人奇怪的所谓"爱尔兰人"：比如马可尼，因为他的母亲是爱尔兰人；而埃尔温·薛定谔（Erwin Schrödinger，1887—1961）却是在1948年才获得爱尔兰国籍的——小国家总会有这么一些事情。不管怎么说，许多人确实在爱尔兰度过了他们的一生，这说明莫兰的观点是正确的，即科学研究是爱尔兰文化的重要组成部分，它与王尔德、萧伯纳和叶芝的作品同等重要——毕竟，爱尔兰现在同时将自己视为凯尔特人和一只经济发展上的猛虎。这些爱尔兰科学家包括化学家罗伯特·凯恩爵士（Sir Robert Kane，1809—1890）和托马斯·安德鲁斯（Thomas Andrews，1813—1885），以及天文学家威廉·帕森斯（William Parsons）、罗斯勋爵（Rosse，1800—1867）。1849—1854年，罗斯勋爵是英国皇家学会主席，他的儿子查尔斯（Charles，1854—1931）是蒸汽涡轮机的先驱工程师。1841年，当威廉·帕森斯继承了勋位和在帕森斯顿（Parsonstown）的庄园时，他着手建立世界上最大的望远镜——一个72英寸（1.8米）的反射镜。他成功克服了技术上铸造、抛光和打磨金属镜的巨大难题，并架设起了利维坦（Leviathan）观测台，观测者可以坐在这个离地面50英尺（15米）的庞然大物里进行观测。[25]在1845年至1848年的饥荒年间，他慷慨大方，竭尽全力赈济灾民，备受赞誉，美名远扬。爱尔兰天气潮湿多变，并不是大型望远镜架设的理想地点（但70年来没有哪个国家架过比它更大的）。约翰·普林格尔·尼科尔（John Pringle Nichol，1804—1859）在格拉斯哥展示了它所绘制的引人入胜的星云图片，他在黑色地面上，为广大公众描绘出一幅幅引人入胜的画面。[26]宇宙深空令人入迷而非恐怖。我们无须惊讶的是，在过去，许多爱尔兰科学家来自优越和富裕的新教社区，但凯恩是一位罗马天主教徒，他也和许多罗马天主教徒一样，献身于爱尔兰的科学研究和工业发展。

图20　罗思勋爵的6英尺（约1.8米）望远镜。《哲学学报》第151期（1861）：图24

波兰人和德国人曾为哥白尼的国籍而激烈争吵，虽然这种论争对他本人没有任何意义。传记作家往往轻率地把国籍冠于一些科学家，如"爱尔兰化学家波义耳""克罗地亚数学家波斯科维奇""意大利物理学家伏特"。这种做法虽然可以理解，但也确实对这些人造成某些困扰。[27]流散世界各地的犹太人一直就没有一个国家，虽然他们一直激烈地争论着他们是否应该保留自身文化，还是融入他国。然而，他们这种对宗教的执着与争论也许使他们在科学领域中意义非凡。[28]从地理上来讲，意大利是一个国家实体，但在罗马帝国衰亡后，政治上四分五裂，像热那亚、威尼斯和佛罗伦萨这样的城邦国，加之罗马周围的教皇国，以及拜占庭、法国、西班牙和奥地利的长期入侵，这些都导致了团结的破裂和边界的纷争等问题。在伽利略时代，托斯卡纳方言已经成为意大利的书面语，但对于外界的人来说，其众多方言还是令人难以理解。法国革命期间，在年轻的科西嘉人波拿巴，即后来的拿破仑统治下，意大利曾有明确的国家版图。但是，英国纳尔逊勋爵统领下的海军却在波旁王朝时，将西西里的南部一分为二；1815年之后，北部地区又基本被萨伏依王国和奥地利分割。后来，法国军队转为支持教皇属国。正如在德国一样，民族主义思想以语言相通为由根深蒂固，所以他们认为，事实上，作为位于阿尔卑斯山北部半岛的意大利，有其"天然"合理的边界。凭借诸多名人的支持，如诗人拜伦、朱塞佩·马志尼（Giuseppe Mazzini, 1805—1872）的政治热情、朱塞佩·加里波第（Giuseppe Garibaldi, 1807—1882）和其红衫军的浪漫果敢，以及卡米洛·加富尔（Camillo Cavour, 1810—1861）的外交手段，萨伏依国王曾一度统一意大利。不能说科学与统一有很大关系，但意大利统一的好处却能从斯坦尼斯劳·坎尼扎罗的职业生涯中得到例证。1860年，他参加了卡尔斯鲁厄首届国际化学会议，在会上及会后，他向全世界人证明，水的分子式是H_2O。他出生在西西里的巴勒莫，在远在北方的热那亚任教授，后又回到

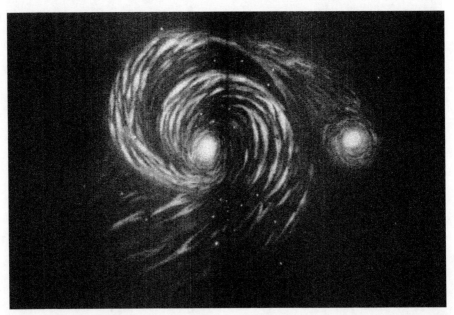

图21　螺旋星云。约翰·普林格尔·尼科尔，《天空的建筑》，伦敦：帕克，1850年，图12

巴勒莫，最后在意大利的中心罗马定居。1871年，他成为参议员，并致力于对公共卫生问题的研究。科学，在伽利略时代曾如此引人注目，再次成为意大利人引以为傲的东西。伽利略的猞猁学院（Accademia dei Lincei）也在这个时期重新建立了。

国家传统

每个国家的不同传统是科学史中的一个复杂问题，它涉及政治、宗教、社会、经济和语言等因素。[29]毫无疑问，随着19世纪前行的脚步，各国在科学研究方式上的差异变得不那么重要了。但在最初几年里，法国和英国是有极端差异的。一方面，法国是独裁政府和以巴黎为中央的集权制，在此有科学院、巴黎综合理工大学、博物馆及相关的植物园和动物园，各种国有化工业都需要有顾问，一切都体现了类似职业模式的架构。另一方面，在英国，政府职能相对较弱，但各郡和地方的忠诚度却很高，民间俱乐部和社会团体众多，英国遥遥领先的资本主义工业革命也为科学家们抓住时机、闯出一片新天地提供了机会。正如我们从化学家戴维身上看到的那样，法国与英国在奖励机制上也有区别。在法国，荣誉和奖赏往往倾向于颁给那些在科学认识上取得成就的人；而在英国，却是授予那些拥有实用知识的科学家。英国社会通过赞助机制，帮助贫穷的科学家和文学家，只要借助有一定地位的朋友的推荐，就能得到政府的"薪金"，就像道尔顿和法拉第两位出身贫寒的化学家一样。而在法国，拿破仑政权为化学家贝托莱和拉普拉斯提供了高薪闲职。[30]但是，从1815年之后，因为职位增多，政府不再那么慷慨，薪水也大幅减少，年轻人的机会受到了限制。

在19世纪期间，德国那种对研究型大学的国家支持模式也开始在法国盛行，由于蒸汽船的发明和铁路的建设，去国外旅行（1789年到1815年战争期间除外）变得越来越容易。德国化学家李比希去巴黎和法国化学家盖-吕萨克一起进行研究，德国地理博物学家亚历山大·冯·洪堡是他的赞助人，并在他回德国后，为他在吉森大学谋得一个教授职位。他在吉森的研究型大学意在培养拥有博士学位的化学家，因此吸引了来自德国其他地区的许多学生——这种教育体系还是基于亚历山大哥哥威廉的理念，它使得大学之间的互动交流变得容易。研究生在科学研究领域中举足轻重的时代到来了。不久，李比希的论著在英国和美国引起广泛关注，因此他开始招收来自德国以外的学生。在此之前，赫尔曼·布尔哈夫（Hermann Boerhaave，1668—1738）、贝采里乌斯、戴维、安培和盖-吕萨克这些杰出科学家都欢迎来自国外的访问者（特别是如果他们还带着合适的介绍信的话），有时还会和他们一起工作研究，但这样的安排都是非正式的。当然，如能参与李比希或本生研究团队的工作，获得一份博士资格证书（在当时要比现在容易）还是发表一篇论文都不成问题。这种学位比神学、法律和医学博士学位"年轻"，因为哲学院系是这类研究的必修科目，一直到20世纪初，这种类型的博士学位才开始在德国获得了广泛的认可。[31]同样，授予医学博士学位也只需学生完成一篇研究论文（论文也许实际上是由导师完成的，林奈的学生就是这样），但要获得神学和法律博士学位，学生必须独立完成研究并发表文章。在英国，博士学位授予机制直到第一次世界大战结束后才开始。

来自英国、美国、斯堪的纳维亚和俄罗斯的学生，甚至还有和法国化学家阿道夫·武尔茨（Adolph Wurtz，1817—1884）一起来的法国学生，他们蜂拥来到德国，因为德国大学的生活便宜，研究风气好，有威望和影响力的教授们也欢迎他们到来。在教授们强有力的引导下，科学研究是以集体努力的形式进行的。"父亲"般的博导是学生构建知识谱系的重要引领人。从英国来德国学习的人，比如英国化学家弗兰克兰和物理学家廷德尔，他们发现自己陷入了深水区：因为他们必须通过完全浸透式的学习方式来学习德语，不仅要长时间工作，还要很快在工作中站稳脚跟。俄罗斯人也处于同样的状态。这是一次令人大开眼界的经历，德国音乐、绘画、哲学、小说、诗歌和戏剧，令学生们目不暇接，但他们最关心的还是化学、生理学或物理学。对德国文化的亲身感受，不仅让科学家们产生了由衷的钦佩，他们还大张旗鼓地将德国各种丰富的文化表现带回各自的国内。在不同的国家（甚至不同地区或大学），对学科的定义也有所不同。因此，化学可以是一个独立学科，也可以是物理、医学或工业发展中的一个分支学科。这直接影响了对哪些问题是重要的科学问题的看法，以及如何获得问题答案的方式方法。

受过培根实证归纳推理法训练的学生，可能会遇到大胆假设演绎思维方法的挑战，反之亦然。到1860年，如果化学家想在英国申请学术职位，必须拥有德国学习研究的经历，除此之外，还得提供他们"父亲式博导"或其他知名德国科学家所出具的证明。

科学家的流向并不完全是单向的。长期以来，俄罗斯也一直吸引着英国人（尤其是苏格兰人）和德国人来从事科学与工程方面的工作，因为受过这些方面教育的俄罗斯人太少了。也有许多德国人想要像阿尔伯特亲王（维多利亚女王的丈夫）一样在英国发财致富，因为英国的工业和学术界都缺乏合格优秀的人才。因此，在19世纪60年代初，在煤焦油合成染料问世的前后几年里，许多德国化学家来到英国，在纺织工业中任职，特别是在染料企业。[32]多年后，他们中的大多数人回国时，都对这一行业了如指掌。当时，德国的有机化学学术研究正大力扶持这一新兴产业，该产业在德国和瑞士都发展得很成功。工程师都到电报和电力行业工作，有些人继续待在英国，如默茨和威廉·西门子（William Siemens，1823—1883），但他的兄弟沃纳（Werner，1816—1892）留在德国管理家族企业。[33]因为无机化学，蒙德来到了英国。在那儿，他用新奇巧妙的氨碱法（又称索尔韦法）来制造碱。蒙德与瑞士牧师的儿子布鲁纳一起创办合营公司，他父亲在利物浦有一所学校，他们共同创建了当时在英国利润丰厚、规模宏大的一个化工企业。布鲁纳作为激进的自由人士入选国会议员，并受封为准男爵，被称为"化学界的克罗伊斯"。[34]蒙德是他们公司专业技术的掌门人。该公司是英国帝国化学工业有限公司的前身，与像巴斯夫股份公司这样的大型德国公司进行竞争。

那些学术型的化学家也来到了英国：李比希是位常客，还有凯库勒。凯库勒在德国吉森工作了三年，巴黎一年，1854—1855年间，在伦敦。他在圣巴塞洛缪医院约翰·斯坦豪斯（John Stenhouse，1809—1880）的手下工作时，遇到了亚历山大·威廉姆森和威廉·奥德林（William Odling，1829—1921），威廉姆森因为阐释了如何在机械装置的反应过程中从酒精生产醚而闻名。他将德国与法国对化学元素的家族分类，或称"分类形式"的观点，进行了比较分析。据称，他像做着白日梦，凝视着炉火或伦敦巴士的顶部，想象着原子在空间形成的图案，每一种都形成一组固定的链接数量与其他的原子相连。他的这个所谓白日梦被霍夫曼发展成实际模型。1865年，凯库勒在实验室打起瞌睡来，梦到了一群蛇正在追逐着它们自己的尾巴（一种炼金术符号），就此得出了苯的结构式C_6H_6（其实法拉第早就将其分离开来），有一个环状结构的想法。这些科学家做的梦也许是真实的，也许是对假设的演绎思维诗情画意的描述，但无论如何，它们带来了预测（并且很快得到了证实），即有三种化合物，它们是$C_6H_4X_2$（其中X可以是一个原子，如Cl，或一组原子，如OH和NH_2），其结构模式分别被称为邻位、间位和对位，随着第二个X绕环运转，而第一个X则固定在顶部。这些梦境也好，想法也罢，都为回到德国的化学家们的综合研究打下很好的基础。凯库勒在比利时根特逗留了一段时间后，成为拥有出色的新实验室的波恩大学的一名教授。[35]

在各国之间来回穿梭工作的并不只是化学家。地质学家，如德国的洪堡和莫奇逊，就与俄罗斯当地的学者一起合作进行实地科学考察。早些时候，洪堡、奥菲拉和其他一些来自法国军队占领国的科学家还去了巴黎；而互有敌意又相互钦佩的戴维和法拉第，为碘酒发明的优先权大吵一架之后，携手前往那些令人愉快，没有高压气氛的意大利城市。其他一些在国际上令人不愉快的相互竞争事件包括：见多识广的廷德尔力挺德国科学家的主张，尤其是热力学家迈尔和热力学奠基人克劳修斯。这件事引起了苏格兰人的愤怒，特别是苏格兰的数学物理学家彼得·加斯里·泰特，他坚称这是焦耳和威廉·汤姆森的研究成果。[36]海王星的发现也引起了极大的争议。约翰·库奇·亚当斯（John Couch Adams 1819—1892）在剑桥天文台的时候，就用数学计算方法预测过海王星的存在，因他曾观测到天王星轨道波动的奇怪现象，并计算出海王星应该的位置。但格林尼治和剑桥的天文台当时都很忙，对此没有认真关注。[37]不久之后，于尔班·勒威耶（Urbain Le Verrier，1811—1877）在巴黎天文台也独自做出了同样的预测，他还成功地找到了柏林的天文学家约翰·格弗里恩·加勒（Johann Gottfried Galle，1812—1910）来为他的预测作证，加勒立即停下其他工作，专门搜寻海王星。英国曾出现一些抗议场面，民族自豪感和对背信弃义的外国人的仇恨一度又被点燃。幸运的是，这两位主角却配合融洽，分别获得了各自的殊荣，并在剑桥与巴黎的天文台得到各自的职位。

在医学研究上，游历各国是很有益处的，可以看到学到许多不同事物；威廉·劳伦斯就是众多访问法国者中的获益人之一。德国自然基金会举办的会议为外国科学家互相见面提供了机会，在此，各国科学家能互相见面交流。后来的英国科学促进协会的会议，也起到了同样的作用。虽然语言仍然是交流的巨大障碍，翻译又常常差强人意，但会议还是能让大家知晓科学研究领域的最新动态，并对消除国家之间的认识差异起到了重要的作用。赫胥黎看到了德国胚胎学和生理学研究的重要性[38]，因此，他也向廷德尔学习，着手翻译这方面的论文。

1860年以后，科学上有了一个新的发展，在第一次卡尔斯鲁厄举行的国际科学大会上，化学这门学科站稳了独立的脚跟。然而，情况是，正式的小组讨论会常常有些乏味，对科学研究的结果难以定论，还不如与个别科学家之间的谈话来得重要，更远不如在会后阅读、思考意大利化学家坎尼扎罗的论文所能得到的收获（他为传阅对论文做了印刷，这一点极为英明）。从卡尔斯鲁厄国际会议召开至今，所谓的国际会议就一直是这样：主题演讲可能很重要，论文也很有意思，但关键和最富有成效的会面通常是在酒吧或就餐时。国际会议一直是各国科学家保持沟通和联系的基本方式。这样的国际会议一直持续到1914年。那是一个竞争的时代，也是人们还相信科学可以超越民族主义的时代。

科学与国家实力

珀金或爱迪生的发明和发现令我们引以为傲,在国际会展中庆祝他们的科学成就理所当然,这样的喜悦固然是无害的。但是,科学和技术在战争中赤裸裸的实力展示却又令人感到恐惧不安。因为库克对圣劳伦斯河完成勘探,使沃尔夫(Wolfe)将军在1759年成功占领了魁北克。1791—1815年,双方科学家和工程师都以不同的方式为战争效力。在克里米亚战争(1854—1856)中,库克的继任者,在南美和澳大利亚海边培训完毕后,引导皇家海军进入波罗的海。而运河建造者则修建了一条铁路,将物资运送到克里米亚前线,因为当时士兵的医疗救治是主要问题。1861年,为回应法国正在建造新型的战列舰"光荣号",皇家海军铁甲战列舰"勇士号"建成下水,它被认为威力强大,在世界各国海军中首屈一指。在美国内战(1861—1865)与俾斯麦领导的德国统一运动期间,我们可以看到火车将军队士兵运往距离遥远的前线,看到现代大炮的致命威力。当笨拙又粗糙的梅里麦克(Merrimac)和莫尼特(Monitor)毫无结果地相互炮击时,我们也看到了装甲战列舰在战争中的血腥用途。快速的工业化发展使德意志帝国和美国成为两座现代化的灯塔。然而,美国人有广袤的大西部可供开发,德国却不是像英国或法国那样拥有众多海外殖民地的帝国。许多人——特别是从1897年后的德皇威廉二世、他的新外交大臣伯恩哈德·冯·布洛(Bernhard von Bülow,后来的总理)和海军部长阿尔弗雷德·提尔皮茨(Alfred Tirpitz)开始,他们都觉得德国的实力和重要性受到了不公平的约束,他们嫉妒英国和法国的"阳光下的美好境地"。[39]

1815年,英国拥有的军舰数目超过了世界上其他国家军舰数目的总和,这个帝国看似在一种心不在焉的状态下形成的,但实际上是一种稳步发展的结果。南美国家成为帝国非正式的一部分,它们通过贸易与英国(英国帮助它们从西班牙独立出来)联系在一起。英国皇家海军建立海军基地来保护贸易和侨民。英国政府认识到，一个依靠贸易的陆地小国需要一支庞大的海军来支持和保护其海上帝国地位（但费用越便宜越好）。[40]英国国会达成一致意见，皇家海军应该一直保持与仅次于它的两大海军军力之和一样的规模。在接下来一代人的时间里，曾打败拿破仑海军的英国皇家舰队似乎会永远是海上的霸主。但到了19世纪中叶，情况已经不一样了。此时的英国海军已不再像纳尔逊时代的那样强大了。能唤起人们回忆的特纳名画《被拖去解体的战舰无畏号》(*The Fighting Temeraire*)，向我们展示了一艘巨大的木船在日落中被蒸汽船拖走的黄昏景象。[41]英国军队也同样被其强大的古老传统和经济所压垮，到19世纪40年代，伍尔维奇（Woolwich）兵工厂和它的低端产品已成为古董了。约翰·安德森（John Anderson，1814—1886）在一次人事变动中被任命为兵工厂的厂长，他充满活力，改革更新艾恩菲尔德兵工厂，生产各种新式武器，用阿姆斯特朗和他的竞争对手惠特沃斯（阿姆斯特朗后来接管了整个公司）的发明专利，制造了以锻铁（后来用钢）工艺铸成的后填式火炮。[42]英国的火炮和各种小型武器都是应其参与许多小型战争之需而制造的，而在美国哈珀斯渡口的兵工厂以及其他地方的军工厂不断改进武器的形势下，意味着每个国家都不能忽略军备开支了。[43]

在战舰制造方面尤为迫切。最初，制造战舰的材料是铁，而后是钢。战舰最初是以蒸汽机作为船帆的辅助动力；不久，涡轮替换了活塞发动机，螺旋推进器代替了轮桨；随后又引进了后膛炮，它们需要用装甲钢板加以固定以抵抗它们的后坐力。原来的战舰是靠直线航行，接近对方后再进行近距离轰击，而后来所设计的战舰是在双方几乎还在视线外的距离就开炮交战了。皇家海军铁甲舰"勇士号"使用不到十年就被废弃了。而装备巨型大炮与最新技术的"无畏号"在1906年下水时，是世界上最强大的战舰，建造这艘舰花了一年零一天。当时正在服役的所有战舰立即就过时了，一场耗资巨大的新的军备竞赛就此开始。[44]"无畏号"成为最先进战舰的一种级别等级，德国海军联盟（German Navy League）敦促（支持）政府加快建造更多这样的庞然大物。英国人决心永远保持比德国多60%的海上优势。这些快速漂浮的炮台位置难以明确，但德国舰队的存在意味着皇家海军不能分散部署——必须维持一支庞大的护国舰队。一艘正在行驶的战舰要远距离击中另一艘行驶的战舰其实是非常困难的。制造合适的钢材、推进装置和高爆炸药，设计测距仪和瞄准器，保持战舰稳定，这一切都需要科学和工程技术，除此之外，所有人员还需要经过大量的训练。德国也开发了齐柏林飞艇和潜艇。战舰的开发制造使德国民族主义思潮高涨，还有英国人在1904年与法国（他们传统的敌人）达成外交和解协议，以及德国对其所做出的反应，这些都是引发1914年第一次世界大战的前奏。

1900年，英国发明家巴贝奇曾经幻想的世界正在到来，在这个世界里，科学家和工程师的成就得到了应有的赏识。拿破仑一世和拿破仑三世，以及在他们之间过渡的国王都将爵位授予法国的科学家，其中包括分析学家拉普拉斯、化学家贝托莱和居维叶。随后的共和政府也给予科学家各种荣誉，如政府的职位、奖章之类，贝特洛更是得到了被葬在万神殿大教堂的荣誉。在德国，李比希、亥姆霍兹、霍夫曼、凯库勒和其他杰出的科学家都得到封爵并享有极高的社会地位。在英国，戴维和赫歇尔斯也像牛顿一样，被封为爵士。19世纪后半叶，更高的荣誉颁给了外科医生李斯特、工程师阿姆斯特朗和物理学家威廉·汤姆森（他成为开尔文勋爵），他们都进入了贵族阶层。法拉第拒绝接受荣誉和勋章，但"平民"出生的赫胥黎成为一名枢密院顾问。许多科学家和技术专家，包括戴维、瓦特、焦耳、麦克斯韦和达尔文，他们或是被葬在英国的万神殿——威斯敏斯特大教堂，或是在那儿立像以供后人瞻仰。[45]直到19世纪后半叶，无人会怀疑他们对于国家的重要性，也不会认为他们是"老古董"。

科学的冲击

皇家海军战舰"无畏号"的制造涵盖了大量科学知识的应用，但却不经一炸，这可能会让谁都对科学和技术的能耐产生怀疑与偏见。然而，海军强大与否是国家威望和科学技术高低的表现，这点却不容置疑。那些对澳大利亚和南美的航海勘察其实也涉及军事情报，因为英国坚决不想让其他欧洲列强踏上这些地方。库克（他因受到葡萄牙当局对他疑心重重的接待大为恼怒）发现里约热内卢的防御非常脆弱。葡萄牙人巴不得洪堡快点离开巴西（他当时正在法国的一支勘测探险队里，被认为有敌意的威胁），还下令一旦他出现在亚马孙河上，就逮捕他。但是，1815年后，特别是巴西独立以后，更加欢迎有科学背景的游客来游历。[46]达尔文曾在巴西做过短暂逗留，他惊叹于此地热带植被的丰富，在收集了许多动植物样本后匆匆离开，因为他乘坐的"贝格尔号"的任务是要继续南下勘察。在1848—1850年间，贝茨和博物学家华莱士也从英国来到这里收集标本，但他们是出于商业目的。[47]贝茨在巴西一直待到1859年，他后来悲伤地说，在这十一年间，他只净赚了约800英镑。他的工作不只是简单的标本收集，他还用达尔文的术语，解释蝴蝶外表形状或色泽相似的"拟态"现象是因为自然选择的结果。贝茨回英国后，达尔文说服出版商约翰·默里，将他的旅行记作为极为可读之物出版，并帮助他在皇家地理学会谋得一个职位。[48]

华莱士也属深思熟虑之人，他带着他的收集比贝茨更早离开了巴西，但他和莱佛士一样，样本在海上的一次失火中被焚毁。他原打算将之整理成文献卖个好价钱，现在不得不再次出发从头开始。这一次，他来到了印度尼西亚，对生物的分布进行了研究，并在1858年提出了经过自然选择进化的观点。贝茨和华莱士两人都没有维多利亚时期英国人常有的种族主义倾向，但他们的研究（包括洪堡的著作）刺激了植物经济学的发展，这可能导致了乱砍滥伐的现象。[49]达尔文的另一位好友，英国植物学家约瑟夫·胡克，热衷于把克佑区的皇家植物园发展为一个帝国的生物资源基地，巴西人就此成为感觉不那么舒服的科学接收末端。巴西圣保罗铁路公司是英国最赚钱的拉丁美洲铁路企业，主要是将咖啡运往桑托斯港口出口。[50]巴西生长的洋苏木被砍伐运往英国木材厂，切碎并制成红色染料，但这种有利可图的交易在后来因苯胺染料的出现而被淘汰。橡胶对工业来说是必不可少的，工人从亚马孙地区遍地生长的野生橡胶树中提取胶汁。尽管巴西禁止橡胶树种出口，英国人还是千方百计地将它们带回克佑区植物园。博物学家詹姆斯·特雷尔（James Trail，1851—1919）在1873—1875年间参加英国一家获得巴西官方特许的航运公司在亚马孙地区的勘探活动，这期间，他秘密寻找橡胶树种子，并对橡胶树的潜在价值进行研究。但是，他没有成功，而探险家亨利·韦翰（Henry Wickham，1846—1928）在克佑区植物园培育的种子却发芽了。这些树种随后被运到马来亚的种植园种植成功，这使得巴西橡胶变得无利可图了。同样，秘鲁的奎宁树也在克佑区植物园完成培育，并在印度种植成功。特雷尔在巴博萨·罗德里格斯（Barbosa Rodriguez，1842—1909）的辅导下，成为棕榈树的权威专家，当他回英国并被任命为阿伯丁（Aberdeen）大学教授后，出版了许多关于棕榈树的书籍，他在书中给棕榈树命名，分门别类。罗德里格斯对这种过高的安排提出抗议，但无济于事，因为远离欧洲工作的博物学家应该得到特别的尊重。[51]1907—1909年，当卡洛斯·查加斯（Carlos Chagas，1879-1934），在位于里约热内卢的奥斯瓦尔多·克鲁兹研究所（Oswaldo Cruz's Institute）成功分离出一种导致热带疾病的寄生虫，并找到了它的带菌体，没有人能否认巴西人也同样在做严肃的科学研究工作。

英国皇家海军战舰在巴西沿岸活跃的一个原因在于，1807年，英国政府终于宣布奴隶买卖为非法。战争结束后，取缔这类非法的交易（同时促进和保护合法的贸易），成为海军力量的主要任务。那些驻扎在非洲沿岸，以陆地为基地的非洲开发探险队与奴隶交易都有着密切的关系，他们所面临的是来自社会团体和传教士社团的压力，政府也想一劳永逸地解决这一问题。令人好奇的是，探险家如蒙哥·帕克、理查德·伯顿、大卫·利文斯通（David Livingstone，1813—1873）和亨利·莫顿·斯坦利（Henry Morton Stanley，1841—1904）等人，在他们努力绘制非洲国家地图、评估地方资源的过程中，也欣然接受奴隶贩子的援助，并与其队伍一起同行。他们在用令人厌恶的奴隶买卖取代可敬的诚实贸易的同时，还有脸将基督教福音带给那些可怜的非洲人。探险家绘制的地图和资料，他们发现的所谓非洲财富，以及欧洲人的坚船利炮，这些因素都是导致欧洲人争先恐后去"瓜分非洲"的原因。马达加斯加曾是海盗的基地，后来被来自伦敦传教士协会的新教徒所教化[52]。有人建议将其变成英国的保护领地，但被英国政府拒绝了。英国政府认为帝国已过度扩张，所以并没有接受许多类似这样的要求。而法国人虽然已经在北非、西非和远东地区建立了自己的殖民地，却仍然以该国正流行的"大规模发热疾病"需要预防为借口，入侵了马达加斯加。付出了不小的伤亡代价之后，法国人最终还是没有把这个物质丰富的巨大岛屿纳入其帝国势力的版图。在这些曾经被称为"白人坟墓"的地方，医学研究极为重要。种植奎宁是一个方面；另一方面就是像英国医生罗纳德·罗斯（Ronald Ross，1857—1932）那样的研究工作，是他最终确定了疟疾与蚊子的直接关系。他出生于印度，1881—1899年，在印度医务部任职。到了20世纪初，欧洲的许多港口城市都建立了热带疾病医院，其中包括汉堡、马赛、利物浦和伦敦。欧洲大国消灭了大部分非洲的奴隶交易，给非洲人带来了诸多新的发展机会，但对于非洲人来说，只是换了主人。作为原始的生产者，他们只是感受到科学和技术的冲击力，却无法分享那些科学引领者更为幸福的命运。

在那段时期，国家声望的高低与参与非洲的探索和开发有直接的关系，欧洲各国心安理得地在地图上用颜色标明自己所占领的大块土地。在这场瓜分非洲的竞争中，作为后来者，德国人因为他们的小份额而闷闷不乐，但他们对于开发利用殖民地热情不减，他们在坦桑尼亚的坦噶尼喀（Tanganyika）种植剑麻，还修建了一条铁路。另一方面，国际合作活动仍在继续，特别是在19世纪30年代洪堡发起的"磁极探测运动"中，各国的合作可见一斑。

这个伟大的地球物理研究事业特别激起了英国人的热情，洪堡受到了英国人极大的赞赏，该活动牵涉到对整个世界的磁场测量。各国天文台都进行合作，开展了各种陆地勘探活动。特别加固的皇家海军舰艇"黑暗号"（Erebus）和"恐怖号"（Terror），在舰长詹姆斯·克拉克·罗斯（James Clark Ross，1800—1862）的带领下，被装备成浮动观测站。罗斯船长是发现北磁极端的人。他们于1839—1843年间前往南半球，穿越罗斯海，并访问了约翰·富兰克林（John Franklin，1786—1847）时任总督的塔斯马尼亚岛。[53]在世界的另一端，试图打通环加拿大顶端西北的商业通道的国际竞争更为激烈与迫切,因为这条通道会使中国和日本更接近西欧的愿望成为可能。[54]虽然加拿大北部是一个荒芜的地区,但要探索开发的动力是因为俄罗斯人已经穿越了西伯利亚,他们已经到达阿拉斯加,可能会对东部或南部地区提出进一步的领土主张。富兰克林和训练有素的爱丁堡医生约翰·理查森(John Richardson,1787—1865),是这些开拓探险行动中的英雄人物。他们乘坐独木舟航行,勘测绘制北极海图,在极端饥饿时吃自穿的靴子充饥,在遇险时被善良的印第安人救起,获救后还坚持完成他们的探测工作。[55]1845年,已经59岁的富兰克林跟随罗斯南极探险船队再次出发。1847年,由于他所乘坐的船遭遇冰封,富兰克林与所有船员同时遇难。其他多达一百名船员,在试图通过陆地逃离的过程中死亡,但其中的幸存者也同时发现了冰封的通道。派出去寻找他们的探险队完成了这片荒凉地区的地图绘制,勘测显示,这一通道船只难以通过。最成功的探测者当数哈得孙湾公司(Hudson's Bay Company)的约翰·雷(John Rae,1813—1893)。他轻装简从,从因纽特人那里学会如何在野外生存的本领。[56]

图22 一次航海考察之旅——北极冰雪不祥日光下一个水手的葬礼。
J.麦克林托克,《约翰·富兰克林爵士发现之旅的命运之叙述》,
伦敦:约翰·默里,1859年,74页

在英国和美国对五大湖区西部边境达成协议后，加拿大人和美国人（美国在1867年从俄国沙皇手中买下了阿拉斯加）也开始对其广袤大地进行类似的勘察。当英国人将红杉树以威灵顿（Wellington）公爵的名字命名时，民族主义思想也进入了分类学领域。英国人将许多新发现的植物以本国的伟人命名。美国人不干了，他们坚持各为一国的原则，确信美国的鸟类和植物种类与欧洲的不同，就算它们（如野鸭）看起来完全一样也不行。铁路和电报在国家建设中至关重要，特别是在北美和俄罗斯。1852—1854年，在佩里的率领下，美国海军不顾日本人的意愿，打开了日本通往世界的大门。日本迅速接纳了西方的科学技术，还以有条件的合同方式，聘请外国教师培训日本人成为他们的继任者。日本人决心避免沦为殖民地，很快修建了铁路，装备了一支现代化军队，还特意到纽卡斯尔，为订购整套海军舰队装备的计划拜会了英国企业家阿姆斯特朗。1904年，日俄爆发战争，俄罗斯波罗的海舰队驶过非洲和马来西亚沿海去打击日本舰队。在途中，他们误把在英吉利海峡行驶的渔船和其他船只看成日本炮艇，胡乱开炮射击。在对马海峡（Straits of Tsushima）一战，日本舰队全歼俄罗斯舰队。一个雄踞欧洲的大国被以西方科学技术武装起来的亚洲小国击败，这成功地证明，科学发展在维护民族自豪和民族地位方面有着何等重要的作用。接着，相对落后的俄罗斯爆发了一场以流产告终的革命，情况即将转变的信号出现了。科学显然已经失去了它原本无辜的本色。

然而，20世纪初是一个充满乐观的时代，各国更注重的是民族地位和恰如其分的爱国主义宣传，而不只是强调军事力量的提升；更注重的是科学发展，而不只是武器的改进。阿尔弗雷德·诺贝尔是炸药的发明人。一种相对安全的烈性炸药对大型机械工程施工至关重要，他遗赠了一大笔资金设立科学成就奖。从1901年开始，诺贝尔奖就一直是一种国家的荣誉，它就像奥运金牌一样，各国对此进行着无伤大雅的得分比赛。在1900年的巴黎博览会上，人们为科学的进步欢欣鼓舞，为电力的应用惠及民生欣喜若狂。物理学家在一场新的科学革命中发现了各种不同寻常和意想不到的现象，化学家也在生产各种新的物质。1901年，马可尼成功地发送了首条跨越大西洋的无线电信息。1903年，威尔伯·莱特（Wilbur Wright, 1867—1912）和奥维尔·莱特（Orville Wright, 1871—1948）兄弟驾驶飞机首次飞行成功。

结　论

19世纪，欧洲已形成各自统一的民族国家，只有俄罗斯和奥地利还有一些统治下居住着混合族群的小国。这些国家的统一是建立在其民间历史的记忆上，这些记忆在浪漫主义时期被编造成各种强大动听的神话。渐渐地，这些国家在科学家和技术人员所取得成就的民族自豪感中成长壮大，科学技术人员对国家的现代化起着主要的作用，他们的研究成果增加了国家的财富与实力。这是一个欧洲对外扩张、建立海外殖民地的帝国时代。殖民地国家被作为原材料的供应基地（以信息和原料成品形式），材料在欧洲的各大都市加工成各种产品。而在东部海岸那头的美国，自有自己的后院——西部，可供探索开发。欧洲一些较小的国家，如意大利，和德国一样是以政治力量统一立国的，而比利时则是依靠自己建立起来的国家，这些小国都向他们邻近的大国看齐，有样学样。随着学生和成熟的科学家遍访他国，旅游拓宽了许多人的视野，无论是在学术研究领域还是在工业发展方面，他们在他国都遇到了新的思维模式，看到了事情不同的运作方式。军队，特别是展示国家实力的海军，随着技术的变化而改变了模样，当战争变得更加血腥时（尽管医疗救治也改善了），军备竞赛也随之而来，这些都是1914第一次世界大战爆发的主要因素。科学也对欧洲以外的国家产生了重要的冲击——尤其是在印度、非洲（此时非洲的大部分都被欧洲列强瓜分，成为他们的殖民地，开始耕种新型作物和进行新工业的发展）和南美。南美的奎宁和橡胶种子在被走私到克佑区植物园之前，一直有利可图，英国和其他国家的殖民地也都建立了它们的种植园。日本成功转型，没有沦为殖民地，因为它学习采用了西方的科学技术，到1900年，它已成为一个可畏的国家。在所有这些国际竞争和民族主义的进程中，彼此合作的科学研究公司仍然继续存在，特别是在地球物理学研究领域。从20世纪初开始，诺贝尔奖是一种评估和量化一个国家对科学发展贡献大小的方式。如何定义一门学科是科学的，这将是下一章的主题。

第十章
方法与异端

Method and Heresy

如果认真遵循正确的方法,就能成就好的科学这一必然结果,那就太好了;如果无须通过辛苦用功学习物理、化学或生物知识,就能学到这种方法——就像轻轻松松学法语那样——那就更棒了。自从笛卡尔在1649年用英语发表了《方法论》(Discourse of a Method)以来,科学的倡导者就一直强调科学方法,认为这样的方法可以将科学与其他不可靠的活动区别开来。[1]在19世纪,一些人甚至希望科学方法可以被应用到所有地方,在所有领域都能产生真正的、经过考验的知识,即科学。这种观点后来被称为实证主义或科学主义。除了古文物学家、心理学家或人类学家的研究以外,他们把其他一切,都看作见解、情感和主观性的领域,几乎不值得认真考虑。他们中更多的人希望,科学方法的研究可以成为自由教育的一部分,使那些永远不会成为科学家的人将科学视为一种文化力量,一种通往了解世界的可靠的知识途径,不仅仅只看到它在现代经济中昂贵的一面,却没看到它重要的另一面。这种观点可以追溯到很久以前。亚里士多德曾在他的动物学著作中说过,受过良好教育的人不仅应该对专家所说的东西感兴趣,还能够做出正确的判断。[2]能够判断归纳和演绎论点是否正确,又不被陌生术语或内容所迷惑是至关重要的。然而,仅仅只是对科学进行思考(无论是支持或反对),要比从事科学容易得多——我们别忘了科学的艰巨性和复杂性,以及研究科学带给人们的兴奋。

因此,对于想要正确地进行科学研究工作的行内人来说,对方法的讨论也是非常重要的,他们或许发现所接受的理论真经其实可能是一个桎梏。科学家们是谨慎的保守主义者。以前,与创新者打交道的一种方法,是将他们打上异教徒或者投机者的名称,是一伙不恰当地试图想在沙地上兴建高楼大厦的人。因此,居维叶摒弃了自然哲学和进化论;亨利·布罗姆(Henry Brougham,1778—1868)摒弃了杨(Young)的光波理论;赫胥黎摒弃了进化理论中的器官退化学说;威尔伯福斯摒弃了达尔文长期积累的、基于概率性的论证。这种激烈的争论与批评也是科学的一个严谨组成部分,是极其必要的。在提出科学研究方法的时候,作者们可能在表达他们对这个世界的深刻信念的同时,经常表现出对那些世俗公认标准的客套敷衍——这在谨慎的历史学家眼里，不失为另外一种有趣的现象。史学家还试图了解那些伟人，尤其是牛顿，是如何建立了似乎不可动摇的关于自然界的真理。在这方面，牛顿并没有给予太多的帮助。他说，他就像一个在海滩上捡起漂亮鹅卵石的男孩。他把问题摆在自己面前，不断地思索，一点一点获得答案。牛顿在《自然哲学之数学原理》第一版中使用了他称之为"假设"一词。后来，他抛弃了这个笨拙的词，代之以"推理法则"和"现象"。"假设"这个词先前是中性的，它的意思后来渐渐变成"揣度"。其实牛顿的"假设"包含的理由远比揣度充分得多。在更容易让人理解的《光学》一书中，他遵循了一条归纳、实验的路径，谨慎地进行总结，并在面对各种选择时，使用了"关键性的实验"（一个培根的术语）一词。该书后来连续不断再版，他在书尾所增补的"存疑"部分中，对于公开或有争议的问题，表明了他个人更倾向于接受哪方观点——比如光是微粒子的运动还是波动——这样就避免把自己直接搅入争议。在1789年的科学界里，他的名字是最受人尊敬的，跟随他就代表走在正确的路线上，但事实并不总是如此。

部分原因是因为有各种不同类型的科学思想。有些人的科学研究是通过构建假设和测试推理来进行的，到了20世纪，这种方法被认为是最优秀的科学方法。另一些人则是仔细地收集数据并进行归纳，在18世纪90年代，这似乎是一种安全的方法。他们的同时代人与戴维形成了鲜明的对比，戴维急于发现真相，沃拉斯顿则急于避免犯错。[3]1858年，知识丰富的历史学家亨利·布克尔（Henry Buckle）在皇家学院演讲时宣称，女性拥有一种跳跃性的演绎型思维头脑，而男性的智力则是缓慢的、归纳型的，而科学的快速发展对二者都是需要的。[4]很不幸，以他的论断，牛顿就成了他的女性智力的例子。19世纪末，法国哲学家皮埃尔·杜赫姆（Pierre Duhem，1861—1916）认为，英国人的思维模式是"宽宏"性的（或者说宽而浅），而法国人的思维则相对较为深邃。[5]这是一种相当不同的区分，将综合思维与分析思维一分为二；而事实上，两者都是必要的。杜赫姆不是一个狭隘的民族主义者，因为奇怪的是，以他的分类，牛顿属于他所说的法国式思维，而拿破仑则属于英国式思维。在某个时间、某些地点，假设推理（通常是分析性的）思维才是适当的；而在其他时候，谨慎归纳和全面的观点是恰当的，或者说是必需的。[6]

不同的传统

因此，在拉瓦锡时代的法国，有某种对宏大启蒙思想"体系"的抵制，认为它只是一个经不起严格测试和缺乏细节的粗犷的构图。数学和化学分析是当时的主流，被称为"第二次科学革命"，正在巴黎如火如荼地进行，其中伴随着细心的实验、准确的观察和仔细的测量。哲学家奥古斯特·孔德毕业于巴黎综合理工大学，在他的"实证主义"中，他叙述了知识（在个人和社会中）历经宗教和形而上学不同阶段的进步，这种进步在19世纪20年代和30年代正处于解放和成熟的欧洲，达到了最终正面的状态。[7]他那六卷晦涩难懂的著作经过学富五车的哈里特·马丁内罗（Harriet Martineau 1802—1876）删减翻译，由约翰·查普曼出版。孔德严谨的哲学，因为他的"人道教"而变得颇具人情味，对英国一些抛弃正统基督教的人产生了吸引力。[8]然而，英国的科学家，甚至不可知论者，都认为其影响有限。我们可以在赫胥黎关于小龙虾的教科书的结构中，看到孔德的"三个阶段"法则，但对他和廷德尔来说，要诠释自然界，理论和科学想象力的空间是必不可少的。[9]在法国，贯穿整个19世纪，科学界的实证主义论调在当时的一些人身上很突出，在对原子和进化理论的抵制方面表现得尤其明显。在英国，哲学现实主义（如杜赫姆所认为的那样）依然具有强大的生命力，但对这一点，有些历史学家持怀疑看法。比如，剑桥大学物理学家斯托克斯就希望，牛顿式的理论是真实世界的代表，应该加以信奉，而不是只在方便时使用它（不用就丢弃）。[10]

在浪漫主义运动发源地德国和英国，情况的发展有所不同。[11]尽管德国人对法国在科学上取得的成就表示钦佩，但像歌德、洪堡和奥肯这样的德国人，所追求的是在一个充满活力的世界中，寻求广泛相连的世界观。像戴维这样的英国人也是这么认为的，但由于法国大革命，普里斯特利、伊拉斯谟斯·达尔文和贝德多都被视为公共科学领域的危险激进分子，在他所处的官方位置上，他只能选择支持理性的培根原则。因此，他们仍然与法国人保持科学上的一致，尽管在数学方面远远落后，在物理学方面却迎来了一个新的转折点。在1812年剑桥大学那些年轻的数学家当中，约翰·赫歇尔尤其出类拔萃，他们在欣赏法国人的同时，也对英法之间的差距痛感不安。他们翻译了一套法语教材，开始教学生最前沿的数学，并以此标准对学生进行测试，使他们重回国际社会。[12]赫歇尔离开剑桥，与父亲一起在天文台工作。1822年，父亲去世后，他接手父亲的工作，1829年与玛格丽特·布罗迪·斯图尔特（Margaret Brodie Stewart）结婚。1831年，他（和父亲一样）被封为爵士。在母亲1832年去世后，他在经济上已完全可以独立，因此不需要从事任何专业工作或接受杂七杂八的写作工作，成为一位典型的"科学绅士"。1830年，朗曼出版了拉德纳的《内阁百科全书》（*Cabinet Cyclopedia*）科普读物，其中有一本是他所写的关于科学方法的研究，《如何起步》（*A Preliminary Discourse*）。[13]这本书成为一种经典模板，被用来判断那些对科学地位提出的主张。特别是在完成了对南半球的星团和星云的观察从非洲回国之后，他被看作一位科学英雄。他的科学知识所赋予他的智慧，使他成为一位科学圣贤。[14]尽管他很赞赏培根并推崇归纳推理，他知道牛顿已经超越了这些，但他依然宣称，任何值得认真对待的假设，在成为一种理论之前，都必须有充分的事实根据。

> 因此，我们不仅要能够展示其存在和行动，而且还可以通过直接归纳、有目的的实验方法，分别获得其行为法则；或者，至少使这种假设在各方面都不与我们的经验相违背，所有得出的结论与可验证的事实相符，与我们所做的推断一致。

这些标准不被用在那些失重的液体或神秘的以太方面。赫歇尔认为，到1830

年，光波理论已经成为一种"确实在自然界中流动的一种事实的说法；不管它是什么，至少对于现在已知的现象而言，它是接近或类似于事实，你想用二者中的哪一种通俗的表达方式都一样"。[15]在科学中，"理论"一词的含义，在过去（现在也如此），相比那些在通常的表达中或在文学和文化研究中所使用的含义，更为实际可靠、更经得起验证：这是某个假设经受过严谨检验后幸存下来所获得的一种荣誉，它显示了它所具备的可解释性和更好的预测力量。赫歇尔在物理学和天文学方面的经验，以及因此在科学领域所获得的尊重，使他的书具有巨大的权威。

这种观点被两位杰出的同时代人约翰·斯图亚特·密尔（John Stuart Mill, 1806—1873）和惠威尔所接受。密尔属于查普曼《威斯敏斯特评论》（*Westminster Review*）圈子里的人，与孔德有通信往来。在他父亲詹姆斯为他设计的严格的教育方案的塑造下，他具备了实用主义和归纳主义的哲学观念，而柯勒律治的作品使他的哲学观有所改变，但他从来都不是科学的实践者。在他的《逻辑学》（*Logic*）一书中，他强调归纳性推理，淡化赫歇尔允许（甚至是鼓励）的假设和推论。但他遇到了这样的一个难题，归纳法只能通过归纳性的判断来获得：这是一种可靠的方法，因为它在过去一直有效。对那些接受大卫·休谟观点的人来说，这一点无法令人感到满意，因为我们永远不能确信过去可以成为未来的向导。总而言之，虽然科学家对于是否真的如此并不十分感兴趣，但这却一直是众多哲学讨论的源头。不管怎样，对于英国读者来说，密尔因此使科学推理（或只是其中的一个方面，即普通的经验主义传统）成为关注的重点——加上他所发表的有关道德以及政治上的观点，他成为一位著名的作家和国会议员。

在剑桥，惠威尔与他的朋友赫歇尔活跃于"分析学会"，并以此为他的职业生涯。随着"分析学会"慢慢现代化，他成为学会中一位非常重要的人物。他是一个博学之人，在各种科学学会中名望极高，致力于矿物学、潮汐，以及我们现在称之为哲学的研究。剑桥是一个推崇将应用数学的价值用于培训思维的地方，而不是将其作为一个纯粹的学科分枝，这就可能使人极易养成演绎推理的习惯，更加远离现实世界（和它的上帝）。[16]尽管如此，他所钦佩的是赫歇尔那种强调超越归纳化的思想飞跃。对他来说，在任何科学领域，如果要把大量的数据转化进入一种学科，从根本上把握住要点，才是至关重要的。对惠威尔以及赫歇尔来说，实验的检测是至关重要的。然而，只有当目标明确，知道要测试的目的是什么的时候，所做的实验、观察或材料的收集和排序，才是有意义和科学的。在他的多卷著作《归纳科学的历史》中，他诠释了基本的思想是如何出现和发展的。该书的名称是因为书中有大量的实证内容。[17]他将该书作为敬献给赫歇尔的荣誉礼物，而有关科学哲学的姊妹卷则献给他在剑桥大学三一学院的地质学同事塞奇威克。

剑桥和苏格兰之间的物理和数学有着很强的联系，英国各地许多人都知道一些源于赫歇尔观点的方法，但发展的方向却不尽相同。在牛津，数学家巴登·鲍威尔（Baden Powell，1796—1860，童子军创始人之父），写了一篇关于归纳哲学的文章，但在19世纪30年代和40年代的宗教剧变中，对大学的影响微乎其微。与其他自由派神学家一样，他是《论文与评论》的撰稿人之一，但1860年在与之相关的争端之中去世。[18]在那时候，密尔在牛津越来越受人崇拜，而该期刊也变得越来越世俗化——到了19世纪后期，被《康德的理想主义者》(Kantian Idealists)取而代之。

传统上，德国大学的哲学教育比英国更正式，德国人在激动人心的哲学辩论中总是处于中心地位，相对英国的科学家而言，德国科学家对他们的学科地位更了解，也更清醒。在德国，关于目的论、原子论、空间和时间的辩论，以及知识的性质的论争都是激烈的。歌德在色彩方面引起争论的作品（他挑战了牛顿的结论，实际上是正确的），成了一种民族自豪感的根源，或许也是一种尴尬。[19]歌德相信，通过棱镜而不是光谱，从一定的距离看，颜色是由光和阴影产生的。他对视觉幻象和艺术家使用色彩来表达深度和情绪的方式有兴趣。过了40年，在1845年，歌德的书（以低调的方式）被查尔斯·伊斯特莱克（Charles Eastlake，1793—1865年任伦敦国家美术馆馆长）翻译成英文，特纳对其进行研究后，采用了其中的一些观点。不久之后，在1853年，出于尊重这位伟人的文学声誉和观察技巧，亥姆霍兹将他的一场伟大的公共演讲奉献给了歌德的科学精神，但他清楚地意识到，歌德犯的是一个没有扬长避短的错误。对于同样博学多才的亥姆霍兹来说，歌德的光学系统实际上是心理学的一部分，而不是物理学的一部分，因此他更可以对其开拓精神表示某种同情，而不是简单地进行否定。[20]在美国，约翰·伯纳德·史泰罗（Johann Bernhard Stallo，1823—1900），从德国移民到美国，成为一名法官。他放弃自然哲学，写了一本极为出色的实证主义的书——《现代物理学的概念和理论》(The Concepts and Theories of Modern Physics)，却似乎并没有引起多大轰动。[21]总的来说，无论唯心主义、实证主义、活力论、唯物主义，还是任何其他的哲学思想，与说英语的同时代人相比，德国人对他们自己的立场是明确的。

其他人也渐渐发现，自然哲学过于先验性，而且是基于不可靠的类比——尽管我们通过歌德和奥肯可以看到，自然哲学指向进化；通过奥斯特看到，自然哲学指向能量守恒。[22]李比希是强烈批判自然科学的人物。接着，在19世纪后期，恩斯特·马赫（Ernst Mach，1838—1916）也极力反对科学的"形而上学"。对他而言，科学应该只关注那些可观测事物之间的关系。在1883年发表的关于力学科学的文章中，他对牛顿关于空间和时间的公理提出质疑，认为（和较早的莱布尼茨一样）空间和时间不可能是"绝对的"。在20世纪，他的著作首先影响了爱因斯坦，然后是维也纳的"逻辑实证主义者"。与他持相同观点的有杰出的物理化学家威廉·奥斯特瓦尔德，此人在"一战"将结束时，出版了维特根斯坦的《逻辑哲学论》(Tractatus)。海因里希·赫兹早些时候也同样宣称，在场论（field theory）中，只有麦克斯韦方程是重要的；他所使用过的任何假设或模型只不过是脚手架而已。但是，许多人会站在亚瑟·舒斯特尔（Arthur Schuster，1851—1934）一边。他在德国长大，一直与德国保持联系，却在曼彻斯特的学术科学事业上取得职业上的成就。他对自己一生中在物理学方面的转变有着精彩的叙述，在其中，他将实证主义视为一种科学上的懦弱：[23]

> 我……进行了对比，前者倾向于将我们对自然现象的理论解释建立在明确的模型上，我们可以用一种符合数学公式的现代精神将其形象化，甚至构建起来……我相信这对科学的健康发展是决定性的……我们都喜欢正确，不想出错，但出错总比既不去做也不会出错要好。

当真理不再是追求的目标时，科学看起来就像是一场智力游戏。

大多数科学哲学都集中在物理学方面，但斯文森写了一本与赫歇尔著作相似的姐妹篇——《关于自然历史的初始论述》(*Preliminary Discourse*)。[24]这是一部奇怪的著作，因为斯文森是一位才华横溢的著名插画家，设立了一个以三个圆为一组的分类体系，这可能与他高派教会的三位一体原则有关。在每个分类层面上，每到第三个圈就被另外三个小圆所取代，成为五个圈（两个大，三个小），因此被称为"五进制"，将动物放进或者说硬塞入这么一个体系。在发表《关于自然历史的初始论述》之后，斯文森就动物特性的不同方面，为《内阁百科全书》写了一系列的书。这样一种可理解模式的想法吸引了许多生物学家，其中包括达尔文、赫胥黎和华莱士，但他们随后都放弃了，又回到基于多个标准的、无序的、"自然的"、按科目分类的体系。从1789年开始，在朱西厄王朝下的巴黎植物园，这种分类法逐步取代了林奈分类系统。[25]描述性科学是一门严肃的事业，分类是科学方法的重要组成部分，因此休·斯特里克兰德在英国科学促进协会做了关于废除"五进制"极为关键的演讲，并起草有关命名的准则，这些准则从此成为国际公约的基础。

尽管数百万年的自然选择会产生一种看上去凌乱的幸存者模式，但进化理论确实有可能将一些结构和理由引入生物分类中来。在19世纪60年代，随着所有已知的化学元素都可以被归入元素周期表，化学学科有了秩序，分类学科学取得了显著的胜利。门捷列夫周期表是最成功的例子。从1869年起，他不仅将已知元素按照它们相似的特性分到不同族里，而且还为他已经预测，但尚未发现的元素预留下了空格。[26]斯文森曾希望用他的圆圈进行分类，却在化学方面被成功做到了。镓、钪、锗适时出现，其性质与预测惊人相似。即使在19世纪末，当一个全新的元素家族——惰性的、稀有的或"高贵"的气体元素——被分离出来，也能找到为之所预留的空格。[27]曾经有过不同的作者，尝试使用不同的方式，有时用三维空间来排列元素周期表，并试图加以解释说明。这种做法导致了威廉·普劳特和托马斯·汤姆森观点的复苏，他们认为，这些元素都是氢气或氦气的聚合物——随着达尔文主义的成功，无机的进化观点必然会出现。克鲁克斯的推测，尤其是关于极其相似的"稀土"金属（我们称之为镧系元素）的推测，使同时代人感觉可望而不可即，但似乎又符合对太阳和附近恒星的光谱研究，表明它们有其自身发展的历史，在发展过程中可能会产生元素，也会衰弱。[28]但直到1914年，对这些元素的组合方式还没有找到完全令人满意的解释。正是一种分类学设计，使学习无机化学的真相变得容易得多，其效果极佳。当用量子力学方法带来一种解释的时候，意味着化学被"简化"成物理学。与此同时，就致力于方法研究的信徒而言，这却是一门具有巨大经济价值、高度发达的科学，虽然仍然处于"自然的历史阶段"。显然，没有一种适合所有时间、地点和所有科学的方法。

舛误难免

如此高深的科学方法的讨论，都难以达成一个统一认识。那么，当初是如何让局外人或初出茅庐者加入这场争论的？在真实和伪科学之间的界限又该如何划定？原子会分裂、元素中所有原子的重量也不同；而在放射性元素中，一种元素可以变成另一种元素；到处都是肉眼看不见的辐射，已经通过关键实验确认光是一种波动，随后又遭到反驳，证明光是由微粒组成。舒斯特尔时代的人发现，处在如此这般的世界中，对于真实原因的直觉，不再起作用了。科学上的这些自相矛盾，带来了为获诺贝尔奖而设立的学科：打破常规和智识机会主义最终获胜了。在其他科学领域，伴随统计学和达尔文的理论，优秀科学家的研究已经超越了时下所认可的界限，就像从前那些卓越的诗人、小说家、画家或音乐家蔑视和超越他们时代的规则一样。最终的结果会如何，的确很难为人所知。

激烈的争吵和竞争是19世纪科学的一个特征，例如居维叶与拉马克、塞奇威克与莫奇逊、欧文与赫胥黎。到19世纪末，化学家詹姆斯·德瓦尔（James Dewar，1842—1923）与威廉·拉姆塞也彼此反目。这是科学的部分常态。要取得像博士学位这样的认证资格，需要经年累月的等待，所以，没人清楚科学的学徒期何时才算完。这导致了戴维与法拉第之间"父子"般的争吵，以及当欧文从被保护人变成保护人时，赫胥黎那种愤怒的反应。由于规则不明确、出版时间延宕，以及国际间通信的不可靠，优先权之争可能会变得很激烈，并给当事人带来伤害，而知识领域的侵权也使人愤懑：法拉第在这两个方面都遇到过麻烦。在19世纪早期发明的"选印本"（offprints）——为作者赠送朋友和竞争对手所提供的副本，有助优先权的确立。经济无忧的绅士不必操心预先支付出版费用这类事情，对达尔文来说，尽管他的生计并不像华莱士那样要完全依赖科学上的成功（在这种事情上，华莱士却表现得十分大度），他对这样的事也会很吃惊。从事科学的绅士，例如在地质学会里，都是有竞争思想的个人主义者，彼此很容易闹翻，[29]这是时代的一个特征。科学界的领军人物，在自己靠单打独斗开创的领域里，很容易恃才傲物，自命不凡。

也有可能确实是科学方法的问题，带来这类根本上的分歧。例如，诺曼·洛克耶和理查德·普洛克托（Richard Proctor，1837—1888），就是因为天文学的范围以及科学应该如何沟通的问题而反目。[30]让化学家痛苦不堪的是，他们应该以归纳法的方式建立他们的学科，还是应该以更大胆的方式进行分子结构的想象并对其进行测试。众所周知，范托夫就因为他的三维原子模型被赫尔曼·科尔贝谴责为江湖骗子。有点一样的是，曾与凯库勒、武尔茨和本生在一起从事研究的乔治·凯瑞·福斯特（George Carey Foster，1835—1919），就揶揄过约翰·纽兰兹（John Newlands，1837—1898）的"元素八音律"排列表，问他是否曾尝试按照字母顺序来排列这些元素。³¹钱伯斯和达尔文看到了物种起源理论的价值,但对于像牛津大学的约翰·菲利普斯这样的评论家来说,这么做似乎是偏离钻研的轨道,走向假设的道路。³²达尔文和菲利普斯都是心平气和之人,但对于他们的那些好斗的盟友赫胥黎和欧文来说,这是一件必须抗争的事。1860年,在牛津大学英国科学促进协会那场名扬四海的大会上,赫胥黎指责欧文都不配做解剖一只大猩猩大脑的工作,因为他不想看到它与人类的大脑有多么相似。³³

科学的阴暗面

有时,这样的争吵也会引出对学术不端行为的指控。我们见过汤姆森和贝采里乌斯因为原子质量问题而闹翻。由于实验结果具有不确定性,汤姆森认为实验结果并没有体现出正确的比率;而贝采里乌斯则顽强坚持他通过严谨实验所得出的数字,指责汤姆森的结果是整理或编造出来的。³⁴汤姆森正在做的,正是道尔顿在获得他的那些化学组合定律过程中所做过的事情,也是我们在学校验证波义耳定律时做的事情:在喧嚣的背景下寻找信息。在实验中,误解、疏忽、样品污染和仪器缺陷的情况一直都存在,但无论过去和现在,故意造假的情况也都存在。1830年,巴贝奇对他同时代形形色色的人各种各样的学术造假模式做了描述:修剪、杜撰、伪造和欺骗。他模仿尤利乌斯·恺撒对妻子那种盲目自负的口气说道:科学家是不容置疑的! ³⁵

修剪所做的是整理观察结果和省略那些看起来偏离正确结论的数据。众所周知,有时我们的测量仪器会给出错误的读数。通过凯特勒等人,高斯在误差曲线(或贝尔曲线)方面的研究成果才为大家所熟知。在此之前,要从大量的结果中判断哪个读数最准确,的确是很困难的。³⁶在对1769年金星凌日的观测数据的分析(有些数据来自库克第一次航行中所到的塔希提岛)中,关于哪一种数据是最准确的,不同的天文学家持不同的意见,最后只能决定各自采用自己同胞所获得的数据。³⁷这些观测数据比预期的要复杂,它们可能是由天文学家胡乱捣弄出来的，因此，地球与太阳的距离依然不能确定。正如巴贝奇所指出的那样，被抛弃的观察数据实际上可能才是最正确的。从那时起一直到现在，修剪确实就是一件很糟糕的学术行为，因为容易做，所以有诱惑力。的确，仔细研究孟德尔关于豌豆及其遗传主导因素的经典文论就可以发现，他的结论数据太完美了，不可能是真的，其中必定做过某些修剪或加工。[38]

杜撰的问题要严重得多。有一些结果是凭空想象出来的，也许就像在学校里，如果做的实验出现了错误，就从预期的结果倒推出所需的数据。正如巴贝奇所指出的，杜撰出来的高度精确性会带来赞誉声：他希望这只是暂时的，因为科学是一种自我修正的事业，在这种事业中，所有的宣称都会被一个个验证。但是，杜撰也可以走向伪造，把整件事从头到尾虚构出来。在巴贝奇看来，从修剪一路滑向杜撰，是一种彻头彻尾的不诚实。在我们自己的时代里，我们已可以将无意的错误、过失或疏忽与故意造假区分开来，所以造假的风险极高。学术道德委员会必须对可能有作弊嫌疑的案件进行调查，一旦认定欺诈，判决必将使造假者名誉扫地。这种情况也发生在19世纪（正式的学术道德委员会出现得较晚，但医学等其他较早的职业，已经都设立了相似的机构）。在赫胥黎看来，链接锯齿鸟所缺失的一环，始祖鸟化石，居然是在一个石板采石场被轻易获得，太令人难以相信，因此对其提出了伪造的质疑，但这个化石是真的。戴维把实验室的笔记记录在零散的纸片上，而法拉第的则更整洁，但为了获得居先权或避免杜撰的指控，保留这些记录确实非常重要。

剽窃是另一种主要的学术不端行为，也出现在19世纪。在著名的解剖学家埃弗拉德·霍姆男爵（Everard Home，1756—1832）去世后，人们发现他已经整理使用了约翰·亨特未出版的材料，并在皇家学会的《哲学学报》（*Philosophical Transactions*）上当作自己的论文发表了。随后，他似乎销毁了亨特的助手威廉·克利夫特（William Clift，1775—1849）精心保存下来的亨特的原稿笔记。幸运的是，威廉·克利夫特已经制作并保存了其中的一些副本。[39]科学上的同步发明是一个有趣的话题，它似乎使科学与创意艺术截然不同，它也常常与剽窃的指控相关联。例如，斯蒂芬森和戴维在矿工安全灯的发明时间上发生的冲突；还有于尔班·勒威耶的支持者拿出证据，指控约翰·库奇·亚当斯偷偷地通过望远镜窃取他们偶像所得出来的计算数字。

正如巴贝奇所指出的，欺骗的问题更为严重。这是在1803年曾经发生过的一段有趣的插曲：沃拉斯顿发布了一个匿名广告，告诉人们可以在某一家商店买到钯。这是当时一种不为人所知的金属。理查德·切尼维克斯（Richard Chenevix，1774—1830）是一位杰出的爱尔兰化学家，他心生猜疑，就将其购买回来，并在皇家学会宣称，这是他从铂和水银中合成分离出来的一种稳定性极高的合金，他对此无法进行分析。[41]这将颠覆人们对元素和化合物的认知。因此，皇家学会把科普利奖章授予了切尼维克斯。但在此之后，重复这一合成实验的努力都宣告失败。沃拉斯顿悄悄地告诉班克斯，他才是钯的发现者，而切尼维克斯就是个冒牌货。但直到1805年，沃拉斯顿才肯将真相公之于世。与此同时，切尼维克斯也一直在继续这项工作，但他承认，在1000次实验中，只有4次合成成功。尽管我们可能会认为沃拉斯顿会对切尼维克斯非常恼怒，但奇怪的是，这两个人的关系似乎一直很友好。很难理解为什么沃拉斯顿会表现如此。当时，他正在完善铂的加工方法，使之呈现出韧性的金属形状。在此过程中，对于发现了另一种非常相似金属的这件事，他可能觉得有必要保密。但是，通常来说，科学家对新发现是极为兴奋的，因为这会给他们带来无比的荣耀。

还有一种更为直接的欺骗方式。1835年，《纽约太阳报》（*New York Sun*）发表了一篇独家新闻——约翰·赫歇尔在南非用其神奇的望远镜发现了月球上的居民，包括长着翅膀跟人很相似的生物。[42]这引起了极大的轰动，毫无疑问，这份报纸销量大增。它之所以会引起我们的兴趣，是因为它迎合了一种普遍的期望：在宇宙的其他地方一定会有生命存在。这与一般教会的教义相矛盾，尤其是与《创世记》中的故事格格不入。但对许多人来说，在一个如果不是无限，至少是广袤的世界里，我们的小星球会是唯一的生命或智慧的所在地，这种想法是不可思议的。这一想法在《痕迹》中表现得很突出，后来在布儒斯特和惠威尔之间也有过激烈的争论。惠威尔认为,"世界的多元性"与进化论的猜测,以及唯物主义的观点是一致的,并(从天文学的角度)为人类的独特性做辩护。而对布儒斯特(一直是让剑桥人头痛不已的人)来说,这似乎是愚钝和荒谬的。[43]这个争论今天仍在继续。

1912年,在我们这个时期的最后阶段,在苏塞克斯发现了"皮尔丹人"(Piltdown man)化石,这是一个非常早期的人类头盖骨,它有一个类似猿的颚,被正式命名为曙人(Eoanthropus)。它留在了伦敦自然历史博物馆,成为其镇馆之宝之一。在1951年的不列颠节上,人们看到了这具被复原的最早英国人,他怒视着像我这样的年轻游客的模样令人难忘。两年后,这个头盖骨被证明是一个造假的人工制品——用煞费苦心的故意破损和做旧的人类头盖骨和现代红毛猩猩的下巴制造出来的。科学界应该保持警惕。毕竟,莱尔在1863年就已经说过,如果我们与猿类有共同的祖先,那么人类祖先的化石就可能出现在他们生活的非洲或东亚这些地方。[44]莱尔一直对思想缜密的约瑟夫·普雷斯特维奇(Joseph Prestwich,1812—1896)的探险活动抱着慈父般的关注。普雷斯特维奇在英国的一些洞穴里,发现有人类活动的迹象,他们与猛犸象等已灭绝的生物生存在同一时代。这类意义重大的科学必须是光明正大的。到1912年,情况似乎变得更加宽松了,挖掘者声名大噪,他们的评论广受欢迎,尽管也有人怀疑,但似乎很少有人去仔细研究那些出土的材料,他们对复原的作品感到满意。目前尚不清楚的是,当时这意味着什么:当一种玩笑被如此严肃地对待时,它是否会失控?或者,这只是一场成功的合谋骗局?现在,从来都不存在的皮尔丹人有了皮尔丹人网站。这种事,就像任何神秘故事一样,你想要多长的嫌疑犯名单,它就能有多长。

在讨论降神会中一些奇怪的表现形式时,著名的魔术表演大师约翰·内维尔·马斯基林(John Nevil Maskelyne,1839—1917)曾经说过,因为科学依赖于诚实和公开的交流,比起那些市井混混儿,科学家更容易被欺骗。[45]科学家互相信任。对于那些令人不愉快的疑案和试图弄虚作假的风气,科学哲学家已经敦促过要提高鉴别力和警惕性。自从17世纪60年代现代科学的开端起,科学期刊已经开始（至少在原则上）采用了同行评审的政策，所有预备发表的论文的准确性需要进行查验，实验必须被重复。如果科学的方法要得到正确的遵循，科学事业应当有自我纠正功能。然而，考虑到究竟什么才是正确的方法（或各种方法）还没有公论，对一些错误的开始也不必大惊小怪。总的来说，正如我们所看到的，过去与现在，面对威胁健康的恐慌，科学界的轻信要大大低于普通公众。但是，信任和说明真相是科学的重要和具有吸引力的一面，对科学的过度怀疑是令人难受的。

失败的科学

不仅个人会犯错误（或开玩笑），许多在一片吹嘘声中推出的准科学，也是很快就从信誓旦旦的喧闹中化为一片泡影。看上去，似乎有诸多有利的因素在支持颅相学。颅相学是维也纳一位著名的医生开创的，它是从对监狱和医院的观察结果开始的，很好地契合了一种对心理的解释，认为每个人的"大脑机能"都有独特的差异，这种不同的混合物（而不是组合物）决定了每个人不同的心理状况。颅相学似乎是一门可通过直觉验证的真正科学，因为每个人都觉得（无论承认与否，我们依然在用感觉），人的外貌和性格之间有关联。斯普茨海姆的讲座和他的大部头著作（在1815年的第二版中进行了大量修订），使颅相学在英国引起了公众的关注，尤其是在以医学院著名的爱丁堡。学生们被吸引到那里听他的讲座，颅相学学会也相应成立，并出版了相关的期刊。教育家乔治·康比在他的作品中表现出对颅相学的极大兴趣，他的作品销量巨大，各学校以及各机械学院都是他的市场。艺术家则渴望通过给勇敢、圣洁、聪明和邪恶的人物画出准确的头形，来展现正确的历史场景。"其中不乏一些难以吻合的例子，比如有些坏人的头颅也有明显的"仁慈隆起块"。但是，这种情况在所有的科学领域（尤其是医学上的预测）中都时有发生，所以只是被当作需要进一步改进的问题（也许只需修正对于大脑各种机能是分别独立的认识）而已。这情形如同早期的占星学，如果预测结果是错的,你可以再找别的颅相学家(而他则会在《华尔街日报》上报道这个案例,并表明这证明了进一步研究和投资的必要性)。想证明"伪科学"的虚假,比一些人想象的要复杂得多。

正如我们在植物分布领域研究的先驱、好斗的休伊特·科特雷尔·沃森的职业生涯中所看到的那样,在19世纪上半叶,颅相学是受尊敬的,而进化论却不是。[47]沃森和钱伯斯一起在《痕迹》一书中,兴高采烈地将地将二者结合在一起。但是,大约在1850年前后,颅相学就明显变得毫无进展。这种情况也和发生在18世纪的炼金术一样。可以说,如果在一些大型的公共测试中被否定,这些学科通常不会圆满收场。事实上,随着实践者转向更有希望的研究题目,它们就变得无关紧要了。相较纠结于究竟是科学方法还是异端邪说的冲突中,科学家往往知道何时从一项"没有前景的研究计划"中抽身而出,去研究更接近其他人正在进行的已经富有成果的主题。[48]颅相学从来也没有成功地建立起来。例如,在英国科学促进协会这样的机构里,从来就没有哪个部门专门致力于这一研究。到了19世纪50年代,颅相学就成为一种不可信、过时、甚至有点可笑的事情了。与此相反,在1859年之后,进化论却开辟了新的研究途径,包括化石、动物和植物种群,以及分类学,一种随着时代精神的进步随处可见。针对达尔文和赫胥黎的批评来自威尔伯福斯,他认为进化论既不是一种好的归纳,也不是严格的演绎。惠威尔也认为进化论不适合作为一种根本性观点。但是,这些批评都未能将其击垮。达尔文确信自己一直在遵循惠威尔倡导的方法论。如果不是因为他看上去像是在挑战基督教的信仰,惠威尔也许会为他感到骄傲。

关于选择主题和方法存在不同的做法。因此,孟德尔被建议停止在豌豆上的研究,去做一些更直接与进化相关的工作。据说在19世纪晚期,有人建议年轻人说,物理学几乎已经研究到头了,他们如果转向其他的学科领域,会更有前途。博物馆的兴起在一定程度上降低了田野调查的价值,因为严肃的分类工作都是在室内完成的。随着进化研究的兴起,以及建立在实验室和田野调查的新兴的生理学和生态学各种学科的兴起,以细致的文献检索、分类和命名为特征的分类学开始显得过时了。19世纪后期,博物学家开始随身携带双筒望远镜,而不再是枪支;到20世纪早期,他们对正在研究的生物的行为进行了更为仔细的观察,例如交配仪式。[49]他们注意到在鸟类的生活中,领地的重要性(奇怪的是,这是一个新想法),以及颜色在隐藏或警告中的作用——这些研究,成为第一次世界大战中对伪装(包括改变形状的迷彩)的实际应用。[50]

强烈的抵制

疫苗接种是19世纪最伟大的医学成就之一,这是一个通过征服天花来拯救生命的(高度实证的)科学案例。[51]在英国和其他国家,政府都采取了强制接种的措施。较早前从病人的脓疱物质中接种的做法,曾经引起人们担心,这样做是否会将这种疾病传染给一个健康人(如果一切顺利的话,只会有轻度反应)。这种做法是基于这样的假设,如果不接种的话,他们万一感染这种疾病,后果会更严重,甚至是致命的。感染还可能从接种过的人群传播到没有接种的人群中,由此引发流行病。鉴于18世纪天花肆虐,第一种反对意见显得无力;第二种意见是针对更普遍接种的做法。用现场采集的"牛痘"进行疫苗接种,通常会让人产生不舒服的感觉,并非真正发病。不过,随着天花的消失,一些(尽管极少数)疫苗接种者曾经有过痛苦症状的情况,又成了议论的焦点。在不熟悉天花这种疾病的一代人中,公民自由的支持者对于这种强制措施感到担忧。出于对科学家的傲慢、唯物主义和大男子主义感到不安,他们号召大家起来反对疫苗接种。

各种疾病的病毒性强度的确会时高时低,因此,一些人认为疫苗接种并不是导致天花消失的原因。一向特立独行的华莱士加入了抵制运动的队伍,并在1898年出版了一本自认为无可辩驳的小册子《疫苗接种的谬误》(*Vaccination a Delusion*)。[52]他确信,"不久的将来就会证明,这是我所有创作中最重要和最具真正科学意义的作品之一"。反疫苗联盟的成员中还包括许多坚决反对活体解剖的人士。在17世纪和18世纪,活狗被用于实验;但在19世纪的英国,越来越多的人,尤其是在日益扩大的中产阶级中，对虐待动物的行为十分愤慨。1824年，防止虐待动物协会（后为皇家防止虐待动物协会）宣告成立。贝尔在神经系统方面所完成的研究并没有通过活体解剖。但是，1815年之后，去法国进行医学访问的人士发现，生理学上的活体解剖在法国是一种习以为常的做法，并且法国在该领域正在取得长足的进步。若不采取同样的手段，英国在这一重要科学领域将会远远落后。马根迪的学生克劳德·伯纳德在19世纪法国的生理学领域是一个响亮的名字，他在1865年出版了《实验医学》（*Experimental Medicine*）一书。[53]他对统计证据持怀疑态度，是一名坚定的决定论者，对"活力论"持批评态度，他强调那种维持恒常生命有机体的"内在环境"。对他而言，新的发现和新的治疗方法应该来自实验室，而不是诊所。在实验室里，他一直在用动物做实验。他注意到，虽然兔子的尿液（像其他食草动物一样）在喂食后会变混浊并呈碱性，但当它们禁食24或36小时后，就会变得清澈并呈现酸性，就像食肉动物一样。事实上，断食后饥饿的兔子会互相蚕食。这类干预性实验所带来的观察结果，使现代读者感到恶心。法国的伯纳德和巴斯德，以及德国穆勒的弟子布鲁克、杜布伊-雷蒙德、亥姆霍兹和路德维希，主张把生理学作为现代医学科学的基础。这意味着德国人也需要进行活体解剖，尽管在一定程度上，他们（倾向于使用已经被肢解过的动物躯体）比法国人解剖的动物数量要少。所有的医学研究逐渐都在转为在实验室进行，通常都使用活体动物，而不仅是试管进行实验。[54]

不喜欢进行活体解剖的赫胥黎也注意到这些，他对迈克尔·福斯特（Michael Foster）进行了培训，使其于1870年在剑桥大学建立了一个能够与欧洲大陆相媲美的实验室，进行生理学研究。想到活体解剖者对动物所遭受的痛苦处之泰然和无动于衷，就令人不寒而栗。活体解剖者辩称这是在推进科学和医学，而通过其他手段其实也可以做得更好。于是，一场声势浩大、大张旗鼓反活体解剖的运动爆发了，抗议者要求禁止动物实验。弗朗西斯·鲍尔·科布（Frances Power Cobbe，1822—1904）是这场运动和其他诸多运动的倡导者。[55]她来自爱尔兰一个地主家庭，因为成为一名不可知论者而令其严厉的父亲愤怒，后来她成为一名自然神论者。1857年，父亲去世后，弗朗西斯移居英格兰，编辑出版了一部西奥多·帕克（Theodore Parker）作品集。西奥多认为波士顿的唯一神教派太过严厉，令人压抑。[56]然而，在伦敦，她还是参加了哈里特·马丁内罗的弟弟、著名的詹姆斯·马丁内罗（James Martineau，1805—1900）的唯一神教会。尽管她是一个坚定的保守派，但却是一个精力充沛、杰出的女权主义者。她成为一名记者，支持女性进入大学，为已婚妇女争取财产控制权，并争取使家庭暴力在司法上成为分居的理由。她看到到处都有男人对毫无防御能力的女性施加暴力，而女权主义观念很自然地使她在1863年开始对活体解剖展开毫不妥协的抵抗运动。面对一场给科学带来负面宣传的强大运动，赫胥黎和达尔文不得不为此挺身而出，强调在医学研究中进行活体解剖的需要。最终，经过英国议会辩论，活体解剖被允许，但必须有内政部的许可证。

从其竞选观点来看，弗朗西斯·鲍尔·科布把科学家和医学人员看作傲慢、残暴的人和无神论者。鉴于培根知识就是力量的格言，这并不会让我们感到惊讶。科学说辞过去是，现在仍然带有大男子主义腔调；对抗无知、迷信和疾病，本身就是一幅幅战争画面。在对自然征服和询问的过程中，也许也包括在实验室里折磨她，直到得出所需答案。有许多女性曾在科学中扮演过重要角色，她们不仅是支持丈夫的妻子、女儿或助手，还是科学作家。[57]就连曾竭力强调妇女接受教育重要性的戴维，也难免习惯使用大男子主义说辞：[58]

> 不再满足于在地球表面的发现，（化学家）已经进入她的胸怀，甚至深入海洋底部进行探索，以安抚他那骚动的欲望，或增强他的力量。

在其他地方，他还曾经用更为针对"女性"调侃的语气，写到了某个科学家被科学发现所"眷顾"，以及对躺下和做梦想进行深入描述的冲动。总之，将女性排除在科学之外并不是偶然的，而是一种普遍的现象，认为这是男人的工作。这种态度就可能成为抗议的一个很好理由。

对自然的热爱常常伴随着控制她的欲望，而支配并不一定就是压迫。但是，技术以及黑暗而邪恶的磨坊所带来的污染，似乎也可能是科学的残忍、自大、没有道德意识的结果。英国狄更斯、迪斯雷利和盖斯凯尔，以及法国左拉的小说，比统计调查更能说明工业城市生活的悲惨。人们对未受破坏的自然的怀念更是与日俱增。弗朗西斯·鲍尔·科布拒绝在她的帽子上戴羽毛，这一举动被广泛模仿，最终导致了1860年皇家鸟类保护协会的成立（最初是为了保护大羽冠鹛鹛）。19世纪后期，美国也设立了国家公园，黄石公园成立于1872年。1895年，英国保护乡村和历史建筑的国民托管组织成立。这些都是对有价值的东西实行保护的实际步骤。但那些认为科学似乎是一种无情而邪恶的力量的人，是反对所有精神性事物的人，他们也可能去拥抱某种神秘和非理性的事物。19世纪晚期，人们对灵魂、幽灵和魔法产生了极大的兴趣。奇怪的是，这是通往"现代主义"的一种途径。[59]

回　应

所有这些都不能排除科学。热爱自然，欣赏好的艺术，对社会不公正和精神方面的敏感，都与科学完全相容。由沃森所发起的野外俱乐部，定期到各种动物、蔬菜和矿物领域进行观察，并对它们在当地的分布情况进行有价值的调查研究。鸟类学家在双筒望远镜的协助下，对各种鸟类及其行为进行观察研究。当时，对于莱辛巴赫有光环环绕的感应灵魂，以及对于幽灵是否存在这些事情，[60]都引起人们广泛的兴趣。由亨利·西奇威克和他的妻子诺拉（另一位先锋女权主义者）创立的心灵研究协会（Society for Psychical Research），通过实验科学的方法，着手调查招魂术士所报告的各种现象[61]。克鲁克斯试图让英国皇家学会发表他对于一场降神会的叙述，但却未能如愿。在那场降神会上，现场有诸多可靠的证人，他们都目睹了令人瞠目结舌的"精神力"的显现。[62]尽管如此，克鲁克斯、

J.J.汤姆森、威廉·詹姆斯（William James, 1842—1910）、皮埃尔·珍妮特（Pierre Janet，1859—1947）、瑞利勋爵、贝尔福·斯图尔特（Balfour Stewart，1828—1887）、约翰·柯西·亚当斯、奥利弗·洛奇（Oliver Lodge，1851—1940）和其他著名科学家，对心灵研究学会始终保持着兴趣，并在协会中享有很高的声望。这又是一种究竟合不合适作为一种科学的案例，其间并无明确的界限。但在该事件中，那些现象很难被复制、控制或解释（即使是在一个X射线和其他看不见的辐射的世界里），而进一步的调查研究似乎渐渐地就变得不值得继续了。尽管心灵学研究仍与我们同在，但人们对心灵学研究成为真正的科学的高度期望并没有实现，因为几乎没有任何开拓性的研究人员找得到确切的幽灵存在的证据。

达尔文的表弟，弗朗西斯·高尔顿去了南非，他在1855年为旅行者写了一本充满忠告的书，以他自己的即兴之作和大胆的经历为例。[63]看起来就像莎士比亚剧中的普洛斯彼罗（Prospero）对凯列班（Caliban）有过的冥思苦想：[64]

> 一个魔鬼，一个天生的魔鬼，
> 教养也改不过他的天性来；
> 在他身上我一切好心的努力都全然白费。
> 他的形状随着年纪而一天丑似一天，
> 他的心也一天一天腐烂下去。

回到英国，高尔顿开始着迷于研究人类发展中先天与后天的平衡关系，他先是对科学家，然后是对其他专业人士进行了研究。他发现，科学家们总体上是一群充满活力和男子汉气概的人，有着良好的遗传因素。他在其《遗传的天才》（*Hereditary Genius*，1869）一书中得出了这样的结论，成功是世代相传的。他第一次使用高斯曲线来表示心智能力，他认为，从统计学上来说，遗传是个人成功的最重要因素。[65]他认为不同的种族有不同的智识能力，欧洲人位居前列，因为他们在达尔文的文明进步中走得最远。[66]他对量化人们的各种测量值以及它们的属性,特别是指纹,非常感兴趣,并且越来越关注城市居民中工人阶级的糟糕体格。这一观点从英国军队在1899年的布尔战争的招募数据文件中得到了证实,当时许多志愿者在体检中被发现不合格。对于高尔顿来说,中世纪时期是如此野蛮和漫长,因为那时期每一代人中最聪明、最富有同情心的人都去了修道院或修女院,没有留下后代:人为的社会选择造成最高素质人才的流失,这种现象再也不能这样继续下去了。

高尔顿研究了犯罪分子的照片,得出的结论是[不像他同时代的意大利人切萨雷·龙勃罗梭(Cesare Lombroso,1836—1909)或颅相学家所说的那样],犯罪心理不会写在脸上。[67]但令他担心的是,职业夫妇确实在实行计划生育,他们的孩子也越来越少,尽管这么做被认为是不道德的。居住在贫民窟的居民中,大家庭仍然是常态,他预见到中产阶级的优秀后代将被大量的下层阶级所稀释淹没。就这样,维多利亚晚期社会也同样选择了抗拒卓越,所以衰落是不可避免的。因此,他提倡优生学,这又是另一门未能持久的科学。优生学在爱德华时代的英国得到了蓬勃发展,1909年,高尔顿被封为爵士。同样,在被纳粹德国热情接纳之前,优生学也远渡重洋,到了美国和瑞典。由于德国纳粹,我们将优生学与绝育和灭绝联系在一起。其实,正面的优生学为专业人士提供儿童津贴,例如老师和大学教师(我本人就是一个受益人,在20世纪60年代的学者工资中,就有这么一项)。尽管优生学曾名声不好,那些把科学看作社会建构的人指出,是高尔顿这门尚未明确定位的科学中的思想,大大丰富了让学生们感觉特别费力的、枯燥无味的统计学。[68]

结　论

自笛卡尔以来,方法似乎是一门科学好坏的关键,许多19世纪的人希望它可以与科学本身的实践相分离,并适用于其他的知识领域。然而,仔细想想就能明白,既然存在不同类型的科学思维,也就有适用于不同研究领域、时间和地点的各种方法。在整个19世纪,法国人倾向于通过孔德创立的实证主义找寻规律,将理论视为工具，而不是当作对世界真实或虚假的陈述。在英国，约翰·赫歇尔的著作尤其具有影响力，科学家试图用牛顿的真正代表自然的因果本质和机理来解释世界。在接受或反对目的论、原子论或动力学的观点时，德国科学家因为在哲学方面受过更好的训练，所以更清楚自己在做什么。歌德对牛顿物理学、谢林和奥肯广义的自然哲学、李比希务实的化学，还有马赫的实证主义所提出的激进批判，显示了一种广泛的可能性。除了解释，分类学也备受关注。不仅植物和动物，化学元素也被制成表格并排序，这一切都遵循国际上精心商定的方法和规则。

有些科学是糟糕的，因为它破坏了科学方法的规则，修剪或杜撰结果，还有偶尔的恶作剧和欺诈。一些有前途的科学项目未能得到继续发展，特别是在19世纪上半叶的颅相学，以及19世纪下半叶的心理学研究。正如在此之前的炼金术和占星学一样，它们并不是直截了当的伪造，但当它们经实验证明不能使人信服，或者解释含糊不清时，科学家就将它们转而用于其他一些更有利和合法的方面。即使完全按规则进行的好的科学项目，也会遭到批评。在一些局外人眼里，因为它不是道德的，所以是坏的科学：强制接种疫苗似乎是对个人自由的严重侵犯，而动物的活体实验则纯粹是对残暴的纵容。在这些批评家眼里，科学似乎与大男子主义相随，这种人傲慢、追求物欲、心胸狭窄。在世纪之交，优生学看起来就像是一种阶级斗争。

然而，达尔文理论在促进进化解释方面的成功、以科学为基础的工业成为改变社会的力量，以及科学在哲学中的地位，这一切都意味着科学家正在被看作圣人，是人们广泛依赖的智慧的对象。科学已经成为一种伟大的文化力量，是西方文明胜利的一个重要因素。1789年的一种业余爱好成为1914年的一种职业，或者说是许多职业。到1900年，作为教育的一部分，并不是每个人都能接触到科学（女孩经常不能），但作为一种教育选择，它就在那里。[69]下一章，我们就将话题转向关于科学家的抱负和对引领文化的诉求。

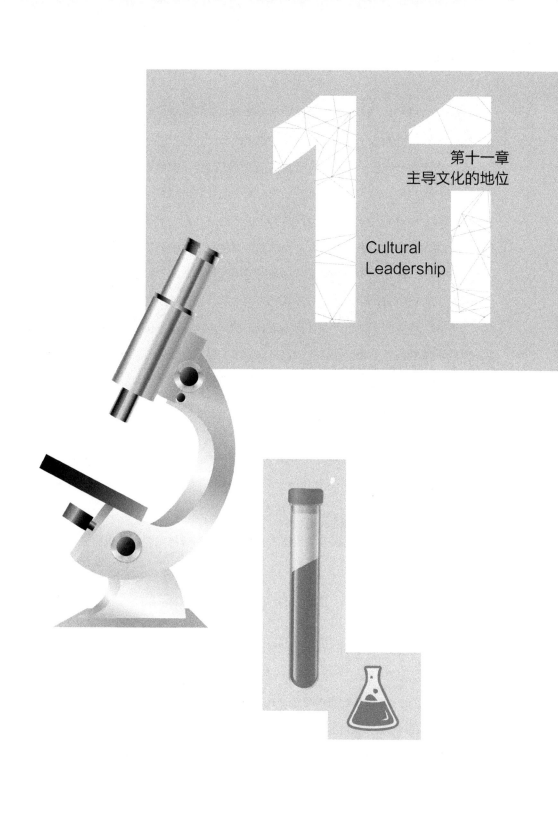

第十一章
主导文化的地位

Cultural
Leadership

1900年的科学是"西方"文化的一个关键组成部分，被认为是文化的力量、财富和主导地位的钥匙。科学家成为一个重要的群体。这一切是怎么发生的呢？1789年，在大多数地方，科学是绅士的业余爱好或副业，或者是从事某种职业或贸易中的行业技能。科学本身并不是一门职业，职业有自己的准入标准和道德标准，如教会、法律或医学。那时也没有科学的职业架构，除了在医学上，通过不同学科的学习使内科医生、外科医生和药剂师有各自独立的分工。在英国，皇家学会是科学的焦点；在冬季，伦敦有科学兴趣的绅士（其中一些是从业医师）在此聚会。其他国家有按照法国模式建立起来的学院，还有扮演咨询角色的政府部门，它们的工作是制定什么是和什么不是真正的科学的条款。班克斯、拉瓦锡、洪堡和富兰克林在各自国家的文化中占有很重要的地位，他们的科学成果赋予了他们权威与声望。但是，即使在一浪接一浪的革命中结束的"启蒙"年代里，人们也是把理性而不是实证科学看作知识的关键。绅士，有时是女士——作为观察者而不是参与者——有可能把科学作为文化的一个组成部分来欣赏，就像他们对待音乐、绘画或戏剧；也有些人可能考虑把它作为有用的知识，用于改善他们的领地。过去，教会一直承担着几乎所有的教育责任，神职人员在其中充当主要的角色，尤其在那些仍然作为保守机构的大学中，传统与学术成就还是被极为看重的。在其他地方，文化方面的鉴赏力、鉴别力和智慧比科学知识更重要。

革命与浪漫的反应

法国大革命削弱了教会的势力，同时也削弱了那种由造物主维持世界秩序的自然宗教体系。1799年，弗里德里希·施莱尔马赫（Friedrich Schleiermacher，1768—1834）在德国发表的演讲稿中，把宗教当作一种感性而非理性的东西。[1]与此同时，浪漫的思想家们将诗人奉为神灵、视作先知，他们将创造性的、富有想象力的理智置于单纯的领悟之上，并回首寻找中世纪的英雄主义时代或基督前的时代精神。随着旧秩序崩溃，画家和音乐家也加入了作家的队伍。在德国，哲学家成为文化的仲裁者。当柏林大学按照威廉·冯·洪堡的计划创建时，其核心精神是加入新人文主义哲学，即语言学研究。[2]我们称之为科学的自然科学（Naturwissenschaft），在他们的眼中，只是科学（Wissenschaft）的一部分。在他们看来，科学包括我们称之为艺术、人文和社会科学等学科。在那些革命年代里，无论在德国还是英国，自然科学并不享有特殊地位。在英国，特别是在伊拉斯谟斯·达尔文和普里斯特利，以及在布里斯托尔的贝德多圈子里，自然科学才被看作真正具有颠覆性的学识。

那是因为当时势头正猛的法国大革命，震惊了观望的英国人，自然科学因此被认为是知识树上的禁果。大革命破坏了来之不易的经验和传统，以无政府主义的暴力和恐怖取代了社会秩序。在法国，代表科学和人文"两种文化"的各色学院，在1789年开始出现。许多有志于入选法国科学院和从事研究工作的年轻人，通过学习专业知识和建立关系网，角逐他们所向往的职位。[3]大多数科学人士，包括拉瓦锡在内，的确是大革命的支持者，特别是在革命初期，当革命中的法国被敌国包围时，他们出于爱国之心，想出了将教堂的钟熔化铸成大炮等各种方法来服务战争。工程师拉扎尔·卡诺是公安委员会（还有罗伯斯庇尔和圣贾斯特）三人组中的幸存者，负责恐怖大清洗活动，他是年轻的拿破仑·波拿巴的保护人。作为第一任执政官和皇帝，拿破仑对于当选进入法国科学院一事深感满意，作为回报，他选择了科学家担任一些挂名职务（作为服从他的立法机构的参议员），以及一些需要有所作为的行政职位。在整个19世纪的法国，著名科学家进入政界的传统一直很盛行，比如应用数学家傅立叶和阿拉果，以及化学家让·巴普蒂斯特·杜马斯和贝特洛都曾经担任高官。虽然并不绝对，但科学通常与世俗的、现代化的传统有关。对于安培而言，天主教是其生活价值的中心。[4]孔德把科学看作知识巅峰，科学家业已长大成人，不需要虚假的宗教安慰和形而上学的空洞冗长的絮叨。可以说，早在19世纪初，法国的科学家就确实对主导文化的地位有志在必得的愿望。[5]

在英国，班克斯的地位完全归功于他的科学才华。与班克斯不同，戴维年轻时凭借在英国皇家学院的演讲,以及在19世纪20年代作为皇家学会主席的地位,能够同他那些18世纪90年代的诗人朋友一样,占据一个圣人或文化神龛的位置。[6]对他来说,科学可以是一条通往智慧的道路。在他的诗歌中,以及在他生命末期发表的小牛皮善本《飞钓秘籍》(*Salmonia*,1828;第二版扩展版,1929)和在他去世后出版的《旅行的慰藉》(*Consolations in Travel*,1830)这些作品中,他试图通过一系列对话,阐明一种其中有诗歌空间的科学世界观。在这样的世界里,有美妙的自然风景,也有自然神论或泛神论宗教的空间。[7]他没有活到像约翰·赫歇尔和赫胥黎那样,以不同的方式成为圣人,但他的去世(1829,50岁)成了英国举国哀悼科学巨星陨落的大事件。戴维和沃拉斯顿都是从事化学研究的杰出人物(矿工灯和铂装置的发明),其成果被证明对于工业发展非常有用,而他们都是在同年相继离世的。因为光波理论以及在埃及象形文字方面的研究成果而在科学史留名、博学多才的杨,在戴维去世后不久也离开人世。将当时的英格兰与苏格兰,以及法国和德国相比较,巴贝奇与其他一些人一样,为他们所意识到的帝国的衰落感伤不已。[8]

提升科学的舞台平面

巴贝奇提议给予科研人员更多的荣誉和政府资助的提案如石沉大海,然而,这种德国创新的模式被证明是卓有成效的。法国的科学研究集中在首都巴黎,而当时的德国是分裂的,不是统一的国家,没有首都。柏林、慕尼黑、德累斯顿、魏玛、汉堡和其他许多大大小小的城市都是各联邦的首府。在这些城市中,许多有各自的大学(通过柏林计划实现了现代化)和学院。正如我们所见,奥肯把来自德国各地的自然学家召集到一起,每年在不同联邦州举办一场年度大会的计划,取得了巨大的成功。打消了开始的疑虑之后,德国各州对自然学家和医师协会(GDNA)的科学家都表示欢迎,并为会议做了精心的安排。这种会议对举办城市的科学产生了巨大的促进作用,有效地消除了那些身处小地方的科研人员的孤独感。英国的与会者对这种开放性的会议给予了很高的评价。巴贝奇参加了在1828年的柏林会议,詹姆斯·约翰斯顿(J.F.W. Johnston,1796—1855)在1829年参加了汉堡举办的年会。由于他们对这些场合的描述,使布儒斯特成为在英国创办类似学会的伟大倡导者。苏格兰拥有强大的科学和医疗机构,但规模很小。英格兰有强大的地域传统,在布里斯托尔、伯明翰、曼彻斯特、利物浦、利兹、德比和纽卡斯尔等城市,当地人以繁荣的贸易和工业(经常还带有不同的宗教习俗)为傲。例如,在埃克塞特、诺维奇、利奇菲尔德、约克和达勒姆这些城市,当地人的自豪感与其大教堂的城市文化紧密相连。到了1830年,像文学哲学社、阅览室、订阅图书馆和机械学院等机构,都把提升科学水平作为文化的一个重要方面。此外,比起绅士艺术或文学,制造业的新贵们也更容易加入这些机构。

英国的科学走向所谓的衰落,被认为与皇家学会的那种大都会和绅士性格有关,德国模式似乎提供了走出这种困境的一条路。1831年夏天,身为牧师,而且人脉广泛的约克大主教的儿子威廉·维纳布尔斯·弗农·哈考特(William Venables Vernon Harcourt,1798—1871),召集对科学感兴趣的一些人,在约克郡召开了一个大会。约克郡一向就是个令人可敬的地方首府城市,大会展示了来自沼泽地带和惠特比(Whitby)附近海岸丰富的化石收藏。他在牛津大学听过巴克兰的课,后来又与戴维和沃拉斯顿共过事。他本人不是一个天才研究者,却是一个天才管理者,而这种才能正是提升科学地位所急需的。[9]在这个英国科学促进协会的第一次会议上,设立了包括全体大会和不定时专门学科会议的活动模式(成为此后的常规会议模式)。[10]每年,协会都会在不同的地方举办会议。通过对自然的实证研究,用"美好的理性"把人们从教条和偏见中解放出来的前景,被从一个城市带到另一个城市。会议关注的焦点并不限于应用科学。随后,在牛津、剑桥、爱丁堡和都柏林举行年度会议之后,其他商业和工业城市也都成功举办了科学年会。[11]年会每年的议程都早早地提前规划好了,协会主席被提前一年任命并配备有一支行政团队。哈考特担任协会头五年的秘书长,并于1839年在伯明翰举办年会时担任主席。副主席人选从周边城市对科技感兴趣的杰出人士中选拔,而当地组织者会计划安排短途旅行和其他活动，尽力使年会令人愉快和难忘。想要主持会议的城市要准备投标书，承诺兴建一个博物馆、一个图书馆或一所大学，以吸引协会到来。会议给夏天的商业淡季带来了活力，并在促进知识文化的过程中提升了民众的自豪感。来自全国性的报纸和期刊的记者也会到场，因为大会在国会和法院休会的"新闻饥荒期"举行，这期间并没有太多其他新闻，所以会议的各种过程都得到了充分报道。

图23 1828年伦敦学术机构的演讲厅。C. F. 帕廷顿，《自然和实验哲学手册》，伦敦：泰勒，1828年，卷首

虽然运行不久后，协会就由精英人士"科学绅士"（通常是当地或伦敦的牛津和剑桥毕业生）掌管，这也是必需的。任何人都可以向协会的其中一个学科提交一篇论文，组织者尤其希望吸引当地科学人士作为年会的参与者和会众。他们将有机会看到、听到，甚至可以同像法拉第、约翰·赫歇尔和赫胥黎这样

的人交流。就像在德国一样，有从海外来的参会人员，那些有名望的外国人可能会接到特别的邀请。女性也受到欢迎，尽管（就像在其他受人尊敬的、有女性参加的场合一样）许多年来，她们很少有受邀演讲的机会。事实上，尽管妻子、女儿和客人也能被允许带到协会参加偶尔举行的文化派对，但在1945年之前，刻板的皇家协会一直对女性作为院士采取排斥的态度。"科学家"一词是惠威尔在英国科学促进协会剑桥年会上创造的。从严格的科学意义上讲，尽管早在这个名称流行之前，英国科学促进协会就成功地建立起了一个具有科学自觉的团体。他们对于把什么纳入科学范畴非常挑剔，他们所选择的名单定义了什么是科学，并逐渐将其与其他智力活动区别开来。赫胥黎曾经撰文提到"科学教会"（Church scientific）这一说法，英国科学促进协会逐渐成为这种机构的代表，它的集会功能堪比苏格兰长老会（Church of Scotland）的年度集会。

英国科学促进协会能像宗教会议或议会那样制定法则。在都柏林会议上，贝采里乌斯的化学元素表示法（C为碳，O为氧）取代了道尔顿的象形文字。后来，采用了斯特里克兰德的分类命名法并在国际上推广（就算是逐渐地）。英国科学促进协会制作了关于科学状况的报告，并设立了委员会，就具有争议性的问题在后期召开的会议上汇报。最终，协会推荐在英国使用米、克和升为科学度量单位。举办这些大会几乎都能获益，这也成为向值得资助的研究项目者提供赠款的一种来源。协会主席的演说都经过精心准备，且备受关注。他们呼吁关注英国科学家和工程师的成就，指出政府在哪方面对他们支持不足。通常，协会主席会被授权成为代表团的一员，敦促政府的部长们推动和支持某一特定的科学活动或机构。在任期内，最辉煌的时候是在每年一度的年会上，协会主席享受作为英国科学发言人的官方地位的荣耀就座于皇家学会主席身旁，在他们周围是皇家天文台台长、皇家医学院院长和皇家外科学院院长。由于英国科学促进协会的开放性和良好的公众形象，协会主席足以代表一种跨学科的广泛的科学技术群体。赫胥黎曾开玩笑地创造了"科学教会"的表述方式来代表有组织的科学机构。但是，最好的笑话都具有严肃性，这个比喻具有启发意义。因此，德国自然学家和医师协会（GDNA）、美国科学促进协会等类似机构的大会，都可能（姑且听着罢了）被当作不仅是盛会，也是对各种学说进行辩论的大会。[12]

科学化的教会

这种"科学化的教会"有可能使世俗知识阶层（用柯勒律治的话说）夺取或取代神职人员的文化权威（长期确立的职业），解除他们对教育的束缚和控制权。[13]这是查普曼和他的同事从事《威斯敏斯特评论》期刊项目计划的一部分，还有后来的X俱乐部。[14]反神职的情绪并不限于英国。塞缪尔·巴特勒（Samuel Butler, 1835—1902），这位作家和未来的科学人士在1881年报道说，在刚刚统一的意大利，人们对他说："为了未来，让我们拥有教授和科学家而不是牧师吧。"[15]在英国科学促进协会中，不少人更乐于看到一种更为温和的做法，只要求被赋予与神职人员相等的权力。但这样的期望驱使科学家要求得到相应的地位，他们对在文化上依然是古典文学和神学占据主导地位的状况感到极度失望。除意大利的罗马天主教之外，尤其是在英语世界，19世纪的教会竞争异常激烈。尽管（或因为）有宗教宽容，但不同教派之间的斗争十分激烈，谁都确信只有他们知道通往天堂之路。为了灵魂的不朽而战，基督徒彼此憎恨。在这样一个小冲突不断的世界里，并不难理解，长期以来作为与无知和迷信进行战争的有组织的科学，很容易就会与有组织的宗教产生冲突。教会有信条、有被委任的以及有执照的牧师。但是，对科学界来说，没有明确的信条或资格证书来区分和甄别真假科学家——受到科学机构排斥的巴特勒就遇到了这样的问题。事实上，英国皇家学会正稳步成为一个科学机构（尽管会员拿的是捐款，而非薪水）。但是，除了这一庄严的大都会机构，其他有组织性的"科学"的界限还尚不清楚。

到19世纪中叶，起始于自然历史学家和地质学家的专业学会已经有成倍增长。天文学家、地理学家、动物学家、化学家、物理学家、显微镜学家等，也都有了自己的组织，每个组织通常都有一份自己出版的杂志。为了在科学团体中占据一席之地，像年轻的赫胥黎这样有抱负的科学家就面临支付费用的问题。加入协会的费用一般在6～10英镑（或基尼）之间，而每年的捐款也不低于这个数目。[16]如果能成为坐在英国科学促进协会会议上光荣的主席台上的杰出人物，就相当于坐上了科学界大主教的席位，而那些有科学论文的贡献者，或来自各种著名协会的会员，就构成其辖下的神职人员或学者阶层。但是，神职人员是被正式任命或委任的。那么，用什么来甄别真正的科学家呢？他们中的一些人从事科学教学，或就职于工业领域，或者只是业余爱好的绅士，大多数教授科学的教师也从未发表过任何科学论文。正规的科学教育逐渐为此提供了标准。但在这一时期，英国还没有明确的界定，不像在德国，博士学位表明了科学的训练程度和资格。例如，这将有助于法拉第从戴维的光环中走出来，作为一名被认可的科学家，而不只是一名助理。

教会谴责那些捣乱的破坏良好现状的人，但争吵和分裂是教会历史的一个特征。因此，在1843年，著名的牧师和科学讲师托马斯·查麦士（Thomas Chalmers，1780—1847）在"大分裂"（the Great Disruption）期间，率领470名牧师离开苏格兰长老会总会，组成苏格兰自由教会。这场由于任命权之争导致的分裂，持续了半个多世纪，甚至到那时还没有完全弥合。同样，在科学上也会发生争吵（不那么激烈），有时甚至发生在大庭广众之下。对局外人来说，科学上的激烈辩论很有吸引力，但英国科学促进协会的主要人物总是认为，科学促进协会的大会是致力于促进实证科学，不应该成为可能分裂协会和削弱科学权威的冲突的竞技场。1860年，在牛津举行的科学促进协会的年会上，赫胥黎指责欧文对于大猩猩大脑解剖的结果撒谎。两天后，赫胥黎与威尔伯福斯在辩论中发生了激烈的冲突，那种震撼的场面让与会成员感到震惊，并被淡化处理了。1874年，廷德尔在贝尔法斯特所做的主席致辞中，十分出色地倡导了科学自然主义，但却被广泛认为是对宗教信仰的一种不幸的背离，不仅趣味低俗，还难免落入争吵不休的推测的领域。[17]这一事件所得到的教训是，著名科学家自命不凡的一面，必须在公众场合尽可能收敛。

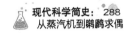

科学是一种职业吗?

我们把科学家看成专业人士,但在19世纪,情况比较复杂。科学是被当作与实践对立的东西,而致力于科学的学术团体则与实际上更像是行业协会或白领工会的职业团体相对立,内科及外科医学院一直都是这样。而在工程学方面,各种机构相继成立,它们最重要的职能是制定标准,为合格的从业人员颁发许可证,并确保适合业内人员的工作不被无执照者抢走。对这一点,看法见仁见智。从一方面看,这些机构,包括后来的(皇家)化学研究所,一直在侠义地保护每个人免受庸医和无能之辈的欺骗;从另一方面看,它们是针对公众的阴谋,以此维持高额的收费标准。在科学领域里,这些职业机构界限明确,现在仍然如此。合格的医生、拥有特许证的化学家、建筑师或工程师,可以从事其他人无权从事的工作。当时,这些人可能算是知识分子,有时确实如此。但是,当我们想到伟大的科学家时,这些专业人士通常不会出现在我们心目中——我们的前辈也有同感。这类专业人士也许是医生或律师,但绝不是商人。他们收费是以基尼来计算的,但也可能为穷人提供免费服务。在社会地位上,他们的排名在制造商之上,但在绅士之下(绅士可能比两者都要穷)。[18]自17世纪以来,自然哲学就一直是绅士贵族喜爱的活动,它满足了人们对好奇心的应用,而许多像戴维和法拉第一样的人虽然出身卑微,却是天生的绅士。

乔治·约翰斯顿(George Johnston,1797—1855)是一名在伯威克行医的医生,他在爱丁堡受过良好的职业训练。他必须很小心地不让科学活动对自己的职业有影响。他有点嫉妒他的贵族朋友,因为他们可以自由支配自己的时间。他抱怨说:[19]

> 有时,我似乎不得不因为职业、社会和其他方面的责任而忽视我的朋友,这些责任只有绅士可以毫不理会。要知道,一

个严肃呆板，只会像扇贝或绅士一样到处走动的人，是成不了一名医生的……放眼周围堆满的宝贵财富，我却陷入绝望之中。一卷卷的书未读，成堆的信件待复，标本等着去命名和描述，装满蹦蹦跳跳有趣的小动物的瓶子，也难得有时间去瞧一眼。如果我有一个绅士那样的闲暇，我就能把这一切都安排得井井有条。

事实上，在他闲暇的时候，他在科学上做得比大多数人都要多。[20]他写了有关当地的自然历史，也曾有过创办野外俱乐部的想法，他更喜欢通过考察旅行去找寻动物、植物和矿物世界的奇珍异宝，而不仅是听听讲座，参观博物馆里的标本。事实证明，博物学家们更为热衷于形成各种团体和联系网。1831年，约翰斯顿在伯威克郡创立了自然学俱乐部，还同时出版了一份期刊，该期刊目前依然在版。作为一种传播热情和知识的方式，这些做法都是非常有效的，它们很快就在英国和其他地方纷纷涌现。有时，他们也会给自己取一些奇特的名字，比如苏格兰的英纳雷森阿尔卑斯俱乐部。该俱乐部通过在周边地区进行的考察旅行发表了一份报告，其中配有俱乐部成员们拍摄的照片。[21]

约翰斯顿还想过成立自然历史出版俱乐部，所出版的书都必须配有插图，但价格会很昂贵。当然，如果有明确的市场需求作为保证的话，它们的价格会便宜得多。预约订单使印刷更经济，出版商对认购出版的想法表示赞赏，他们分批出版了精美的自然历史书卷，一般都是先交付订金。1844年，由于约翰斯顿的这一灵感，雷协会（Ray Society）成立了。他们出版的作品大部分（但不全部都是）都是关于英国自然历史，当然还有许多其他作品，其中包括达尔文关于现存藤壶的详尽研究论著。达尔文关于绝种藤壶方面的书卷，则是由另一个姊妹协会，古生物学协会（Palaeontographical）出版的。这个协会成立于1847年，出版关于化石方面的书籍。与此同时，1846年，哈克路特（Hakluyt）协会成立。根据同样的做法，他们为那些对地理感兴趣的订户，出版航海和旅行方面的学术书籍。

雷协会传播自然历史的工作为许多这方面的商业出版商提供了助益，尤其是约翰·范·沃斯特（John van Voorst，1804—1898）。该协会通常（现在仍然）出版已具有权威性的描述性和分类性作品（包括译著），但是，1847年，它反常出版了奥肯推测性的作品《自然科学基础》（*Elements of Physiophiosophy*）翻译本，并由此引发争议。[22]当时，与此相关的热潮包括：在温室花盆里种植蕨类植物（或者种在用于运送植物的"沃德箱"的密封玻璃里），以迎合新兴的海滨度假热所兴建的水族馆——这是由查尔斯·金斯利和菲利普·乔斯（Philip Gosse，1810—1888）发起的活动，组织人们通过去海边进行学习型度假来学习自然历史。[23]这种科学传播对于提高科学的文化形象非常重要，尽管它模糊了"专业"实践者和感兴趣的业余爱好者之间的区别。地方的自然历史在生态学中将变得非常重要。但是，在19世纪，它把科学带入了假期出门呼吸新鲜空气和进行运动的欢乐气氛中，带入了一个对工业化以前的世界的浪漫怀旧之中。

图24 一位野外工作的自然学家正在网捞取样。E. 纽曼，《我们所熟悉的昆虫史入门》，伦敦：范·沃斯特，1841年，96页

胜利的组织者

拉扎尔·卡诺被称为"胜利的组织者",因为他在拯救法国革命的过程中发挥了关键作用,但他的名字并不像他所支持的将军们那样为人们熟知。在科学领域也是如此。伴随着第二次科学革命,科学的规模和速度的变化取决于组织者和管理者,还有那些默默无闻的副手。当我们在敬佩那些明星科学家时,往往把他们给忘记了;然而,是他们帮助成就了那些原创思想家和发现者的事业。他们可能只是一些执行者或行政秘书,就像英国皇家学会的沃尔特·怀特一样,他的那种带有亲切质疑风格的期刊,给学会圈子里那些伟大的会员带去了启迪;[24]也可能他们自己就是科学家,比如像皇家地理学会(Royal Geographical Society)的亚瑟·艾金、艺术学会(Society of Arts)的贝茨。生物学家威廉·本杰明·卡朋特(William Benjamin Carpenter,1813—1885)在1856年成为伦敦大学的教务主任,他也是英国科学促进协会和皇家学会卓越的会员。有些人,以自己相对不那么正式的各种方式,体现出了管理者的重要性。比如:约翰斯顿、班克斯、哈考特和奥肯,以及众多像他们一样的人。北安普顿勋爵斯宾塞·康普顿(Spencer Compton,1790—1851)是英国科学促进协会兼地质学会的主席,并从1838年到1848年担任英国皇家学会主席,在他的管理下,皇家学会有效地实现了现代化改变。在美国,约瑟夫·亨利担任设立于1846年的史密森学会主席,使其成为在美国科学技术领域极具影响力的机构。他的好友亚历山大·达拉斯·巴什(Alexander Dallas Bache,1806—1867)主管美国海岸勘测局,负责监管绘制美国整体海岸线地图,并促进了对整个美国西部的勘测工作。[25]在德国,洪堡推广了国际地球物理测量,特别是涉及对全世界范围进行测量的"磁力远征活动"。爱德华·萨宾(Edward Sabine,1788—1883)通过英国科学促进协会,将磁力勘探请求上报到政府,政府全力资助了"黑暗号"和"恐怖号"两艘船的加固和配备装置,作为罗斯南极探险的磁力观测站(1839—1843)。[26]英国海军部在约翰·巴罗（John Barrow，1764—1848）领导期间，进行了多次如亨利·福斯特（Henry Foster）这类探险，[27]这一传统一直延续着，并以英国皇家海军舰艇"挑战者号"（1872—1876）的海洋制图航程为这类探险活动的巅峰。[28]与此同时，在英国国内，亨利·德拉·贝歇在1832年荣任地质勘探协会主席。[29]这是一项耗资巨大，有时很危险，需要团队协作而不是靠天才单打独斗进行的科学活动。许多人误以为它是一项20世纪的发明。派遣船只和船员进行为期数年的航行，或者派遣团队在陆地上对未知领域进行仔细测绘，是一项非常昂贵的活动，必然要涉及政府的参与。这种科学的推广方式为实践者带来了获得荣誉、权力和财富的机会，而在为他们作为英雄归来所举行的庆祝活动，则是一种对科学最好的宣传。

在科学组织所采取的各种形式中，最常见的是开放式的协会，所有感兴趣的人都受到欢迎，但作为会员，通常必须遵守会员或委员会所定的规则。那些想要成为会员的人要经过提议和表决的程序（和进入皇家学会一样），有的人可能会在投票之前把他们的名字加入同意名单中进行投票，而不合适的人会被"反对票"拒之门外。根据德国自然学家协会（Naturforscher）、英国科学促进协会这一模式在法国、美国、澳大拉西亚和其他地方建立起来的协会，会员条件的要求都比进入英国皇家学会更宽松，开放式协会都会产生一定费用支出。协会目的是传播科学，但不希望"劳动阶层"加入，为他们提供的讲座也与协会的主要会议分别开来。英国皇家学院，在曼彻斯特和纽卡斯尔的英国皇家文学和哲学协会，各个地方的订阅图书馆、阅览室，在英国和北美等地的学术中心，它们在各自的城市文化生活中都发挥着重要作用，对所有有兴趣和合适的人以及越来越多的成年男女来说，它们也同样是开放的。他们的订阅费或捐赠款会被用于建立某个图书馆，或一个配有常驻研究员的实验室，或一种期刊的出版。由于地处时尚的伦敦，会员身份尊贵，以及各种激动人心的科学发现，皇家学院在全国范围内的地位举足轻重。皇家学院演讲大厅举行的各种讲座，在权势人物，特别是在他们的孩子中间，产生了很大的科学影响。[30]当时，科学不仅在进步，还具有娱乐性。

虽然这些协会并没有像英国科学门类促进协会那样，把讲座内容局限于狭义的科学题目方面，但他们也认为，所有的科学门类都是他们应该涉及的领域。其他协会团体所涉及的领域比较窄。在法国，非正式的阿尔克伊协会（Societé d’Arcueil，实行会员邀请制度）的研究范围只涉及化学家贝托莱和物理学家拉普拉斯以及各项科学的资助人。[31]英国科学促进协会的各个部门为化学家、物理学家和数学家提供了各种论坛，使他们可以在各自的“区域”里讨论深奥的技术问题。当1831年英国科学促进协会设立时，各种研究专业特殊学科的都市协会也开始蓬勃兴起。这些协会通常都是开放性的，因为在当时，毕竟没有什么正式的资格证书来区分谁是专家，全心投入研究的从业者也没几个，而他们需要得到所能得到的所有支持。慢慢地，协会开始要求有专业知识证明，而不只是对某学科具有一般的兴趣。特别是随着科学的声望日益提高，人们开始利用协会成员的身份，作为在申请工作或提供服务时的专业知识标志。因此，1841年成立的伦敦化学学会（Chemical Society of London）就出版了一本充满各种专业公式的期刊，令任何圈外人望而生畏。学会在1871年分裂成两个学会，一些见解不同者组建了化

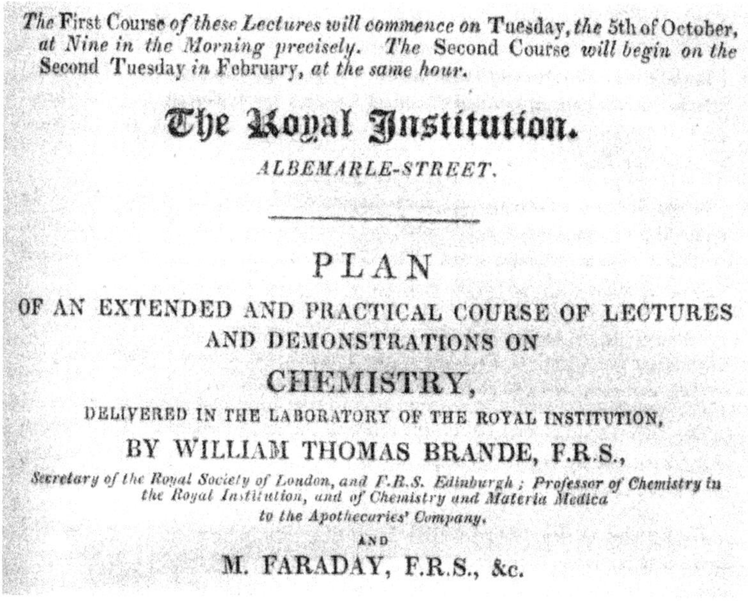
The First Course *of these Lectures will commence on* Tuesday, *the* 5th of October, *at Nine in the Morning precisely.* *The* Second Course *will begin on the* Second Tuesday *in* February, *at the same hour.*

The Royal Institution.

ALBEMARLE-STREET.

PLAN

OF AN EXTENDED AND PRACTICAL COURSE OF LECTURES AND DEMONSTRATIONS ON

CHEMISTRY,

DELIVERED IN THE LABORATORY OF THE ROYAL INSTITUTION,

BY WILLIAM THOMAS BRANDE, F.R.S.,

Secretary of the Royal Society of London, and F.R.S. Edinburgh; Professor of Chemistry in the Royal Institution, and of Chemistry and Materia Medica to the Apothecaries' Company,

AND

M. FARADAY, F.R.S., &c.

图25 皇家学院演讲内容计划书。《科学、文学与艺术季刊》第18期（1825）：199

学研究所，成为另一个专业机构。[32]它像皇家医学院一样（只取得一定的成功），试图对资格证书的颁发、收费标准的制定、所从事的范围进行控制，使只有具备化学家资格的人才有机会从业。与此同时，随着高等教育的不断发展，留在化学学会中的会员也齐心协力，使之成为一个学术型学会，他们也出版杂志，促进化学研究与教学，只有化学专业的毕业生才准许加入。

到了19世纪中叶，皇家学会已经开始变得封闭了。在北安普顿勋爵和他的继任者领导下，会员的名额已有限制，而且每年的提名都由一个委员会来审查，委员会根据限定的人数，遴选出进入学会的会员。这一遴选程序使学会成员也能享有像在法国、普鲁士、俄罗斯和其他国家的学士所享有的那种权威。随着新一代科学家出现，问题也随之而来，这些人对通才教育文化不太熟悉；而且，各种科学期刊也成为外行人眼中越来越看不懂的东西了。此外，我们还发现，在法国大革命中，科学院受到了批评，并因精英主义路线受到了短暂的压制。而在19世纪后期，在高雅艺术方面，学院被前卫派视为沉闷的保守主义、墨守成规、扼杀原创性的大本营而受到蔑视。"学院式"变成了一个肮脏的字眼，科学家作为"权威机构"的一部分，很容易被怀疑，他们不再是浮士德式的亡灵巫师，而是一些为一己之私牺牲公众利益的人。他们把僵化的官方观点、疫苗接种和其他政府想做的事，想方设法强加给每个人。然而，这种负面看法，从另一个角度看，本身就是对科学重要性的一种承认。因此，霍布豪斯提出关于专业化的效力和问题的讨论，来迎接20世纪的到来。专业化带来了快速进步，但也使科学在普通教育中变得较为乏味、缺乏想象力与价值。[33]随着科学变得更加专业化和技术性，需要大量的教科书，这给出版商带来了越来越多的机会：他们可能会与一个或多个协会合作专门从事科学书刊的出版，或者出版一份独立的期刊。在英国，泰勒（Taylor）和弗朗西斯（Francis）把这两件事都做了。[34]麦克米伦是在洛克耶劝说下出版《自然》（*Nature*）的，虽然多年来一直亏损，但却给公司带来了良好声望，令其发行的教科书系列销量大增。作家、记者和出版商也有机会在各个层面推广科学，从儿童书籍到玛丽·萨默维尔的那些书，都是为那些科学分支领域的专家想要了解其他领域的科学而写的。[35]克鲁克斯出版了其中评论文章覆盖面广的《科学季刊》(*Quarterly Journal of Science*)，另一种《化学新闻》(*Chemical News*)周刊则是面向学术界和工业领域中的化学家。[36]

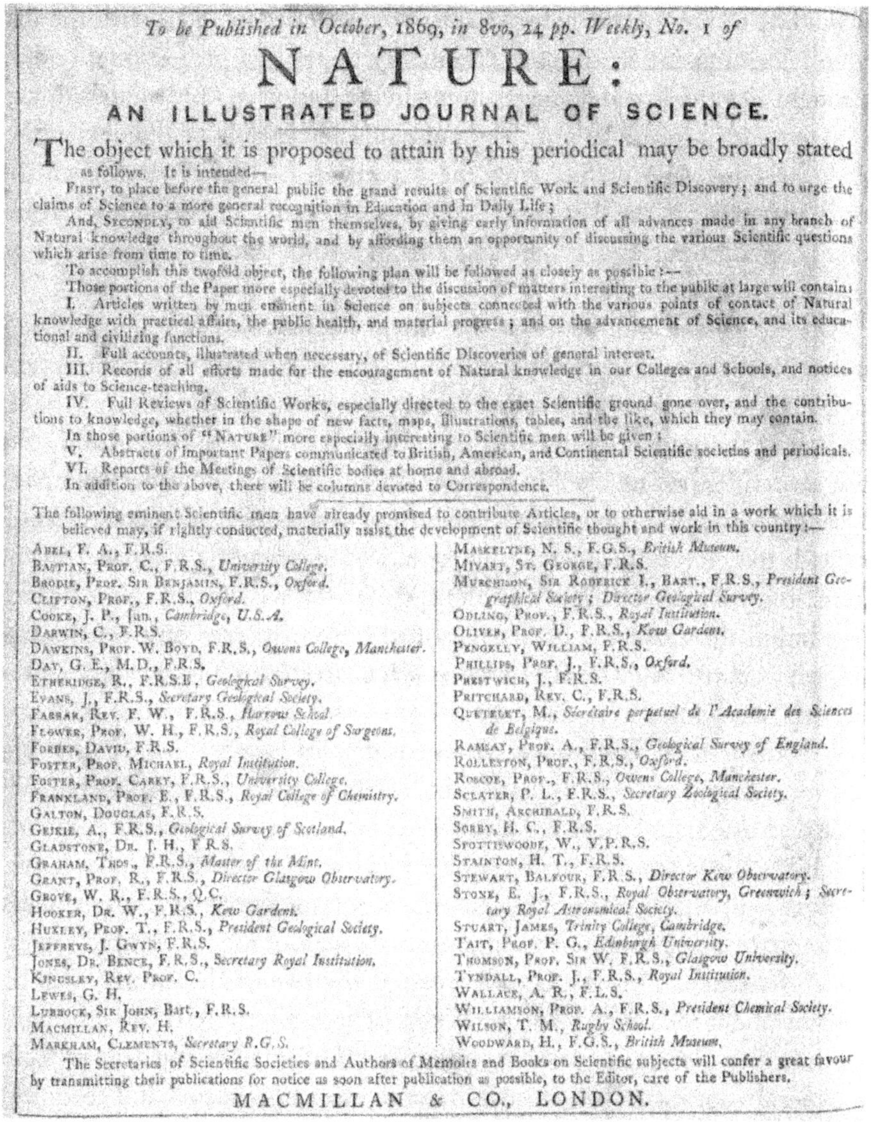

To be Published in October, 1869, in 8vo, 24 pp. Weekly, No. 1 of

NATURE:

AN ILLUSTRATED JOURNAL OF SCIENCE.

The object which it is proposed to attain by this periodical may be broadly stated as follows. It is intended—

FIRST, to place before the general public the grand results of Scientific Work and Scientific Discovery; and to urge the claims of Science to a more general recognition in Education and in Daily Life;

And, SECONDLY, to aid Scientific men themselves, by giving early information of all advances made in any branch of Natural knowledge throughout the world, and by affording them an opportunity of discussing the various Scientific questions which arise from time to time.

To accomplish this twofold object, the following plan will be followed as closely as possible:—

Those portions of the Paper more especially devoted to the discussion of matters interesting to the public at large will contain:

I. Articles written by men eminent in Science on subjects connected with the various points of contact of Natural knowledge with practical affairs, the public health, and material progress; and on the advancement of Science, and its educational and civilizing functions.

II. Full accounts, illustrated when necessary, of Scientific Discoveries of general interest.

III. Records of all efforts made for the encouragement of Natural knowledge in our Colleges and Schools, and notices of aids to Science-teaching.

IV. Full Reviews of Scientific Works, especially directed to the exact Scientific ground gone over, and the contributions to knowledge, whether in the shape of new facts, maps, illustrations, tables, and the like, which they may contain.

In those portions of "NATURE" more especially interesting to Scientific men will be given:

V. Abstracts of important Papers communicated to British, American, and Continental Scientific societies and periodicals.

VI. Reports of the Meetings of Scientific bodies at home and abroad.

In addition to the above, there will be columns devoted to Correspondence.

The following eminent Scientific men have already promised to contribute Articles, or to otherwise aid in a work which it is believed may, if rightly conducted, materially assist the development of Scientific thought and work in this country:—

ABEL, F. A., F.R.S.
BASTIAN, PROF. C., F.R.S., *University College.*
BRODIE, PROF. SIR BENJAMIN, F.R.S., *Oxford.*
CLIFTON, PROF., F.R.S., *Oxford.*
COOKE, J. P., Jun., *Cambridge, U.S.A.*
DARWIN, C., F.R.S.
DAWKINS, PROF. W. BOYD, F.R.S., *Owens College, Manchester.*
DAY, G. E., M.D., F.R.S.
ETHERIDGE, R., F.R.S.E., *Geological Survey.*
EVANS, J., F.R.S., *Secretary Geological Society.*
FARRAR, REV. F. W., F.R.S., *Harrow School.*
FLOWER, PROF. W. H., F.R.S., *Royal College of Surgeons.*
FORBES, DAVID, F.R.S.
FOSTER, PROF. MICHAEL, *Royal Institution.*
FOSTER, PROF. CAREY, F.R.S., *University College.*
FRANKLAND, PROF. E., F.R.S., *Royal College of Chemistry.*
GALTON, DOUGLAS, F.R.S.
GEIKIE, A., F.R.S., *Geological Survey of Scotland.*
GLADSTONE, DR. J. H., F.R.S.
GRAHAM, THOS., F.R.S., *Master of the Mint.*
GRANT, PROF. R., F.R.S., *Director Glasgow Observatory.*
GROVE, W. R., F.R.S., Q.C.
HOOKER, DR. W., F.R.S., *Kew Gardens.*
HUXLEY, PROF. T., F.R.S., *President Geological Society.*
JEFFREYS, J. GWYN, F.R.S.
JONES, DR. BENCE, F.R.S., *Secretary Royal Institution.*
KINGSLEY, REV. PROF. C.
LEWES, G. H.
LUBBOCK, SIR JOHN, Bart., F.R.S.
MACMILLAN, REV. H.
MARKHAM, CLEMENTS, *Secretary R.G.S.*
MASKELYNE, N. S., F.G.S., *British Museum.*
MIVART, ST. GEORGE, F.R.S.
MURCHISON, SIR RODERICK I., BART., F.R.S., *President Geographical Society; Director Geological Survey.*
ODLING, PROF., F.R.S., *Royal Institution.*
OLIVER, PROF. D., F.R.S., *Kew Gardens.*
PENGELLY, WILLIAM, F.R.S.
PHILLIPS, PROF. J., F.R.S., *Oxford.*
PRESTWICH, J., F.R.S.
PRITCHARD, REV. C., F.R.S.
QUETELET, M., *Sécrétaire perpetuel de l'Academie des Sciences de Belgique.*
RAMSAY, PROF. A., F.R.S., *Geological Survey of England.*
ROLLESTON, PROF., F.R.S., *Oxford.*
ROSCOE, PROF., F.R.S., *Owens College, Manchester.*
SCLATER, P. L., F.R.S., *Secretary Zoological Society.*
SMITH, ARCHIBALD, F.R.S.
SORBY, H. C., F.R.S.
SPOTTISWOODE, W., V.P.R.S.
STAINTON, H. T., F.R.S.
STEWART, BALFOUR, F.R.S., *Director Kew Observatory.*
STONE, E. J., F.R.S., *Royal Observatory, Greenwich; Secretary Royal Astronomical Society.*
STUART, JAMES, *Trinity College, Cambridge.*
TAIT, PROF. P. G., *Edinburgh University.*
THOMSON, PROF. SIR W., F.R.S., *Glasgow University.*
TYNDALL, PROF. J., F.R.S., *Royal Institution.*
WALLACE, A. R., F.L.S.
WILLIAMSON, PROF. A., F.R.S., *President Chemical Society.*
WILSON, T. M., *Rugby School.*
WOODWARD, H., F.G.S., *British Museum.*

The Secretaries of Scientific Societies and Authors of Memoirs and Books on Scientific subjects will confer a great favour by transmitting their publications for notice as soon after publication as possible, to the Editor, care of the Publishers.

MACMILLAN & CO., LONDON.

图26 《自然》新周刊内容简介(1869)

科学与灵性

科学被证明是真正有用的知识,它给世界带来了生活的繁荣。但对一些人,比如外科医生兼诗人济慈来说,科学已经使世界失去魅力,使彩虹成了一个只是不同折射率的折射和反射的例子。科学家可能被看作操纵这个世界的技术人员,对美和真理漠不关心;或被看成是物质主义的,过于市侩平庸的人,渴望以现实主义名义压制那些细腻美好的感情。科学可能会被认为是一个阴谋,是打着反对无知和迷信的运动的旗号,把世界变得单调无趣,并对自然进行无情的剥削(包括人类)。对于这样的情绪,普里斯特利和帕利各自以不同的方式,应用自然神学观点做出响应。研读自然之书,不禁让我们心中充满了对自然的造物之神由衷的敬畏和感叹。在自然神学里,上帝的存在和仁慈被当作理所当然、无可争辩的事实,这不仅明确地成为一些作品的基本模式,像《布里奇沃特论文集》,或伦敦圣教书类会社(Religious Tract Society)出版的系列丛书,而且英语国家的讲座和受欢迎的作品也通常如此。[37]在其他领域,这一传统已经被大大削弱了。但无论在哪个方面,需要确定的一点是,科学不能对生活中更高层次的事物抱着无动于衷或否定的态度。

普里斯特利将化学、电力和光学结合为一体的动态科学观点,在19世纪早期的电化学和电磁学中得以实现。力量而非无感情的物质,才是这个世界的关键,而电力则类似于精神的力量。戴维写过泛神论诗歌。丹麦的科学圣人奥斯特,在生命最后阶段发表的一系列诗歌、演讲和论文,在1852年被翻译成英文,标题为《大自然中的灵魂》。[38]济慈认为,我们的身体在不断地自我更新。他认为物质本身不能构成人,人体是通过物质成分的不断流动,像瀑布一样存在。在英国,这本书是颇负盛名的伯恩出版社历史上为数不多的一次惨败,被达尔文私下形容为"糟糕透顶"的一本书。但是,其目的是为了表达动态科学的观点:表面平静是各种力量均衡的表现。无论作为一种将动态科学解释清楚的努力,还是出于对科学崇高性的一种运作，在丹麦和德国，这本书都被视为是很重要的。在《自然哲学》（*Naturphilosophie*）一书中，奥斯特把科学上升为一种精神活动。

1844年，自然神论的《痕迹》一书生动地呈现出另一种景象，被称为进化论史诗。[39]在法国拉马克眼里，以及伊拉斯谟斯·达尔文的英语诗歌中，这是一个壮观景象：从一团未分化和混乱的物质中凝结出太阳系，地球凝聚后冷却，在混沌的宇宙中，一道闪电点燃了宇宙云雾中生命的火花，随着进化的演变，当时机成熟时，人类出现了——也正是人，最终能够将这一切解释清楚（如约翰·赫歇尔的诗）。对许多人来说，在这个令人惊叹的浩大一致的世界里，同样不变的法则肯定会在其他地方产生出具有理性的生命体——我们不必害怕这个广袤无垠的宇宙空间，因为我们可能并不孤单。当考古学家研究出石器、青铜器、铁器时代的大致情况时，艺术家开始描绘我们遥远的祖先。他们笔下的人类祖先，不再像亚当和夏娃那样，是天堂中安逸的完美标本，最终落入人间，而是像多毛的野蛮人一样，过着肮脏、粗野、生命短暂的生活。[40]人类的历史并不是从一个黄金时代走向衰落的历史，而是一个不断进步的故事。这部史诗可以被认为是上帝的计划的实现，其间穿越了大量未被记录的年代，但它也可以被理解为一个把上帝排除在外的故事。无论如何，它提供了一个精彩的故事，证明了科学所具有的想象力。[41]由于这种想象力，一种质疑宗教的小说新流派产生了，如玛丽·沃德的畅销书《罗伯特·埃尔斯梅尔》。令人惊奇的是，该小说在20世纪中叶非常受欢迎。[42]

在抛开神来叙述这段史诗般的故事的人里，其中最著名的当属耶拿的海克尔。在当时沉闷守旧的威廉德国时代，他的胚胎学研究引发了许多争议。他著名的"生命之树"画作和由他本人创作、挂在他书房墙上的猿人祖先肖像，现在全部成为博物馆的收藏品。[43]在英国，约翰·廷德尔因为排斥上帝而背负骂名，但他在1874年草拟于阿尔卑斯山的那篇著名的贝尔法斯特演说却大获全胜，一举使他登上了泛神论幻想的顶峰。1870年，在利物浦，他在英国科学促进协会发表了关于科学中如何应用想象力的演讲。[44]他认为，在实验和观察的控制下，想象力的作用至关重要。科学界对用培根归纳法来诠释科学的偏爱（甚至他的朋友赫胥黎也把培根归纳法当作一种训练有素的、有条理的常识），他认为仅仅这样是不够的。没有想象上的飞跃，光靠收集事实进行归纳总结，是远远不够的。廷德尔博学多才，口若悬河，他引用了爱默生、康德和歌德的话来证明，至少对他来说，文学和科学文化是完全相容的。所以，对于奥斯特来说，科学是揭示自然中灵魂的一种精神活动；对于钱伯斯来说，科学是史诗；对于廷德尔来说，科学充满了各种想象。可能还可以用一个更人性化的词语去形容科学——神秘的。例如，性格古怪的苏格兰皇家天文台台长查尔斯·皮亚兹·史密斯（Charles Piazzi Smyth，1819—1900）仔细测量了埃及金字塔后，发现了金字塔中蕴藏的神秘知识（以及与英国的长度单位相近的度量单位）。[45]

科学的传播

科学的被接受就像科学的成功一样，其方式本身就足以令人称奇。随着时间的推移，科学在文化中占据主导地位的迹象越来越明显。无论令人失望也好，鼓舞人心也罢，科学已经进入了艺术、文学甚至音乐领域。约翰·康斯特布尔的大型乡村风景画作，主要归功于他对云朵的观察。这还要感谢卢克·霍华德的气象研究，以及他对积云、雨云等各种不同云系所做的分类。歌德对色彩的研究为艺术家，包括特纳，带去创作的灵感。特纳和现代摄影师一样，在创作中都受益于歌德对色彩的感知，用红色表示近距离、蓝色代表远距离，以及歌德的许多对阴影更成熟的看法。[46]摄影是化学和光学结合的一种产物。摄影爱好者可以在家中或花园里搭设临时的暗室，使用化学试剂进行底片冲洗和处理。克鲁克斯以及其他许多摄影师的职业生涯就是这样开始的。[47]在克里米亚战争（1854—1856）中，已经出现了摄影师的身影。罗杰·芬顿（Roger Fenton）曾经是一位不成功的风景画家，后来转向摄影这种新媒体。他将货车改装成一间暗室用于玻璃底片的显影。拍照所需的曝光时间长，还需要选择各种合适的角度，但照片展现的战场上的伤口、污秽，那种现场感十分触目惊心。从此，光荣的胜利场面和战场的绘画时代结束了。[48]绘画的作用开始出现改变。一个缺乏诗意的德国眼科医生，在皇家学院演讲时，曾经提出一个问题：绘画作品中的失真，是否是一种病态的表现？他指出，艺术家［如埃尔·格列柯（El Greco）］画出的人物瘦长，是因为其患有散光，看到的人就是瘦长的。特纳后期那些试图通过绘画捕捉光线的、令人眼花缭乱的作品，实际就是视力衰退的结果。[49]事实上，艺术家并不是用摄影的眼光来看待事物的。摄影的准确性并不像人们所预测的那样，会迅速扼杀学院派现实主义绘画，但也确实使艺术家和批评家思考，是否还需要依赖几何学和相机的暗箱方式，作为视觉表现形式。欣赏那些不在乎透视规则的旧画作，比如希腊和俄罗斯的圣像和中世纪的微型画，变得更容易了。因为不再需要做那些摄影师能够做得比他们更好的那些事情，画家（尤其是法国画家）从亥姆霍兹等人的光学研究成果以及生理学和心理学的观点中获得灵感，着手尝试印象派和点画派的创作实验。[50]

文学方面的故事就更丰富了。没有一定的化学知识，就很难欣赏歌德的小说《亲和力》。这同样适用于雪莱的诗作，雪莱就是一名科学的忠实者。[51]他的妻子玛丽从他和戴维那里学到了丰富的科学知识，写成了现在被认为是科幻小说先驱的《弗兰肯斯坦》。[52]小说充满了十足的象征意义。上帝把亚当安置在花园中，并制造夏娃为他的妻子与他做伴，他们按照上帝的旨意生儿育女。与此相反，弗兰肯斯坦则排斥女性，扮演上帝的角色。他逃离以他的形象塑造出来的怪物，让其在冰川中自谋生路，并拒绝给他制造一个伴侣。弗兰肯斯坦与朋友断绝了联系，无道德标准需要遵循，独自一人在充斥着尸体各个部位的令人作呕的藏尸所和屠宰厂工作。难怪结果会很糟糕。该书已经成为一个警示故事，针对那些在充满了过分大男子气概的科学界中，不顾一切地进行不辨是非的科学行为。这个故事貌似可信；我们毕竟听说过中世纪的犹太拉比如何制造活泥人，或者看过《浮士德》一书中侏儒的故事。[53]伊拉斯谟斯·达尔文的进化论观点、加尔瓦尼和伏特的电子实验、安德鲁·尤里在格拉斯哥对那个被处以绞刑的犯人所实施的令人恐怖的公开解剖（当接线端插上电源，尸体出现令人心惊肉跳的抽搐景象），以及爱丁堡那些挖墓盗尸的令人作呕的场面，所有这一切，都让弗兰肯斯坦的实验变得令人可信。⁵⁴ 与之前有关魔法或炼金术的故事相比，这样的故事并不会显得那么令人难以置信。真正的科学正在变得强大而危险。

图27　流行科学及其噩梦般的未来。《喷趣》，1868年圣诞节

正如儒勒·凡尔纳（Jules Verne，1828—1905）的科幻小说所表现的那样，到了乐观的19世纪中叶，大多数人以更正面的态度看待科学。如果说《环游世界80天》（Round the World in Eighty Days，1873）是对蒸汽船和铁路使这一环游世界的壮举（以及英雄们的足智多谋）成为可能的赞美与歌颂，凡尔纳的其他作品可以被视为对北美、西伯利亚、非洲和澳大利亚被探险家开发的方式所做出的一种反应。尽管那时地图上还有很大的空白，但地球表面尚存的未知世界，那些令人激动的航行和旅行探索的范围已经变小了。于是，凡尔纳的英雄们进行了《地心之旅》（Journey to the Centre of the Earth）或《海底两万里》（Twenty Thousand Leagues under the Sea）的探险。凡尔纳的英雄们就像弗兰肯斯坦一样，但更为谨慎。他们的每个行动，都借助了当时已有的科学技术。他们的冒险故事生动有趣，吸引了年轻的读者对科学的向往，这点是教科书永远做不到的：尤其是对年轻的发明家和科学家来说，未来看起来一片光明。到19世纪末，对于那些疲倦的观察者来说，他们非常清楚地意识到，世界是在退步，而不是进步，前景看似更加暗淡。赫伯特·乔治·威尔斯（Herbert George Wells）的《时间机器》（Time Machine，1895）对人类的未来不再抱乐观的看法。人类被进化塑造成两个物种（一个物种捕食另一个物种），最终走向灭绝。

在丁尼生的伟大诗篇《悼念》（1850）中，科学扮演了一个重要的角色。诗歌叙述了他的剑桥好友亚瑟·哈勒姆之死。哈勒姆是当时极具才华的剑桥生之一，已经和丁尼生的妹妹订了婚，大学毕业后到欧洲大陆度长假，其间不幸在维也纳去世。这首诗由131个四行诗节的诗章组成，追溯了丁尼生逐渐接受这一打击的过程。[55]在诗中，他通过地质时期的深渊和《痕迹》的进化科学观，对带着"鲜红爪牙"的自然之神提出了令人震惊的问题，质问她对个人死亡的冷漠与无情："她似乎只关心物种，对个体的生命毫不在乎。"诗人告诉我们，他曾像圣保罗与野兽一样，与死神搏斗，并拒绝相信他的朋友和我们仅仅是某种物质，只能有烟消云散的命运：

> 让科学证明我们,
>
> 不只是黏土塑造的狡猾之物,
>
> 至少对我而言;那么,
>
> 人类与科学有什么关系?我不愿留下来了。

对丁尼生来说,像帕利来自"鹰的翅膀,或昆虫的眼睛"的推理并没有给他带去信念,只能是那双"穿越自然,塑造人类"的手,从怀疑和悲伤的黑暗中伸出,就像父亲的双手在安抚一个哭泣的孩子。

赫胥黎(跟他的妻子一样)是丁尼生的铁杆崇拜者,他在许多公开演讲中引用了他的诗句,并努力确保英国皇家学会正式出席他的葬礼(由四名官员以及其他九个会员代表),因为他是[56]"自卢克莱修(Lucretius)之后唯一花心血去了解科学人士的工作和秉性的诗人"。他相信,《悼念》一诗表现出了一种"与最伟大的专家同等的"对科学方法的洞察力。这位怀疑论的先知以令人难以忘怀的诗歌旋律与不可知论的师祖产生了共鸣,他自己就一直挣扎接受长子诺埃尔之死,并反复承受着抑郁症的折磨。就像丁尼生拒绝唯物主义史诗《痕迹》中的进化观念一样,赫胥黎(让他的一些同事,尤其是斯宾塞,感到震惊)也改变了支持基于进化论的伦理观。他开始相信,为生存而斗争的适者生存所演绎出的社会达尔文主义,不能成为文明生活的向导。存在的并不一定就是对的,在人生的最后阶段,他在牛津罗曼斯讲座所做的《进化论与伦理学》(*Evolution and Ethics*,1894)的演讲中,赫胥黎认为,道德代表了一种对自然的挑战。[57]我们应该让妇女和儿童先进入救生艇,而不是自己抢先挤进去。对他来说,科学并不像其他人所相信的那样,是人生完整的指南。但是,他的演讲标志着科学再也无法被排除在道德讨论之外,即使像赫胥黎那样认为科学是必须被超越的人。在当时,优生学、军事装备、医学、技术科学,使橡胶和奎宁这些植物"适应环境"的做法,以及对包括兔子、灰松鼠、牛和山羊在内的动物所进行的驯化,都引发了一系列有关伦理的争议。

1887年，音乐评论家、瓦格纳的拥趸，弗朗西斯·赫费尔（Francis Hueffer，1845—1889），就人们对于从德国传播到英国的音乐表现出的新的热情这一现象，发表了评论：[58]"在女王统治下的半个世纪所带来的变化中，在人类知识或人类艺术的任何分支内，除了自然科学以外……没有什么可以超过人们对音乐的热爱。"就像戴维一样，丁尼生也不懂音乐，这一点出乎赫胥黎意料之外。总之，他也注意到，在多数情况下，科学人士似乎比诗人和文人更懂得欣赏音乐。科学人士为音乐带来了一些新的见解，亥姆霍兹写过音乐与色彩的文章。《论音调的感觉》（*Sensations of Tone*，1863年出版；1877年第4版）——是一本探求音调生理学基础的伟大经典著作，比理查德·利布莱希（Richard Liebreich，1830—1917）在皇家学院所做的关于绘画的演讲更富有敏锐性。[59]书中包括了音乐和方程式。亥姆霍兹在这里使用了极具普适性的傅立叶级数，和他的朋友开尔文勋爵在能量计算中使用的一样。这是一种力量之旅，将音乐中数学和物理的关系（毕达哥拉斯已经做过的事）表现出来，包括从解剖学和生理学的角度对人的耳朵进行研究，以及对美学的讨论。他描述了自己的发现过程：

> 我就像一个登山运动员那样，不知道自己该走哪条道路，只能缓慢而艰难地向上爬行，还经常因为路断了，不得不折回头去。经过反复努力，但经常是偶然的，他发现了新的路径，沿此向前走完了漫长的路程。当他终于到达目的地时，却感到十分难堪。如果一开始足够聪明，找到合适的起点，那他本来可以很容易地通过一条宽敞的马车道到达目的地。当然，在我出版的书中，我并没有告诉读者我所走过的那条迂回曲折的路线，我现在告诉他的是那条他可以毫不费力到达山顶的马车道。

就像他在光学和眼睛上所做的研究对19世纪末的创新派艺术家很重要一样，

亥姆霍兹对音乐的研究在新音乐中也占据重要的一席之地。

新的发展

亥姆霍兹用"他"来称呼他的读者,而我们所遇到的科学措辞也都是男子气十足。但是,在他的有生之年,女性已经进入了科学领域,不再只是充当助手,而是凭其自身能力作为主角出现。事实上,在任何占文化主导地位的事物中,都有女性的身影。在天文学方面,尤其在美国,女性已经证明了自己是优秀的观察员。长期以来,女性在自然历史以及物种绘画展示上都做出过重要的贡献。在J. J. 汤姆森剑桥卡文迪什实验室里,就有女性研究人员,她们从事基础物理学研究。尤其值得一提的是罗斯·佩吉特(Rose Paget,1860—1951),她是剑桥大学一位医学教授的女儿,1890年嫁给了汤姆森。但在科学上,如同在其他活动中一

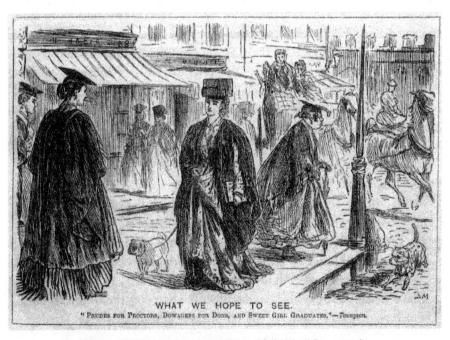

图28 直面女性毕业生惊人的前景。《喷趣年鉴》,1866年

样，女性依然被要求为婚姻放弃她们的事业，而她们也都这样做了。于是，她们又回归传统的母亲角色。对于已婚女性来说，从事科学事业尤其艰难。玛丽·居里（Marie Curie，1867—1934）是一个伟大的例外，她既是科学家，又是母亲。没有结婚的，或者在婚姻里没有孩子的，或者像诺拉·西奇威克这样成为寡妇的女性，可能会立志从事科学领域的学术生涯，尤其是到女子学院任职，或在学校里教授科学课程。尽管相对于男孩来说，女孩更不容易进入科学领域。[60]在"母性"的传统中，不少妇女写过有关科学的书籍。实际上，有些科学家的职业生涯，就是从母亲的膝盖上接触科学开始的。[61]

已婚女性被看作消费者，而19世纪的广告可以成为社会历史丰富而有趣的来源，从中也可以看到当时科学日益突出的地位。[62]对于工艺和产品进行说明的贸易卡，可以追溯到18世纪。19世纪的图书经常在书的背面刊登出版商的推荐书单，但那些把目标定位在到金矿或钻石矿工作的移民，或者生活较为平淡的殖民地的海外侨民的书，广告内容则主要是航行过程和日后生活的必需品。从19世纪初开始，科学期刊有时也会刊登一些仪器推广或其他发明的文章。杂志和报纸越来越多地刊登带插图的广告，特别是对专利药品和据称在恢复或维持健康起作用的一些电器设备。它们使用学术性语言，进行伪科学宣传，这也是广告业一个非常古老的特征。非正式科学出版物，如名字有趣的《科学八卦》（Science Gossip，1865年开始），主要依靠广告收入。[63]书本、讲座、可可、古玩橱柜、装裱好的昆虫标本、鸟蛋、贝壳、显微镜、肥皂、主治消化不良的药丸、钢笔和眼镜，都是它们的主打产品。在肥皂、可可和标准疗法广告中，宣传的重点是纯度。有时候，加入一个医生或化学分析师的形象，可能会增强宣传效果。

图29 科学声望在可可粉广告中模棱两可的体现。《科学八卦》，1895年12月

结 论

1789年，智慧和鉴赏力通常比科学知识更被人们所看重。科学常常被认为是一种滑稽的消遣，神职人员在文化上占据主导地位。这种情况在欧洲大陆发生了改变，伴随着法国大革命，科学在当时的社会新秩序中占据了重要地位。令科学人士懊恼的是，德国的哲学家、语言学家以及英国的诗人们，凭借对自然和技术进步大胆的理解，占领了文化高地。19世纪20年代，德国自然学家和医师协会，以及自然研究者学会举行的巡回会议，为英国科学促进协会提供了一个榜样。这些开放的、被媒体广泛报道的集会，将科学人士变成了一个具有科学自觉的团体。就像教会一样，他们有自己的派系，有各种争吵，但科学家渐渐把自己变成一种专业人士。他们成立了各种越来越专业化的协会，其中一些是学术性的，一些是专业性的，包括出版俱乐部和野外俱乐部。随着工业蓬勃发展和更专业化教育的出现，科学家成为一种能够靠科学为生的专业团体。这一进程需要有管理者，他们是起着重要作用的人物，没有他们就没有那些科学名人的事业。但是，相比那些科学名人，他们很少被人们记住。到19世纪末，科学家已经备受尊重，但就像其他院士一样，他们也可能被怀疑是古板的保守主义者。科学对灵性有着重要的含义，它对方法论的质疑，影响着不可知论；科学的史诗削弱了对终极起因的需要。从1839年开始，摄影的发明彻底改变了美术创作。在文学作品中，科幻小说和宗教怀疑小说尤其突出。科学也同样进入了音乐理论。由于科学所导致的伦理问题层出不穷，问题变得越来越迫切，特别是在科技层面和进化理论方面。终于，女性开始能够在科学中扮演一个看得见的角色。她们仍然受制于有限的教育机会，受制于有男性在场时女性不公开发表言论的习俗，受制于女性在婚姻中应该把自己奉献给家庭的期望，但女性在科学领域中的作用正在稳步加强。

到了1900年，电灯、电话、电报、轮船、铁路和首次出现的汽车，使西方世界步入购买工厂制造的产品的消费社会的生活方式，这些都成为中产阶级生活的特征。戴维、赫胥黎及其他应用科学的信徒向大众传递出的信息已经不可能再受到质疑,而应用科学也被认为是建立在纯粹的对自然解释的基础之上。在中世纪晚期的教会里,托马斯·沃尔西(Thomas Wolsey,1475—1530),一位屠夫的儿子,成为红衣主教和最有权力的人物之一。诚然,这不尽完美,但教会一直是个任人唯贤的社会。在19世纪,世界各地的科学机构大致以同样的方式运作。把科学看作教会的一种形式,用以取代基督教教会的文化地位,是很有用的一种想法。正如教会也曾试图国际化(甚至当牧师还在为自己国家的炮兵部队祈福的同时),在各科学领域中也有一种信念,即可以超越政府之间的争端。我们将结束这一长篇记叙,展望20世纪的开篇岁月。这段时期似乎是暴风雨前的平静,就像一个平静的下午,周边围绕着各种知识和社会动乱的暴风雨,而在这一切里面,科学扮演着主角。

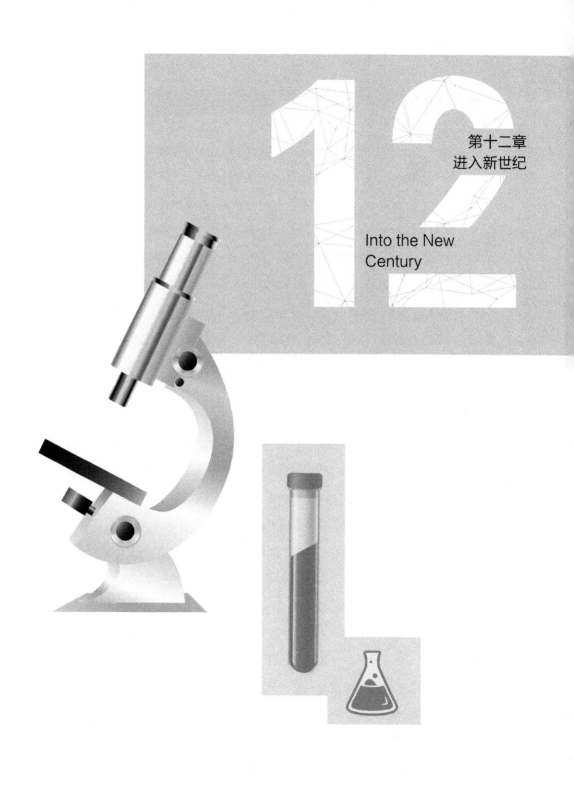

第十二章
进入新世纪

Into the New Century

20世纪是一个强大的科学新纪元，是"军事工业综合体"的时代，也是研究人员在由政府和大公司资助的大型实验室中，使用极其昂贵的仪器设备进行研究的时代。[1]1900年前后的几十年，依然属于法国、英国和德国科学家的个人英雄时代，他们在科学上取得的非凡成果，使科学发生了巨大的改变。但是，进入20世纪，尤其是1933年希特勒上台后，美国的科学时代到来了。就像在19世纪，英国整体受教育程度低，大部分科学技术都依赖来自苏格兰和德国的优秀移民，美国同样也从移民那里获得了巨大的利益，其中许多人就像1794年的普里斯特利那样，是政治难民。1848年的各种革命失败后，在俄国爆发大屠杀和革命，紧接着就是纳粹政权的统治，难民一波又一波逃到美国。在这里，他们发现了一个熟悉的环境：这是一个拥有精确测量、机械化和强大创新产业传统的国度。从19世纪晚期，美国大学就开始积极地采纳来自德国的科研理念，他们的研究生院成为本土以及难民科学家的养育之地，也有来自较为贫困或等级制度严重的国家的"人才外流"者，后者经常因为良好的设备和环境而选择留在美国。

1900年，德语曾经是化学通用语言，英国和美国的本科生通常被要求学习德语。这一做法一直被延续到20世纪50年代，尽管1945年之后，英语已经成为科学和其他诸多领域的国际语言（就像17世纪的拉丁语一样）。翻译问题已不再像19世纪那样突出。那时，说一种语言的科学家可能看不懂以另一种语言发表的科研文章。在19世纪，德国人在他们的期刊上刊登的译文比法国人或英国人做得更好。但是，由于丑陋的民族主义抬头，无知在处理优先权的恶性争吵中发挥了作用。例如，在阿奇博尔德·斯科特·库伯（Archibald Scott Couper，1831—1892）与凯库勒之间关于结构化学之争、在亚当斯和勒维耶之间关于他们各自测算出的新行星（海王星）的位置之争。科学上的同时发现，作为第一发现者的重要性和位居第二的悲哀，一直都是科学领域的特征，这类不愉快的争吵不可避免地会继续下去。19世纪末，论文可以在《自然》和科学社会文摘（abstracts）等杂志周刊上快速发表，这使科学家在申报优先权和抢先一步的做法上变得更容易。但是，大量的出版物让人无法尽阅所有相关的内容，而赠阅抽印本和校样（预印本）的做法意味着外人很难进入这些"隐形大学"。在这个圈子中，数据资料都在熟人（和竞争对手）之间进行交换。除了出版摘要，学会（和商业出版社）还出版一些极具分量的评论型期刊，从而降低了科学家在某个特定领域中最新研究的原始论文的重要性——对于关心科学事业的科学家来说，写这样的论文是一个重要的和有意义的任务，这可以让他们和读者对他们的研究方向进行有益的思考。

国际化

尽管（或因为）这些问题的出现与科学的爆炸性发展有关，19世纪和20世纪初是科学国际合作的时期。建立民族国家，从政治上说，我们将其视为团结人民的一种正常或恰当的方式。这一做法，始于欧洲，并在19世纪的整个欧洲得到了确立和巩固。而这些欧洲国家在欧洲之外任何可能的地方，都建立起了多民族的帝国。[2]竞争（由于科技的兴起）是国家之间关系的一个常态，但可以设法通过外交手段将其引导为文化方面的竞争。例如，科学方面的竞争。因为没有一个国家能在科学上故步自封，自由贸易受制于语言和突发事件所产生的突然变化。20世纪那种军事和政府机密导致的关税壁垒困扰科学的情况，在漫长的19世纪还不是太大的问题，但已经有所显现了，比如在1900年间的海军军备竞赛中。但是，商业壁垒一直存在，而且，在我们这个时代，工业间谍活动一直都是国际化科学传播中的一个重要特征。专利权和版权保护的国际条约大约在19世纪下半叶才开始出现——这两项协议在不同程度上保护了发明家和作者的利益，但同时也阻碍了知识的自由传播。

国际合作有悠久的历史。瑞典植物学家丹尼尔·索兰德（Daniel Solander，1736—1788）曾经与班克斯一起参加库克的第一次航海科考。德国人约翰·福斯特（Johann Forster，1729—1798）和乔治·福斯特（George Forster，1754—1794）以自然学家身份参加了库克的第二次航行。[3]有资格的外国人并没有被排除在政府资助的"发现之旅"之外,而在印度、非洲、远东和澳大利亚等地,大英帝国的科学也在很大程度上依赖于这些人(也有一些当地人,给他们的报酬往往不高,也很少被记录下来)。[4]亚历山大·冯·洪堡受到福斯特的激励,他在法国获得赞助,开始了自己的西属美洲国家和地区的探险历程,并将其编写成集。后来,他成为一位在欧洲乃至世界范围内,促进地球科学领域合作的伟大热心人士。他在推动测量地磁的"磁力运动"的同时,也推动了世界各地天文台的设立。他的英国崇拜者,特别是赫歇尔和爱德华·萨宾,把他的这些提议强烈地推荐给了英国政府。萨宾的妻子伊丽莎白(Elizabeth,1807—1879)则将洪堡的著作都翻译成了英文。"磁力运动"所涉及的"大科学",集合了来自欧洲和北美国家的科学家和政府的力量,在世界各地建立起装备得当的天文台,组织了像罗斯所进行的塔斯马尼亚岛和南极那样的航行,以及经由陆路前往世界各地的适宜地进行的探险活动,从中获得了大量的数据。[5]

洪堡自己又进行了第二次科考探险,这次是进入中亚。他对所有的一切都感兴趣:一个地区的动物和植物及其分布情况、矿物及其用途、气候、当地人及其文化、纬度和经度,以及磁场强度的差异。他不仅叙述,还进行了概括。他对森林、山脉和夜空的美也充满了敏锐的感知。[6]在晚年的反思性著作《宇宙》(Cosmos,1845—1862)中,他对这种广泛涉及全球性的科学所做的总结是,国际合作。这也被历史学家称为洪堡式科学。[7]

尼古拉斯·鲍丁和马修·弗林德斯到澳大利亚进行科考远航,有天文学家和自然学家随行。英国皇家海军舰艇"贝格尔号"先到达南美随后又驶向澳大利亚的海洋探险,以及到达南极和太平洋的美国查尔斯·威尔克斯海洋科考探险,均属单个国家行为,却引发了广泛的国际关注。[8]但是,皇家海军舰艇"挑战者号"的海洋学航行(1872—1876),从科学上说,完全属于国际行为。查尔斯·怀维尔·汤姆森(Charles Wyville Thomson,1830—1882)带领六名平民科学家组成一支科考团,其中包括不幸在航行中死于丹毒的德国科学家鲁道夫·冯·威尔莫斯·苏姆(Rudolph von Willemoes Suhm,1847—1875)。[9]随行摄影师也得到了资助，船上配备有一间暗房，因此这次航行的精彩记录得以保存下来。当这艘科考船返回时，汤姆森说服政府继续为他们提供资金，设立一处办公室，以整理和出版他们的考察结果。该项目有一些国外专家参与，这也引起了一些英国人的极大不满，认为不该给其这样的待遇。汤姆森去世后，他的精力充沛的助手约翰·默里（John Murray，1841—1914）接替了他的工作，在1880年至1895年之间出版了五十卷的科考报告，成为国际科学合作的一个精彩案例。[10]

其他出版项目也有国际合作的情况。许多科学期刊都刊载关于国外会议的报道，还有一些是翻译论文。出版商理查德·泰勒（Richard Taylor，1781—1858）在英国科学促进协会的支持下，开创了一个新起点，于1837年开始出版科学论文集。论文集完全由翻译的论文组成，尽管其中包含很多重要的科学信息，销量却不及预期。但在出版了五卷后，年轻热情的赫胥黎和廷德尔意识到了它们的重要性，尤其是德国的科学。所以，1852—1853年，他们也帮忙编辑了有关自然历史和自然哲学的一卷。[11]此后，这个系列便告结束，英国人排外的岛国心态再次抬头。但是，1848—1854年，雷协会出版了路易斯·阿加西的地质学和动物学论文书目指南，由斯特里克兰德编辑和翻译。[12]而英国皇家学会在1867年也进行了一个宏伟的项目——《国际科学论文目录1800—1900》（*Catalogue of Scientific Papers, 1800—1900*）。在学会支持下，"目录"到1925年共计完成19卷。[13]那时，德国科学家的恶名未除，尚未被允许重新加入国际科学界。国际主义处于低潮，该项目被迫停止。"目录"不仅是一本非常有价值的指南，而且也很有意义，因为它表明这些期刊被编辑认可，受到敬重。那些发表在"流行"期刊上，被广泛阅读的、历史学家可能认为重要的论文，很可能不在"目录"名单之列。很明显，在1914年，科学是一个国际性事业，尽管只是基于（几乎是局限于）欧洲和北美。一场拥抱来自许多不同国家的科学家的科学革命正在进行中。

另一次科学革命?

可以说,在18世纪末以法国为中心,发生过一次科学革命。那时,科学正在作为一种职业出现,科学也有了新的、更严格的一致标准。一个世纪后,又发生了另一次科学革命,这一次是以法国、英国、德国和美国为中心。由于新的证据出现,长期以来被接受的科学方法的信条,以及关于世界的公理,必须进行修正。这涉及物理学和化学的重大修正,必然对其他科学(尤其是地质学)也会产生影响。开尔文勋爵在英国皇家学院世纪之交的致辞演讲中,提到了对19世纪晚期充满自信的经典物理学的各种质疑,事实证明这些质疑是正确的。[14]物质与能量的关系、原子和元素的性质、时间和空间的概念,以及通过一些关键性的实验就可以解决理论问题的想法,都受到了质疑。[15]

1896年,安东尼·亨利·贝克勒尔(其祖父和父亲均为著名的科学家)发现,在他的实验室里,尽管照相底板(当时已经随处可见)已经用不透光的包装材料包好,却还是被附近的铀盐样品给熏黑了。这是放射性现象。来自华沙,正在巴黎求学的玛丽·居里博士,在她的博士论文中对贝克勒尔这一研究进行了跟进研究,发现钍也具有放射性。她和丈夫皮埃尔(Pierre Curie,1859—1906)一起,从一种名为沥青铀矿的矿物中,经过一系列性十分细致的提炼,终于在1898年分离出了更具放射性的钋和镭。为此,他们与贝克勒尔共同获得了1903年的诺贝尔奖。1906年,皮埃尔去世后,他在巴黎索尔本大学的教授席位由玛丽·居里接替。1911年,由于在镭及其属性的进一步研究,她第二次获得了诺贝尔奖,但最终因为工作导致白血病而去世。玛丽·居里向一代听惯女性在科学上、智力上低人一等这类论调的人证明,[16]女性也可以成为科学天才。

玛丽·居里的兴趣在于化学方面:有些元素包含一种特殊的放射性强度可以被衡量的特性,就像电导率或某种不溶性氯化物的形成一样。新西兰人欧内斯特·卢瑟福获得伦敦国际博览会研究生奖学金,回到他从未见过的"家"英国,深造学习，之后受聘到蒙特利尔担任物理学教授。他也对这些元素分类很不以为然，想知道这一过程究竟是怎么来的。他将构成辐射的射线分类为α射线与β射线。1903年，他在与化学家弗雷德里克·索迪合作期间，提出放射是"亚原子的化学变化"的想法，并通过实验加以证实。[17]卢瑟福的研究使他在1908年获得了诺贝尔化学奖，这是一件足以令化学界感到十分意外的事。铅会在轴的作用下以稳定的速率产生衰变，而其他放射性元素也能产生类似的效应，但它们都以一种奇怪的，似乎任意，却又完全有规律的方式进行。这颠覆了人们对所有事情都必须有原因这一公理的朴素理解。哈佛大学杰出的分析化学家理查兹证实，在轴的附近发现的铅与其他地方发现的铅有轻微不同，与卢瑟福通过计算所预测的结果相符。索迪把同一元素不同重量的原子称为"同位素"，并表示同位素很常见。而在这之前，道尔顿学说坚信，所有元素的原子重量都相同。[18]

虽然道尔顿有时会用"原子"这个词来表示二氧化碳和其他化合物，但他不认为元素的原子会分裂。19世纪60年代，原子理论被普遍接受后，大多数化学家也认同这样的观点。毕竟这就是这个词本身的含义。然而，1897年，年轻的卢瑟福在卡文迪什实验室发现了第一个亚原子粒子——电子。他是在1895来到剑桥大学卡文迪什实验室与J.J.汤姆森一起工作的。1881年，亥姆霍兹在伦敦纪念法拉第的演讲中表示，既然一定数量的元素是由一定数量的电沉积的，如果物质是原子的，那么电也必须是原子的。[19]这种想法与较早时期乔治·约翰斯通·斯托尼的想法是一致的。这个假想的电原子被称为"电子"。但是，由于麦克斯韦在电动力学方面的成果，物理学家都一直忙于对场论和电磁波的研究。

J. J. 汤姆森是如此区别杰出物理学家和化学家的：物理学家就像有目的地的旅行者一样，是演绎型思想家；化学家则像探险家一样属于归纳型，对他们所发现的所有事物都感兴趣，并进行归纳。[20]化学家克鲁克斯继续法拉第对低压力下气体放电的研究。因为有了改进的泵装置，他的研究可以更进一步。他发现了阴极射线并进行研究；将射线从阴极一端以直线射出，投下阴影，同时转动了那些小叶轮。他为此做过几场精彩演示，阐述这些奇特现象。[21] 1895年底，威廉·康拉德·伦琴研究了在阴极射线管附近的感光板产生雾化的现象，他将导致雾化的辐射命名为X射线，并用X射线拍摄下一张他妻子的手的著名底片。这些令人惊叹的X射线似乎是电磁波，而当时的大多数德国人相信，阴极射线一定也与X射线类似。

汤姆森虽然笨手笨脚，但他在剑桥拥有从前任瑞利勋爵那里继承下来的一个装备精良的实验室——实验室里有比其他地方更高效的泵，还有研究生和专家助理。[22]和克鲁克斯一样，他相信阴极射线是一种带有负电荷的粒子流，但如果确实如此，射线却不会因为电场而导致偏转就很奇怪了。他发现当压力足够低时，阴极射线出现了偏转，而遇到磁体又会折回，谜团就此解开。如此美妙地平衡了测量到的电力和磁力，他便可以计算出粒子的荷质比，也就是他所说的"光颗粒"，正好与波义耳和牛顿为基本粒子所使用的术语相呼应。这种粒子的荷质比大约是氢离子的1/1800，所以很小。他把原子想象成一种阳性物质的"葡萄干布丁"，其中镶嵌着像无核小葡萄干这样的电子。他意识到，普劳特和其他一些人把元素看作氢的高分子聚合物的推论，看起来又似乎合理了。[23]1909—1912年，美国的罗伯特·米利肯（Robert Millikan，1868—1953）在电场环境下，先测量单电荷水滴的运动，再测量油滴的运动，直接估算出电子的电荷量。与此同时，卢瑟福在1907年回到英国曼彻斯特，他和团队发现，当α射线射向金属薄膜时，大部分射线直接穿过薄膜，其中少部分却发生严重折射。[24]就算射线是从一团阳极的生面团穿过，击中一些电子，折射的情况也完全不可能发生。他断定，原子基本上是空心的，里面包含一个体积微小、带正电荷的、致密的原子核，电子环绕原子核做轨道运动。[25]这样就足够完美了，除了在本质上，原子具有不稳定性，电子会迅速地盘旋进入原子核。

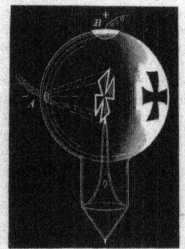
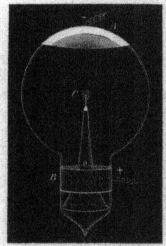
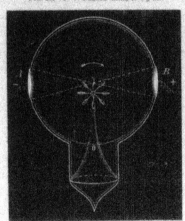
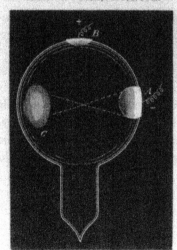

图30 阴极射线。威廉·克鲁克斯,《运行中的电流》,《化学新闻》,1891年2月29日:91

尼尔斯·玻尔（Niels Bohr，1885—1962）离开丹麦前往英国，没想到此举使他的模型理论（在理论分析中开始使用的术语）得以保留。他先与汤姆森合作，后在1912年加入了卢瑟福团队。他十分了解德国物理学的最新进展。马克斯·普朗克（Max Planck，1858—1947）正在为开尔文的一种"云"——"黑体"的辐射性质——大伤脑筋，他认为，如果辐射不是持续性的，而是以被他称为"量子"的单独"小块"构成的话，理论和实验就可以达到一致。在苏黎世专利局，阿尔伯特·爱因斯坦认真研究了这一模型，并于1905年发表了一篇论文。他在文中解释为什么红光无论多么强烈，都不会影响照相底板或使钾排射出电子；而蓝光无论多么弱，上述两种情况都会发生。如果光是波动运动，这种情况就不会发生。但是，如果牛顿关于光的粒子的理论是正确的，而辐射是以"光子"的形式出现的，那么红色的粒子所携带的能量比蓝色的携带的要少，就不足以产生这些效应。对钾元素照射红光就像用针往犀牛身上注射，用蓝色光则像用步枪子弹进行扫射。在托马斯·杨做他的双狭缝实验一百年后，奥古斯汀·让·菲涅尔（Augustin Jean Fresnel，1788—1827）研究出了横波的物理原理，每次重要实验都证实了光是一种波运动。到1900年，爱因斯坦这一理论被公认为真理。爱因斯坦因为这项颠覆性工作而获得了诺贝尔奖。光不只是一种波动，也不只是微粒状物质——从此，生命和宇宙不再像它们看起来的那样简单。为了解释这些现象，玻尔提出了"互补原理"概念，弥补彼此之间不相容的模型。

玻尔还将量子数应用于卢瑟福假设的原子中电子运动轨道，它们只能在特定的轨道运动，不会在轨道之间其他地方移动。原子获得的能量会被量子吸收，使电子在轨道间跳跃；再次跳回时，会以一定频率的辐射形式释放能量。这解释了光谱学的奥秘之一。太阳的光谱是连续性的，从红色到紫色，就像我们在彩虹中，以及牛顿从棱镜中所看到的那样。沃拉斯顿和其他人在1821—1822年注意到了太阳光谱中的黑线，约瑟夫·弗劳恩霍夫证明，这些黑线在一些固定的地方明确存在，并不是棱镜的缺陷所产生的。化学家对通过"火焰测试"检测钠等元素的做法都很熟悉，这些元素会使火焰呈现黄色，但这充其量只是一种引导，不能作为真正的测试。1860年，本生和基尔霍夫将物质高温加热，并观察它们的光谱，他发现这些光谱是由不连续的带有这些元素特征的明亮线条组成（令人困惑的是，这与弗劳恩霍夫观测到的暗线巧合）。起初，化学家对此还有怀疑，但后来对使用这种便捷的分析方法感到满意。但是，物理学家则对这些线究竟意味着什么非得刨根究底，由此开创了太阳物理学，并提出了关于无机进化的问题。对于玻尔来说，这些线条代表了电子在量子理论所允许它们占据的轨道之间的跳跃。到1914年，对于光和物质的性质，以及它们的因果关系，都没有令人信服的结论，量子力学就此成为物理学不可回避的一部分。

在令人称奇的1905年，爱因斯坦在分析了几十年前布朗所注意到的微小悬浮粒子的运动时，对沉淀多年的原子论提出了怀疑：结论是，这些粒子是在隐形分子的轰炸中产生的。物质的确是原子组成的。化学家的选择是正确的，他们按照霍夫曼和范托夫的模型来解释他们的科学，而没有遵循奥斯特瓦尔德（另一位诺贝尔奖得主）给出的建议，用热力学的方式来解释他们的科学。爱因斯坦还提出了狭义相对论，由此延伸到后来的广义相对论，对长期以来被接受的空间和宇宙几何（牛顿力学公理）观点提出异议。似乎没有什么是永远安全的。在普里斯特利时代，化学家认为他们的科学是基础科学，随着热力学的兴起以及后来原子的新理论的出现，他们的学科被"降低"成了物理学。[26]认识到应用原理和对实际细节进行阐释之间所存在的差别，化学家进行了抵抗。划分科学之间的界限，是出于方便，而不是根据世界所展现的形式来定。化学学科的独立性最终得以保存。随着光谱学和X射线晶体学的出现，"物理方法"甚至开始取代那些拉瓦锡、贝采里乌斯和玛丽·居里使用过的，逐步改进，已长久确立的工艺技术的分析方法。[27]外表肮脏的矿石除去外皮时，出现的是一块闪亮的金属锭。但是，当一门学科被降低，使它为另一门学科服务，对真正具有创新思维的人才而言，它就不再具有吸引力了。事实上，在20世纪，复合型化学家的蓬勃发展给我们带来了祖先从未敢梦想过的东西。与建筑师一样，他们都不受物理学制约，两者都是在自然法则的框架下进行建设性的工作。

世界的声音

19世纪70年代，似乎可以理解为什么廷德尔和他的助手将科学（理性的领域）与信仰（非理性地相信早餐前六件不可能的事情）相对立。对他们来说，实证知识似乎正在取代宗教和形而上学，通过这些阶段，无论集体或个人，人类都在成长——而重要的是，通过各种形式的教育，加快了这一成长的过程。借助休谟和密尔的逻辑思想，通过对圣经学者的文本分析，以及像西奇威克对功利主义者的道德批判，都使宗教成为怀疑和炮轰的对象。西奇威克的《伦理学方法》（*Methods of Ethics*，1874）发表时间正是英国科学促进协会在贝尔法斯特召开会议之时。在贝尔法斯特，廷德尔发表了他的著名演讲。贝尔福是西奇威克在剑桥大学开设的新"道德科学"学位课程的学生之一。贝尔福的叔叔是著名的保守派政治家索尔兹伯里勋爵（Lord Salisbury，1830—1903），他是一位相当具有悲观情绪的知识分子，1869年成为牛津大学校长，1894年成为英国科学促进协会主席（他从目的论的角度欢迎达尔文主义），还曾经担任三届英国首相，带领英国进入20世纪。[28]大学毕业后，贝尔福被选为国会议员。1878年，他随同叔叔（当时任外交大臣）来到柏林国会，参加欧洲列强重建巴尔干半岛秩序问题的讨论——只产生了一种暂时性的结果。第二年，贝尔福出版了他的第一本书，《对哲学质疑的辩解》（*A Defence of Philosophic Doubt*）。他原本打算用"怀疑主义"（scepticism）一词，但因为这是一个普遍适用于宗教的术语，而他的目标是科学。这本书很容易理解，也很诙谐，它的论点是：科学（像所有的知识一样）依赖信念；科学的公理并非不证自明的。就像他的叔叔一样，他崇拜科学，了解科学家，建议听取专家的意见。但是，那时的人，不管是否愿意，都是信徒，而他不是。他写道：[29]"只要了解任何一种信念体系都可能存在缺陷，可以说，科学体系之信仰就不会遭受挫折了。"对于这种形而上学的依据需要通过一种审慎的质疑态度去验证。对此，马赫和奥斯特瓦尔德也曾经如此建议过，但极端的怀疑主义使他们走向了另外一种新型的、更严苛的孔德哲学,成为维也纳学派的逻辑实证主义,在20世纪中叶产生过很大影响。

贝尔福是一个温和的怀疑论者,他并没有紧紧盯着一个存在主义的深渊不放。他允许前后矛盾存在,比如科学、宗教、道德和美好的事物。但是,因为反主流,也因为作者被看作不严肃或无足轻重之人,这本书几乎没有产生什么影响。1894年,当贝尔福出版第二本书时,已经是一位名人了。他加入的政党坚定地反对格莱德斯顿(Gladstone)关于爱尔兰"自治"的政策,而击败格莱德斯顿的动议是在贝尔福家中起草的。在他叔叔后来的政府里,他被任命负责爱尔兰事务,在这个颇为棘手的职位上,他做得相当成功。他被看作未来的领袖,而他的观点也变得举足轻重。在《信仰之基础》(Foundations of Belief,1894)一书中,他基本上只是重复了自己早期书中的论点,但增加了著名的对科学主义或"自然主义"的谴责,因为它是空洞的,无法解释生命中重要的事情:[30]

> 人类终将会堕入深渊,所有思想都将消失。在这个昏暗的角落,宇宙的沉静只是被短暂地打破,这种不安的意识终将归于宁静。一切物质将变得无足轻重。死亡本身才是"不朽的纪念碑"和"不朽的事迹",而比死亡更强大的爱,将像从未存在过的那样毫无区别。对所有人来说,任何事物,无论好坏,都不会因为人的劳动、天才、奉献,或者因为人类历经无数代艰苦奋斗而有任何区别。

这确实是赫伯特·乔治·威尔斯《时间机器》中所表现的世界。身患流感卧病在床(从此再未起床)的赫胥黎,挣扎着想对贝尔福做出回复,但他至死都未写出让自己满意的东西。[31]从当前的发展来看,贝尔福关于科学是基于信仰的观点显得更加合理。在1860年期间,伦敦的形而上学协会(Metaphysical Society)召集了各种知识分子寻求信仰的共同点,并把他们的观点在詹姆斯·诺尔斯(James

Knowles，1831—1908）《十九世纪》(*The Nineteenth Century*)的现代评论上发表。[32] 但是，会员（包括赫胥黎、廷德尔、丁尼生和格莱斯顿）并没有发现他们之间有什么共同之处。随着他们日渐老去，协会也就关闭了。在贝尔福的书出版后，复合型协会也带着同样的愿望成立，探索贝尔福关于知识依赖信仰的观点，并将大量协会会员的研究成果发表出来。[33]

1904年，已经接替叔父担任英国首相的贝尔福也受邀参加了在剑桥举行的英国科学促进协会年会。他一向口若悬河，不仅说起了他在1870年的剑桥所学到的很多的科学知识都是经过篡改的，还特别提到了电，如何从一百年前只是客厅里的娱乐项目，变成现在被公认为物质的一种重要特征。他利用科学的最新例子简要地证明了他的观点，即科学基于信念。当时，如果他或他的听众能想到爱因斯坦会做出什么的话，就会有更充分的理由赞同这一观点。1906年，贝尔福在大选中惨败。在第一次世界大战期间，他重回内阁，并宣布支持建立巴勒斯坦犹太人定居点。随着战争结束，一个新的、不确定的世界环境出现了。皇家学会理事会希望，作为一个年长的政治家，贝尔福现在能够同意出任学会主席一职。当他发现这并非一个有名无实的职位时，拒绝了。但是，在20世纪20年代期间，他实际上是英国政府的第一位科学部长。[34]与此同时，他还帮助推动了哲学和自由神学的发展。他对知识的看法，对于那些质疑理论和模型地位的科学家，以及将科学视为一种文化活动的界外人，都产生了重要的作用。

西奇威克和他的妻子埃莉诺（Eleanor，即诺拉）在1882年创立了英国心灵研究协会，贝尔福是协会会员之一，其他会员还包括J. J. 汤姆森和其他来自英国、美国和欧洲大陆的科学家。协会对幽灵显现的研究，甚至对于心灵感应的实验，结果令人失望，被证明不可靠。协会杰出的研究者迈尔斯，对意识阈以及意识阈下面的"潜意识"产生了极大的兴趣——他相信，潜意识也许会在梦中、在催眠状态下、在降神会或者多重人格的情况下表现出来。[35]带着对这些问题的兴趣，他找到了弗洛伊德。弗洛伊德先在维也纳进行临床研究，然后到巴黎（他在那里迫切希望学到一种富有成效的专长）。在那儿，他被查考特带进了精神分析学领域。他的研究工作是通过迈尔斯向讲英语的公众介绍的。在1914年之后的几年里，弗洛伊德的理论在文化领域和临床精神分析实践中都具有十分重要的作用，堪比一百年前的颅相学。[36]但在心理学上，威廉·冯特的实验方法更有影响力。特别是在美国，心理学家试图遵循实验探究和统计推断方法，将心理学这一学科与进化生物学和生理学相关联，使之"科学"化，因为科学的声望在当时达到了顶峰。

不确定及乐观精神

原来被公认为定论的东西发生动摇并不只是出现在物理科学领域。在英国、美国和德国，早在1900年之前，地球和生命科学领域的专业人士就已经接受进化论，而且在非专业人士中，就连索尔兹伯里勋爵和大主教圣殿也都接受了进化论思想。甚至在法国，到1900年，早期的那种对进化论的排斥心态已经没有了。人们还依然记得当年拉马克、居维叶和圣伊莱尔之间的激烈争论，他们一再强调的是精确严谨而非含糊的可能性。[37]亨利·柏格森（Henri Bergson，1859—1941）在他1907年的《创造性的进化》（Creative Evolution）一书中，表现出对于进化的世界观的欣然接受，他的书有很大的影响力。但是，像弗莱堡的教授奥古斯特·魏斯曼那样，把大部分或全部的进化都归结为自然选择和生存斗争，无论在哪里，那样彻头彻尾的达尔文主义者已经很少了。当1909年《物种起源》出版五十周年时，年迈的华莱士和胡克成为庆祝活动的贵宾，但他们几乎是《物种起源》唯一真正的信徒。严格说来，达尔文主义的影响力正在缩小。[38]

即使在达尔文的圈子里，赫胥黎也从未对自然选择感到满意，他更相信地球上会发生更大和更忽然的变化。而阿萨·格雷则提出了一种有神论的达尔文主义，在这里，还是上帝创造了动物和植物王国，而进化只是一种方式。[39]格雷的观点为索尔兹伯里和其他许多人接受，他们对世界的看法比达尔文更温和乐观。尽管遗传在达尔文的理论中占据十分重要的地位，但他一直无法对此做出清楚的解释。他认为这可能是由于汇集于父母身体各系统生殖细胞的微小芽球产生的结果,而这些微芽都混合存在于他们后代的身体里。他无法回答罗伯特·路易斯·史蒂文森的朋友、工程师弗莱明·詹金(Fleeming Jenkin,1833—1885)提出的异议。詹金指出,一个有着明显与众不同性状的动物通常会与一个没有这类性状的动物交配,而他们的后代身上也会有这些性状,但程度明显较弱,经历两三代后,这些性状就基本稀释掉了。[40]魏斯曼一直专业从事无脊椎动物的显微研究,直到他的视力开始衰退。在这之后,他不得不转向更需要思考的工作,于是开始了对遗传的研究。他观察到,在发育早期,生殖细胞可以与身体其他细胞区别开来,这使他对达尔文的"微芽说"提出了质疑。与达尔文相反,他提出了"种质连续性学说",即血统是通过生殖细胞序列传承给后代的,它们不受身体后天状况的影响。他彻底推翻了被广为接受的"拉马克"观点,即生命过程中所获得的特征可以被遗传下去。他认为,染色体(通过显微镜可见)包含了所有遗传物质。他发现,在怀孕期间,父母双方的染色体各有一半参与其中,这样,染色体的排列就会产生变异。[41]魏斯曼的作品被两位杰出的科学家翻译成英语。其中,《遗传理论研究》(Studies in the Theory of Descent,1882)由达尔文的朋友染料化学家拉斐尔·梅尔多(Raphael Meldola,1849—1915)翻译;而《遗传和亲缘生物问题文论》(Essays upon Heredity and kindred Biological Problems,1889—1892)则由动物肤色专家爱德华·保尔顿(Edward Poulton,1856—1943)翻译。

与芽球不同的是,染色体是可见的实体,而且还有一个特定的遗传理论可以对其进行验证。这些为1900年奥地利布鲁恩(现为捷克共和国布尔诺)的修道士孟德尔的研究和重新发现创造了理想的平台。孟德尔接受过数学和物理方面的训练,他希望继续研究林奈曾经提及的观点,即通过杂交来解释许多物种是如何从最初培育出来的少量植物中产生而来的。出于促进农业发展的初衷,他在修道院的花园里,对各类品种的豌豆进行了培育实验。把具有特殊性状的,比如光滑或起皱、绿色或黄色的豌豆挑出来,他发现,将具有各种性状特征的豌豆经过杂交和再杂交以后,这些特殊性状并没有被混合在一起。一些性状较为明显的,例如黄色，下一代也都拥有黄色；但从第二代培育出的后代，它们身上所带有黄色性状的比例仅为第二代的三分之一。他认为，后代身上的要素分别来自父本和母本。比如，Y和G代表颜色。纯种的父母会有YY和GG，所以它们生出的第一代身上会有YG，看起来呈黄色，但在第二代身上就会有四种可能：YY、YG、GY和GG，其中三个看起来是黄色的，一个是绿色的。他发现这些比例非常精确。[42]的确，毫无疑问，他像一个物理学家一样工作，测试一个假设，而不是从园艺经验中来归纳出结论。1865年，他将自己的研究论文带到当地的自然历史学会进行宣读，并在学会的期刊上发表。他的论文进入了学术团体的图书馆，但没有引起人们的关注。一部重要著作的出版，却被无视和忽略，是一个会长期困扰科学家的噩梦。后来，孟德尔被选为修道院院长，再没有更多的时间用于研究。一直到他去世，他的发现也没有被更广泛的科学界所了解。

1900年，三位植物学家，雨果·德弗里斯（Hugo de Vries，1848—1935）在荷兰，卡尔·柯灵斯（Carl Correns，1864—1933）在德国，埃里希·冯·切尔马克（Erich von Tschermak，1871—1962）在奥地利，在一个与孟德尔时代截然不同的文化背景下不约而同地读到了孟德尔的论文。他们呼吁人们关注孟德尔的研究，因为孟德尔似乎恰好与他们并不喜欢的严格的达尔文主义有冲突，进化论者创造性地误读了孟德尔。如果变异是各种因素洗牌的结果，那么达尔文所设想的渐变理论似乎就不可行，取而代之的是一种基于突发性的进化物理过程的"突变"的构想。威廉·贝特森（William Bateson，1861—1926）充满热情地承接了孟德尔和他的发现者的研究工作，他在剑桥创造了"遗传学"一词，并于1902年发表了《孟德尔的遗传原理：一种辩护》（Mendel's Principles of Heredity: A Defence）一书。达尔文所依赖的是来自饲养员和养鸽迷的信息，但马、牛和鸟类繁殖缓慢，后代较少。这就是为什么豌豆是一个很好的选择（碰巧它们比其他大多数园艺植物能够提供更好的结果）。1908年，托马斯·亨特·摩根（Thomas Hunt Morgan，1866—1945）在纽约开始对果蝇及其突变进行严谨的实验研究。他的团队证明这些因素或基因，就存在于染色体上。不久，他们对细微突变的研究成果，为达尔文和孟德尔理论的和解铺平了道路。高尔顿和其他人在遗传学上也都做过很多统计工作，但对孟德尔的重新发现为遗传学指明了新的发展方向，这也意味着20世纪将是基因时代。

新世界

当我听到哈罗德·麦克米伦（Harold Macmillan）在牛津联盟（Oxford Union）回忆起1914年前十年的往事时，感觉就像是身处战争爆发前的一个漫长而辉煌的夏日午后。从事后来看，就会觉得真是如此。那时，到处充满了势利之风和反犹太主义，社会与工业动荡不安，福利立法争论不休，危机四伏，外交事件不断，民族主义分裂了奥匈帝国。在法国，反德复仇的情绪高涨，英德两国海军军备竞赛正在如火如荼地进行。[43]尽管如此，还是有很多值得我们乐观的地方，而且大部分都与科学和技术有关。为研究工作争取资助的运动取得了一些成就，特别值得一提的是，1911年在德国成立的威廉皇帝学院（Kaiser Wilhelm Institutes，后来改名为马克斯·普朗克学会）。[44]这类机构是由私人资助，与大学和实业公司既有关联又保持独立，在其他国家也时有建立，例如在俄罗斯，它们都会与科学学院有关。它们在20世纪的纯理论或应用科学领域中都扮演了重要角色。爱尔兰知识分子、历史学家威廉·莱基（William Lecky，1838—1903）在他的《理性主义史》（*History of Rationalism*，1865）一书中写道：[45]"但凡一条铁路铺成，必将同时带去知识的影响。很可能瓦特和斯蒂芬森最终会像路德或伏尔泰那样深刻改变人类的许多看法。"在他的另一部作品《欧洲道德史》（*European Morals*，1869）中，他在最后很长一章专门讲述女性（不公平）的地位问题。[46]到1900年，认为男性与女性应该从事不同领域的工作，有不同分工的固有观念正在分崩离析。1900年，在居里夫人所在的城市巴黎举办了国际博览会。博览会上对电的重要性的强调，增强了人们对科学和技术的乐观主义态度。无论我们是否喜欢，都不可能把科学从技术和医学中分离开来；知识确实是力量。理解与有用的关联越来越密不可分了。1800年，应用科学只是被视为一种有远见的前景，在1900年已成为现实。

本书关注的是科学家作为自然诠释者的崛起，关于这点，我们可以从英格兰和威尔士的人口普查回馈中得到一些印象。第一次人口普查是在1801年进行的。在普查中，每个人都被问及他们的职业，所进行登记的项目只有农业、贸易和制造业以及"其他"这几项。1831年，出现了许多更具体的行业。"职业人士"被放在不需要用双手劳动的一个类别中，而这其中一定有许多我们可以称之为技术人员的人，还有一些可以被称作科学家，但因为这些分类还不够具体，不足以让我们了解更多的细节。我们可以肯定的是，在那些年里，靠科学为生的人数极少。1911年，旧行业尚存而新行业正在出现，各行业之间的差别既细致复杂又十分有趣。马车轮行业在淡出，而汽车和自行车行业在扩张。在各种职业和行业中数据的引进，有助于考察过去和后来在人口普查中所使用的方法和它们之间的差异，也让我们知道当时如何使用一种打孔卡片系统来对报表进行分类整理。1911年，共有6246名男性、145名女性（其中已婚女性20人）进行有关"科学方面的追求"。这个数字是1901年的两倍。[47]另外，还有7398名男性、788名女性（其中49名已婚），在从事科学仪器的制造工作。工程师和测量师、内科医生和外科医生里面包括了技术专家和医学科学家，但在化学、天然气或电力行业里，或者在作家、教师和讲师中，目前尚不清楚他们中有多少人可以被算作科学界成员。很显然，当时有相当一部分人认为自己是在全职从事科学工作。到那时，英国确实已经有了一个知识阶层；而在其他一些国家，这一阶层按人口比例来算，一定会比英国大得多，尽管那时英国的各个理工学院正在缩小与德国之间的差距。[48]科学已经迈向成熟，没有它，历史既无法被完整书写，也无法被理解。

我们的故事开始于一场血腥的革命，拉瓦锡在恐怖统治下遭到处决。我们的故事又将结束于一场可怕而血腥的战争。[49]持续了如此多年的法国大革命和拿破仑战争和科学几乎没有任何关系，科学院依然在给敌对双方的自然哲学家们颁奖。以戴维为例，他也被获准来巴黎领奖。虽然路易十六被送上了断头台，但这是一场国王之间的战争，而不是人民之间的战争，对敌人的仇恨是有限的。在英国的保守派、政治和医疗领域中，人们对法国的许多东西存在不信任感，但也存在某种开明的热情。拿破仑有英国崇拜者，法国也有亲英人士。在后来的两次大战中，科学发挥了更大的作用。在克里米亚，蒸汽船、步枪、摄影、医疗和铁路都十分重要，而印度民族起义（也称兵变）的过程也受到了电报出现的影响，请求增援的重要信息因此得以迅速到达旁遮普。在美国，内战中的血腥战斗涉及了新技术，其中包括两艘装甲蒸汽战舰的首次交战。那场战争，以及1870年那次普鲁士军队的迅速调动，都充分显示了铁路网的战略重要性。但是，第一次世界大战情况却截然不同，在对比利时进行了大肆破坏之后，交战双方陷入了战壕对峙的可怕僵局。现在，精确的步枪、机关枪和大炮，已经可以从远程进行瞄准射击了，而之前这些都发生在视线范围之内，这些成为一种骇人的组合。此外，还有雷区、齐柏林飞艇、飞机和坦克。在海上，在不受约束的潜艇战中，船只纷纷被鱼雷击沉，这也是美国卷入战争的原因。赫胥黎曾说，科学（不像宗教）从来没有对任何人造成任何伤害。而克利福德的说法则更充满诗情画意：[50]

> 束缚科学所进行的有组织的清理工作是徒劳的。她不带怜悯，没有怨恨，翻地时将草和蒺藜一起除去。从她身后的脚印中，长出了玉米和美丽的花朵。没有哪个角落能逃过她的犁耙。

但是，1914—1918年，科学失去了这种纯真。科学已经从源于对自然的好奇和带有自得其乐性质的阐释，成为制造无畏级战舰、重炮和世界大战的工具。

这场冲突被描述为"化学家的战争"。当时，合成染料工业仅限于德国和瑞士，在实施发展化学工业的速成计划之前，甚至没有染料为英国军服染色。英国的化学家被招募进军队，他们的地位最初很低，只被授予军士军衔。与此同时，弗里茨·哈伯（Fritz Haber，1868—1934）在1908年发明了将催化剂放在压力巨大的容器中，用氮和氢合成氨的方法。1913年，化学工程师卡尔·博斯（Carl Bosch，1874—1940）的巴斯夫化工企业已经成功扩大了实验性的项目，工厂每年可以生产36000吨硫酸铵。发明合成氨的原动力是对肥料的需求，但结果是，在1919年之前，生产出的所有合成氨都成为军备原料。哈伯还负责将毒气，即戴维所说的氯气，通过云团和炮弹进行扩散，用以打破西线战事的僵局。他似乎认为这是一种相对人道的方式，希望能很快结束这场杀戮；但毒气弹的使用，却使同时代人感到无比恐惧。结果证明，使用氯气的效果并不太有效，而且，联盟国很快就采用了数量更大、更具杀伤力的毒气进行报复。[51]于是，那些遭受过毒气伤害的人，或目睹了毒气带来伤害的人，对科学产生了一种偏见——或者至少意识到科学不是一种单纯美好的力量，也不只是一种好奇心的无害产物。德国著名的科学家公开支持德国军队在比利时的行为，敌对双方的科学家被民族主义热情支配，让自己的知识掌握在政府手中，用来设计武器，帮助探测敌方潜艇和炮兵阵地。因为第一次世界大战，德国科学家被驱逐出各类协会和科学院，直到1918年之后才慢慢地重新被国际科学界所接纳。一个时代就此结束了。

将我们的故事以这样悲凉的调子结束是错误的，因为我们毕竟一直在讲述一个成功的故事，"科学时代"的故事。在这个"科学时代"的故事中，一只丑小鸭——它代表那些充满好奇心的，也许还有点疯疯癫癫的教授、休闲的绅士和乡村牧师的一种业余爱好——是如何变成了一只美丽而又强大的天鹅，成为"众人瞩目的焦点"。[52]这一进程中有知识的、实用的和社会方面的原因。科学是关于发现、关于解读自然、关于更多地了解世界以及世界运行的规律，通过观察、实验和推理来获得最佳的解释。在漫长的19世纪，科学家获得了这些方面大量的知识。如果我们还有科学无法回答的问题，逻辑实证主义者会让我们安静下来。但对我们大多数人来说，生活的意义远不止于此，对赫胥黎和贝尔福也是如此。科学不只是一种永不满足的好奇心，当大人们已经把注意力转移到诸如性、地位和金钱等重要事情上时，它依然还在纠缠那些孩童般的问题。科学很重要，因为它是实用性的。当应用科学终于在19世纪成为现实的时候，它的用处开始变得毋庸置疑。在早期，诸如大炮、水车和蒸汽发动机的设计促进了科学的发展，像伽利略、约翰·斯米顿（John Smeaton，1724—1794）、拉扎尔·卡诺、萨迪·卡诺和瓦特[53]这些科学家，就都曾经反复思考过它们是如何运作的。但是，在19世纪，特别是在化学和电子工业领域，科学领先于技术。社会也因此而改变。19世纪从收税关卡、马匹、镐和铁锹、低识字率、长矛和火枪，以及勇敢大胆的医学和外科手术开始，结束于铁路、汽车、蒸汽挖掘机、廉价的邮政服务、摄影、电报、电话和无线电、教育的普及、现代武器和医院。

那些被科学所吸引的能人的和社交能力强的人，在早期肯定会成为神职人员或法官，但科学不只是天才进行发明、工程师将发明进行应用这么简单的事情。化学是一门并不总被赋予其应有地位的科学，正是因为这是一门特别具有集体性的、知识性的和功利性的事业。科学是由一群人共同进行的社会活动，有时甚至像是一个合唱团在配合一位演员独唱或二重唱。但到了19世纪，它的发展已经远远超越了人们想象的规模。科学的发展要求人们召集在一起开会，交换信息，倾听，批评，发表论文和书籍；需要筹集资金和提高科学意识；需要建立关系网，辩论，组织会议和展览；需要管理博物馆和实验室；需要在野外和实验室里度过时光，有时还需冒着生命危险。作为一种重要的文化力量，"科学教会"的发展是19世纪的主要特征之一，应该成为任何研究这段历史的主要关注点。这是一个复杂的故事，不同的人会找寻不同的线索去引导他们穿越这一迷宫。有些人可能会认为他们已经找到了一条捷径，可以带领他们直接走出迷宫，不会遇到绕行道，不会拐错弯。但是，我们不妨回顾一下这句充满智慧的箴言："有些事情，从历史的角度看上去变得明朗起来的时候，很有可能，你正在错过某些东西。"[54]

大事年表

1789年 拉瓦锡发表第一个现代化学元素列表。安东尼·劳伦·德·朱西厄的《植物属志》（*Genera plantarum*）发表。伊拉斯谟斯·达尔文发表诗歌《植物之爱》。巴士底狱在法国大革命中被攻陷。乔治·华盛顿宣誓就职。

1790年 第一个蒸汽磨坊出现。

1791年 普里斯特利的房子被抄。他的盟友柯万（Kirwan）转向氧气理论研究。

1792年 普里斯特利在哈克尼学院为燃素辩护。阿克赖特去世。

1793年 道尔顿《气象观测和论文》（*Meteorological Observations*）出版。法国和英国交战。英国农业委员会成立。巴黎医学院重组。皮涅尔在比埃特利医院担任医生。在巴黎，自然历史博物馆首次对外开放。

1794年 巴黎综合理工大学成立。拉瓦锡被执行死刑。普里斯特利逃到美国。

1795年 布拉玛（Bramah）发明液压机。伦敦教会协会成立。

1796年 约克疗养院建立。

1797年 比恰特开始举行讲座。普鲁斯特（Proust）开始进行化学分析。

1798年 《哲学杂志》出版。马尔萨斯《人口原理》（*Essay*）出版。柯勒律治和华兹华斯《抒情歌谣集》（*Lyrical Ballads*）出版。詹纳（Jenner）开始进行疫苗接种。拉姆福德关于热的理论（热-功转换原理）诞生。

1799年 施莱尔马赫《宗教讲演录》（*On Religion*）出版。米制诞生。笑气诞生。皇家学院成立。伏特电池诞生。

1800年 外科医生大学成立。鲍丁远征澳大利亚。威廉·赫歇尔发现红外辐射。

1801年 英国与爱尔兰统一。弗林德斯和布朗到澳大利亚考察。提花织机诞生。芮特发现紫外线。杨（Young）光的波动理论建立。

1802年 帕利《自然神学》出版。《亚眠和平条约》签订。美国从拿破仑手中购买路易斯安那。开始用煤气照明。戴维发表就职演讲。

1803年 伊拉斯谟斯·达尔文《自然神殿》发表。贝托莱《化学静力学》（*Chemical Statics*）出版。

1804年 盖-吕萨克的气球上升到2300英尺（约701米）高空。"英国及外国圣经协

	会"成立。拿破仑称帝。
1805年	珀西瓦尔（Percival）起草"医学伦理规范"。特拉法尔加战役打响。
1806年	马塞特《化学实验中的交谈》出版。大陆封锁开始。英国占领开普殖民地。
1807年	葛美林（Gmelin）《化学手册》（Handbook of Chemistry）出版。戴维发现钾。伦敦地质学会成立。奴隶贸易被禁止。
1808年	道尔顿分卷推出《化学哲学新系统》（New system）。詹纳《回忆录》（Memoir）出版。盖-吕萨克提出气体定律。
1809年	拉马克阐述进化理论。查尔斯·达尔文诞生。
1810年	戴维确定"氯"元素。汉尼曼（Hahnemann）创立"顺势疗法"。柏林大学成立。
1811年	阿伏伽德罗发表分子假说。居维叶发表关于巴黎发现的化石的观点。勒德分子（Luddite）暴乱。英国进入摄政时期。
1812年	拉普拉斯论述"概率"。美国参战。拿破仑从莫斯科撤退。
1813年	《哲学年鉴》创刊。戴维和法拉第到法国。"碘"被分离出来。
1814年	沃拉斯顿发表化学当量研究成果。
1815年	施普茨海姆《颅相学》（Phrenology，第二版）出版。"普劳特假说"提出。莱佛士建设新加坡。煤矿工人安全灯发明。"药剂师法案"颁布。滑铁卢战役打响。
1816年	战后大萧条。斯帕菲尔兹（Spa Fields）暴乱发生。
1817年	帕金森描述"震颤麻痹"。
1818年	西利曼（Silliman）创办《美国科学期刊》（American Journal of Science）。英国土木工程师学会成立。玛丽·雪莱出版《弗兰肯斯坦》。
1819年	贝采里乌斯提出"化学比例"。劳伦斯举办系列讲座。彼得卢（Peterloo）屠杀发生。
1820年	奥斯特展示改变电流的磁场效应。约瑟夫·班克斯去世。
1821年	贝尔在神经系统领域进行研究。弗劳恩霍夫发表太阳光谱研究成果。
1822年	傅立叶提出热传导方程。马根迪提出神经系统理论。米切利希（Mitscherlich）提出"类质同晶"原理。维也纳会议召开。
1823年	格拉斯哥及伦敦"机械学院"成立。
1824年	（皇家）防止虐待动物协会成立。拜伦去世。
1825年	李比希创建吉森实验室。法拉第发现苯。斯托克顿至达灵顿铁路建成。
1826年	欧姆定律提出。伦敦动物园建立。有用知识传播协会（Society for Diffusion of Useful Knowledge）成立。
1827年	奥杜邦创作《美国鸟类》（1838）。沃克发明摩擦火柴。
1828年	韦勒合成尿素。托马斯·汤姆森和贝采里乌斯之争。伦敦大学学院成立。
1829年	为解剖尸体，伯克和黑尔进行谋杀活动。
1830年	赫歇尔发表《自然哲学研究的初步论述》。莱伊尔《地质学原理》出版。巴贝奇发表《关于科学在英国衰落及某些原因的思考》（Decline of Science）。利物浦

到曼彻斯特铁路修建。法国七月革命爆发。孔德提出实证主义。

1831年　英国科学促进协会成立。皇家海军舰艇"贝格尔号"起航。霍乱祸延至英国。

1832年　李尔出版《鹦鹉科家族画册》。地质调查兴起。李比希《药学年鉴》创刊。达勒姆大学成立。《改革法案》颁布。

1833年　《布里奇沃特论文集》开始在《泰晤士报》连载。

1834年　萨默维尔发表《论物理学科间的关联》（Connexion of the Physical Sciences）。巴贝奇差分机研制成功。奴隶制在大英帝国被废除。《济贫法修正案》出台。

1835年　法国科学院《法国科学院周刊》（Comptes rendus）创刊。斯特鲁维（Struve）到新普尔科沃天文台担任台长。凯特勒提出"统计学"。

1836年　英国皇家海军"贝格尔号"返航。

1837年　惠威尔发表《归纳科学的历史》。维多利亚女王加冕。英国对出生、死亡和婚姻进行登记。

1838年　《自然历史年鉴》出版。布鲁内尔"大西部号"蒸汽船穿越大西洋。

1839年　莫奇逊建立并命名"志留系"。施旺提出"细胞学说"。罗斯开始寻找南磁极航行。达盖尔（Daguerre）和福克斯·塔尔博特（Fox Talbot）发明碘化银纸照相法。

1840年　凯恩发表《化学元素》（Elements of Chemistry）。李比希进行农业化学研究。盖斯（Hess）总结出"化学反应的热变化定律"。维多利亚和阿尔伯特结婚。第一枚便士邮票诞生。

1842年　查德威克发表关于英国劳动人口卫生状况的调查报告。迈尔发表"热功当量值"理论。内史密斯（Nasmyth）发明蒸汽锤。

1843年　多普勒（Doppler）提出"声波理论"。劳斯建立第一个过磷酸钙工厂。苏格兰长老会分裂。

1844年　钱伯斯《痕迹》出版。莫尔斯（Morse）从巴尔的摩到华盛顿的电报线路建成。

1845年　洪堡开始撰写《宇宙》。亚当斯与勒维耶推算出天王星的位置。《科学美国人》（Scientific American）杂志创刊。

1846年　爱尔兰发生饥荒。英国《谷物法》废除。"铁路狂热"达到顶峰。首次公开演示利用吸入式乙醚进行手术麻醉。伦敦大学学院（UCL）建立化学实验室。史密森学会创立，约瑟夫·亨利担任秘书。

1847年　焦耳和亥姆霍兹发表"能量守恒"演讲。塞麦尔维斯（Semmelweiss）研究产后发热的预防措施。氯仿作为麻醉剂开始使用。铁路时刻表出现。《十小时工作日法案》通过。阿姆斯特朗创立埃尔斯瑞克（Elswick）工厂。

1848年　史密森学会出版《对知识的贡献》（Contributions to Knowledge）。欧文提出关于原型和同源性理论。欧洲各地爆发革命。美国科学促进协会成立。

1849年　赫歇尔编撰《海军部科学调查手册》。伊丽莎白·布莱克威尔在美国获得行医资格。菲佐（Fizeau）成功进行光速测量。

1850年　威廉姆森进行关于醇、醚的研究。丁尼生《悼念》付梓。

1851年 第一届世界博览会在伦敦水晶宫内开幕。亥姆霍兹发明眼底镜。欧文创办曼彻斯特大学。

1852年 "拿破仑三世"称帝。佩里率领舰船打开锁国时期的日本国门。

1853年 美国纽约举办第二届世界博览会。惠威尔和布儒斯特发生关于外星生命可能性的辩论。斯诺为维多利亚女王接生时使用氯仿。

1854年 洛朗发表《化学方法》(*Chemical Method*)。斯宾塞发表《生物学原理》(*Principles of Biology*)。斯诺关闭了宽街的水泵(霍乱源头)。克里米亚战争中出现第一位战地记者、摄影师。弗洛伦斯·南丁格尔、玛丽·谢克尔投身战地护理。

1855年 太平洋铁路公司发布报告。贝托莱提出"全合成"理论。法拉第完成电磁学巨著。威尔逊担任科技教授。伦敦大恶臭。

1856年 贝塞麦发明转炉炼钢法。

1857年 珀金合成苯胺紫。印度起义(兵变)。

1858年 格雷发表《解剖学》。菲尔绍发表《细胞病理学》。凯库勒提出"结构化学理论"。法兰西化学会成立。大西洋电缆完工。

1859年 达尔文《物种起源》出版。惠特沃斯发明钢炮。

1860年 卡尔斯鲁厄会议召开。本生和基尔霍夫发现光谱。《化学新闻》创刊。《论文与评论》出版。

1861年 麻省理工学院成立。美国发生内战。意大利统一。皇家海军"勇士号"战舰开始服役。阿尔伯特亲王去世。

1862年 南丁格尔护士学校创建。"泰晤士河堤"工程开工。加特林转管机枪发明。克虏伯(Krupp)在埃森市(Essen)采用贝塞麦炼钢工艺。

1863年 赫胥黎《人类在自然界的位置》发表。莱尔《古代人类》出版。亥姆霍兹巨著《论音调的感觉》出版。《制碱法》制定。索尔维创办制碱工厂。

1864年 《科学季刊》创刊。伦敦城市地下铁路完工。古德伯格和瓦格提出关于质量作用的定律。

1865年 伯纳德《实验医学》出版。孟德尔研究豌豆。克佑区植物园(英国皇家植物园)主任胡克去世。霍夫曼提出分子模型。李斯特制定灭菌法。施普伦格尔(Sprengel)发明真空泵。林肯被暗杀。

1866年 波尔兹曼阐明热力学第二定律。西伯利亚发现冰冻猛犸象。

1867年 第二次英国议会改革法案通过。美国从俄罗斯购买阿拉斯加。

1868年 美国国家科学院成立。

1869年 高尔顿《遗传的天才》出版。茜素合成。苏伊士运河开通。《自然》杂志创刊。门捷列夫推出《元素周期表》。

1870年 普法战争爆发,巴黎大围攻。德文郡委员会建立。

1871年 达尔文《人类的由来》出版。伦敦化学学会分裂。斯坦利找到利文斯通。

1872年　达尔文发表《人类和动物情感的表达》。皇家海军"挑战者号"进行海洋科学考察。《科普月刊》（Popular Science Monthly）创刊。

1873年　麦克斯韦《关于电和磁的论文》（Treatise on Electricity and Magnetism）出版。冯特《心理学概述》（Outlines of Psychology）出版。卡内基开始炼钢。

1874年　廷德尔在贝尔法斯特演讲。洛克耶《太阳物理学论稿》（Solar Physics）出版。范托夫和勒贝尔（le Bel）提出分子结构理论。约翰·霍普金斯大学创立。第一届印象派画展举行。

1875年　德雷柏《宗教与科学之间的冲突》（Conflict between Religion and Science）出版。伦敦医学院女子学院成立。伦敦主要排水管完工。

1876年　华莱士《动物的地理分布》（Geographical Distribution of Animals）发表。贝尔发明电话。

1877年　爱迪生发明留声机。

1878年　吉尔克里斯特-托马斯（Gilchrist-Thomas）"碱性底吹转炉炼钢法"发明。

1879年　泰桥坍塌。伦敦电话交换机建成。爱迪生和斯旺关于灯泡发明权之争。大英博物馆完全对外开放。

1880年　马什提出"已灭绝的齿鸟"理论。

1881年　亥姆霍兹发表纪念法拉第的演讲。伦敦自然历史博物馆正式对外开放。

1882年　罗兰研制衍射光栅。"心灵研究协会"成立。达尔文去世。

1883年　马赫出版《力学史评》（Science of Mechanics）。威廉·汤姆森提出关于原子大小的理论。阿伦尼乌斯（Arrhenius）提出关于电解质的理论。

1884年　英国科学促进协会在蒙特利尔召开年会，约翰·霍普金斯举办研讨会。埃米尔·费舍尔对糖类进行研究。范托夫进行化学动力学研究。巴尔莫（Balmer）提出关于光谱的理论。马克沁发明重机枪。

1885年　巴斯德发现狂犬病疫苗。

1886年　史蒂文森《化身博士》出版。东非英德协议签订。

1887年　迈克尔逊和莫雷进行光束实验。赫兹检测到无线电波。

1888年　巴黎巴斯德研究所成立。邓洛普发明自行车充气轮胎。

1889年　巴黎举办国际博览会，埃菲尔铁塔建成。奔驰汽车在巴黎国际博览会展出。

1890年　詹姆森《心理学原理》（Principles of Psychology）出版。里德伯（Rydberg）发表关于光谱的理论。

1892年　皮尔逊《科学的语法》（Grammar of Science）出版。

1893年　阿姆斯特朗与惠特沃斯两家公司合并。

1894年　赫胥黎《进化论与伦理学》出版。贝尔福《信仰之基础》出版。

1895年　威尔斯《时间机器》出版。氩元素被发现。伦琴发现X射线。

1896年　贝克勒尔发现放射性物质。英国国家博物馆设立周日开放日。马可尼发明无线电报。

1897年	约瑟夫·约翰·汤姆森发现电子。罗斯论疟疾。柴油发动机研制成功。
1898年	居里夫妇分离出镭和钋。利物浦热带医学院创办。
1899年	伦敦卫生与热带医药学院（汉堡，1900；马赛，1907）创建。
1900年	巴黎万国博览会开幕。普朗克提出量子理论。孟德尔的研究被"重新发现"。
1901年	德弗里斯提出突变理论。维多利亚女王去世。
1902年	贝特森创造"遗传学"一词。巴甫洛夫进行"条件反射"研究。
1903年	卢瑟福研究"新炼金术"。莱特兄弟"飞行"。
1904年	默茨《十九世纪欧洲思想史》出版。出租汽车出现。日俄战争爆发。
1905年	爱因斯坦提出关于"量子理论，原子（布朗运动）和狭义相对论"。
1906年	英国皇家海军"无畏号"开始建造。
1907年	伦敦帝国理工学院成立。
1908年	摩根进行"果蝇遗传学"研究。
1909年	米利肯进行电子检测。佩兰（Perrin）进行布朗运动实验。布莱里奥（Blériot）成功飞越英吉利海峡。福特T型车投产。"酚醛塑料"（Bakelite）出现。
1910年	埃尔利希提出用"撒尔佛散"治疗梅毒。
1911年	卢瑟福发现核原子。玛丽·居里第二次获得诺贝尔奖。德国威廉皇帝学院成立。阿蒙森（Amundsen）到南极探险。
1912年	布拉格父子提出关于"X射线结晶学"理论。伪造的皮尔丹人化石出现。"泰坦尼克号"下沉。玻尔在曼彻斯特加入卢瑟福团队。
1913年	莫塞莱（Moseley）进行"X射线光谱"研究。索迪证实"同位素"存在。哈伯-博斯制氨法出现。
1914年	朱利安·赫胥黎（Julian Huxley）发表关于"䴙䴘求偶"的论文。英国科学促进协会在澳大利亚召开年会。第一次世界大战爆发。

注释与参考文献

序：科学时代

1. J. Issitt, *Jeremiah Joyce: Radical, Dissenter and Writer*, Aldershot: Ashgate, 2006.
2. W.H. Brock, *Justus von Liebig: The Chemical Gatekeeper*, Cambridge: Cambridge University Press, 1997.
3. W. Clark, *Academic Charisma and the Origins of the Research University*, Chicago, IL: Chicago University Press, 2006; D.M. Knight and H. Kragh, eds, The Making of the Chemist, Cambridge: Cambridge University Press, 1998.
4. K.T. Hoppen, *The Mid-Victorian Generation*, 1846–1886, Oxford: Oxford University Press, 1998, p. 598.
5. Ibn Khaldûn, *The Muqaddimah: An Introduction to History*, tr. F. Rosenthal, London: Routledge, 1958, vol. 1, pp. 59–60 and passim.
6. J. Molony, *The Native-Born: The First White Australians*, Melbourne: Melbourne University Press, 2000.
7. T.S. Kuhn, 'The Function of Dogma in Scientific Research', in A.C. Crombie, ed., *Scientific Change*, London: Heinemann, 1963, pp. 347–69.
8. J.H. Brooke and G. Cantor, *Reconstructing Nature: The Engagement Between Science and Religion*, Edinburgh: T. & T.Clark, 1998; D. Lindberg and R. Numbers, eds, *Where Science and Christianity Meet*, Chicago, IL: Chicago University Press, 2003; D.M. Knight, *Science and Spirituality: The Volatile Connection*, London: Routledge, 2004; D.M. Knight and M.D. Eddy, eds, *Science and Beliefs: From Natural Philosophy to Natural Science*, Aldershot: Ashgate, 2005.
9. M. Shelley, Frankenstein [1818], ed. D.L. Macdonald and K. Scherf, 2nd edn, Peterborough, Ontario: Broadview, 1999.
10. B. Bensaude-Vincent and C. Blondel, eds, *Science and Spectacle in the European Enlightenment*, Aldershot: Ashgate, 2008, p. 2; D.M. Knight, *Public Understanding of*

Science; A History of Communicating Scientific Ideas, London: Routledge, 2006.
11 M. Fichman, *An Elusive Victorian: The Evolution of Alfred Russel Wallace*, Chicago, IL: Chicago University Press, 2004; A. Owen, *The Place of Enchantment: British Occultism and the Cult of the Modern*, Chicago, IL: Chicago University Press, 2004.
12 D. Pick, *Faces of Degeneration: A European Disorder*, c.1848–c.1918, Cambridge: Cambridge University Press, 1989.
13 A. Tennyson, In Memoriam, ed. S. Shatto and M. Shaw, Oxford: Oxford University Press, 1982, p. 115 (section 97).
14 J.F.W. Herschel, *Essays from the Edinburgh and Quarterly Reviews, with Addresses and Other Pieces*, London: Longman, 1857, p. 737.

导言：回顾过去

1 B.T. Moran, *Distilling Knowledge: Alchemy, Chemistry and the Scientific Revolution*, Cambridge, MA: Harvard University Press, 2005, p. 65.
2 A. Lundgren and B. Bensaude-Vincent, eds, *Communicating Chemistry: Textbooks and Their Audiences*, Canton, MA: Science History Publications, 2000.
3 I. Hargitai, *Candid Science: Conversations with Famous Chemists*, London: Imperial College, 2000.
4 J. Priestley, *The History and Present State of Electricity* [1775], intr. R.E. Schofield, New York: Johnson, 1966; *A Scientific Autobiography*, ed. R.E. Schofield, Cambridge, MA: MIT Press, 1966; M.E. Bowden and L. Rosner, eds, *Joseph Priestley: Radical Thinker*, Philadelphia, PA: Chemical Heritage, 2005.
5 W. Paley, *Natural Theology* [1802], ed. M.D. Eddy and D.M. Knight, Oxford: Oxford University Press, 2006.
6 C.C. Gillispie, *The Edge of Objectivity: An Essay in the History of Scientific Ideas*, Princeton, NJ: Princeton University Press, 1960.
7 H. Davy, *Collected Works*, London: Smith, Elder, 1839–40, vol. 7, p. 15.
8 S.A. Smith and A. Knight, eds, *The Religion of Fools? Superstition Past and Present*, Oxford: Oxford University Press, *Past and Present Supplement 3, 2008*.
9 C.J. Fox, *A History of the Early Part of the Reign of James the Second*, London: Miller, 1808.
10 H. Butterfield, *The Whig Interpretation of History*, London: Bell, 1931.
11 See the essays on historiography in the *TLS*, 13 October 2006; H. Kragh, *An Introduction to the Historiography of Science*, Cambridge: Cambridge University Press, 1987.
12 H. Butterfield, *The Origins of Modern Science*, 1300–1800, London: Bell, 1949.
13 A.R. Hall, *The Scientific Revolution, 1500–1800: The Formation of the Modern*

Scientific Attitude, London: Longman, 1954; revised as *The Revolution in Science, 155–1750*, 1983; D.C. Lindberg and R.S. Westman, *Reappraisals of the Scientific Revolution*, Cambridge: Cambridge University Press, 1990.

14 C. Chimisso, *Writing the History of the Mind: Philosophy and Science in France, 1900–1960s*, Aldershot: Ashgate, 2008.

15 A. Koyré, *From the Closed World to the Infinite Universe*, Baltimore: Johns Hopkins University Press, 1957.

16 W. Whewell, *History of the Inductive Sciences*, 3rd edn, London: Parker, 1857.

17 A.G. Debus, *Chemistry and Medical Debate: Van Helmont to Boerhaave*, Nantucket, MA: 2001; B.T. Moran, *Distilling Knowledge*, Cambridge, MA: Harvard University Press, 2005, pp. 157–81.

18 K. Thomas, *Religion and the Decline of Magic*, London: Weidenfeld and Nicolson, 1971; O. Mayr, *Authority, Liberty & Automatic Machinery in Early Modern Europe*, Baltimore, MD: Johns Hopkins University Press, 1986; D. Freedberg, *The Eye of the Lynx: Galileo, His Friends, and the Beginning of Modern Natural History*, Chicago, IL: Chicago University Press, 2002; A.G. Debus, ed., *Alchemy and Early Modern Chemistry*, London: Society for the History of Alchemy and Chemistry, 2004; O. Hannaway, *The Chemists and the Word*, Baltimore, MD: Johns Hopkins University Press, 1975; W.R. Newman, *Promethean Ambitions: Alchemy and the Quest to Perfect Nature*, Chicago, IL: Chicago University Press, 2004; L.M. Principe and A. Grafton, eds, *Transmutations: Alchemy in Art*, Philadelphia, PA: Chemical Heritage, 2002; L. Abraham, *A Dictionary of Alchemical Imagery*, Cambridge: Cambridge University Press, 1998.

19 T.S. Kuhn, *The Structure of Scientific Revolutions*, 2nd edn, Chicago, IL: Chicago University Press, 1970; I.B. Cohen, *Revolutions in Science*, Cambridge, MA: Harvard University Press, 1989.

20 A. Hallam, *A Revolution in the Earth Sciences: From Continental Drift to Plate Tectonics*, Oxford: Oxford University Press, 1973; W. Shea, ed., *Revolutions in Science: Their Meaning and Relevance*, Canton, MA: Science History, 1988.

21 J. Morrell and A. Thackray, *Gentlemen of Science: Early Years of the British Association for the Advancement of Science*, Oxford: Oxford University Press, 1981; M.P. Crosland, *Science under Control: The French Academy of Sciences, 1795–1914*, Cambridge: Cambridge University Press, 1992.

22 K. Popper, *Conjectures and Refutations: The Growth of Scientific Knowledge*, London: Routledge, 1963; *The Logic of Scientific Discovery*, London: Hutchinson, 1972.

23 J.C. Thackray, *To See the Fellows Fight: Eye Witness Accounts of Meetings of the Geological Society of London and its Club, 1822–1868*, BSHS Monograph 12, 1999.

24 I. Lakatos, *The Methodology of Scientific Research Programmes*, ed. J. Worrall and G. Currie, Cambridge: Cambridge University Press, 1978, pp. 102–38.

25 T.R. Wright, *The Religion of Humanity: The Impact of Comtean Positivism on Victorian Britain*, Cambridge: Cambridge University Press, 1986; T. Dixon, 'The Invention of Altruism: Auguste Comte's *Positive Polity* and Respectable Unbelief in Victorian Britain', in D.M. Knight and M.D. Eddy, *Science and Beliefs*, Aldershot: Ashgate, 2005, pp. 195–211.
26 The British Society for the History of Science organized a conference to commemorate this on the seventy-fifth anniversary, in September 2006.
27 M. Berman, *Social Change and Scientific Organisation: The Royal Institution, 1799–1844*, London: Heinemann, 1978; contrast F.A.J.L. James, ed., *The Common Purposes of Life: Science and Society at the Royal Institution*, Aldershot: Ashgate, 2002.
28 D.M. Knight, *Sources for the History of Science, 660–1914*, London: Sources of History (later Cambridge, Cambridge University Press), 1975, p. 26; Japanese translation by Hazime Kasiwagi, Tokyo: Uchida Rokakuhu, 1984.
29 M. Shortland and R. Yeo, eds, *Telling Lives in Science; Essays on Scientific Biography*, Cambridge: Cambridge University Press, 1996; T. Söderqvist, *The Poetics of Biography in Science, Technology and Medicine*, Aldershot: Ashgate, 2007.
30 D. Sobel, *Longitude*, London; Fourth Estate, 1996.
31 M. Fichman, *An Elusive Victorian: The Evolution of Alfred Russel Wallace*, Chicago, IL: Chicago University Press, 2004; J. Morrell, *John Phillips and the Business of Victorian Science*, Aldershot: Ashgate, 2005.
32 A.F. Corcos and F.V. Monaghan, *Gregor Mendel's Experiments on Plant Hybrids: A Guided Study*, New Brunswick, NJ: Rutgers University Press, 1993.
33 A. Desmond, *Huxley*, London: Michael Joseph, 2 vols, 1994–7; P. White, *Thomas Huxley: Making the 'Man of Science'*, Cambridge: Cambridge University Press, 2003.
34 D.M. Knight, *Ideas in Chemistry: A History of the Science*, 2nd edn, London: Athlone, 1995.
35 J. Endersby, 'In the Bag', *TLS*, 13 July 2008, p. 12.
36 F. Burckhardt et al., eds, *The Correspondence of Charles Darwin*, Cambridge: Cambridge University Press, 1985–(in progress).
37 A.T. Gage and W.T. Stearn, *A Bicentenary History of the Linnean Society of London*, London: Academic Press, 1988; G.L. Herries-Davies, *Whatever is Under the Earth: The Geological Society of London, 1807 to 2007*, London: Geological Society, 2007.
38 L. Henson et al., eds, *Culture and Science in the Nineteenth-century Media*, Aldershot: Ashgate, 2004; G. Cantor and S. Shuttleworth, eds, *Science Serialised: Representations of the Sciences in Nineteenth-century Periodicals*, Cambridge, MA: MIT Press, 2004; G. Cantor et al., *Science in the Nineteenth-century Periodical*, Cambridge: Cambridge University Press, 2004; D.M. Knight, 'Snippets of Science', *Studies in History and Philosophy of Science 36* (2005): 618–25.
39 J. Schummer, B. Bensaude-Vincent and B. Van Tiggelen, eds, *The Public Image of*

Chemistry, London: World Scientific, 2007; D.M. Knight, *Public Understanding of Science: A History of Communicating Scientific Ideas*, London: Routledge, 2006.

40 S. Forgan and G. Gooday, 'Constructing South Kensington: The Buildings and Politics of T.H. Huxley's Working Environments', *BJHS*, 29 (1996): 435–68.

41 K. Hufbauer, *The Formation of the German Chemical Community*, 1720–1795, Berkeley, CA; California University Press, 1982; M.P. Crosland, *In the Shadow of Lavoisier: The Annales de chimie and the Establishment of a New Science*, Chalfont St Giles: BSHS, 1994; A. Bandinelli, '*Annales de Chimie vs. Observations sur la Physique/Journal de Physique, 1789–1803*: Scientific Communication during a Major Change in the Approach to Empirical Research', forthcoming in *Ambix*, 2009.

42 W.H. Brock and A.J. Meadows, *The Lamp of Learning: Taylor and Francis and the Development of Science Publishing*, London: Taylor and Francis, 1984.

43 D.M. Knight and H. Kragh, eds, *The Making of the Chemist: The Social History of Chemistry in Europe*, Cambridge: Cambridge University Press, 1998; D.M. Knight, 'Science and Culture in Mid-Victorian Britain: The Reviews, and William Crookes' Quarterly Journal of Science', *Nuncius* 11 (1996): 43–54; D.M. Knight, *Natural Science Books in English*, London: Batsford, 1972, pp. 190–232.

44 *The Magazine of Natural History* 1 (1828); and see R.B. Freeman, *British Natural History Books, 1495–1900: A Handlist*, Folkestone: Dawson, 1980.

45 W. St Clair, *The Reading Nation in the Romantic Period*, Cambridge: Cambridge University Press, 2004; A. Johns, *The Nature of the Book*, Chicago, IL: Chicago University Press, 1998; M. Frasca-Spada and N. Jardine, eds, *Books and the Sciences in History*, Cambridge: Cambridge University Press, 2000.

46 D.M. Knight, 'The Spiritual in the Material', in R.M. Brain, R.S. Cohen and O. Knudsen, eds, *Hans Christian Ørsted and the Romantic Legacy in Science*, Dordrecht: Springer, 2007, pp. 417–32.

47 H. Davy, *Consolations in Travel: Or the Last Days of a Philosopher*, London: John Murray, 1830, p. 20.

48 But see J.V. Pickstone, 'Working Knowledges Before and After circa 1800: Practices and Disciplines in the History of Science, Technology and Medicine, *Isis* 98 (2007): 489–516.

49 Good recent examples are P. Ball, *Elegant Solutions: Ten Beautiful Experiments in Chemistry*, London: Royal Society of Chemistry, 2005; W. Gratzer, *Terrors of the Table: The Curious History of Nutrition*, Oxford: Oxford University Press, 2005; R. Panek, *The Invisible Century: Einstein, Freud and the Search for Hidden Universes*, London: Fourth Estate, 2005; P. Pesic, *Sky in a Bottle*, Cambridge, MA: MIT Press, 2005.

50 A.D. Morrison-Low, *Making Scientific Instruments in the Industrial Revolution*, Aldershot: Ashgate, 2007; R.J. Richards, *The Romantic Conception of Life: Science and Philosophy in the Age of Goethe,* Chicago, IL: Chicago University Press, 2002;

J. Secord, *Victorian Sensation: The Extraordinary Publication, Reception, and Secret Authorship of Vestiges of the Natural History of Creation*, Chicago, IL: Chicago University Press, 2000.

51 N. Jardine, J.A. Secord and E.C. Spary, eds, *Cultures of Natural History*, Cambridge: Cambridge University Press, 1996.
52 For example, C.A. Russell and G.K. Roberts, *Chemical History: Reviews of Recent Literature*, London: RSC, 2005.
53 J.L. Heilbron, ed., *The Oxford Companion to the History of Modern Science*, Oxford: Oxford University Press, 2003; D.M. Knight, *A Companion to the Physical Sciences*, London: Routledge, 1989; P. Clayton with Z.Simpson, eds, *The Oxford Handbook of Religion and Science*, Oxford: Oxford University Press, 2006.
54 E.J. Browne, W.F. Bynum and R. Porter, eds, *Dictionary of the History of Science*, London, 1981.
55 C.C. Gillispie et al., eds, *Dictionary of Scientific Biography*, New York: Scribner, 1970– (continuing in Supplements); B. Lightman et al., eds, *Dictionary of Nineteenth-century British Scientists*, Bristol: Thoemmes, 2004; a good one-volume one is T.I. Williams, ed., *A Biographical Dictionary of Scientists*, London: A. & C. Black, 1969.
56 F.A.J.L. James, ed., *The Correspondence of Michael Faraday*, London: Institution of Electrical Engineers, 1991–; F. Burckhardt et al., eds, *The Correspondence of Charles Darwin*, Cambridge: Cambridge University Press, 1985 –.
57 M. Beretta, C. Pogliano and P. Redondi, eds, *Journals and the History of Science*, Florence: Olschki, 1999.

第一章 1789年及以后的科学状况

1 A.J. Balfour, 'Presidential Address', *Report of the British Association*, Cambridge, 1904, pp. 3–14.
2 J.T. Merz, *A History of European Thought in the Nineteenth Century* [1904–12], 4 vols; reprint New York: Dover, 1965, vol. 1, pp. xi, 10–14.
3 R. Yeo, *Defining Science: William Whewell, Natural Knowledge and Public Debate in Early Victorian Britain*, Cambridge: Cambridge University Press, 1993.
4 W. Whewell, *History of the Inductive Sciences*, 3 vols, 3rd edn, London: Parker, 1857.
5 J.T. Merz, *A History of European Thought in the Nineteenth Century*, New York: Dover, 1965, vol. 1, p. 7.
6 J. Ravetz, *The No-nonsense Guide to Science*, Oxford: New Internationalist, n.d.; H. Collins and T. Pinch, *The Golem: What Everyone Should Know about Science*, Cambridge: Cambridge University Press, 1993.
7 A. Desmond and J. Moore, *Darwin*, London: Penguin, 1992; A. Desmond, J. Moore

and J. Browne, *Charles Darwin*, Oxford: Oxford University Press, 2007.
8   R. Porter, *Flesh in the Age of Reason*, London: Penguin. 2003.
9   M. Shortland and R.Yeo, eds, *Telling Lives in Science: Essays on Scientific Biography*, Cambridge: Cambridge University Press, 1996; T. Söderqvist, ed., *The Poetics of Scientific Biography*, Aldershot: Ashgate, 2007.
10 C.C. Gillispie et al., eds, *Dictionary of Scientific Biography*, New York: Gale, 1970– (continuing in supplements); B. Lightman, ed., *Dictionary of Nineteenth-century British Scientists*, Bristol: Thoemmes, 2004.
11 M.W. Rossiter, 'A Twisted Tale: Women in the Physical Sciences', and T. Shinn, 'The Industry, Research, and Education Nexus', in M.J. Nye, ed., *Cambridge History of Science*, Cambridge: Cambridge University Press, 2003, vol. 5, pp. 54–71, 133–53.
12 N.A.M. Rodger, *The Command of the Ocean: A Naval History of Britain, 1649–1815*, London: Penguin, 2004.
13 R. Yeo, 'Encyclopedias', in J.L. Heilbron, ed., *The Oxford Companion to the History of Modern Science*, Oxford: Oxford University Press, 2003, pp. 252–5.
14 C.C. Gillispie, ed., *A Diderot Pictorial Encyclopedia of Trades and Industry*, New York: Dover, 1959.
15 P. Thiry, Baron d'Holbach, *The System of Nature*, vol. 1, tr. H.H. Robinson, intr. M. Bush, Manchester: Cinamen, 1999.
16 J.R. Hofmann, *André-Marie Ampère: Enlightenment and Electrodynamics*, Cambridge: Cambridge University Press, 1995, pp. 356–65; M.P. Crosland, *Science under Control: The French Academy of Sciences, 1795–1914*, Cambridge: Cambridge University Press, 1995, pp. 192–202; L. de Broglie, in P. Duhem, *The Aim and Structure of Physical Theory*, tr. P.P. Wiener, New York: Athenaeum, 1962, p. xii.
17 J.L. Heilbron, ed., *The Oxford Companion to the History of Modern Science*, Oxford: Oxford University Press, 2003, pp. 1–5.
18 R. Fox and G. Weisz, ed., *The Organization of Science and Technology in Franmce, 1808–1914*, Cambridge: Cambridge University Press, 1980.
19 M.P. Crosland, *Science under Control: The French Academy of Sciences, 1795–1914*, Cambridge: Cambridge University Press, 1992; on Poisson, see p. 132.
20 See the entries on Instruments, Metrology and Standardization in J.L. Heilbron, ed., *The Oxford Companion to the History of Modern Science*, Oxford: Oxford University Press, 2003, pp. 406–17, 520–1, 774–6.
21 J.P.F. Deleuze, *History and Description of the Royal Museum of Natural History*, Paris: Royer, 1823.
22 W.E. Bynum et al., *The Western Medical Trdition, 1800–2000*, Cambridge: Cambridge University Press, 2006, pp. 37–53.
23 W.M. Jacob, *The Clerical Profession in the Long Eighteenth Century, 1680–1840*, Oxford: Oxford University Press, 2007, pp. 95–112.

24 M.P. Crosland, *The Society of Arcueil: A View of French Science at the Time of Napoleon I*, London: Heinemann, 1967.
25 J.B.J. Delambre, *Rapport Historique sur les Progrés des Sciences Mathematiques*, and G. Cuvier, *Rapport Historique sur les Progrés des Sciences Naturelles*, Paris: Imprimerie Imperiale, 1810.
26 H.G. Alexander, ed., *The Leibniz–Clarke Correspondence*, Manchester: University Press, 1956.
27 R. Hahn, 'Laplace', in J.L. Heilbron, ed., *The Oxford Companion to the History of Modern Science*, Oxford: Oxford University Press, 2003, pp. 446–7.
28 R. Holmes, *The Age of Wonder: How the Romantic Generation Discovered the Beauty and Terror of Science*, London: Harper, 2008, pp. 60–124, 163–210.
29 R.L. Numbers, *Creation by Natural Law: Laplace's Nebular Hypothesis in American Thought*, Seattle: Washington University Press, 1977; J.A. Secord, *Victorian Sensation: The Extraordinary Publication, Reception, and Secret Authorship of Vestiges of the Natural History of Creation*, Chicago, IL: Chicago University Press, 2000, pp. 57–61.
30 T.M. Porter, 'Statistics and Physical Theories', in M.J. Nye, ed., *Cambridge History of Science*, Cambridge: Cambridge University Press, 2003, vol. 5.
31 D.M. Knight, *Public Understanding of Science*, London: Routledge, 2006, pp. 106–18.
32 J. Bonnemains, E. Forsyth and B. Smith, eds, *Baudin in Australian Waters*, Oxford: Oxford University Press, 1988.
33 J.C. Beaglehole, ed., *The Journals of Captain James Cook: The Voyage of the Endeavour*, Cambridge: Cambridge University Press, 1968, pp. cxxxviii–cxl, 22–34.
34 T. Thomson, 'Tables of Weights and Measures', *Annals of Philosophy*, 1 (1813): 452–7.
35 J.F.W. Herschel, *Popular Lectures on Scientific Subjects*, London: Strahan, 1873, pp. 419–51.
36 U. Klein and W. Lefèvre, *Materials in Eighteenth-century Science: A Historical Ontology*, Cambridge, MA: MIT, 2007.
37 A. Donovan, *Antoine Lavoisier*, Cambridge: Cambridge University Press, 1993; B. Bensaude-Vincent and F. Abbri, eds, *Lavoisier in European Context*, Canton, MA: Science History, 1995.
38 V. Boanza, 'The Phlogistic Role of Heat in the Chemical Revolution, and the Origins of Kirwan's "Ingenious Modifications"...into the Theory of Phlogiston', and G. Taylor, 'Marking out a Disciplinary Common Ground: The Role of Chemical Pedagogy in establishing the Doctrine of Affinity at the Heart of British Chemistry', *Annals of Science 65* (2008): 309–38 and 465–86.
39 H. Davy, *Collected Works*, London: Smith, Elder, vol. 2, pp. 311–26.
40 A.L. Lavoisier, *Elements of Chemistry*, tr. R. Kerr, Edinburgh: Creech, 1790, pp. xxii–vi, 175–6.
41 H. Cavendish, *Electrical Researches*, ed. J. Clerk Maxwell, Cambridge: Cambridge

University Press, 1879, pp. 310–20, 433.

42 *Register of Arts and Sciences* 1 (1824): 3–5; D.M. Knight, 'Scientific Lectures: A History of Performance', *Interdisciplinary Science Reviews 27* (2002): 217–24; P. Bertucci and G. Pancaldi, eds, *Electric Bodies: Episodes in the History of Medical Electricity*, Bologna: University Press, 2001.

43 M. Shelley, *Frankenstein* [1818], ed. D.L. Macdonald and K. Schere, 2nd edn, Peterborough, Ontario: Broadview, 1999, p. 84.

44 D.M. Knight, 'Davy and the Placing of Potassium among the Elements', *Historical Group Occasional Paper 4: Second Wheeler Lecture*, London: Royal Society of Chemistry, 2007.

45 W.F. Bynum, 'William Lawrence', in B. Lightman, ed., *Dictionary of Nineteenth-century British Scientists*, Bristol: Thoemmes, 2004, pp. 1196–8.

46 J.R. Bertomeu-Sánchez and A. Nieto-Galan, eds, *Chemistry, Medicine and Crime: Mateu J.B. Orfila (1787–1853) and His Times*, Sagamore Beach: Science History, 2006.

47 C.L.E. Lewis and S.J. Knell, eds, *The World's First Geological Society*, London: Geological Society, 2009.

48 G. Cuvier, *Discours sur les Révolutions du Globe*, ed. Dr Hoefer, Paris: Firmin-Didot, 1877.

49 M.J.S. Rudwick, *Scenes from Deep Time*, Chicago, IL: Chicago University Press, 1992.

50 T. Fulford, ed., *Science and Romanticism*, London: Routledge, 2002; R. Holmes, *The Age of Wonder*, London: Harper Press, 2008.

51 R.J. Richards, *The Romantic Conception of Life: Science and Philosophy in the Age of Goethe*, Chicago, IL: Chicago University Press, 2002.

52 S. Rushton, *Shelley and Vitality*, London: Palgrave Macmillan, 2005.

53 S.T. Coleridge, *Hints Towards the Formation of a More Comprehensive Theory of Life*, ed. S.B. Watson, London: Churchill, 1848; R. Holmes, *Coleridge: Darker Reflections*, London: HarperCollins, 1998, pp. 478–80.

54 W. Wordsworth and S.T. Coleridge, *Lyrical Ballads* [1798], London: Penguin, 1999, pp. 1–25; J.L. Lowes, *The Road to Xanadu: A Study in the Ways of the Imagination*, Boston, MA: Houghton Mifflin, 1927.

55 R. Joppien and B. Smith, *The Art of Captain Cook's Voyages*, New Haven, CT: Yale University Press, 2 vols, 1985; B. Smith and A. Wheeler, *The Art of the First Fleet and Other Early Australian Drawings*, New Haven, CT: Yale University Press, 1988.

56 F. Klingender, *Art and the Industrial Revolution*, ed. A. Elton, London: Evelyn, Adams & Mackay, 1968.

57 W. Vaughan, *Friedrich*, London: Phaidon, 2004.

58 J. Hamilton, *Turner and the Scientists*, London: Tate Gallery, 1998.

59 R.E.R. Banks et al., eds, *Sir Joseph Banks: A Global Perspective*, Kew: Royal Botanic

Garden, 1994.
60 N. Chambers, ed., *The Letters of Sir Joseph Banks: A Selection, 1768–1820*, London: Imperial College, 2000; *The Scientific Correspondence of Sir Joseph Banks, 1765–1820*, London: Pickering and Chatto, 2006.
61 J. Gascoigne, *Joseph Banks and the English Enlightenment: Useful Knowledge and Polite Culture, and Science in the Service of Empire: Joseph Banks, the British State and the Uses of Science in the Age of Revolution*, Cambridge: Cambridge University Press, 1994 and 1998.
62 W. Paley, *Natural Theology* [1802], ed. M.D. Eddy and D.M. Knight, Oxford: Oxford University Press, 2006.
63 R. Holmes, *The Age of Wonder*, London: Harper, 2008, p. xvi.
64 H. Rossotti, ed., *Chemistry in the Schoolroom, 1806: Selections from Mrs Marcet's Conversations on Chemistry*, Bloomington, IN: Authorhouse, 2006.
65 E. Darwin, *The Botanic Garden* [1789–91], Menton: Scolar, 1973; C.U.M. Smith, ed., *The Genius of Erasmus Darwin*, Aldershot: Ashgate, 2005; D.M. Knight, *Public Understanding of Science*, London: Routledge, 2006, pp. 44–6.

第二章　科学及其术语

1 T. Sprat, *The History of the Royal-Society of London*, London: Martyn, 1667, p. 113; R. Burchfield, *The English Language*, 2nd edn, London: Folio Society, 2006, p. 36.
2 K. Pearson, *The Grammar of Science*, 2nd edn, London: A. & C. Black, 1900.
3 A. Lundgren and B. Bensaude-Vincent, eds, *Communicating Chemistry: Textbooks and Their Audiences*, Canton, MA: Science History, 2000.
4 J.H. Mason, *The Value of Creativity: The Origins and Emergence of a Modern Belief*, Aldershot: Ashgate, 2003, p. 144; D. Brown, *God and Mystery in Words: Experience through Metaphor and Drama*, Oxford: Oxford University Press, 2008, pp. 24–33.
5 F.M. Barnard, ed., *J.G. Herder on Social and Political Culture*, Cambridge: Cambridge University Press, 1969, pp. 176, 156, 27.
6 J.G. Herder, *Outlines of a Philosophy of the History of Man*, tr. T. Churchill, 2nd edn, London: Johnson, 1803, vol. 1, pp. 367, 417–38.
7 G. Radick, *The Simian Tongue: The Long Debate about Animal Language*, Chicago, IL: Chicago University Press, 2007.
8 B. Hilton, *A Mad, Bad & Dangerous People? England 1783–1846*, Oxford: Oxford University Press, 2006, p. 145.
9 G. Catlin, *Letters and Notes on the Manners, Customs, and Condition of the North American Indians* [1841], Minneapolis: Ross & Haines, 1965, vol. 2, pp. 259–61; P. Stokes 'Journal' [1827], in H.K. Beals et al., eds, *Four Travel Journals*, London:

Hakluyt Society, 2008, p. 221.
10 P.A. Lanyon-Orgill, *Captain Cook's South Sea Island Vocabularies*, London: for the author, 1979.
11 F.M. Barnard, ed., *J.G. Herder on Social and Political Culture*, Cambridge: Cambridge University Press, 1969, pp. 17–32, 117–77.
12 W. von Humboldt, *On Language: The Diversity of Human Language-structure and its Influence on the Mental Development of Mankind*, tr. P. Heath, intr. H. Aarsleff, Cambridge: Cambridge University Press, 1988; P.R. Sweet, *Wilhelm von Humboldt: A Biography*, Columbus, OH: Ohio State University Press, 1978–80.
13 F.M. Müller, *Lectures on the Science of Language*, London: Longman, 1861–4.
14 D. Kennedy, *The Highly Civilized Man: Richard Burton and the Victorian World*, Cambridge, MA: Harvard University Press, 2005, pp. 32–57, 116, 135.
15 H.F. Augstein, ed., *Race: The Origins of an Idea, 1760–1850*, Bristol: Thoemmes, 1996.
16 L. Koerner, 'Carl Linnaeus in His Time and Place', in N. Jardine, J.A. Secord and E.C. Spary, *Cultures of Natural History*, Cambridge, Cambridge University Press, 1996, pp. 145–62; J.L. Heller and J.M. Penhallurick, eds, *Index of Books and Authors Cited in the Zoological Works of Linnaeus*, London: Ray Society, 2008.
17 A.T. Gage and W.T. Stearn, *A Bicentenary History of the Linnean Society of London*, London: Academic Press, 1988.
18 I. Newton, *Opticks*, 4th edn [1730]; reprint New York: Dover, 1952, p. 369.
19 E. Darwin, *The Botanic Garden*, London: Johnston, 1791, 1789; reprint Menston: Scolar, 1973, vol. 2, p. 6. Curiously, *The Loves of the Plants* was the second part, but published first (in 1789).
20 C.U.M. Smith, ed., *The Genius of Erasmus Darwin*, Aldershot: Ashgate, 2005.
21 J. Ruskin, *Proserpina: Studies of Wayside Flowers*, Orpington: Allen, 1879, p. 6.
22 W. Blunt, *In for a Penny: A Prospect of Kew Gardens*, London: Hamish Hamilton, 1978; R. Desmond, *Kew; A History*, London: Harvill, 1995.
23 Anon, *Poetry of the Anti-Jacobin*, London: Wright, 1799, pp. 108–41.
24 J.H. Mason, *The Value of Creativity*, Aldershot: Ashgate, 2003, pp. 157–78.
25 B.Hilton, *A Mad, Bad & Dangerous People? England 1783–1846*, Oxford: Oxford University Press, 2006, pp. 439–68.
26 B. Bensaude-Vincent, 'Languages in Chemistry', in M.J. Nye, ed., *Cambridge History of Science*, Cambridge: Cambridge University Press, 2003, vol. 5, pp. 176–90; A.L. Lavoisier, *Elements of Chemistry*, tr. R. Kerr [1790]; reprint in D.M. Knight, ed., *The Development of Chemistry*, London: Routledge, 1998, vol. 2.
27 M.P. Crosland, *In the Shadow of Lavoisier: The Annales de Chimie and the Establishment of a New Science*, Chalfont St Giles: BSHS, 1994.
28 B. Bensaude-Vincent and F. Abbri, eds, *Lavoisier in European Context*, Canton, MA:

Science History, 1995.
29 J. Simon, *Chemistry, Pharmacy and Revolution*, Aldershot: Ashgate, 2004.
30 D.M. Knight, *Humphry Davy: Science and Power*, 2nd edn, Cambridge: Cambridge University Press, 1998, pp. 28–41.
31 T.S. Kuhn, *The Structure of Scientific Revolutions*, 2nd edn, Chicago, IL: Chicago University Press, 1970; P. Hoyningen-Huene, 'Thomas Kuhn and the Chemical Revolution', *Foundations of Chemistry* 10 (2008): 101–16.
32 S. Parkes, *The Chemical Catechism*, 3rd edn, London: Lackington Allen, 1808; W. Pinnock, *Catechism of Geology*, 7 parts, London: Whittaker, Teacher, 1831; R.B. Kinraid, in B. Lightman, ed., *Dictionary of Nineteenth-century British Scientists*, Bristol: Thoemmes, 2004, pp. 1602–3.
33 T.S. Kuhn, 'The Function of Dogma in Scientific Research', in A.C. Crombie, ed., *Scientific Change*, Oxford: Oxford University Press, 1963.
34 H. Chang and C. Jackson, eds, *An Element of Controversy: The Life of Chlorine in Science, Medicine, Technology, and War*, British Society for the History of Science Monographs 13, 2007; H. Davy et al., 'The Elementary History of Chlorine' and 'The Early History of Chlorine', Alembic Club Reprints 9 and 13, Edinburgh: Alembic Club, 1894, 1897.
35 A.L. Smyth, *John Dalton, 1766–1844: A Bibliography of Works by and about Him, with an Annotated List of His Surviving Apparatus and Personal Effects*, 2nd edn, Aldershot: Ashgate, n.d. [1998].
36 W.H. Wollaston, 'A Synoptic Scale of Chemical Equivalents', *Philosophical Transactions* 104 (1814): 1–22, includes a plate of a chemical slide-rule; D.M. Knight, *Atoms and Elements*, 2nd edn, London: Hutchinson, 1970, and ed., *Classical Scientific Papers: Chemistry*, London: Mills & Boon, 1968.
37 H. Davy, *Collected Works*, London: Smith, Elder, 1840, vol. 7, p. 97.
38 J. Morrell and A. Thackray, *Gentlemen of Science*, Oxford: Oxford University Press, 1981, pp. 175–86, 485–91.
39 Alembic Club Reprints, 2: *Foundations of the Atomic Theory*, and 4: *Foundations of the Molecular Theory*, Edinburgh: Livingstone, 1961.
40 T. Thomson, 'On Oxalic Acid', and W.H. Wollaston, 'On Super-acid and Sub-acid Salts', *Philosophical Transactions* 98 (1808): 63–95, 96–102.
41 J. Dalton, *A New System of Chemical Philosophy*, Part 1, Manchester: Bickerstaff, 1808, pp. 211–20.
42 T. Thomson, *An Attempt to Establish the First Principles of Chemistry by Experiment*, London: Baldwin, Craddock, 1825.
43 [W.Prout], 'On the Relation between the Specific Gravities of Gaseous Bodies and the Weight of their Atoms', *Annals of Philosophy* 6 (1815): 321–30; 7 (1816): 111–13. These and other papers by Thomson and Berzelius alluded to are reprinted in facsimile

in D.M. Knight, ed., *Classical Scientific Papers: Chemistry*, 2nd series, London: Mills & Boon, 1970, pp. 1–70; quotation from p. 48. W.H. Brock, *From Protyle to Proton: William Prout and the Nature of Matter*, Bristol: Hilger, 1985.

44 C. Babbage, *Reflections on the Decline of Science in England, and on Some of its Causes*, London: Fellowes, 1830, pp. 167–83; quotation from p. 182.

45 S. Carnot, *Réflextions sur la Puissance Motrice du Feu* [1824], ed. R. Fox, Paris: Vrin, 1978.

46 C. Smith and N. Wise, *Energy and Empire: A Biographical Study of Lord Kelvin*, Cambridge: Cambridge University Press, 1989, pp. 167, 294.

47 A. Comte, *The Positive Philosophy*, ed. and tr. H. Martineau, London: Chapman, 1853; T.R. Wright, *The Religion of Humanity: The Impact of Comtean Positivism on Victorian Britain*, Cambridge, Cambridge University Press, 1986.

48 *Cambridge Problems: Being a Collection of the Printed Questions Proposed to the Candidates for the Degree of B.A. at the General Examinations from 1801 to 1820 Inclusive*, Cambridge: Deighton, 1821, p. 338.

49 J.F.W. Herschel, *A Treatise on Astronomy*, new edn, London: Longman, 1851, p. 5.

50 C. Brock, 'The Public Worth of Mary Somerville', BJHS 39 (2006): 255–72.

51 W. Whewell, *Astronomy and General Physics Considered with Reference to Natural Theology*, London: Pickering, 5th edn, 1836, pp. 326–42; quotation from p. 335.

52 W. Whewell, *Philosophy of the Inductive Sciences*, new edn, London: Parker, 1847; J.F.W. Herschel, *A Preliminary Discourse on the Study of Natural Philosophy* [1830], New York: Johnson, 1966.

53 G.G. Stokes, *Mathematical and Physical Papers*, vol. 2, Cambridge: Cambridge University Press, 1883, p. 97.

54 B.S. Gower, 'The Metaphysics of Science in the Romantic Era', in D.M. Knight and M.D. Eddy, eds, *Science and Beliefs*, Aldershot: Ashgate, 2005, pp. 17–29; D.M. Knight, 'The Spiritual in the Material', in R.M. Brain, R.S. Cohen and O. Knudsen, eds, *Hans Christian Ørsted and the Romantic Legacy in Science*, Dordrecht: Springer, 2007, pp. 417–32.

55 M. Faraday, *Experimental Researches in Electricity*, London: Taylor & Francis, 1839–55, vol. 2, pp. 284–93; 1855, vol. 3, pp. 447–52.

56 B. Mahon, *The Man Who Changed Everything*, Chichester: Wiley, 2003, pp. 56–65; B.J. Hunt, 'Electrical Theory and Practice', in M.J. Nye, ed., *Cambridge History of Science*, Cambridge: Cambridge University Press, 2003, vol. 5, pp. 311–27.

57 W.H. Brock, ed., *The Atomic Debates*, Leicester: Leicester University Press, 1967.

58 They still exist, in the Science Museum in London.

59 A.W. Hofmann, 'On the Combining Power of Atoms', *Proceedings of the Royal Institution* 4 (1862–6): 401–30; quotation from pp. 419, 430. This and many other papers are reprinted in D.M. Knight, ed., *The Development of Chemistry*, London: Routledge, 1998, vol. 1.

60 M. van der S.Trienke, 'Selling a Theory: The Role of Molecular Models in J.H. van't Hoff's Stereochemistry Theory', *Annals of Science* 63 (2006): 157–77; J.H. van't Hoff, *The Arrangement of Atoms in Space*, tr. A. Eiloart [2nd edn, 1898], in D.M. Knight, ed., *The Development of Chemistry 1789–1914*, London: Routledge, 1998, vol. 10.

61 J.R. Cribb, 'Miller', in B. Lightman, ed., *Dictionary of Nineteenth-century British Scientists*, Bristol: Thoemmes, 2004.

62 M. Beretta, *Imaging a Career in Science: The Iconography of Antoine Laurent Lavoisier*, Canton, MA: Science History, 2002.

63 A. Greenberg, *From Alchemy to Chemistry in Picture and Story*, Hoboken, NJ: Wiley, 2008.

64 L. Jordanova, *Defining Features: Scientific and Medical Portraits, 1660–2000*, London: Reaktion, 2000.

65 W.H. Wollaston, 'On the Apparent Direction of Eyes in a Portrait', *Phil. Trans.* 114 (1824): 247–56.

66 M. Andrews, *Landscape and Western Art*, Oxford: Oxford University Press, 1999, pp. 197–9; D.M. Knight, '"Exalting Understanding without Depressing Imagination": Depicting Chemical Process', *Hyle* 9 (2003): 171–89.

67 E.R. Tufte, *The Visual Display of Quantitative Information*, Cheshire, CN: Graphics Press, 1983.

68 A. Coats, *The Book of Flowers: Four Centuries of Flower Illustration*, London: Phaidon, 1973; D.M. Knight, *Zoological Illustration*, Folkestone: Dawson, 1977.

69 F.E. Beddard, *Animal Coloration: An Account of the Principal Facts and Theories relating to the Colours and Markings of Animals*, New York: Macmillan, 1892.

70 A.M. Lysaght, *The Book of Birds: Five Centuries of Bird Illustration*, London: Phaidon, 1975.

71 W. Feaver, 'Pictures are Books', *Guardian, Review*, 27 May 2006, p. 14.

72 W.T. Stearn, ed., *The Australian Flower Paintings of Ferdinand Bauer*, intr. W. Blunt, London: Basilisk, 1976; S. Sherwood and M. Rix, *Treasures of Botanical Art: Icons from the Shirley Sherwood and Kew Collections*, London: Royal Botanic Garden, Kew, 2008.

73 J. Chalmers, *Audubon in Edinburgh, and His Scottish Associates*, Edinburgh: National Museums of Scotland, 2003.

74 A. Garrett, *A History of British Wood Engraving*, Tunbridge Wells: Midas, 1974; J. Uglow, *Nature's Engraver: A Life of Thomas Bewick*, London: Faber, 2006.

75 R. Richardson, *The Making of Mr Gray's Anatomy*, Oxford: Oxford University Press, 2008, pp. 168–228; D.M. Knight, *Zoological Illustration; An Essay towards a History of Printed Zoological Pictures*, Folkestone: Dawson, 1977, pp. 38–73.

76 P.H. Barrett, D.J. Weinshank, and T.T. Gottlieber, *A Concordance to Darwin's Origin of Species, First Edition*, Ithaca, NY: Cornell University Press, 1981.

77 W. Paley, *Natural Theology*, ed. M.D. Eddy and D.M. Knight, Oxford: Oxford University Press, 2006.
78 D.M. Knight, *Science and Spirituality: The Volatile Connection*, London: Routledge, 2004, pp. 53–73; another version of this chapter is in *Nuncius* 15 (2000): pp. 639–64.
79 A. Ford, *James Ussher*, Oxford: Oxford University Press, 2007.
80 B. Lightman, *Victorian Popularizers of Science*, Chicago, IL: Chicago University Press, 2007, pp. 219–94.
81 H. Miller, *The Testimony of the Rocks*, Edinburgh: Constable, 1857, p. 152; *Footprints of the Creator*, Edinburgh: A. & C. Black, 1861, pp.i–lxviii, 1–21.
82 R. Chambers, *Vestiges of the Natural History of Creation, and other Evolutionary Writings*, ed. J. Secord, Chicago, IL: Chicago University Press, 1994.
83 T. White, *Thomas Huxley: Making the 'Man of Science'*, Cambridge: Cambridge University Press, 2003; M.H. Cooke, *The Evolution of Nettie Huxley, 1825–1914*, Chichester: Phillimore, 2008; B. Lightman, *The Origins of Agnosticism: Victorian Unbelief and the Limits of Knowledge*, Baltimore, MD: Johns Hopkins University Press, 1987.
84 F. Temple et al., *Essays and Reviews: The 1860 Text and its Reading*, ed. V. Shea and W. Whitla, Charlottesville, VA: Virginia University Press, 2000.
85 D. Kennedy, *The Highly Civilized Man: Richard Burton and the Victorian World*, Cambridge, MA: Harvard University Press, 2006, pp. 131–63.
86 D. Pick, *Faces of Degeneration: A European Disorder, c.1848–c.1914*, Cambridge: Cambridge University Press, 1989.
87 W.M. Jacob, *The Clerical Profession in the Long Eighteenth Century, 1680–1840*, Oxford: Oxford University Press, 2008, pp. 31–63.
88 W. Clark, *Academic Charisma and the Origins of the Research University*, Chicago, IL: Chicago University Press, 2006; J. Retallack, ed., *Imperial Germany, 1871–1918*, Oxford: Oxford University Press, 2008, pp. 160–1, 235–7.
89 H. Hellman, *Great Feuds in Science, Great Feuds in Medicine, and Great Feuds in Technology*, Hoboken, NJ: Wiley, 1998, 2002, 2004.
90 F. James, 'An "Open Clash between Science and the Church?" – Wilberforce, Huxley and Hooker on Darwin at the BAAS, Oxford, 1860', in D.M. Knight and M.D. Eddy, eds, *Science and Beliefs*, Aldershot: Ashgate, 2005, pp. 171–93.
91 A. Laurent, *Chemical Method: Notation, Classification, & Nomenclature*, tr. W. Odling [1855], reprinted in D.M. Knight, ed., *The Development of Chemistry 1789–1914*, London: Routledge, 1998, vol. 7.

第三章　应用科学

1 H. Davy, *Collected Works*, vol. 2, London: Smith, Elder, 1839, p. 323.

2 A.H. Maehle, *Drugs on Trial: Experimental Pharmacology and Therapeutic Innovation in the 18th century*, Amsterdam: Rodopi, 1999.

3 R.L. Hills, *Power from Steam: A History of the Stationary Steam Engine*, Cambridge: Cambridge University Press, 1989, p. 172.

4 B. Marsden and C. Smith, *Engineering Empires: A Cultural History of Technology in Nineteenth-century Britain*, Basingstoke: Palgrave Macmillan, 2005.

5 T. Thomson, 'On Calico Printing', *Records of General Science* 1 (1835): 1–19, 161–73, 321–30.

6 D.M. Knight, 'Theory, Practice and Status: Humphry Davy and Thomas Thomson', in G. Emptoz, ed., *Between the Natural and the Artificial: Dyestuffs and Medicines*, Turnhout: Brepols, 2000, pp. 48–58.

7 A.W. Hofmann, 'On Mauve and Magenta, and the Colouring Matters Derived from Coal', *Proceedings of the Royal Institution* 3 (1858–62): 468–83.

8 R. Fox and A. Nieto-Galan, eds, *Natural Dyestuffs and Industrial Culture in Europe, 1750–1880*, Nantucket, MA: Watson, 1999; T. Travis, '150th Anniversary of Mauve and Coal-Tar Dyes', *Gesellschaft Deutscher Chemiker, Fachgruppe Geschichte der Chemie, Mitteilungen* 19 (2007): 66–77; A. Simmons, 'Creating a New Rainbow: Dyes after Perkin', *Historical Group Newsletter*, Royal Society of Chemistry, August 2008, pp. 36–42.

9 M.R. Fox, *Dye-makers of Great Britain, 1856–1976: A History of Chemists, Companies, Products and Changes*, Manchester: ICI, 1987.

10 H. Davy, *Collected Works*, vol. 2, London: Smith, Elder, 1839, pp. 311–26.

11 F. James, 'How Big is a Hole? The Problems of the Practical Application of Science to the Invention of the Miners' Safety Lamp by Humphry Davy and George Stephenson in late Regency England', *Transactions of the Newcomen Society* 75 (2005): 175–227.

12 F.A.J.L. James, ed., *The Correspondence of Michael Faraday*, London: I.E.E., vol. 4, 1999, pp. 882–3.

13 J.J. McGann, ed., *The New Oxford Book of Romantic Period Verse*, Oxford: Oxford University Press, 1993, pp. 531–2.

14 C.A. Russell and G.K. Roberts, eds, *Chemical History: Reviews of Recent Literature*, London: Royal Society of Chemistry, 2005; esp. J. Hudson, 'Analytical chemistry', pp. 169–84.

15 W.H. Brock, *Justus von Liebig: The Chemical Gatekeeper*, Cambridge: Cambridge University Press, 1997; E. Homburg, 'Two Factions, One Profession: The Chemical Profession in German Society, 1789–1870', in D.M. Knight and H. Kragh, eds, *The Making of the Chemist*, Cambridge: Cambridge University Press, 1998.

16 J.R. Bertomeu-Sánchez and A. Nieto-Galan, eds, *Chemistry, Medicine, and Crime: Mateu J.B .Orfila and His Times*, Sagamore Beach, MA: Science History, 2006.

17 K.T. Hoppen, *The Mid-Victorian Generation: England 1846–1886*, Oxford: Oxford

University Press, 1998, pp. 109–14.
18 H. Gay, 'Thorpe', in B. Lightman, ed., *Dictionary of Nineteenth-century British Scientists*, Bristol: Thoemmes, 2004; P.W. Hammond and H. Egan, *Weighed in the Balance: A History of the Laboratory of the Government Chemist*, London: HMSO, 1992.
19 H. Davy, *Collected Works*, London: Smith, Elder, 1840, vols 7 and 8.
20 J. Liebig, *Animal Chemistry: Or Organic Chemistry in its Application to Physiology and Pathology* [1842], tr. W. Gregory, intr. F.L. Holmes, New York: Johnson, 1964.
21 R. Poole, 'The March to Peterloo: Politics and Festivity in Late Georgian England', *Past and Present* 192 (2006): 109–54.
22 A. Ure, *The Philosophy of Manufactures*, London: Knight, 1835.
23 J. Tann, ed., *Selected Papers of Boulton and Watt. Vol. 1, the Engine Partnership, 1775–1825*, Cambridge, MA: MIT Press, 1981.
24 B. Bowers, *Sir Charles Wheatstone, 1802–1875*, London: HMSO, 1975; C. Wheatstone, *The Scientific Papers*, London: Physical Society, 1879.
25 R. Ashton, *142 Strand: A Radical Address in Victorian London*, London: Jonathan Cape, 2007, p. 35; J. Simmons, *The Victorian Railway*, London: Thames and Hudson, new edn, 1995, p. 346.
26 A. Nuvolari and B. Verspagen, 'Lean's *Engine Reporter* and the Development of the Cornish Engine: A Reappraisal', *Transactions of the Newcomen Society* 77 (2007): 167–89.
27 J. Simmons, *The Victorian Railway*, London: Thames and Hudson, 1991; L. James, *A Chronology of the Construction of Britain's Railways*, London: Ian Allan, 1983.
28 T. de Quincey, *The English Mail Coach and Other Writings*, Edinburgh: Black, 1863, pp. 287–352.
29 *Newcomen Society Links* 198 (2006) was devoted to Brunel.
30 J.C. Bourne, *Drawings of the London and Birmingham Railway* and *The History and Description of the Great Western Railway*, London: Bogue, 1839, 1846; reprint Newton Abbott: David and Charles, 1971.
31 T.H. Hoppen, *The Mid-Victorian Generation: England 1846–1886*, Oxford: Oxford University Press, 1998, pp. 289–93.
32 S. Brindle, *Brunel: The Man Who Built the World*, London: Weidenfeld and Nicolson, 2006; D.P. Miller, 'Principle, Practice and Persona in Isambard Kingdom Brunel's Patent Abolitionism', *BJHS* 41 (2008): 43–72.
33 H.K. Beals, R.J. Campbell, A. Savours and A. McConnell, eds, *Four Travel Journals, 1775–1874*, London: Hakluyt Society, 2008, p. 228n.
34 F.A.J.L. James, ed., *The Correspondence of Michael Faraday*, London: IEE, 1999, vol. 4, pp. 978–9.
35 M.C. Perry, *Narrative of the Expedition of an American Squadron to the China Seas*

and Japan, New York: Appleton, 1856.
36 D.K. Brown, 'The Admirality; A Generalisation', *Newcomen Society Links* 204 (2007): 3.
37 K. Baynes and F. Pugh, *The Art of the Engineer*, London: Lutterworth, 1981.
38 M.R. Smith, *Harpers Ferry Armory and the New Technology: The Challenge of Change*, Ithaca, NY: Cornell University Press, 1977.
39 N. Rosenberg, ed., *The American System of Manufactures*, Edinburgh: Edinburgh University Press, 1969; D.J. Jeremy, *Transatlantic Industrial Revolution*, Oxford: Blackwell, 1981; D.W. Howe, *What God Hath Wrought: The Transformation of America, 1815–1848*, Oxford: Oxford University Press, 2007, pp. 463–82, 525–69.
40 M.S. Seligman, ed., *Naval Intelligence from Germany, 1906–1914*, Aldershot: Ashgate for the Navy Records Society, 2007.
41 C. Babbage, *Passages from the Life of a Philosopher*, London: Longman, 1864, pp. 321–5.
42 F.A.J.L. James and M. Ray, 'Science in the Pits: Michael Faraday, Charles Lyell and the Home Office Enquiry into the Explosion at Haswell Colliery, County Durham, in 1844', *History and Technology* 5 (1999): 213–31.
43 C. McKean, *Battle for the North: The Tay and Forth Bridges and the 19th-Century Railway Wars*, London: Granta, 2006.
44 J. Simmons, *The Victorian Railway*, London: Thames and Hudson, new edn, 1995, pp. 26–9.
45 There is a collection of such early nineteenth-century papers from Cambridge in Durham University Library.
46 D.M. Knight, 'The Poetry of Early Exam Papers in Science', *Paradigm* 2 (2000): 29.
47 N. Reingold et al., eds, *The Papers of Joseph Henry*, Washington, DC: Smithsonian, 1972–2008.
48 On Bohn, *Dictionary of Literary Biography*, Detroit: Gale, vol. 106, 1991, pp. 59–62; W. St Clair, *The Reading Nation in the Romantic Period*, Cambridge: Cambridge University Press, 2004, pp. 186–209.
49 J. Morrell and A. Thackray, *Gentlemen of Science: Early Years of the British Association for the Advancement of Science*, Oxford: Oxford University Press, 1981.
50 R. Anderson, 'What is Technology? Education through Museums in the 19th Century', *BJHS* 25 (1992): 169–84.
51 A. Simmons, 'Medicines, Monopolies and Mortars: The Chemical Laboratory and Pharmaceutical Trade at the Society of Apothecaries in the 18th Century', *Ambix* 53 (2006): 221–36; C.A. Russell, *Lancastrian Chemist: The Early Years of Sir Edward Frankland*, Milton Keynes: Open University Press, 1986.
52 W.H. Brock, *Fontana History of Chemistry*, London: HarperCollins, 1992, pp. 270–310; G. Emptoz and P.E. Aceves Pastrana, eds, *Between the Natural and the Artificial*, Turnhout: Brepols, 2000.
53 H. Hawkins, *Pioneer: A History of the Johns Hopkins University, 1874–1889*, Ithaca,

NY: Cornell University Press, 1960.
54 *Royal Commission on Scientific Instruction and the Advancement of Science*, London: HMSO, 1872–5.
55 M. Sanderson, ed., *The Universities in the Nineteenth Century*, London: Routledge, 1975.
56 M.W. Travers, *A Life of Sir William Ramsay*, London: Arnold, 1956, pp. 73–80.
57 W.H. Brock, *Science for All*, Aldershot: Ashgate Variorum, 1996, article XI; and *Fontana History of Chemistry*, London: HarperCollins, 1992, pp. 396–435; D. Owen, *English Philanthropy, 1660–1960*, Cambridge, MA: Harvard University Press, 1965, pp. 269, 276–98.
58 D. Edgerton, *Science, Technology and the British Industrial 'Decline', 1870–1970*, Cambridge: Cambridge University Press, 1996.
59 D.P. Miller, *Discovering Water: James Watt, Henry Cavendish and the Nineteenth-Century'Water Controversy'*, Aldershot: Ashgate, 2005.
60 C.A. Russell, N.G. Coley and G.K. Roberts, *Chemists by Profession*, Milton Keynes: Open University Press, 1977; R.F. Bud and G.K. Roberts, *Science versus Practice: Chemistry in Victorian Britain*, Manchester: University Press, 1984.
61 C.W. Siemens, 'Measuring Temperature by Electricity', *Proceedings of the Royal Institution* 61 (1870–2): 438–48; H. Chang, *Inventing Temperature*, Oxford: Oxford University Press, 2004.
62 A.D. Morrison-Low, *Making Scientific Instruments in the Industrial Revolution*, Aldershot: Ashgate, 2007; A. McConnell, *Jesse Ramsden (1735–1800): London's Leading Scientific Instrument Maker*, Aldershot: Ashgate, 2007.
63 M. Faraday, *Chemical Manipulation*, 3rd edn, London: John Murray, 1842.
64 F. Accum, *System of Theoretical and Practical Chemistry*, 2nd edn, London: Kearsley, 1807.
65 A.Q. Morton, *Science in the 18th Century: The King George III Collection*, London: Science Museum, 1993; the museum also holds a portable laboratory of Faraday's.
66 P. Morris, ed., *From Classical to Modern Chemistry: the Instrumental Revolution*, London: Royal Society of Chemistry, 2002.
67 L. de Vries and J. Laver, *Victorian Advertisements*, London: John Murray, 1968; J. Lewis, *Printed Ephemera*, London: Faber, 1969.
68 T. Boon, *Films of Fact: A History of Science in Documentary Films*, London: Wallflower, 2008.

第四章　求索之快乐

1 O. Sacks, *Uncle Tungsten: Memoirs of a Chemical Boyhood*, London: Picador, 2001.
2 T.S. Kuhn, 'The Function of Dogma in Scientific Research', in A.C. Crombie, ed.,

Scientific Change, Oxford: Oxford University Press, 1963, pp. 347–69, and subsequent discussion.
3   P. Levi, *The Periodic Table*, tr. R. Rosenthal, London: Michael Joseph, 1985, p. 171.
4   S. Parkes, *The Chemical Catechism*, 4th edn, London: Lackington Allen, 1810.
5   C.A. Russell, *Lancastrian Chemist: The Early Years of Sir Edward Frankland*, Milton Keynes: Open University Press, 1986.
6   H. Hartley, *Humphry Davy*, London: Nelson, 1966, p. 148.
7   G.L. Herries Davies, *Whatever is Under the Earth: The Geological Society of London, 1807 to 2007*, London: Geological Society, 2007; C.L.E. Lewis and S.J. Knell, *The World's First Geological Society*, London: Geological Society, 2009, prints the papers from the conference celebrating the Society's bicentenary in November 2007.
8   K.A. Neeley, *Mary Somerville: Science, Illumination and the Female Mind*, Cambridge: Cambridge University Press, 2001.
9   C. Smith, 'Force, Energy, and Thermodynamics', in M.J. Nye, ed., *Cambridge History of Science*, Cambridge: Cambridge University Press, 2003, vol 5, pp. 289–310.
10 F.W.J. Schelling, *Ideas for a Philosophy of Nature*, tr. E.E. Harris and P. Heath, intr. R. Stern, Cambridge, Cambridge University Press, 1988; A. Cunningham and N. Jardine, eds, *Romanticism and the Sciences*, Cambridge: Cambridge University Press, 1990.
11 R.J. Richards, *The Romantic Conception of Life: Science and Philosophy in the Age of Goethe*, Chicago, IL: Chicago University Press, 2002.
12 J. van Wyhe, *Phrenology and the Origins of Victorian Scientific Naturalism*, Aldershot: Ashgate, 2004.
13 See the series of essays, 'Making Connections', in *Nature* 445 (2007), and subsequent issues: my 'Kinds of Minds' was published 10 May 2007, p. 149.
14 P. Bertucci, 'Revealing Sparks: John Wesley and the Religious Utility of Electrical Healing', *BJHS* 39 (2006): 341–62.
15 J. Priestley, *The History and Present State of Electricity* [1775], intr. R. Schofield, New York: Johnston, 1966, vol. 1, pp. xiv–xv.
16 M.P. Crosland, *Science Under Control: The French Academy of Sciences, 1795–1914*, Cambridge: Cambridge University Press, 1992, p. 382; D.M. Knight, 'Davy and the Placing of Potassium among the Elements', Royal Society of Chemistry, Historical Group Occasional Paper 4: the Second Wheeler Lecture.
17 M. Faraday, *Experimental Researches in Electricity*, London: Taylor, 1839–55, vol. 1, pp. 76–102 (paragraphs 265–360); p.136 (paragraph 482); vol. 2, pp. 211–17.
18 W. Whewell, *History of the Inductive Sciences*, London: Parker, 1837, vol. 3, p. 19.
19 See 'Photography', in J.L. Heilbron, ed., *The Oxford Companion to the History of Modern Science*, Oxford: Oxford University Press, 2003, pp. 636–8; H. Davy, *Collected Works*, London: Smith, Elder, 1839, vol. 2, pp. 240–5.
20 K. Jelved, A.D. Jackson and O. Knudsen, ed., *Selected Scientific Works of Hans*

Christian Ørsted, Princeton, NJ: Princeton University Press, 1998, pp. 413–49.
21 J.R. Hofmann, *André-Marie Ampère: Enlightenment and Electrodynamics*, Cambridge: Cambridge University Press, 1995.
22 R. Boscovich, *A Theory of Natural Philosophy* [1763], tr. J.M. Child, Cambridge, MA: MIT Press, 1966.
23 M. Faraday, *Experimental Researches in Electricity*, London, Taylor, 1839–55, vol. 3, pp. 1–2. See also pp. 447–52; and vol. 2, pp. 284–93.
24 B. Mahon, *The Man Who Changed Everything: The Life of James Clerk Maxwell*, New York: Wiley, 2003; M.J. Nye, ed., *The Cambridge History of Science*, Cambridge: Cambridge University Press, 2003, vol. 5, pp. 271–324.
25 T.S. Kuhn, *The Essential Tension*, Chicago, IL: Chicago University Press, 1977.
26 J. Tyndall, *Fragments of Science*, 10th imp., London: Longman, 1899, vol. 1, pp. 422–38; 'Faraday as a Discoverer', *Proceedings of the Royal Institution* 5 (1866–9): 199–272.
27 J.P. Joule, *Scientific Papers*, London: Physical Society, 1884, vol. 1, pp. 298–328; 265–76.
28 D. Cahan, ed., *Hermann von Helmholtz*, Berkeley, CA: California University Press, 1993, pp. 291–460.
29 H. Helmholtz, *Popular Lectures on Scientific Subjects*, London: Longman, 1873, pp. xv–xvi, 153–96.
30 I.W. Morus, *When Physics Became King*, Chicago, IL: Chicago University Press, 2005.
31 S. Carnot, *Réflexions sur la Puissance Motrice du Feu* [1824], ed. R. Fox, Paris: Vrin, 1978; *Reflections on the Motive Power of Fire*, tr. R.H. Thurston and E. Mendoza, New York: Dover, 1960.
32 C. Smith and N. Wise, *Energy and Empire: A Biographical Study of Lord Kelvin*, Cambridge: Cambridge University Press, 1998, pp. 167, 294.
33 H.S. Kragh, *Entropic Creation: Religious Contexts of Thermodynamics and Cosmology*, Aldershot: Ashgate, 2008.
34 F. Burckhardt et al., eds, *The Correspondence of Charles Darwin*, vol. 7, Cambridge: Cambridge University Press, 1991, p. 423.
35 E. Darwin, *The Temple of Nature*, London: Johnson, 1803, p. 134.
36 *The Anti-Jacobin, or Weekly Examiner* [16 April 1798], 4th edn, London: Wright, 1799, vol. 2., pp. 170–3; E.L. de Montluzin, *The Anti-Jacobins, 1798–1800*, London: Macmillan, 1988.
37 D.M. Knight, 'Humphry Davy the Poet', *Interdisciplinary Science Reviews* 30/4 (2005): 356–72; the whole issue is devoted to science and poetry.
38 W. Paley, *Natural Theology* [1802], ed. M.D. Eddy and D.M. Knight, Oxford: Oxford University Press, 2006, p. 238.
39 D. Hume, *On Religion* [1779], ed. A.W. Colver and J.V. Price, Oxford: Oxford University Press, 1976, p. 241; T.R. Malthus, *An Essay on the Principles of Population*,

London: Johnson, 1798, p. 48.
40 W. Wordsworth and S.T. Coleridge, *Lyrical Ballads* [1798], London: Penguin, 1999, p. 101; L. Daston and F. Vital, eds, *The Moral Authority of Nature*, Chicago, IL: Chicago University Press, 2004.
41 G. Cuvier, *Essay on the Theory of the Earth*, tr. R. Jameson, 5th edn, Edinburgh: Blackwood, 1827.
42 L. Oken, *Elements of Physiophilosophy*, tr. A. Tulk, London: Ray Society, 1847; K. von Reichenbach, *Researches on Magnetism, Electricity, Heat, Light, Crystallization, and Chemical Attraction, in their Relations to the Vital Force*, tr. W. Gregory, London: Taylor, Walton and Gregory, 1850; *Lectures on Od and Magnetism*, tr. F.D. O'Byrne, London: Hutchinson, 1926.
43 A. Desmond, *The Politics of Evolution: Morphology, Medicine and Reform in Radical London*, Chicago, IL: Chicago University Press, 1992.
44 H. Davy, *Collected Works*, London: Smith, Elder, 1839–40, vol. 7, pp. 35–44.
45 M.J.S. Rudwick, *Worlds Before Adam: the Reconstruction of Prehistory in the Age of Reform*, Chicago, IL: Chicago University Press, 2008.
46 J.A. Secord, *Victorian Sensation: The Extraordinary Publication, Reception, and Secret Authorship of Vestiges of the Natural History of Creation*, Chicago, IL: Chicago University Press, 2000; [R.Chambers], *Vestiges of the Natural History of Creation* [1844], ed. J.Secord, Chicago, IL: Chicago University Press, 1994.
47 R.L. Numbers, *Creation by Natural Law: Laplace's Nebular Hypothesis in American Thought*, Seattle: Washington University Press, 1977.
48 L.A.J. Quetelet, *A Treatise on Man and the Development of his Faculties*, Edinburgh: Chambers, 1842.
49 A. Tennyson, *In Memoriam* [1850], ed. S. Shatto and M. Shaw, Oxford: Oxford University Press, 1982, p. 80 (section 56).
50 J.V. Thompson, *Zoological Researches and Illustrations, 1828–1834*, ed. A. Wheeler, London: Society for Bibliography of Natural History, 1968.
51 C. Darwin and A.R. Wallace, *Evolution by Natural Selection*, ed. G. de Beer, Cambridge: Cambridge University Press, 1958.
52 There are numerous modern editions, including facsimiles, of the *Origin of Species*, some based upon the first edition of 1859, others upon the sixth, the last revised by Darwin. For the words used, see P.H. Barrett, D.J. Weinshank and T.T. Gottleber, *A Concordance to Darwin's Origin of Species, first edition*, Ithaca, NY; Cornell University Press, 1981. See also R.B. Freeman, *The Works of Charles Darwin: An Annotated Bibliographical Handlist,* 2nd edn, Folkestone: Dawson, 1977, and *Charles Darwin: A Companion*, Folkestone: Dawson, 1978. Essential is F. Burkhardt et al. eds, *The Correspondence of Charles Darwin*, Cambridge: Cambridge University Press, 1985–(in progress).

53 A. Desmond and J. Moore, *Darwin*, London: Penguin, 1991; A. Desmond, J. Moore and J. Browne, *Charles Darwin*, Oxford: Oxford University Press, 2007.

54 A. Desmond, *Huxley*, London: Michael Joseph, 2 vols, 1994–7.

55 P. White, *Thomas Huxley: Making the 'Man of Science'*, Cambridge: Cambridge University Press, 2003; A.P. Barr, ed., *Thomas Henry Huxley's Place in Science and Letters*, Athens, GA: Georgia University Press, 1997.

56 F.A.J.L. James, 'An "Open Clash between Science and the Church"?', in D.M. Knight and M.D. Eddy, eds, *Science and Belief: From Natural Philosophy to Natural Science*, Aldershot: Ashgate, 2005, pp. 171–93.

57 C. Darwin, The Descent of Man, and Selection in Relation to Sex, ed. J. Moore and A. Desmond, London: Penguin, 2004.

58 H.W. Bates, *The Naturalist on the River Amazon*, intr. E. Clodd, London: John Murray, 1892; S.K. Naylor, 'Bates', in B. Lightman, ed., *Dictionary of Nineteenth-Century British Scientists*, Bristol: Thoemmes, 2004.

59 W.S. Symonds, *Old Bones: Or Notes for Young Naturalists*, London: Hardwicke, 1861; N. Cooper, ed., *John Ray and his Successors: The Clergyman as Biologist*, Braintree: John Ray Trust, 2000.

60 V. Shea and W. Whitla, *Essays and Reviews: The 1860 Text and Its Reading*, Charlottesville, VA: Virginia University Press, 2000.

61 O. Chadwick, *The Victorian Church*, Oxford: Oxford University Press, 1966–70, vol. 2, pp. 1–150.

62 F. Temple, *The Relations between Religion and Science*, London: Palgrave Macmillan, 1885, pp. 97–123; and see P. Bowler, *Reconciling Science and Religion: The Debate in Early-Twentieth-Century Britain*, Chicago, IL: Chicago University Press, 2001.

63 C. Clark, 'Religion and Confessional Conflict', in J. Retallack, ed., *Imperial Germany, 1871–1918*, Oxford: Oxford University Press, 2008, pp. 83–105.

64 See John Lynch's entry on Mivart in B. Lightman, ed., *Dictionary of Nineteenth-Century British Scientists*, Bristol: Thoemmes, 2004; D.M. Knight, *Science and Spirituality: The Volatile Connection*, London: Routledge, 2004, pp. 151–66.

65 A. Berlin, M.Z. Brettler and M. Fishbone, *The Jewish Study Bible*, Oxford: Oxford University Press, 2004.

66 T.H. Hoppen, *The Mid-Victorian Generation: England, 1846–1886*, Oxford: Oxford University Press, 1998, pp. 472–510.

67 T.H. Huxley, 'Romanes Lecture', in A. Barr, ed., *Major Prose of T.H. Huxley*, Athens, GA: Georgia University Press, 1997, p. 327.

68 H. Drummond, *The Ascent of Man*, London: Hodder, 1894, p. 435.

69 R.J. Richards, *The Romantic Conception of Life: Science and Philosophy in the Age of Goethe*, Chicago, IL: Chicago University Press, 2002.

70 E. Haeckel, *Kunstformen der Natur* [1904], ed. R.P. Hartmann, O. Breidbach and I.

Eibl-Eibesfeldt, Munich: Prestel, 1998, p. 134.
71 D.L. Livingstone, *Darwin's Forgotten Defenders*, Edinburgh: Scottish Academic Press, 1987.
72 T.H. Huxley, *Man's Place in Nature* [1863], intr. D.M. Knight, London: Routledge, 2003; S. Coleman and L. Carlin, eds, *The Cultures of Creationism: Anti-evolutionism in English-speaking Countries*, Aldershot: Ashgate, 2004.
73 D.C. Lindberg and R. Numbers, eds, *Where Science and Christianity Meet*, Chicago, IL: Chicago University Press, 2003; J.H. Brooke and G. Cantor, *Reconstructing Nature: The Engagement between Science and Religion*, Edinburgh: T. & T. Clark, 1998; R.L. Numbers and J. Stenhouse, eds, *Disseminating Darwinism*, Cambridge: Cambridge University Press, 1999.
74 J.W. Draper, *History of the Conflict Between Religion and Science*, London: King, 1875.
75 J.D. Burchfield, *Lord Kelvin and the Age of the Earth*, New York: Science History, 1975.

第五章　健康的生活

1 P. Jenkins, *The New Faces of Christianity: Believing the Bible in the Global South*, Oxford: Oxford University Press, 2007, p. 184.
2 J. Morrell and A. Thackray, *Gentlemen of Science: Early Years of the British Association for the Advancement of Science*, Oxford, Oxford University Press, 1981, pp. 291–6.
3 A.P. Barr, ed., *The Major Prose of T.H. Huxley*, Athens, GA: Georgia University Press, 1997, pp. 154–73.
4 P. Bertucci, 'Revealing Sparks: John Wesley and the Religious Utility of Electrical Healing', *BJHS* 39 (2006): 341–62; W.H. Helfand, *Quack, Quack, Quack: The Sellers of Nostrums in Prints, Posters, Ephemera and Books*, New York: Grolier Club, 2002. For a short history of medicine, see R. Porter, *The Greatest Benefit to Mankind: A Medical History of Humanity from Antiquity to the Present*, London: HarperCollins, 1997.
5 N.A.M. Rodger, *The Command of the Ocean: A Naval History of Britain 1649–1815*, London: Penguin, 2004, pp. 51, 404–5, 527.
6 K. Bergdolt, *Wellbeing: A Cultural History of Healthy Living*, tr. J. Dewhurst, Cambridge: Polity, 2008, pp. 247–50; D. Gardner-Medwin, ed, *Medicine in Northumbria: Essays in the History of Medicine*, Newcastle: Pybus Society, 1993.
7 N. Black, *Walking London's Medical History*, London: Royal Society of Medicine, 2006.
8 F. Holmes, 'The Physical Sciences in the Life Sciences', in M.J. Nye, ed., *Cambridge History of Science*, Cambridge: Cambridge University Press, 2003, vol.5, pp. 219–36.

9 W. Babington, A. Marcet and W. Allen, *A Syllabus of a Course of Chemistry Lectures Read at Guy's Hospital*, London: Phillips, 1811; another edn, 1816, has a frontispiece of the laboratory there. There is such an annotated copy from 1811 in Durham University Library, SC 00826.

10 J.M. Bourgery and N.H. Jacob, *Atlas of Human Anatomy and Surgery* [1831–53], ed. J.M. le Minor and H. Sick, Köln: Taschen, 2005; H. Gray, *Anatomy, Descriptive and Surgical*, illustrated. M.V. Carter, London: Parker, 1858; R. Richardson, *The Making of Mr Gray's Anatomy*, Oxford: Oxford University Press, 2008; M. Kemp, *The Human Animal in Western Art and Science*, Chicago, IL: Chicago University Press, 2007, pp. 17–52.

11 J. Hunter, *Essays and Observations in Natural History, Anatomy, Physiology, Psychology, and Geology*, ed. R. Owen, London: Van Voorst, 1841.

12 On chemical vitalism, see V. Klein and W. Lefèvre, *Materials in Eighteenth-Century Science*, Cambridge, MA: MIT Press, 2007, pp. 251ff.

13 B.C. Brodie, *Psychological Inquiries; in a Series of Essays Intended to Illustrate the Mutual Relations of the Physical Organization and the Mental Faculties*, 2nd edn, London: Longman, 1855; *Autobiography*, 2nd edn, London: Longman, 1865.

14 M.F.X. Bichat, *A Treatise on the Membranes*, tr. J.G. Coffin, Boston, MA: Cummings and Hilliard, 1813, p. xv; *Physiological Researches on Life and Death*, tr. F. Gold, London: Longman, 1802, pp. 23–5, 81, 188–9, 228.

15 *Register of Arts and Sciences* 1 (1824): 3–5; D.M. Knight, *Public Understanding of Science: A History of Communicating Scientific Ideas*, London, Routledge, 2006, pp. 29–30.

16 H. Lonsdale, *A Sketch of the Life and Writings of Robert Knox, the Anatomist*, London: Macmillan, 1870, pp. 54–114.

17 R. Richardson, *The Making of Mr. Gray's Anatomy*, Oxford: Oxford University Press, 2008, pp. 117–39.

18 M.F.X. Bichat, *Recherches physiologiques sur la vie et la mort*, 4th edn, ed. F. Magendie, Paris: Gabon, 1822.

19 C. Bell, *Idea of a New Anatomy of the Brain* [1811], ed. E.A.O., London: Dawson, 1966.

20 *Synopsis of the Contents of the Museum of the Royal College of Surgeons of England*, London: RCS, 1850; this was available from the porter for sixpence.

21 W. Lawrence, *Lectures on Physiology, Zoology, and the Natural History of Man*, London: Benbow, 1822, pp. 9, 52–3.

22 W. St Clair, *The Reading Nation in the Romantic Period*, Cambridge: Cambridge University Press, 2004, pp. 337, 677, 679.

23 A. Desmond, *The Politics of Evolution: Morphology, Medicine, and Reform in Radical London*, Chicago, IL: Chicago University Press, 1989.

24 K. Bergdolt, *Wellbeing: A Cultural History of Healthy Living*, tr. J. Dewhurst, Cambridge: Polity, 2008, pp. 251–87.

25　J.A. Paris, *A Treatise on Diet*, 2nd edn, London: Underwood, 1827, p. 65.
26　J. Beresford, ed., *The Diary of a Country Parson, 1758–1802*, Oxford: Oxford University Press, 1949.
27　W. Gratzer, *Terrors of the Table: The Curious History of Nutrition*, Oxford: Oxford University Press, 2005.
28　B. Potter, *The Tale of the Flopsy Bunnies*, London: Warne, 1909.
29　W. Babington et al., *A Syllabus of a Course of Chemical Lectures at Guy's Hospital*, London: Phillips, 1816, p. 15.
30　J. Kidd, *On the Adaptation of External Nature to the Physical Condition of Man*, London: Pickering, 1833, pp. 226–8; A.H. Maehle, *Drugs on Trial: Experimental Pharmacology and Therapeutic Innovation in the Eighteenth Century*, Amsterdam: Rodopi, 1999, pp. 127–222.
31　N. Vickers, *Coleridge and the Doctors, 1795–1806*, Oxford: Oxford University Press, 2004.
32　R. Watson, *Chemical Essays*, 5th edn, London: Evans, 1796, vol. 4, pp. 253–5.
33　T. Trotter, *An Essay, Medical, Philosophical, and Chemical on Drunkenness and its Effects on the Human Body*, intr. R. Porter, London: Routledge, 1988.
34　C.T. Thackrah, *The Effects of Arts, Trades and Professions on Health and Longevity* [1832], ed. A. Meiklejohn, Edinburgh: Livingstone, 1957, p. 5.
35　J.P. Kay, *The Moral and Physical Condition of the Working Classes Employed in the Cotton Manufactures in Manchester*, London: Ridgeway, 1832.
36　P. Williamson, 'State Prayers, Fasts, and Thanksgivings: Public Worship in Britain, 1830–1847', *Past and Present* 200 (2008): 121–74.
37　J. Tyndall, 'Reflections on Prayer and Natural Law [1861]', *Fragments of Science*, 10th imp., London: Longman, 1899, vol. 2, pp. 1–7.
38　M. Harrison, *Disease and the Modern World, 1500 to the Present Day*, Cambridge: Polity, 2004, pp. 91–117.
39　J. Snow, *Snow on Cholera: Being a Reprint of Two Papers by John Snow together with a Biographical Memoir by B.W. Richardson*, New York: Hafner, 1965.
40　W. Griffith and A. Dronsfield, 'RSC Chemical Landmark Plaque to Dr John Snow', *Historical Group Newsletter, Royal Society of Chemistry*, August 2008, pp. 29–31.
41　P. Ackroyd, *Thames: Sacred River*, London: Chatto & Windus, 2007, pp. 270–5.
42　E. Chadwick, *Report on the Sanitary Condition of the Labouring Population of Great Britain* [1842], ed. M.W. Flinn, Edinburgh: Edinburgh University Press, 1965.
43　W.F. Bynum et al., *The Western Medical Tradition, 1800 to 2000*, Cambridge: Cambridge University Press, 2006, p. 92.
44　J. Simon, *English Sanitary Institutions*, London: Cassell, 1890.
45　F.A.J.L. James, ed., *The Correspondence of Michael Faraday*, London: I.E.E., vol. 4, 1999, p. 883.
46　Registrar General, *Annual Summary of Births, Deaths, and Causes of Death in London*,

1874, London: Eyre and Spottiswoode, 1875, pp. iii–viii.
47 M. Harrison, *Disease and the Modern World, 1500 to the Present*, Cambridge: Polity, 2004, p. 115; S.H. Preston and M.R. Haines, *Fatal Years: Child Mortality in Late-Nineteenth-Century America*, Princeton, NJ: Princeton University Press, 1991.
48 F. Nightingale, *Ever Yours, Florence Nightingale: Selected Letters*, ed. M. Vicinus and B. Nergaard, London: Virago, 1989, pp. 51–4.
49 W.H. Russell, *The War*, London: Routledge, 1855–6, vol. 1, p. 32; and the volumes are subsequently full of references to disease, dirt and calamity.
50 C. Kelly, ed., *Mrs Duberly's War: Journal and Letters from the Crimea*, Oxford: Oxford University Press, 2007.
51 F. Nightingale, *Notes on Nursing* [1859], London: Duckworth, 1970.
52 M.H. Frawley, *Invalidism and Identity*, Chicago, IL: Chicago University Press, 2004.
53 S. Jacyna, 'Medicine in Transformation, 1800–1849', and W.F. Bynum, 'The Rise of Science in Medicine, 1850–1913', in W.F. Bynum et al., *The Western Medical Tradition, 1800–2000*, Cambridge: Cambridge University Press, 2006, pp. 11–110, 111–245.
54 E. Darwin, *The Botanic Garden*, London: Johnson, 1791, Part 2, pp. 167–73.
55 W. Gratzer, *Terrors of the Table*, Oxford: Oxford University Press, 2005, pp. 118–34.
56 A.A. Russell and G.K. Roberts, *Chemical History: Reviews of the Recent Literature*, Cambridge: Royal Society of Chemistry, 2005.
57 T.S. Traill, *Outlines of a Course of Lectures on Medical Jurisprudence*, 2nd edn, Edinburgh: A. & C. Black, 1840.
58 J.R. Bertomeu-Sánchez and A. Nieto-Galan, eds, *Chemistry, Medicine and Crime: Mateu J.B. Orfila (1787–1853) and His Times*, Sagamore Beach, MA: Science History Publications, 2006.
59 C.A. Russell, N.G. Coley and G.K. Roberts, *Chemists by Profession*, Milton Keynes: Open University Press, 1977.
60 F. Szabadváry, *History of Analytical Chemistry*, tr. G. Svehla, Oxford: Pergamon, 1966, pp. 349–74.
61 P.W. Hammond and H. Egan, *Weighed in the Balance: A History of the Laboratory of the Government Chemist*, London: HMSO, 1992.
62 W.F. Bynum et al., *The Western Medical Tradition, 1800–2000*, Cambridge: Cambridge University Press, 2006, has useful timelines; and Bynum's essay 'The Rise of Science in Medicine, 1850–1913' is very valuable indeed, being a fuller and expert discussion of topics central to this chapter; see also his *Science and the Practice of Medicine in the Nineteenth Century*, Cambridge: Cambridge University Press, 2007.
63 W.F. Bynum et al., *The Western Medical Tradition, 1800–2000*. Cambridge: Cambridge University Press, 2006, pp. 69–77.
64 J.W. Griffith and A. Henfrey, *The Micrographic Dictionary*, 2nd edn, London: Van Voorst, 1860; Journal of the Royal Microscopical Society, 1878 onwards.

65 G.L. Geison, *The Private Science of Louis Pasteur*, Princeton, NJ: Princeton University Press, 1995; B. Latour, *The Pasteurization of France*, Baltimore, MD: Johns Hopkins University Press, 1988.

66 M. Harrison, *Disease and the Modern World, 1500 to the Present Day*, Cambridge: Polity, 2004, pp. 124ff, 141.

67 C. Bernard, *An Introduction to the Study of Experimental Medicine*, tr. H.C. Greene, intr. I.B. Cohen, New York: Dover, 1957.

68 T.H. Huxley, *The Crayfish: An Introduction to the Study of Zoology*, London: Macmillan, 1879.

69 W. Osler, *A Way of Life*, intr. G.L. Keynes, Oxford: Oxford University Press, 1951.

70 W. Moorcroft and G. Trebeck, *Travels in the Himalayan Provinces of Hindustan and the Punjab from 1819 to 1825* [1841], ed. H.H. Wilson, intr. G.J. Alder, Oxford: Oxford University Press, 1979.

71 M. Foucault, *The Birth of the Clinic*, tr. A.M.S. Smith, London: Routledge, 1989; *Madness and Civilization: A History of Insanity in the Age of Reason*, tr. R. Howard, London: Tavistock, 1965.

72 W.F. Bynum et al., *The Western Medical Tradition, 1800–2000*, Cambridge: Cambridge University Press, 2006, pp. 197–203; C. Yanini, *The Architecture of Madness: Insane Asylums in the United States*, Minneapolis: Minnesota University Press, 2007; J. Conolly, *An Inquiry Concerning the Indications of Insanity, with Suggestions for the Better Protection and Care of the Insane*, London: Taylor, 1830.

73 D. Pick, *Faces of Degeneration: A European Disorder, c.1848–c.1918*, Cambridge: Cambridge University Press, 1989.

74 R. Bivins, *Alternative Medicine? A History*, Oxford: Oxford University Press, 2007; K. Bergholt, *Wellbeing*, tr. J. Dewhurst, Cambridge: Polity, 2008, pp. 283–8.

75 W.H. Helfand, *Quack, Quack, Quack: The Sellers of Nostrums in Prints, Ephemera and Books*, New York: Grolier Club, 2002.

第六章　实验室

1 L.M. Principe and L. Dewitt, *Transmutations: Alchemy in Art*, Philadelphia, PA: Chemical Heritage Foundation, 2002; L. Abraham, *A Dictionary of Alchemical Imagery*, Cambridge: Cambridge University Press, 1998.

2 M.P. Crosland, 'Early Laboratories, c.1600–1800, and the Location of Experimental Science', *Annals of Science* 62 (2005): 233–54.

3 A.G. Debus, *The Chemical Promise: Experiment and Mysticism in the Chemical Philosophy, 1550–1800*, Sagamore Beach, MA: Science History, 2006; ed., *Alchemy and Early Modern Chemistry: Papers from Ambix*, London: Society for the History of

Alchemy and Chemistry, 2004.
4   W.R. Newman, *Promethean Ambitions: Alchemy and the Quest to Perfect Nature*, Chicago, IL: Chicago University Press, 2004.
5   H. Ewing, *The Lost World of James Smithson: Science, Revolution and the Birth of the Smithsonian*, London: Bloomsbury, 2007, p. 274.
6   W.H. Brock, *William Crookes and the Commercialization of Science*, Aldershot: Ashgate, 2008.
7   J.A. Paris, *The Life of Sir Humphry Davy*, London: Colburn and Bentley, 1831, p. 179; the paper is in *Phil. Trans.* 97 (1807): 267–92.
8   M. Beretta, *Imaging a Career in Science: The Iconography of Antoine Laurent Lavoisier*, Canton, MA: Science History, 2002.
9   M.W. Rossiter, 'Scientific Marriages and Families', in M.J. Nye, *Cambridge History of Science*, Cambridge: Cambridge University Press, vol. 5, pp. 65–6.
10 H. Rosotti, ed., *Chemistry in the Schoolroom, 1806: Selections from Mrs Marcet's Conversations on Chemistry*, Bloomington, IN: Authorhouse, 2006, p. 112.
11 H. Davy, *Consolations in Travel, or the Last Days of a Philosopher*, London: John Murray, 1830, pp. 251–2.
12 J. Cottle, *Reminiscences of Samuel Taylor Coleridge and Robert Southey*, London: Houlston and Stoneman, 1847, p. 270.
13 W.T. Brande, *A Manual of Chemistry: Containing the Principal Facts of the Science, Arranged in the Order in Which they are Discussed and Illustrated in the Lectures at the Royal Institution*, London: John Murray, 1830, frontispiece to vol. 1; Faraday's drawing of a portable laboratory is the frontispiece to vol. 2.
14 F.A.J.L. James, ed., *The Common Purposes of Life: Science and Industry at the Royal Institution*, Aldershot: Ashgate, 2002; ed., *The Development of the Laboratory*, London: Macmillan, 1989.
15 P. and R. Unwin, '"A Devotion to the Experimental Sciences and Art": The Subscription to the Great Battery at the Royal Institution, 1808–9', *BJHS* 40 (2007): 181–203.
16 A.E. Jeffreys, *Michael Faraday: A List of his Lectures and Published Writings*, London: Royal Institution, 1960.
17 M. Faraday, *Chemical Manipulation* [1827], 3rd edn, London: John Murray, 1842.
18 B. Bowers and L. Symons, eds, *Curiosity Perfectly Satisfied: Faraday's Travels in Europe, 1813–15*, London: Peregrinus, 1991, pp. 23–30.
19 *The Quarterly Journal of Science, Literature, and the Arts* 10 (1821): plate 2 (facing p. 117).
20 B. Gee, 'Amusement Chests and Portable Laboratories', in F.A.J.L. James, ed., *The Development of the Laboratory*, London: Macmillan, 1989, pp. 37–59.
21 O. Sacks, *Uncle Tungsten: Memories of a Chemical Boyhood*, London: Picador, 2001.

22 T. Martin, ed., *Faraday's Diary: Being the Various Philosophical Notes of Experimental Investigation made by Michael Faraday*, 7 vols and index, London: Bell, 1932–6.
23 H. Chang, *Inventing Temperature: Measurement and Scientific Progress*, Oxford: Oxford University Press, 2004.
24 On Tennant, see M. Archer and C. Haley, eds, *The 1702 Chair of Chemistry at Cambridge: Transformation and Change*, Cambridge: Cambridge University Press, 2005; on Tennant and Wollaston, see M.C. Usselman, in B. Lightman, ed., *Dictionary of Nineteenth-Century British Scientists*, Bristol: Thoemmes, 2004, vol. 4, pp. 1976–80, 2186–92.
25 W. Clark, *Academic Charisma and the Origins of the Research University*, Chicago, IL: Chicago University Press, 2006.
26 W.H. Brock, *Justus von Liebig: The Chemical Gatekeeper*, Cambridge: Cambridge University Press, 1997.
27 E. Homburg, 'Two Factions, One Profession: The Chemical Profession in German Society, 1780–1870', in D.M. Knight and H. Kragh, eds, *The Making of the Chemist: The Social History of Chemistry in Europe, 1789–1914*, Cambridge, Cambridge University Press, 1998; E. Homburg, A.S. Travis and H.G. Schrötter, eds, *The Chemical Industry in Europe, 1850–1914: Industrial Growth, Pollution, and Professionalization*, Dordrecht: Kluwer, 1998.
28 U. Klein, in J. Bertomeu-Sánchez and A. Nieto-Galan, eds, *Chemistry, Medicine and Crime: Mateu J.B. Orfila (1787–1853) and His Times*, Sagamore Beach, MA; Science History, 2006, pp. 79–100.
29 W.H. Brock, *The Fontana History of Chemistry*, London: HarperCollins, 1992, pp. 173–209.
30 T. Thomson, *An Attempt to Establish the First Principles of Chemistry by Experiment*, London: Baldwin, Cradock, 1825; D.M. Knight, ed., *Classical Scientific Papers: Chemistry*, 2nd series, London: Mills & Boon, 1970, pp. 15–70; J.B. Morrell, 'The Chemist Breeders: The Research Schools of Liebig and Thomas Thomson', *Ambix* 19 (1972): 1–46.
31 J.H. Brooke, *Thinking about Matter*, Aldershot: Ashgate Variorum, 1995, chapters 4 and 5.
32 D.M. Knight, *Ideas in Chemistry: A History of the Science*, London: Athlone, 2nd edn, 1995, pp. 112–27.
33 A.W. Williamson, *Papers on Etherification and the Constitution of Salts, 1850–1856*, Edinburgh: Alembic Club Reprints 16, 1949.
34 M. Faraday, *Chemical Manipulation* [1842], reprinted in D.M. Knight, ed., *The Development of Chemistry*, 10 vols, London: Routledge, 1998.
35 F. Szabadváry, *History of Analytical Chemistry*, tr. G. Svehla, Oxford: Pergamon, 1966,

pp. 146–7, 161–92.
36 *João Jacinto de Magalhães (John Hyacinth de Magellan) Conference*, Coimbra: Museu de Fisica da Universidade de Coimbra, 1994.
37 W. Whewell, *History of the Inductive Sciences*, 3rd edn, London: Parker, 1857, vol. 3, pp. 141–52.
38 J.B. Daniell, *An Introduction to the Study of Chemical Philosophy*, London: Parker, 1839, p. vii.
39 H. Cavendish, *Electrical Researches*, ed. J.C. Maxwell, Cambridge: Cambridge University Press, 1879, p. lvii.
40 F.A.J.L. James and A. Peers, 'Constructing Space for Science at the Royal Institution of Great Britain', *Physics in Perspective* 9 (2007): 130–85, esp. 155.
41 N. Harte and J. North, eds, *The World of University College, London, 1828–1978*, London: UCL, 1978, p. 58; C.A.J. Chilvers, 'Thomas Thomson', in B. Lightman, ed., *Dictionary of Nineteenth-Century British Scientists*, Bristol: Thoemmes, 2004, vol. 4, pp. 1999–2003.
42 B. Mahon, *The Man Who Changed Everything: The Life of James Clerk Maxwell*, Chichester: Wiley, 2003.
43 J. Morrell, *John Phillips and the Business of Victorian Science*, Aldershot: Ashgate, 2005, pp. 307–27.
44 *Sixth Report of the Royal Commission on Scientific Instruction and the Advancement of Science*, London: HMSO, 1875.
45 The Royal Society's *Notes and Records* 62 (2008): 1–148 was a special issue devoted to technicians; see also W.H. Brock, *The Fontana History of Chemistry*, London: HarperCollins, 1992, pp. 427–35.
46 C.A. Russell, *Lancastrian Chemist: The Early Years of Sir Edward Frankland*, Milton Keynes: Open University Press, 1986; and 'Frankland', in B. Lightman, ed., *Dictionary of Nineteenth-Century British Scientists*, Bristol: Thoemmes, 2004, vol. 2, pp. 727–31.
47 H. Hartley, *Humphry Davy*, London: Nelson, 1966, p. 73.
48 M. Faraday, *Diary*, ed. T. Martin, London: Bell, 1932–6.
49 M.W. Travers, *A Life of Sir William Ramsay*, London: Arnold, 1956, p. 258.
50 See the volume by Berzelius reprinted in D.M. Knight, ed, *The Development of Chemistry*, 10 vols, London: Routledge, 1998.
51 P. Morris, *From Classical to Modern Chemistry: The Instrumental Revolution*, London: Royal Society of Chemistry, 2002.
52 F.A.J.L. James and A. Peers, 'Constructing Space for Science at the Royal Institution of Great Britain', *Physics in Perspective* 9 (2007): 161 (on teamwork, see pp. 168–9); and the special issue of *Centaurus* 39 (1997): 291–381 with international comparisons.
53 R. Hutchings, *British University Observatories, 1772–1939*, Aldershot: Ashgate, 2008.
54 J. Morrell, *John Phillips and the Business of Victorian Science*, Aldershot; Ashgate,

2005, pp. 307–27.

55 See F.A.J.L. James's essay in D.M. Knight and M.D. Eddy, *Science and Beliefs*, Ashgate: Aldershot, 2005.

56 W.H. Flower, *Essays on Museums and Other Subjects Connected with Natural History*, London: Macmillan, 1898, p. 43.

57 E.V. Brunton, *The Challenger Expedition, 1872–1876: A Visual Index*, 2nd edn, London: Natural History Museum, 2004, plates 60 and 821; R. Corfield, 'The Chemist Who Saved Biology', *Chemistry World* 5 (2008): 56–60.

58 H. de la Beche, 'Mineralogy', in J.F.W. Herschel, ed., *A Manual of Scientific Enquiry: Prepared for the Use of Officers in Her Majesty's Navy; and Travellers in General* [2nd edn, 1851], Folkestone: Dawson, 1974, p. 245.

59 N. Reingold, *Science in Nineteenth-Century America: A Documentary History*, London: Macmillan, 1966.

60 His papers are reprinted in facsimile in D.M. Knight, ed., *Classical Scientific Papers; Chemistry*, 2nd series, London: Mills & Boon, 1970, pp. 71–125, 414–27.

61 J.J. Thomson, 'Cathode Rays', *Proceedings of the Royal Institution* 15 (1896–8): 419–32; another version, *Phil. Mag*, 5th series, 44 (1897): 293–316: reprinted in S. Wright, *Classical Scientific Papers: Physics*, London: Mills & Boon, 1964.

62 W. Thomson, Lord Kelvin, *Baltimore Lectures on Molecular Dynamics and the Wave Theory of Light*, Cambridge: Cambridge University Press, 1904.

63 J. Butt, ed., *The Poems of Alexander Pope*, London: Methuen, 1963, p. 516: 'Essay on Man', Epistle 2, line 2.

第七章 身体、思想和精神

1 C. Linnaeus, *Systema Naturae*, 10th edn, Holmiae: Salvii, 1758, vol. 1, pp. 20–4; P.B. Wood, 'The Science of Man', and M.T. Bravo, 'Ethnological Encounters', in N. Jardine, J. Secord and E. Spary, eds, *Cultures of Natural History*, Cambridge: Cambridge University Press, 1996, pp. 197–210, 338–57.

2 I.H.W. Engstrand, *Spanish Scientists in the New World: The Eighteenth Century*, Seattle: Washington University Press, 1981; J. Dunmore, ed., *The Journal of Jean-François de Galaup de la Pérouse, 1785–1788*, London: Hakluyt Society, 1994–5.

3 A. Day, *The Admiralty Hydrographic Service, 1795–1919*, London: HMSO, 1967; G.S. Ritchie, *The Admiralty Chart: British Naval Hydrography in the Nineteenth Century*, London: Hollis and Carter, 1967; N.A.M. Rodger, *The Command of the Ocean: A Naval History of Britain, 1649–1815*, London: Penguin, 2004.

4 J. Beaglehole, *The Life of Captain James Cook*, London: Hakluyt Society, 1974; ed., *The Endeavour Journal of Joseph Banks, 1768–1771*, Sydney: Angus and Robertson, 1962.

5   J.J. Rousseau, *Botany: A Study of Pure Curiosity*, tr. K. Ottevanger, illus. P.J. Redouté, London: Michael Joseph, 1979.

6   J. Beaglehole, ed., *The Journals of Captain James Cook: The Voyage of the Resolution and Adventure, 1772–1775*, London, Hakluyt Society, 1969, pp. 749–52.

7   S.N. Mukherjee, *Sir William Jones: A Study in 18th-Century British Attitudes to India*, Cambridge: Cambridge University Press, 1968; P.J. Marshall, ed., *The British Discovery of Hinduism in the 18th Century*, Cambridge: Cambridge University Press, 1970.

8   P.R. Sweet, *Wilhelm von Humboldt: A Biography*, Columbus, OH: Ohio State University Press, 1978–80; K.F. Schinkel, *The English Journey, 1826*, ed. D. Bindman and G. Riemann, tr. F.G. Walls, New Haven, CT: Yale University Press, 1993.

9   W. von Humboldt, *On Language: The Diversity of Human Language-Structure and its Influence on the Mental Development of Mankind*, tr. P. Heath, intr. H.A Arsleff, Cambridge: Cambridge University Press, 1988.

10 Genesis 11: 1–9.

11 G. Radick, *The Simian Tongue: The Long Debate about Animal Language*, Chicago, IL: Chicago University Press, 2007.

12 I.B. Cohen, ed., *Isaac Newton's Papers and Letters on Natural Philosophy*, Cambridge: Cambridge University Press, 1958, pp. 298, 302.

13 J. Priestley, *Disquisitions Relating to Matter and Spirit*, 2nd edn, London: Johnson, 1782.

14 R.J. Boscovich, *A Theory of Natural Philosophy* [1763], tr. J.M. Child, Cambridge, MA: MIT Press, 1966.

15 R.E. Schofield, ed., *A Scientific Autobiography of Joseph Priestley (1733–1804)*, Cambridge, MA: MIT Press, 1966; P. Wood, *Science and Dissent in England, 1688–1945*, Aldershot: Ashgate, 2004.

16 J.C. Lavater, *Essays on Physiognomy: Designed to Promote the Knowledge and the Love of Mankind*, tr. T. Holcroft, 10th edn, London: Tegg, 1858.

17 M. Kemp, *The Human Animal in Western Art and Science*, Chicago, IL: Chicago University Press, 2007, pp. 212–42.

18 J. van Wyhe, *Phrenology and the Origins of Victorian Scientific Naturalism*, Aldershot: Ashgate, 2004.

19 J.G. Spurzheim, *The Physiognomical System of Drs Gall and Spurzheim; founded upon an Anatomical and Physiological Examination of the Nervous System in General and the Brain in Particular; and Indicating the Dispositions and Manifestations of the Mind*, 2nd edn, London: Baldwin, Cradock and Joy, 1815; S.R. Wells, *How to Read Character: A New Illustrated Handbook of Phrenology and Physiognomy for Students and Examiners, with a Descriptive Chart* [1871], Rutland, VT: Tuttle, 1971.

20 G. Combe, *The Constitution of Man Considered in Relation to External Objects* [1828], New York: Pearson, 1835: in this edition, it is the first part of a collection of similar

works, in small type and double columns. More than 350,000 copies of the book had been sold around the world by 1899.
21. F.N. Egerton, *Hewett Cottrell Watson: Victorian Plant Ecologist and Evolutionist*, Aldershot: Ashgate, 2003; J.A. Secord, *Victorian Sensation: The Extraordinary Publication, Reception, and Secret Authorship of Vestiges of the Natural History of Creation*, Chicago, IL: Chicago University Press, 2000.
22. B. Smith, *European Vision and the South Pacific, 1768–1850: A Study in the History of Art and Ideas*, Oxford: Oxford University Press, 1960; A. Moyal, *A Bright and Savage Land: Scientists in Colonial Australia*, Sydney: Collins, 1986; T. Bonyhandy, *The Colonial Image: Australian Painting, 1800–1880*, Chippendale, Australia: Ellsyd Press, 1987; J. Hackforth-Jones, *The Convict Artists*, Melbourne: Macmillan, 1977; B. Berzins, *The Coming of the Strangers; Life in Australia, 1788–1822*, Sydney: Collins, 1988.
23. D.C. Lindberg and R.I. Numbers, eds, *Where Science and Christianity Meet*, Chicago, IL: Chicago University Press, 2003.
24. M. Harrison, *Disease and the Modern World: 1500 to the Present Day*, Cambridge: Polity, 2004, pp. 73–90.
25. T.R. Malthus, *First Essay on Population, 1798*, London: Macmillan, 1966, P. 48; G. Catlin, *O-Kee-Pa: A Religious Ceremony and Other Customs of the Mandans*, ed. J.C. Ewers, New Haven, CT: Yale University Press, 1967, P. 7, and *Letters and Notes of the Manners, Customs, and Conditions of the North American Indians* [1841], Minneapolis: Ross & Haines, 1965, vol. 1, p. 16; P.E. de Strzelecki, *Physical Description of New South Wales and Van Diemen's Land*, London: Longman, 1845, pp. 343–6.
26. D. Kennedy, *The Highly Civilized Man: Richard Burton and the Victorian World*, Cambridge, MA: Harvard University Press, 2005, pp. 131–63.
27. S. Schama, *Rough Crossings: Britain, the Slaves and the American Revolution*, London: BBC, 2005.
28. W. Wordsworth, *Poetry and Prose* [1807], ed. W.M. Marchant, London: Hart-Davis, 1955, p. 540.
29. M. Park, *Travels in the Interior Districts of Africa, . . . in the Years 1795, 1796 and 1797*, London: Bulmer, 1799.
30. T. Winterbottom, *An Account of the Native Africans in the Neighbourhood of Sierra Leone* [1803], London: Routledge, 1969.
31. T. de Quincey, *Confessions of an English Opium-Eater, together with Selections from the Autobiography*, ed. E. Sackville-West, London: Cresset, 1950, pp. 74–6.
32. T.L. Peacock, *The Complete Novels*, ed. D. Garnett, London: Hart-Davis, 1963, vol. 1, pp. 91–343.
33. C. Bell, *The Hand: Its Mechanism and Vital Endowments as Evincing Design*, London: Pickering, 1837.

34 C. Bell, *Essays on the Anatomy of Expression in Painting*, London: Bell, 1806.
35 [G. Combe], *An Inquiry into Natural Religion: Its Foundation, Nature, and Applications*, Edinburgh: privately printed for confidential circulation, 1853.
36 J.M. Degérando, *The Observation of Savage Peoples* [1800], ed. E.E. Evans-Pritchard, London: Routledge, 1969; J. Bonnemains, E. Forsyth and B. Smith, eds, *Baudin in Australian Waters; The Artwork of the French Voyage of Discovery to the Southern Lands, 1788–1804*, Melbourne: Oxford University Press, 1988; N. Baudin, *Journal*, tr. C. Cornell, Adelaide: Libraries Board, 1974.
37 J. Waller, in B. Lightman, ed., *Dictionary of Nineteenth-Century British Scientists*, Bristol: Thoemmes, 2004, pp. 1635–40.
38 J.C. Prichard, *Researches into the Physical History of Man*, ed. G.W, Stocking, Chicago, IL: Chicago University Press, 1973.
39 J.C. Prichard, *The Natural History of Man*, 3rd edn, London: Bailliere, 1848, pp. 191–3.
40 J. Herschel, ed., *Admiralty Manual of Scientific Enquiry* [1851], intr. D. Knight, Folkestone: Dawson, 1974, pp. 438–50, 166–204.
41 C. Darwin, *The Expression of the Emotions in Man and Animals*, London: John Murray, 1872.
42 T.H. Huxley, *Man's Place in Nature* [1863], in A.P. Barr, ed., *The Major Prose of T.H. Huxley*. Athens, GA: Georgia University Press, 1997, pp. 20–153.
43 C. Lyell, *The Geological Evidences for the Antiquity of Man, with Remarks on Theories of the Origin of Species by Variation*, London: John Murray, 1863, pp. 498–9, 506.
44 C. Darwin, *The Descent of Man and Selection in Relation to Sex*, London: John Murray, 1871; ed. J. Moore and A. Desmond, London: Penguin, 2004.
45 C. Darwin and A.R. Wallace, *Evolution by Natural Selection*, ed. G. de Beer, Cambridge: Cambridge University Press, 1958.
46 On Bates, see J. Dickenson, in *Oxford Dictionary of National Biography*, 2004; S.K. Naylor, in B. Lightman, ed., *Dictionary of Nineteenth-Century British Scientists*, Bristol: Thoemmes, 2004, pp. ???.
47 A.R. Wallace, *My Life: A Record of Events and Opinions*, 2nd edn, London: Chapman & Hall, 1908, pp. 334–56.
48 F.A. Mesmer, *Le Magnétisme Animal*, ed. R. Amadou, F.A. Pattie and J. Vinchon, Paris: Payot, 1971.
49 N. Vickers, *Coleridge and the Doctors*, Oxford: Oxford University Press, 2004, pp. 63–78, 79–91; R. Holmes, *Coleridge: Darker Reflections*, London: HarperCollins, 1998, pp. 423–88.
50 R. Holmes, *Coleridge: Early Visions*, London: Hodder & Stoughton, 1989, and, ed., *Coleridge: Selected Poems*, London: HarperCollins, 1996, pp. 101, 81, 229. J.L. Lowes, *The Road to Xanadu: A Study in the Ways of the Imagination* [1927], Boston: Houghton Miflin, 1955.

51 S. Ruston, *Shelley and Vitality*, Basingstoke: Palgrave Macmillan, 2005; M. Shelley, *Frankenstein* [1818], ed. D.L. Macdonald and K. Scherf, 2nd edn, Peterborough, Ontario: Broadview, 1999.

52 S. Poggi and M. Bossi, *Romanticism in Science: Science in Europe, 1790– 1840*, Dordrecht: Kluwer, 1994; R.J. Richards, *The Romantic Conception of Life: Science and Philosophy in the Age of Goethe*, Chicago, IL: Chicago University Press, 2002.

53 H.C. Ørsted, *The Soul in Nature, with Supplementary Contributions*, tr. L. and J.B. Horner, London: Bohn, 1852; see D.M. Knight, 'The Spiritual in the Material', in R.M. Brain, R.S. Cohen and O. Knudsen, eds, *Hans Christian Ørsted and the Romantic Legacy in Science*, Dordrecht: Springer, 2007, pp. 417–32.

54 K. von Reichenbach, *Researches on Magnetism, Electricity, Heat, Light, Crystallization, and Chemical Attraction, in their Relation to the Vital Force*, tr. W. Gregory, London: Taylor, Walton and Gregory, 1850.

55 W.R. Cross, *The Burned-over District: The Social and Intellectual History of Enthusiastic Religion in Western New York, 1800–1850*, Ithaca, NY: Cornell University Press, new edn, 1982, pp. 345–52.

56 J. Oppenheim, *The Other World: Spiritualism and Psychical Research in England, 1850–1914*, Cambridge: Cambridge University Press, 1985.

57 R. Browning, 'Mr Sludge, "The Medium"', in *Dramatic Monologues*, ed. A.S. Byatt, London: Folio Society, 1991, pp. 206–52; on Home, see A. Gauld, in *Oxford Dictionary of National Biography*, 2004; P. Lamont, *The First Psychic: The Peculiar Mystery of a Notorious Victorian Wizard*, London: Little, Brown, 2005.

58 W. Crookes, 'Spiritualism Viewed by the Light of Modern Science', 'Experimental Investigation of a New Force', and 'Some Further Experiments on Psychic Force', *Quarterly Journal of Science* 7 (1870): 316–21; 8 (1871): 339–49, 471–93; W.H. Brock, *William Crookes and the Commercialization of Science*, Aldershot: Ashgate, 2008.

59 A. Gauld, *The Founders of Psychical Research*, London: Routledge, 1968.

60 E. Gurney, F.W.H. Myers and F. Podmore, *Phantasms of the Living*, London: SPR, 1886.

61 D.M. Knight, *Science in the Romantic Era*, Aldershot: Ashgate, 1998, pp. 317–24.

62 F.W.H. Myers, *Human Personality and its Survival of Bodily Death* [1903]; abridged editions, Norwich, Pelegrin, 1992; Charlottesville, VA: Hampton Roads, 2001.

63 J.M. Charcot, *Clinical Lectures on Senile and Chronic Diseases*, tr. W.S. Tuke, London: New Sydenham Society, 1881.

64 E. Haeckel, *Kunstformen der Natur* [1862, 1904], ed. R.P. Hartmann, O. Breidbach and I. Eibl-Eibesfeldt, München: Prestel, 1998.

65 A. Owen, *The Place of Enchantment: British Occultism and the Culture of the Modern*, Chicago, IL: Chicago University Press, 2004.

第八章　令人欣喜的一段时光

1. B. Hilton, *A Mad, Bad & Dangerous People?: England 1783–1846*, Oxford: Oxford University Press, 2006.
2. Registrar General, *Annual Summary of Births, Deaths, and Causes of Death in London, 1874*, London: Eyre and Spottiswoode, 1875, pp. iii–viii.
3. K.T. Hoppen, *The Mid-Victorian Generation, 1846–1886*, Oxford: Oxford University Press, 1998, pp. 275–315.
4. C. Babbage, *Reflections on the Decline of Science in England*, London: Fellowes, 1830, pp. 131–5.
5. J. Auerbach, *The Great Exhibition of 1851: A Nation on Display*, New Haven, CT: Yale University Press, 1999; H. Hobhouse, *The Crystal Palace and the Great Exhibition; Art, Science and Productive Industry: A History of the Royal Commission for the Exhibition of 1851*, London: Continuum, 2002.
6. J.R. Davis, *The Great Exhibition*, Sutton: Stroud, 1999.
7. *The Illustrated Exhibitor: A Tribute to the World's Industrial Jubilee*, London: Cassell, 1851, p. 346.
8. *The Art Journal Illustrated Catalogue of the Industry of All Nations* [1851], Newton Abbott: David & Charles, 1970.
9. I. Armstrong, *Victorian Glassworlds: Glass Culture and the Imagination, 1830–1880*, Oxford: Oxford University Press, 2008.
10. J. Buzard, J.W. Childers, and E. Gillooly, ed., *Victorian Prism: Refractions of the Crystal Palace*, Charlottesville, VA: University of Virginia Press, 2007.
11. K.T. Hoppen, *The Mid-Victorian Generation, 1846–1886*, Oxford: Oxford University Press, 1998, p. 2.
12. J. Scott Russell, 'On the Crystal Palace Fire', *Proceedings of the Royal Institution* 5 (1866–9): 18–24.
13. S. Forgan and G. Gooday, 'Constructing South Kensington: The Buildings and Politics of T.H. Huxley's Working Environments', *BJHS* 29 (1996): 435–68.
14. *The Illustrated Exhibitor*, London: Cassell, 1851, p. 3.
15. R. Hunt, *The Art Journal Illustrated Catalogue*, Newton Abbott: David & Charles, 1970, pp. i, iv, x, xiii, xvi.
16. The Society of Arts, *Lectures on the Results of the Great Exhibition of 1851*, London: Bogue, 1852, p. 33, later, Captain Washington, p. 547, and Playfair, p. 196.
17. L. Playfair, Society of Arts, *Lectures on the Results of the Great Exhibition of 1851*, London: Bogue, 1852, p.196.
18. D. Edgerton, *Science, Technology and the British Industrial 'Decline', 1870–1970*,

Cambridge: Cambridge University Press, 1996; R. Bud, S. Niziol, T. Boon and A. Nahum, *Inventing the Modern World: Technology since 1750*, London: Science Museum, 2000.

19 C. Babbage, *The Exposition of 1851: Or, Views of the Industry, the Science, and the Government, of England*, London: John Murray, 1851, p. 189; see also his *Reflections on the Decline of Science in England, and on Some of its Causes*, London: Fellowes, 1830.

20 A.W. Hofmann, 'On the Combining Power of Atoms', *Proceedings of the Royal Institution* 4 (1862–6): 401–30; reprinted in D.M. Knight, ed., *The Development of Chemistry*, London: Routledge, 1998, vol. 1; A.J. Rocke, 'The Theory of Chemical Structure and its Applications', in M.J. Nye, *Cambridge History of Science*, Cambridge: Cambridge University Press, 2003, vol. 5, pp. 266–71.

21 A.W. Hofmann, 'On Mauve and Magenta', *Proceedings of the Royal Institution* 3 (1858–62): 468–83.

22 W.H. Brock, *Fontana History of Chemistry*, London: HarperCollins, 1992, pp. 241–69; P.J. Ramberg, *Chemical Structure, Spatial Arrangement*, Aldershot: Ashgate, 2003.

23 W.H. Brock, ed., *The Atomic Debates*, Leicester: Leicester University Press, 1967.

24 S. Alvarez, J. Sales and M. Seco, 'On Books and Chemical Elements', *Foundations of Chemistry* 10 (2008): 79–100; H.W. Schütt, 'Chemical Atomism and Chemical Classification', in M.J. Nye, ed., *Cambridge History of Science*, Cambridge: Cambridge University Press, 2003, vol. 5, pp. 237–54; D.M. Knight, *Ideas in Chemistry: A History of the Science*, 2nd edn, London: Athlone, 1995, pp. 128–41, and ed., *Classical Scientific Papers: Chemistry*, 2nd series, *Papers on the Nature and Arrangement of the Chemical Elements*, London: Mills & Boon, 1970.

25 A.W. Hofmann, 'On Mauve and Magenta', *Proceedings of the Royal Institution* 3 (1858–62): 482–3; cf. 4 (1862–6): 430.

26 J. Golinski, *British Weather and the Climate of the Enlightenment*, Chicago, IL: Chicago University Press, 2007.

27 L. Jenyns, *Observations in Meteorology*, London: van Voorst, 1858; I. Wallace, ed., *Leonard Jenyns: Darwin's Life-long Friend*, Bath: Royal Literary and Scientific Institution, 2003; F. Arago, *Meteorological Essays*, intr. A. von Humboldt, trans. E. Sabine, London: Longman, 1855; R. FitzRoy, *The Weather Book*, London: Longman, 1863.

28 L.M. Antony, ed., *Philosophers without Gods: Reflections on Atheism and the Secular Life*, Oxford: Oxford University Press, 2007.

29 J. Sutherland, *Mrs Humphry Ward: Eminent Victorian, Pre-eminent Edwardian*, Oxford: Oxford University Press, 1990.

30 R. Ashton, *142 Strand: A Radical Address in Victorian London*, London: Vintage, 2008, pp. 26–32, 51–81.

31 F.M. Turner, *John Henry Newman: The Challenge to Evangelical Religion*, New Haven, CT: Yale University Press, 2002; contrast this with the more teleological

account of Newman's life in S. Gilley, *Newman and His Age*, London: Darton, Longman and Todd, 1990.

32 J.A. Froude, *The Nemesis of Faith*, 2nd edn, London: Chapman, 1849; J.W. Goethe, *Novels and Tales*, London: Bohn, 1854.

33 F.W. Newman, *Phases of Faith* [1850], ed. U.G. Knoefflmacher, Leicester: Leicester University Press, 1970, p. 175.

34 K.T. Hoppen, *The Mid-Victorian Generation, 1846–1886*, Oxford: Oxford University Press, 1998, pp. 427–71; C. Clark, 'Religion and Confessional Conflict', in J. Retallack, ed., *Imperial Germany, 1871–1918*, Oxford: Oxford University Press, 2008, pp. 83–105.

35 A. Tennyson, *In Memoriam* [1850], ed. S. Shatto and M. Shaw, Oxford: Oxford University Press, 1982, pp. 114, 80, 136, 134, 148; on *Vestiges*, see J.A. Secord, *Victorian Sensation*, Chicago, IL: Chicago University Press, 2000.

36 H.L. Mansel, *The Limits of Religious Thought*, 4th edn, London: John Murray, 1859; B. Lightman, *The Origins of Agnosticism: Victorian Unvbelief and the Limits of Knowledge*, Baltimore: Johns Hopkins University Press, 1987, pp. 32–67. See also A. Pyle, ed, *Agnosticism: Contemporary Responses to Spencer and Huxley*, Bristol: Thoemmes, 1995.

37 B. Lightman, 'Scientists as Materialists: Tyndall's Belfast Address', and G. Dawson, 'Victorian Periodicals and the Making of William Kingdon Clifford's posthumous Reputation', in G. Cantor and S. Shuttleworth, ed., *Science Serialized*, Cambridge, MA: MIT Press, 2004, pp. 199–237, 259–84.

38 H. Maudsley, *Lessons of Materialism*, London: Sunday Lecture Society, 1879, p. 24.

39 Ruth Barton's book on the X-club will be published in 2010 by Ashgate.

40 A.W. Hofmann, 'On Mauve and Magenta', *Proceedings of the Royal Institution* 3 (1860–2): 468–83; swatches of fabric dyed with these colours are pasted in at the end of the article.

41 South Kensington Museum, *Free Evening Lectures, delivered in Connection with the Special Loan Collection of Scientific Apparatus, and Conferences held in Connection with the Special Loan Collection of Scientific Apparatus: Physics and Mathematics, and Chemistry, Biology, Physical Geography, Mineralogy, and Meteorology*, London: Chapman and Hall, 1876.

42 P. Morris, in J. Schummer, B. Bensaude-Vincent and B. van Tiggelen, *The Public Image of Chemistry*, London: World Scientific, 2007, pp. 297–303.

43 G.R. de Beer, *Sir Hans Sloane and the British Museum*, Oxford: Oxford University Press, 1953.

44 H.B. Carter, *Sir Joseph Banks, 1743–1820*, London: British Museum (Natural History), 1988, has plans of the house on pp. 334–5.

45 M. Flinders, *A Voyage to Terra Australis*, London: Nicol, 1814, vol. 2, pp. 533–613.

46 N.A. Rupke, *Richard Owen: Victorian Naturalist*, New Haven, CT: Yale University Press, 1994.

47 *Synopsis of the Contents of the Museum*, London: Royal College of Surgeons, 1850; R. Owen, *Hunterian Lectures in Comparative Anatomy, May–June 1837*, ed. P.R. Sloan, London: Natural History Museum, 1992; J.W. Gruber and J.C. Thackray, *Richard Owen Commemoration*, London: Natural History Museum, 1992.

48 B. Lightman, *Victorian Popularizers of Science: Designing Nature for New Audiences*, Chicago, IL: Chicago University Press, 2007, pp. 167–218; G. Pancaldi, 'Museums', in J.L. Heilbron, ed, *The Oxford Companion to the History of Modern Science*, Oxford: Oxford University Press, 2003, pp. 550–1.

49 W.H. Flower, *Essays on Museums*, London: Macmillan, 1898.

50 H. Ewing, *The Lost World of James Smithson: Science, Revolution, and the Birth of the Smithsonian Institution*, London: Bloomsbury, 2007.

51 J. Chalmers, *Audubon in Edinburgh, and His Scottish Associates*, Edinburgh: National Museum of Scotland, 2003; J. Elphick, *Birds: The Art of Ornithology*, London: Scriptum, 2004; A.M. Coates, *The Book of Flowers: Four Centuries of Flower Illustration*, London: Phaidon, 1973.

52 C. Darwin, ed., *Zoology of the Voyage of HMS Beagle During the Years 1832–1836* [1838–43], Wellington, NZ: Nova Pacifica, 1980.

53 R. Desmond, *Great Natural History Books and Their Creators*, London: British Library, 2003.

54 M.J. Crowe, *The Extraterritorial Life Debate, 1750–1900: The Idea of a Plurality of Worlds from Kant to Lowell*, Cambridge: Cambridge University Press, 1986.

55 M.P. Crosland, *Science under Control: The French Academy of Sciences, 1795–1914*, Cambridge: Cambridge University Press, 1992, pp. 241, 404–5; A.J. Rocke, *Nationalizing Science: Adolphe Wurtz and the Battle for French Chemistry*, Cambridge, MA: MIT Press, 2001.

56 H. Hawkins, *Pioneer: A History of the Johns Hopkins University*, 1874– 1889, Ithaca, NY: Cornell University Press, 1960.

第九章　科学与国家身份

1 H. Trevor-Roper, *The Invention of Scotland: Myth and History*, ed. J.J. Cater, New Haven, CT: Yale University Press, 2008; W. St Clair, *The Reading Nation in the Romantic Period*, Cambridge: Cambridge University Press, 2004, pp. 632–44.

2 A. Walsham, 'Recording Superstition in Early Modern Britain', *Past and Present*, Supplement 2 (August 2008):178–206.

3 M. Girouard, *The Return to Camelot: Chivalry and the English Gentleman*, New

Haven, CT, Yale University Press, 1981.

4 L. Colley, *Britons: Forging the Nation, 1707–1837*, New Haven, CT: Yale University Press, 1992; P. Langford, *A Polite and Commercial People: England, 1727–1783*, Oxford: Oxford University Press, 1989, pp. 389–459.

5 M. Beretta, *Imaging a Career in Science: The Iconography of Antoine Laurent Lavoisier*, Canton, MA: Science History, 2002.

6 A.J. Rocke, *Nationalizing Science: Adolphe Wurtz and the Battle for French Chemistry*, Cambridge, MA: MIT Press, 2001.

7 J. Retallack, ed., *Imperial Germany, 1871–1918*, Oxford: Oxford University Press, 2008.

8 M.D. Gordin, K. Hall and A. Kojevnikov, eds, 'Intelligentsia Science: The Russian Century, 1860–1960', *Osiris* 3, 2008; S. Dixon, 'Superstition in Imperial Russia', in S.A. Smith and A. Knight, eds, *The Religion of Fools? Superstition Past and Present, Past and Present*, Supplement 3 (2008): 207–28.

9 H.C. Ørsted, *Selected Scientific Works*, tr. and ed. K. Jelved, A.D. Jackson and O. Knudsen, Princeton, NJ: Princeton University Press, 1998; R.M. Brain, R.S. Cohen and O. Knudsen, eds, *Hans Christian Ørsted and the Romantic Legacy in Science*, Dordrecht: Springer, 2007.

10 D.M. Knight and H. Kragh, eds, *The Making of the Chemist: The Social History of Chemistry in Europe, 1789–1914*, Cambridge: Cambridge University Press, 1998.

11 A. Nieto-Galan, ed., *Science, Technology and the Public in the European Periphery*, Aldershot: Ashgate, 2009.

12 W. Roxburgh, *Plants of the Coast of Coromandel, Selected from Drawings and Descriptions Presented to the Court of Directors of the East India Company, and Published under the Direction of Sir Joseph Banks*, London: Nicol, 1795.

13 T.B. Macaulay, *Selected Letters*, ed. T. Pinney, Cambridge: Cambridge University Press, 1974, pp. 149–59.

14 C.A. Bayly, *Empire & Information: Intelligence Gathering and Social Communication in India, 1780–1870*, Cambridge: Cambridge University Press, 1996.

15 R. Desmond, *The India Museum, 1801–1879*, London: HMSO, 1982; M. Archer, *Natural History Drawings in the India Office Library*, London: HMSO, 1962; and *British Drawings in the India Office Library*, London: HMSO, 1969; and *Company Drawings in the India Office Library*, London: HMSO, 1972.

16 E. Kaempfer, *The History of Japan, together with a Description of the Kingdom of Siam, 1690–1*, tr. J.G. Scheuchzer, Glasgow, 1906; V.M. Golownin, *Memoirs of a Captivity in Japan, 1811–1813* [1824], intr. J. McMaster, Oxford: Oxford University Press, 1973.

17 S. Raffles, *Memoir of the Life and Public Services of Sir Thomas Stamford Raffles* [1830], intr. J. Bastin, Oxford: Oxford University Press, 1991; T.S. Raffles, *The History*

of Java [1817], intr. J. Bastin, Oxford: Oxford University Press, 2nd edn, 1978; T. Horsfield, *Zoological Researches in Java, and the Neighbouring Islands* [1824], intr. J. Bastin, Oxford: Oxford University Press, 1990.

18 M. Flinders, *A Voyage to Terra Australis . . .*, London: Nicol, 1814; P.P. King, *Narrative of a Survey of the Intertropical and Western Coasts of Australia*, London: John Murray, 1827; J.L. Stokes, *Discoveries in Australia*, London: Boone, 1846; J. MacGillivray, *Narrative of the Voyage of HMS Rasttlesnake . . .*, London: Boone, 1852; T.H. Huxley, *Diary of the Voyage of HMS Rattlesnake*, ed. J. Huxley, New York: Doubleday, 1936.

19 E.H.J. Feeken, G.E.E. Feeken and O.H.K. Spate, *The Discovery and Exploration of Australia*, Melbourne: Nelson, 1970; G. Blainey, *The Tyranny of Distance: How Distance Shaped Australia's History*, Melbourne: Macmillan, 1968.

20 J. Molony, *The Native-Born: The First White Australians*, Melbourne: Melbourne University Press, 2000; R.W. Home, ed., *Australian Science in the Making*, Cambridge: Cambridge University Press, 1988; R. MacLeod, ed., *The Commonwealth of Science: ANZAAS and the Scientific Enterprise in Australasia*, Oxford: Oxford University Press, 1988; R. Home, *Science as a German Export to Nineteenth-Century Australia*, London: Institute of Commonwealth Studies, 1995.

21 G.M. Caroe, *William Henry Bragg: Man and Scientist*, Cambridge: Cambridge University Press, 1978; J.M. Thomas and D. Phillips, eds, *Selections and Reflections: The Legacy of Sir Lawrence Bragg*, London: Royal Institution, 1990.

22 A.G. Hopkins, 'Rethinking Decolonization', *Past and Present* 200 (2008): 211–47.

23 J.H. Andrews, *A Paper Landscape: The Ordnance Survey in Nineteenth-Century Ireland*, Oxford: Oxford University Press, 1975; J.A. Secord, 'The Geological Survey of Great Britain as a Research School', *History of Science* 24 (1986): 223–75.

24 C. Molland, *It's Part of What We Are: Some Irish Contributors to the Development of the Chemical and Physical Sciences*, Dublin: Royal Irish Society, 2007.

25 W. Parsons, Lord Rosse, *Scientific Papers*, London: Lund Humphries, 1926.

26 J.P. Nichol, *The Architecture of the Heavens*, London: Parker, 1850.

27 These come from M. Magnussen, ed., *Chambers Biographical Dictionary*, Edinburgh: Chambers, 1996.

28 D.H. Frank and O. Leaman, ed., *History of Jewish Philosophy*, London: Routledge, 1997.

29 T. Shinn, 'The Industry, Research, and Education Nexus', in M.J. Nye, ed., *Cambridge History of Science*, Cambridge: Cambridge University Press, 2003, vol. 5, pp. 133–53.

30 M.P. Crosland, *The Society of Arcueil: A View of French Science at the Time of Napoleon I*, London: Heinemann, 1967; *Science under Control: The French Academy of Sciences, 1795–1914*, Cambridge: Cambridge University Press, 1992.

31 W. Clark, *Academic Charisma and the Origins of the Research University*, Chicago, IL: Chicago University Press, 2006.

32 R. Fox and A. Nieto-Galan, ed., *Natural Dyestuffs and Industrial Culture in Europe, 1750–1880*, Nantucket, MA: Watson, 1999.
33 W. Siemens, *Recollections*, tr. W.C. Coupland [1893], new edn (*Inventor and Entrepreneur*), London: Lund Humphries, 1966.
34 S.E. Koss, *Sir John Brunner: Radical Plutocrat, 1842–1919*, Cambridge: Cambridge University Press, 1970.
35 P.J. Ramberg, *Chemical Structure, Spatial Arrangement*, Aldershot: Ashgate, 2003; O.T. Benfey, ed., *Classics in the Theory of Chemical Combination*, New York: Dover, 1963.
36 C. Smith and N. Wise, *Energy and Empire: A Biographical Study of Lord Kelvin*, Cambridge: Cambridge University Press, 1989, pp. 335–6, 632–3.
37 J.C. Adams, *Scientific Papers*, ed. W. Grylls, Cambridge: Cambridge University Press, 1896–1900; C. Waff, 'Adams', in B. Lightman, ed., *Dictionary of Nineteenth-Century British Scientists*, Bristol: Thoemmes, 2004; L.P. Williams, *Album of Science: The Nineteenth Century*, New York: Scribners, 1978, p. 100.
38 E. Du Bois-Reymond, P. Diepgen and P.F. Cranefield, eds, *Two Great Scientists of the Nineteenth Century: Correspondence of Emil Du Bois-Reymond and Carl Ludwig*, tr. S. Lichtner-Ayèd, Baltimore, MD: Johns Hopkins University Press, 1982.
39 J. Retallack, ed., *Imperial Germany, 1871–1918*, Oxford: Oxford University Press, 2004, esp. the chapters by M. Hewitson and R. Chickering (pp. 40–60, 196–218); M.S. Seligmann, ed., *Naval Intelligence from Germany: The Reports of the British Naval Attachés in Berlin, 1906–1914*, Aldershot: Ashgate, for the Naval Records Society, 2007.
40 K.T. Hoppen, *The Mid-Victorian Generation, 1846–1886*, Oxford: Oxford University Press, 1998, pp. 174–5.
41 J. Egerton, *Turner: The Fighting Temeraire*, London: National Gallery, 1995.
42 G. Roberts, 'Sir John Anderson, 1814–86: The Unknown Engineer Who Made the British Empire Possible', *Transactions of the Newcomen Society* 78 (2008): 261–91.
43 M.R. Smith, *Harpers Ferry Armory and the New Technology*, Ithaca, NY: Cornell University Press, 1977.
44 C. Smith, 'Dreadnought Science', *Transactions of the Newcomen Society* 77 (2007): 191–215.
45 A.R. Hall, *The Abbey Scientists*, London: Roger & Roberts, Nicholson, 1966.
46 See the special issue, *Història Ciêncas, Saúde – Manquinhos* 8, supplement, (2001).
47 D.M. Knight, 'Travels and Science in Brazil', in that issue, pp. 809–22.
48 H.W. Bates, *The Naturalist on the River Amazon*, London: John Murray, 1863.
49 N. Jardine et al., *Cultures of Natural History*, Cambridge: Cambridge University Press, 1996.
50 F. Burckhardt et al., eds, *The Correspondence of Charles Darwin*, Cambridge: Cambridge University Press, 1999, vol. 11, pp. 358–61.
51 M.R.Sa, 'James William Helenus Trail: A British Naturalist in Nineteenth-century

Amazonia', *Historia Naturalis* 1 (1998): 99–254, esp. 161–71.

52 W. Ellis, *Three Visits to Madagascar During the Years 1853–54–56*, London: John Murray, 1858.

53 J.C. Ross, *A Voyage of Discovery and Research in the Southern and Antarctic Regions, During the Years 1839–43* [1847], Newton Abbot: David and Charles, 1969.

54 T.H. Levere and R.A. Jarrell, eds, *A Curious Field-Book: Science and Society in Canadian History*, Toronto: Toronto University Press, 1974.

55 J. Franklin, *Narrative of a Journey to the Shores of the Polar Sea* [1823], reprint Rutland, VT: Tuttle, 1970; *Narrative of a Second Journey* [1828], reprint New York: Greenwood, 1969; R. Hood, *To the Arctic by Canoe, 1819–21*, ed. C.S. Houston, Montreal: McGill-Queen's University Press, 1974; J. Richardson, *Arctic Ordeal*, ed. C.S. Houston, Montreal: McGill-Queen's University Press, 1984.

56 W. Barr, ed., *Searching for Franklin: The Land Arctic Searching Expedition*, London: Hakluyt Society, 1999.

第十章　方法与异端

1 R. Descartes, *A Discourse of a Method for the Well Guiding of Reason, and the Discovery of Truth in the Sciences*, London: Newcombe, 1649.

2 Aristotle, *De Partibus Animalium*, 639a, tr. W. Ogle, Oxford: Oxford University Press, 1911.

3 C. Babbage, *Reflections on the Decline of Science in England*, London: Fellowes, 1830, p. 206.

4 H.T. Buckle, 'On the Influence of Women in the Progress of Knowledge', *Proceedings of the Royal Institution* 2 (1854–8): 504–5.

5 P. Duhem, *The Aim and Structure of Physical Theory* [1914], tr. P.P. Wiener, New York: Athenaeum, 1962, pp. 55–104.

6 See the 'Connections' series in *Nature* 2007; my 'Kinds of Minds', 10 May issue, p. 149, was the last.

7 A. Comte, *The Positive Philosophy*, ed. and tr. H. Martineau, London: Chapman, 1853; R. Ashton, *142 Strand: A Radical Address in Victorian London*, London: Vintage, 2008.

8 T.R. Wright, *The Religion of Humanity: The Impact of Comtean Positivism on Victorian Britain*, Cambridge: Cambridge University Press, 1986.

9 B. Lightman, *Victorian Popularizers of Science*, Chicago, IL: Chicago University Press, 2007, p. 386; T.H. Huxley, 'The Scientific Aspects of Positivism' [1869], in *Lay Sermons, Addresses, and Reviews*, London: Macmillan, 1877, pp. 147–73; J. Tyndall, 'Scientific Use of the Imagination' [1870], in *Fragments of Science*, 10th imp., London: Longman, 1899, vol. 2, pp. 101–34.

10 B. Bensaude-Vincent, 'Atomism and Positivism: A Legend about French Chemistry', *Annals of Science* 56 (1999): 81–94; G.G. Stokes, *Mathematical and Physical Papers*, Cambridge: Cambridge University Press, 1883, vol. 2, p. 97.
11 R. Holmes, *The Age of Wonder: How the Romantic Generation Discovered the Beauty and Terror of Science*, London: Harper Press, 2008.
12 S.E. Despaux, 'Mathematics Sent across the Channel and the Atlantic: British Mathematical Contributions to European and American Scientific Journals, 1835–1900', *Annals of Science* 65 (2008): 73–99.
13 J.F.W. Herschel, *A Preliminary Discourse on the Study of Natural Philosophy* [1830], intr. M. Partridge, New York: Johnson, 1966.
14 S. Ruskin, *John Herschel's Cape Voyage: Private Science, Public Imagination, and the Ambitions of Empire*, Aldershot: Ashgate, 2004; on scientific travel, see D.M. Knight, *Public Understanding of Science*, London: Routledge, 2006, pp. 106–18.
15 J.F.W. Herschel, *A Preliminary Discourse*, New York: Johnson, 1966, pp. 196–7.
16 W. Whewell, *Astronomy and General Physics*, 5th edn, London: Pickering, 1836, p. 326; M. Fisch, *William Whewell: Philosopher of Science*, Oxford: Oxford University Press, 1991; R. Yeo, *Defining Science: William Whewell, Natural Knowledge and Public Debate in Early Victorian Britain*, Cambridge: Cambridge University Press, 1993; M. Fisch and S. Schaffer, eds, *William Whewell: A Composite Portrait*, Oxford: Oxford University Press, 1991.
17 W. Whewell, *History of the Inductive Sciences: From the Earliest to the Present Time*, 3 vols, 3rd edn, London: Parker, 1857.
18 B. Powell, *The Connexion of Natural and Divine Truth; or, the Study of the Inductive Philosophy*, London: Parker, 1838; *Essays on the Spirit of the Inductive Philosophy, the Unity of Worlds, and the Philosophy of Creation*, London: Longman, 1855. P. Corsi, *Science and Religion: Baden Powell and the Anglican Debate, 1800–1860*, Cambridge: Cambridge University Press, 1988.
19 R.J. Richards, *The Romantic Conception of Life: Science and Philosophy in the Age of Goethe*, Chicago, IL: Chicago University Press, 2002.
20 J.W. Goethe, *Theory of Colours*, ed. and tr. C.L. Eastlake, London: John Murray, 1840; H. Helmholtz, *Popular Lectures on Scientific Subjects*, tr. E. Atkinson, J. Tyndall et al., London: Longman, 1873, pp. 33–59.
21 J.B. Stallo, *The Concepts and Theories of Modern Physics* [1881], ed. P.W. Bridgmen, Cambridge, MA: Harvard University Press, 1960.
22 R.M. Brain, R.S. Cohen and O. Knudsen, eds, *Hans Christian Ørsted and the Romantic Legacy in Science*, Dordrecht: Springer, 2007.
23 A. Schuster, *The Progress of Physics During 33 Years (1875–1908)*, Cambridge: Cambridge University Press, 1911, pp. 115–17.
24 W. Swainson, *Preliminary Discourse on the Study of Natural History*, London:

Longman, 1834; D.M. Knight, *Science and Spirituality: The Volatile Connection*, London: Routledge, 2004, pp. 77–80.

25 D.M. Knight, *Ordering the World: A History of Classifying Man*, London: Burnett, 1981.

26 E. Scerri, *The Periodic Table: Its Story and its Significance*, Oxford: Oxford University Press, 2006; H.W. Schütt, 'Chemical Atomism and Chemical Classification', in M.J. Nye, ed., *Cambridge History of Science*, Cambridge: Cambridge University Press, 2003, vol. 5, pp. 237–54; various tables are reprinted in facsimile in D.M. Knight, ed., *Classical Scientific Papers: Chemistry*, series 2, London: Mills & Boon, 1970, pp. 200–349.

27 M.W. Travers, *The Discovery of the Rare Gases*, London: Edward Arnold, 1928.

28 W.H. Brock, 'Radiant Spectroscopy: The Rare Earths Crusade', Royal Society of Chemistry, *Historical Group Occasional Papers* 5, 2007.

29 J. Thackray, *To See the Fellows Fight: Eye Witness Accounts of Meetings of the Geological Society of London and its Club, 1822–1868*, British Society for the History of Science Monograph 12, 2003.

30 B. Lightman, *Victorian Popularizers of Science: Designing Nature for New Audiences*, Chicago, IL: Chicago University Press, 2007, pp. 318–51.

31 M.A. Salmon, 'Newlands', in B. Lightman, ed., *Dictionary of Nineteenth-Century British Scientists*, Bristol: Thoemmes, 2004.

32 J. Morrell, *John Phillips and the Business of Victorian Science*, Aldershot: Ashgate, 2005, pp. 349–70.

33 T.H. Huxley, *Man's Place in Nature* [1863], intr. A. Montagu, Ann Arbor: Michigan University Press, 1959.

34 The papers are reprinted in D.M. Knight, ed., *Classical Scientific Papers, Chemistry*, 2nd series, London: Mills & Boon, 1970, pp. 15–70.

35 C. Babbage, *Reflections on the Decline of Science in England, and Some of its Causes*, London: Fellowes, 1830, pp. 174–83.

36 A. Quetelet, *A Treatise on Man*, Edinburgh: Chambers, 1842, plate 4.

37 H. Woolf, *The Transits of Venus: A Study of Eighteenth-Century Science*, Princeton, NJ: Princeton University Press, 1959.

38 G. Mendel, *Experiments on Plant Hybridisation*, tr. and ed. R.A. Fisher, London: Oliver and Boyd, 1965; reprints Fisher's classic critique from *Annals of Science* 1 (1836): 115–37.

39 J. Hunter, *Essays and Observations on Natural History, Anatomy, Physiology, Psychology, and Geology*, ed. R. Owen, London: Van Voorst, 1861, vol. 2, pp. 493–502; N.G. Coley, 'Home', in *Oxford Dictionary of National Biography*, Oxford: Oxford University Press, 2004.

40 L.P. Williams, *Album of Science: The Nineteenth Century*, New York: Scribners, 1978, p. 100.

41 R. Chenevix, 'Enquiries Concerning the Nature of a Metallic Substance Lately Sold in London', *Philosophical Transactions* 93 (1803): 290–320; M.C. Usselman 'Richard Chenevix', in B. Lightman, ed., *Dictionary of Nineteenth-Century British Scientists*, Bristol: Thoemmes, 2004, pp. 415–19.

42 D.S. Evans, T.J. Deeming, B.H. Evans and S. Goldfarb, eds, *Herschel at the Cape: Diaries and Correspondence, 1834–1838*, Austin: Texas University Press, 1969, pp. 236–7, 282, and plate 17.

43 [W. Whewell], *Of the Plurality of Worlds: An Essay*, London: Parker, 1853; D. Brewster, *More Worlds than One: The Creed of the Philosopher, and the Hope of the Christian*, London: John Murray, 1854; M.J. Crowe, *The Extraterritorial Life Debate, 1750–1900*, Cambridge: Cambridge University Press, 1986.

44 C. Lyell, *The Geological Evidences of the Antiquity of Man*, London: John Murray, 1863, p. 498.

45 J. Oppenheim, *The Other World: Spiritualism and Psychical Research in England, 1850–1914*, Cambridge: Cambridge University Press, 1985, pp. 26–7.

46 J. Van Wyhe, *Phrenology and the Origins of Victorian Scientific Naturalism*, Aldershot: Ashgate, 2004.

47 F.N. Egerton, *Hewett Cottrell Watson: Victorian Plant Ecologist and Evolutionist*, Aldershot: Ashgate, 2003.

48 I. Lakatos, *The Methodology of Scientific Research Programmes*, Cambridge: Cambridge University Press, 1978.

49 J. Huxley, *The Courtship Habits of the Great Crested Grebe* [1914], intr. D. Morris, London: Jonathan Cape, 1968.

50 H.E. Howard, *Territory in Bird Life*, London: John Murray, 1920; F.E. Beddard, *Animal Colouration*, London: Sonnenschein, 1892.

51 M. Harrison, *Disease and the Modern World, 1500 to the Present*, Cambridge: Polity, 2005, pp. 92–6.

52 A.R. Wallace, *My Life*, new edn, London: Chapman & Hall, 1908, pp. 332–3; M. Fichman, *An Elusive Victorian: The Evolution of Alfred Russel Wallace*, Chicago, IL: Chicago University Press, 2004.

53 C. Bernard, *An Introduction to the Study of Experimental Medicine*, tr. H.C. Green, intr. L.J. Henderson and I.B. Cohen, New York: Dover, 1957.

54 W.E. Bynum et al., *The Western Medical Tradition, 1800 to 2000*, Cambridge: Cambridge University Press, 2006, pp. 111–239.

55 See her entry by Barbara Caine in the *Oxford Dictionary of National Biography*, Oxford: Oxford University Press, 2004.

56 *Theodore Parker's Experience as a Minister, with Some Account of his Early Life, and Education for the Ministry*, London: Watts, 1859.

57 B. Lightman, *Victorian Popularizers of Science: Designing Nature for New Audiences*,

Chicago, IL: Chicago University Press, 2007, pp. 95–165.

58 D.M. Knight, 'Why is Science so Macho?', *Philosophical Writings* 14 (2000): 59–65; H. Davy, *Consolations in Travel: Or, the Last Days of a Philosopher*, London: John Murray, 1830, p. 245.

59 A. Owen, *The Place of Enchantment: British Occultism and the Culture of the Modern*, Chicago, IL: Chicago University Press, 2004.

60 K. von Reichenbach, *Researches on Magnetism, Electricity, Heat, Light, Crystallization, and Chemical Attraction, in their Relations to the Vital Force*, tr. W. Gregory, London: Taylor, Walter & Maberly, 1850.

61 J. Oppenheim, *The Other World: Spiritualism and Psychical Research in England, 1850–1914*, Cambridge: Cambridge University Press, 1985.

62 W.H. Brock, *William Crookes (1832–1919) and the Commercialization of Science*, Aldershot: Ashgate, 2008.

63 F. Galton, *The Art of Travel: Or, Shifts and Contrivances Available in Wild Countries* [1872 edn], intr. D. Middleton, Newton Abbott: David & Charles, 1971.

64 W. Shakespeare, *The Tempest*, IV. I, lines 188–92.

65 F. Galton, *Hereditary Genius; An Inquiry into its Laws and Consequences* [1892 3d.], intr. C.D. Darlington, London: Fontana, 1962; J. Waller, 'Francis Galton', in B. Lightman, ed., *Dictionary of Nineteenth-Century British Scientists*, Bristol: Thoemmes, 2004.

66 M. Hawkins, *Social Darwinism in European and American Thought, 1860–1945*, Cambridge: Cambridge University Press, 1997.

67 C. Lombroso, *The Female Offender*, London: Fisher Unwin, 1895; D. Pick, *Faces of Degeneration: A European Disorder, c.1848–c.1918*, Cambridge: Cambridge University Press, 1989.

68 D.A. MacKenzie, *Statistics in Britain, 1865–1930: The Social Construction of Knowledge*, Edinburgh: Edinburgh University Press, 1981.

69 J. Henry, 'Historical and other Studies of Science, Technology and Medicine in the University of Edinburgh', *Notes and Records of the Royal Society* 62 (2008): 223–35, esp. 226–9.

第十一章　主导文化的地位

1 F. Schleiermacher, *On Religion: Speeches to its Cultured Despisers*, ed. and tr. R. Crouter, Cambridge: Cambridge University Press, 1988.

2 C.E. McClelland, *State, Society, and University in Germany, 1700–1914*, Cambridge: Cambridge University Press, 1980, pp. 99–149; W. von Humboldt, *On Language*, tr. P. Heath, intr. H. Aarsleff, Cambridge: Cambridge University Press, 1988.

3 M.P. Crosland, *Science Under Control: The French Academy of Sciences, 1795–1914*,

Cambridge: Cambridge University Press, 1992, pp. 11–18; on Academicians' religion, pp. 192–202.

4 J.R. Hofmann, *André–Marie Ampère: Enlightenment and Electrodynamics*, Cambridge: Cambridge University Press, 1995.

5 M. Pickering, *Auguste Comte: An Intellectual Biography*, Cambridge: Cambridge University Press, 1993.

6 R. Holmes, *The Age of Wonder: How the Romantic Generation Discovered the Beauty and Terror of Science*, London: Harper Press, 2008.

7 H. Davy, *Collected Works*, ed. J. Davy, London: Smith, Elder, 1839–40, vol. 9; D.M. Knight, *Humphry Davy: Science and Power*, 2nd edn, Cambridge: Cambridge University Press, 1998, pp. 154–83.

8 C. Babbage, *Reflections on the Decline of Science in England, and on Some of its Causes*, London: Fellowes, 1830.

9 J. Morrell, 'William Venables Vernon Harcourt', in *Oxford Dictionary of National Biography*, Oxford: Oxford University Press, 2004.

10 J. Morrell and A. Thackray, *Gentlemen of Science: Early Years of the British Association for the Advancement of Science*, Oxford: Oxford University Press, 1981; R. MacLeod and P. Collins, eds, *The Parliament of Science: The British Association for the Advancement of Science 1831–1981*, London: Science Reviews, 1981; J. Morrell, *John Phillips and the Business of Victorian Science*, Aldershot: Ashgate, 2005, pp. 39–128.

11 C. Withers, R. Higgitt and D. Finnegan, 'Historical Geographies of Provincial Science: Themes in the Setting and Reception of the British Association for the Advancement of Science in Britain and Ireland, 1831–c.1939', *BJHS* 41 (2008): 385–416.

12 T.H. Huxley, 'The Reception of the "Origin of Species"', in F. Darwin, ed., *The Life and Letters of Charles Darwin*, London: John Murray, 1887, vol. 2, p. 186.

13 W.M. Jacob, *The Clerical Profession in the Long Eighteenth Century, 1680–1840*, Oxford: Oxford University Press, 2007; D.M. Knight, *Science and Spirituality: The Volatile Connection*, London: Routledge, 2004, pp. 151–66.

14 R. Ashton: *142 Strand: A Radical Address in Victorian London*, London; Vintage, 2008; Ruth Barton is writing a book about the X-club.

15 S. Butler, *Alps and Sanctuaries of Piedmont and the Canton Ticino* [1881], intr. R.A. Streatfield, Gloucester: Sutton, 1986, p. 66; B. Lightman, *Victorian Popularizers of Science*, Chicago, IL: Chicago University Press, 2007, pp. 289–94.

16 A. Hume, *The Learned Societies and Printing Clubs of the United Kingdom*, London: Willis, 1853.

17 B. Lightman, 'Scientists as Materialists in the Periodical Press: Tyndall's Belfast Address', in G. Cantor and S. Shuttleworth, eds, *Science Serialized*, Cambridge, MA: MIT Press, 2004, pp. 199–237.

18 K.T. Hoppen, *The Mid-Victorian Generation, 1846–1886*, Oxford: Oxford University Press, 1998, pp. 31–55, 375, 419.
19 J. Barwell-Carter, *Selections from the Correspondence of Dr George Johnston*, Edinburgh: Douglas, 1892, pp. 110, 122–3, and cf. 135, 491–2, 515.
20 D.E. Allen, *The Victorian Fern Craze*, London: Hutchinson, 1969; *The Naturalist in Britain: A Social History*, London: Penguin, 1978; *Naturalists and Society*, Aldershot: Ashgate Variorum, 2003.
21 *Principal Excursions of the Innerleithen Alpine Club During the Years 1889–94*, Galashiels: McQueen, 1895.
22 L. Oken, *Elements of Physiophilosophy*, tr. A.Tulk, London: Ray Society, 1847.
23 P.H. Gosse, *Omphalos: An Attempt to Untie the Geological Knot*, London: Van Voorst, 1857, has an advertisement at the back for such a holiday, and for books; A. Thwaite, *Glimpses of the Wonderful: The Life of Philip Henry Gosse*, London: Faber, 2002.
24 Walter White, *The Journals*, London: Chapman and Hall, 1898.
25 N. Reingold, ed., *Science in Nineteenth-Century America: A Documentary History*, London: Macmillan, 1966.
26 J.C. Ross, *A Voyage of Discovery and Research in the Southern and Antarctic Regions*, London: John Murray, 1847.
27 H.K. Beals et al., eds, *Four Travel Journals*, London: Hakluyt Society, 2007, pp. 253–327.
28 E.V. Brunton, *The Challenger Expedition, 1872–1876: A Visual Index*, 2nd edn, London: Natural History Museum, 2004; H.N. Moseley, *Notes by a Naturalist on HMS Challenger*, London: John Murray, 1892.
29 J.A. Secord, 'The Geological Survey of Great Britain as a Research School, 1839–55', *History of Science* 24 (1886): 223–75; M.J.S. Rudwick, *The Great Devonian Controversy*, Chicago, IL: Chicago University Press, 1985; D.R. Oldroyd, *The Highlands Controversy: Constructing Geological Knowledge through Fieldwork in Nineteenth-Century Britain*, Chicago, IL: Chicago University Press, 1990.
30 F.A.J.L. James, ed., *The Common Purposes of Life: Science and Society at the Royal Institution*, Aldershot: Ashgate, 2002
31 M.P. Crosland, *The Society of Arcueil: A View of French Science at the Time of Napoleon I*, London: Heinemann, 1967.
32 C.A. Russell, N.G. Coley and G.K. Roberts, *Chemists by Profession*, Milton Keynes: Open University Press, 1977.
33 L.T. Hobhouse, *Manchester Guardian*, 1 January 1901.
34 W.H. Brock and A.J. Meadows, *The Lamp of Learning: Taylor & Francis and the Development of Science Publishing*, London: Taylor & Francis, 2nd edn, 1988.
35 B. Lightman, *Victorian Popularizers of Science*, Chicago, IL: Chicago University Press, 2007; L. Henson et al., *Culture and Science in the Nineteenth-Century Media*, Aldershot: Ashgate, 2004; G. Cantor et al., *Science in the Nineteenth-Century*

Periodical: Reading the Magazine of Nature, Cambridge: Cambridge University Press, 2004; G. Cantor and S. Shuttleworth, eds, *Science Serialized: Representations of Science in Nineteenth-Century Periodicals*, Cambridge, MA: MIT Press, 2004.

36   D.M. Knight, 'Science and Culture in Mid-Victorian Britain: The Reviews, and William Crookes' *Quarterly Journal of Science*', *Nuncius* 11 (1996): 43–54; W.H. Brock, *William Crookes (1832–1919) and the Commercialization of Science*, Aldershot: Ashgate, 2008.

37   A. Fyfe, *Science and Salvation: Evangelical Popular Science Publishing in Victorian Britain*, Chicago, IL: Chicago University Press, 2004; B. Hilton, *A Mad, Bad & Dangerous People? England 1783–1846*, Oxford: Oxford University Press, 2006, pp. 332–42; K.T. Hoppen, *The Mid Victorian Generation: England 1846–1886*, Oxford: Oxford University Press, 1998, pp. 427–71.

38   R.M. Brain, R.S. Cohen and O. Knidsen, eds, *Hans Christian Ørsted and the Romantic Legacy in Science*, Dordrecht: Springer, 2007; my essay is on pp. 417–32.

39   [R.Chambers], *Vestiges of the Natural History of Creation*, ed. J.A. Secord, Chicago, IL: Chicago University Press, 1994; B. Lightman, *Victorian Popularizers of Science*, Chicago, IL: Chicago University Press, 2007, pp. 219–95.

40   M.J.S. Rudwick, *Scenes from Deep Time*, Chicago, IL: Chicago University Press, 1992.

41   K.T. Hoppen, *The Mid-Victorian Generation, England 1846–1886*, Oxford: Oxford University Press, 1998, pp. 472–510.

42   J. Sutherland, *Mrs Humphry Ward: Eminent Victorian, Pre-Eminent Edwardian*, Oxford: Oxford University Press, 1990, pp. 83–131.

43   *Ernst-Haeckel-Haus der Universität Jena, Museum*, Braunschweig: Westermann, 1990.

44   J. Tyndall, *Fragments of Science*, 10th imp., London: Longman, 1899, vol. 2, pp. 101–34.

45   M.T. Brück, 'Smyth', in B. Lightman, ed., *Dictionary of Nineteenth-Century British Scientists*, Bristol: Thoemmes, 2004.

46   J. Hamilton, *Turner and the Scientists*, London: Tate Gallery, 1998.

47   W.H. Brock, *William Crookes (1832–1919) and the Commercialization of Science*, Aldershot: Ashgate, 2008.

48   C. Kelly, ed., *Mrs Duberly's War: Journal and Letters from the Crimea*, Oxford: Oxford University Press, 2007, p. 312.

49   R. Liebreich, 'Turner and Mulready: On the Effect of Certain Faults of Vision on Painting with Especial Reference to their Works', *Proceedings of the Royal Institution* 6 (1870–2): 450–63.

50   H. Helmholtz, *Popular Lectures on Scientific Subjects*, tr. E. Atkinson et al., London: Longman, 1873, pp. 197–316.

51   J.W. Goethe, *Elective Affinities*, tr. R.J. Hollingdale, London: Penguin, 1978; S. Ruston, *Shelley and Vitality*, Basingstoke: Palgrave Macmillan, 2005.

52   M. Shelley, *Frankenstein: Or, the Modern Prometheus* [1818], ed. D.L. Macdonald and

K.Scherf, 2nd edn, Peterborough, Ontario: Broadview, 1999.

53 W. Newman, *Promethean Ambitions: Alchemy and the Quest to Perfect Nature*, Chicago, IL: Chicago University Press, 2004; H. Collins and T. Pinch, *The Golem: What Everyone Should Know about Science*, Cambridge: Cambridge University Press, 1993; J. Pelikan, *Faust the Theologian*, New Haven, CT: Yale University Press, 1995.

54 A. Ure, in *Register of Arts and Sciences* 1 (1824): 3–5; D.M. Knight, *Public Understanding of Science: A History of Communicating Scientific Ideas*, London: Routledge, 2006, pp. 29–30.

55 A. Tennyson, *In Memoriam*, ed. S. Shatto and M. Shaw, Oxford: Oxford University Press, 1982, sections 55, 120, 124.

56 L. Huxley, *The Life and Letters of Thomas Henry Huxley*, London: Macmillan, 1913, vol. 3, pp. 269–70; M.H. Cooke, *The Evolution of Nettie Huxley, 1825–1914*, Chichester: Phillimore, 2008, p. 114.

57 T.H. Huxley, *Major Prose*, ed. A.P. Barr, Athens, GA: Georgia University Press, 1997, pp. 283–344.

58 K.T. Hoppen, *The Mid-Victorian Generation: England 1846–1886*, Oxford: Oxford University Press, 1998, p. 394.

59 H. Helmholtz, *On the Sensations of Tone as a Physiological Basis for the Theory of Music* [1885], tr. A.J. Ellis, intr. H. Margenau, New York: Dover, 1954; quotation from introduction [p. 4].

60 P. Fara, *Pandora's Breeches: Women, Science and Power in the Enlightenment*, London: Pimlico, 2004; M.W. Rossiter 'A Twisted Tale: Women in the Physical Sciences in the Nineteenth and Twentieth Centuries', in M.J. Nye, *Cambridge History of Science*, Cambridge: Cambridge University Press, 2003, vol. 5, pp. 54–71.

61 B. Lightman, *Victorian Popularizers of Science*, Chicago, IL: Chicago University Press, 2007, pp. 95–165.

62 L. de Vries, Victorian Advertisements, text by J. Laver, London: John Murray, 1968.

63 D.M. Knight, *Public Understanding of Science*, London: Routledge, 2006, pp. 135–52.

第十二章 进入新世纪

1 J. Krige and D. Pestre, *Science in the Twentieth Century*, Amsterdam: Harwood, 1997; A. Roland, 'Science, Technology and War', in M.J. Nye, *Cambridge History of Science*, Cambridge: Cambridge University Press, 2003, vol. 5, pp. 561–78.

2 A. Porter, ed., *The Oxford History of the British Empire: The Nineteenth Century*, Oxford: Oxford University Press, 1999; see esp. R.A. Stafford, 'Scientific Exploration and Empire', pp. 294–319.

3 H.B. Carter, *Sir Joseph Banks*, London: British Museum (Natural History), 1988, pp.

64–98, 101–3.
4   R.W. Home, ed., *Australian Science in the Making*, Cambridge: Cambridge University Press, 1988; *Science as a German Export to Australia*, London: Sir Robert Menzies Centre for Australian Studies, 1995.
5   F. Locher, 'The Observatory, the Land-based Ship and the Crusades: Earth Sciences in European Context, 1830–50', *BJHS* 40 (2007): 491–504.
6   A. von Humboldt, *Aspects of Nature, in Different Lands and Different Climates; with Scientific Elucidations*, tr. E. Sabine, London: Longman, 1850.
7   A. von Humboldt, *Cosmos: A Sketch of the Physical Description of the Universe*, tr. E.C. Otté, London: Bohn, 5 vols, 1849–58; K. Olensko in J.L. Heilbron, ed., *The Oxford Companion to the History of Modern Science*, Oxford: Oxford University Press, 2003, pp. 383–7.
8   J. Bonnemains, E. Forsyth and B. Smith, *Baudin in Australian Waters: The Artwork of the French Voyage of Discovery to the Southern Lands, 1800– 1804*, Oxford: Oxford University Press, 1988; *The Journal of Post Captain Nicholas Baudin, Commander of the Corvettes Géographe and Naturaliste*, tr. C. Cornell, Adelaide: Libraries Board of S. Australia, 1974; D.B. Tyler, *The Wilkes Expedition: The First United States Exploring Expedition (1838–1841)*, Philadelphia, PA: American Philosophical Society,1968.
9   R. Corfield, 'The Chemist Who Saved Biology', *Chemistry World* 5 (2008): 56–60; H.N. Moseley, *Notes by a Naturalist...Made During the Voyage of HMS Challenger*, London: John Murray, p. 445.
10 E.V. Brunton, *The Challenger Expedition, 1872–1876: A Visual Index*, 2nd edn, London: Natural History Museum, 2004.
11 *Scientific Memoirs: Selected from the Transactions of Foreign Academies of Science and Learned Societies, and from Foreign Journals*, 1 (1837)–7 (1853); reprint, New York: Johnson, 1966.
12 J.L.R. Agassiz, *Bibliographia Zoologiae et Geologiciae: A Catalogue of Books, Tracts and Memoirs on Zoology and Geology*, 4 vols, ed. and tr. H.E. Strickland, London, Ray Society, 1848–54.
13 Royal Society of London, *Catalogue of Scientific Papers, 1800–1900*, London: Royal Society, 1867–1925.
14 Lord Kelvin, 'Nineteenth-Century Clouds over the Dynamical Theory of Heat and Light', *Proceedings of the Royal Institution* 16 (1899–1901): 363–97; T. Kuhn, *Black-body Theory and the Quantum Discontinuity, 1894–1912*, Oxford: Oxford University Press, 1978.
15 See B.J. Hunt 'Electrical Theory and Practice in the Nineteenth Century', O. Darrigol 'Quantum Theory and Atomic Structure, 1900–1927', and J. Hughes 'Radioactivity and Nuclear Physics', in M.J. Nye, ed., *Cambridge History of Science*, Cambridge: Cambridge University Press, 2003, vol. 5, pp. 311–30, 331–49, 350–74.

16 T.H. Hoppen, *The Mid-Victorian Generation: England 1846–1886*, Oxford: Oxford University Press, 1998, pp. 492–3.

17 E. Rutherford and F. Soddy, 'The Cause and Nature of Radioactivity', *Philosophical Magazine*, 6th series, 4 (1902): 370–96.

18 F. Soddy, *Science and Life: Aberdeen Addresses*, London: John Murray, 1920.

19 L. Koenigsberger, *Hermann von Helmholtz*, tr. F.A. Welby, Oxford: Oxford University Press, 1906, pp. 330–1.

20 J.J. Thomson, *Recollections and Reflections*, London: Bell, 1936, p. 379.

21 W. Crookes, 'On Radiant Matter', *Nature* 20 (1879): 419–23, 436–40; 'Electricity in Transitu: From Plenum to Vacuum', *Chemical News* 63 (1891): 53–6, 68–70, 77–80, 89–93, 98–100, 112–14; reprinted in facsimile in D.M. Knight, *Classical Scientific Papers: Chemistry, 2nd series*, London: Mills & Boon, 1970, pp. 89–98, 102–123; W.H. Brock, *William Crookes*, Aldershot: Ashgate, 2008.

22 J.J. Thomson, *Recollections and Reflections*, London: Bell, 1936, pp. 325–71; 'Cathode Rays', *Philosophical Magazine*, 5th series, 44 (1897): 293–316. On technicians, see the special issue of *Notes and Records of the Royal Society* 62 (2008).

23 D.M. Knight, *Atoms and Elements*, London: Hutchinson, 1967.

24 These and other papers relevant to this story are reprinted in facsimile in S. Wright, ed., *Classical Scientific Papers: Physics*, London: Mills & Boon, 1964.

25 E. Rutherford, 'The Structure of the Atom', *Philosophical Magazine*, 6th series, 27 (1914): 488–98.

26 D.M. Knight, *Ideas in Chemistry: A History of the Science*, 2nd edn, London: Athlone, 1995, pp. 157–79.

27 P. Morris, ed., *From Classical to Modern Chemistry: The Instrumental Revolution*, London: Royal Society of Chemistry, 2002.

28 M. Bentley, *Lord Salisbury's World: Conservative Environments in Late-Victorian Britain*, Cambridge: Cambridge University Press, 2001.

29 A.J. Balfour, *A Defence of Philosophic Doubt*, London: Macmillan, 1879, p. 293.

30 A.J. Balfour, *The Foundations of Belief*, London: Macmillan, 2nd edn, 1895, p. 31.

31 B. Lightman, in A. Barr, ed., *Thomas Henry Huxley's Place in Science and Letters: Centenary Essays*, Athens, GA: Georgia University Press, 1997.

32 P. Metcalf, *James Knowles: Victorian Editor and Architect*, Oxford: Oxford University Press, 1980.

33 Synthetic Society, *Papers Read before the Synthetic Society, 1896–1908: and Written Comments thereon Circulated among the Members of the Society*, London: Synthetic Society, 1909.

34 Rayleigh, Lord, *Lord Balfour in Relation to Science*, Cambridge: Cambridge University Press, 1930.

35 F.W.H. Myers, *Human Personality and its Survival of Bodily Death* [1903 & 1919],

Norwich: Pilgrim Books (Pelegrin Trust), 1992; J. Oppenheim, *The Other World: Spiritualism and Psychical Research in England, 1850–1914*, Cambridge: Cambridge University Press,1985, pp. 249–66, esp. 255.

36 G. Makari, *Revolution in Mind: The Creation of Psychoanalysis*, London: Duckworth, 2008.

37 C. Chimisso, *Writing the History of the Mind: Philosophy and Science in France, 1900–1960s*, Aldershot: Ashgate, 2008.

38 P. Bowler, *Reconciling Science and Religion; The Debate in early Twentieth-Century Britain*, Chicago, IL: Chicago University Press, 2001.

39 A. Gray, *Darwiniana: Essays and Reviews Pertaining to Darwinism* [1876], ed. A.H. Dupree, Cambridge, MA: Harvard University Press, 1963.

40 G. Cookson and C. Hempstead, *A Victorian Scientist and Engineer: Fleeming Jenkin and the Birth of Electrical Engineering*, Aldershot: Ashgate, 2000, pp. 166–8.

41 D.J. Kevkles, 'Heredity', in J.L. Heilbron, ed., *The Oxford Companion to the History of Science*, Oxford: Oxford University Press, 2003, pp. 361–3.

42 G. Mendel, *Experiments in Plant Hybridisation*, ed. J.H. Bennett, commentary by R.A. Fisher, biog. W. Bateson, Edinburgh: Oliver and Boyd, 1965; A.F. Corcos and F.V. Monaghan, *Gregor Mendel's Experiments on Plant Hybrids: A Guided Study*, tr. E.V. Sherwood, New Brunswick, NJ: Rutgers University Press, 1993; R. Olby, *Origins of Mendelism*, London: Constable, 1966.

43 G.R. Searle, *A New England? Peace and War, 1886–1918*, Oxford: Oxford University Press, 2004; esp. pp. 615–60.

44 K. Olesko, 'Kaiser Wilhelm/Max Planck Gesellschaft', in J.L. Heilbron, ed., *The Oxford Companion to the History of Modern Science*, Oxford: Oxford University Press, 2003, pp. 433–4.

45 W.E.H. Lecky, *History of the Rise and Influence of the Spirit of Rationalism in Europe*, new imp., London: Longman, 1900, vol. 1, p. ix.

46 W.E.H. Lecky, *History of European Morals*, 13th imp., London: Longman, 1899, vol. 2, pp. 275–372.

47 *Census of England and Wales, 1911*, vol. 10, Part 1, HMSO, 1914, pp. v–x, xxiii.

48 D. Edgerton, *Science, Technology, and the British Industrial 'Decline', 1870–1970*, Cambridge: Cambridge University Press, 1996.

49 R. Holmes, ed., *The Oxford Companion to Military History*, Oxford: Oxford University Press, 2001.

50 T.H. Hoppen, *The Mid-Victorian Generation: England 1846–1886*, Oxford: Oxford University Press, 1998, p. 497.

51 R. Holmes, ed., *The Oxford Companion to Military History*, Oxford: Oxford University Press, 2001, pp. 199–201; H. Chang and C. Jackson, eds, *An Element of Controversy: The Life of Chlorine in Science, Medicine, Technology and War*, British Society for the

History of Science Monographs 13, 2007.
52 D.M. Knight, *The Age of Science*, Oxford: Blackwell, 1992.
53 D.P. Miller, 'Seeing the Chemical Steam through the Historical Fog: Watt's Steam Engine as Chemistry', Annals of Science 65 (2008): 47–72.
54 B.T. Moran, *Distilling Knowledge*, Cambridge, MA: Harvard University Press, 2005, p. 166.